solidThinking 进阶学习教程

solidThinking Evolve
工业设计基础与工程应用

路明村　等编著

机 械 工 业 出 版 社

本书为 solidThinking Evolve 工业产品三维造型设计软件学习教程，以软件特性“融合 NURBS、多边形、实体 3 种建模方式”“基于结构历史进程建模”“集成逼真渲染引擎”为主线，由浅入深地剖析软件操作逻辑，并辅以实际案例解析产品概念的设计流程，深度激发设计师的创造性。

本书附赠网盘资源包含书中所有练习的视频，适合工业设计和增材制造等行业从业者阅读，也是 3D 爱好者从零起步的实用书籍。

图书在版编目（CIP）数据

solidThinking Evolve 工业设计基础与工程应用 / 路明村等编著. —北京：机械工业出版社，2016.11

solidThinking 进阶学习教程

ISBN 978-7-111-55365-6

Ⅰ. ①s… Ⅱ. ①路… Ⅲ. ①工业设计－计算机辅助设计－教材

Ⅳ. ①TB47-39

中国版本图书馆 CIP 数据核字（2016）第 273010 号

机械工业出版社（北京市百万庄大街 22 号 邮政编码 100037）

策划编辑：张淑谦　　　　　　责任校对：张艳霞

责任编辑：张淑谦　陈瑞文　　责任印制：李　洋

三河市宏达印刷有限公司印刷

2017 年 1 月 • 第 1 版 • 第 1 次印刷

184mm×260mm • 21.5 印张 • 529 千字

0001－3000 册

标准书号：ISBN 978-7-111-55365-6

定价：59.00 元

凡购本书，如有缺页、倒页、脱页，由本社发行部调换

电话服务　　　　　　　　　　　　网络服务

服务咨询热线：（010）88361066　　机 工 官 网：www.cmpbook.com

读者购书热线：（010）68326294　　机 工 官 博：weibo.com/cmp1952

（010）88379203　　教育服务网：www.cmpedu.com

封面无防伪标均为盗版　　　　　　金　书　网：www.golden-book.com

序　言

Altair 公司成立于 1985 年，以工程咨询服务起家。历经三十余载的不断探索，解决方案已全方位覆盖建模与可视化、线性与非线性分析、结构优化、CFD 及多体动力学仿真、电磁分析以及云仿真和高性能计算，帮助客户实现以仿真驱动的产品创新。

长期以来，我们一直倡导“仿真驱动设计”的理念。仿真的价值并非仅限于虚拟验证，更应该在产品研发早期以优化来指导设计，加速企业研发周期，提升产品性能。由此，Altair 致力于打造一个专门面向设计人员的仿真平台——solidThinking。

solidThinking 是源自意大利的老牌工业设计软件，在概念建模方面有着不俗的表现。自 2008 年成为 Altair 旗下产品线后，solidThinking 逐渐发展成为集拓扑优化（Inspire）、创意造型（Evolve）、铸造仿真（Click2Cast）、钣金冲压仿真（Click2Form）、挤压成型仿真（Click2Extrude）、多学科系统建模仿真与优化（Activate）、基于模型的嵌入式系统开发（Embed）、科学和工程设计数值计算环境（Compose）以及数据可视化分析（Envision）等于一体的仿真工具体系。

由 solidThinking 提供的设计流程中，拓扑优化工具 Inspire 帮助设计人员快速获得满足性能且轻量化的结构，大大缩短了研发中所耗费的时间和成本。极具颠覆精神的 Inspire 软件一经推出就获得了众多国内外颇具分量的软件大奖。Evolve 则将设计人员从以工程为主导的 CAD 工具中解放出来，完成工程设计与工业设计的融合，这些都足以革新传统设计流程，让整个研发周期提速。

同时，随着 3D 打印（增材制造）技术的迅速崛起，越来越多的企业尝试以这种技术来提升研发能力与制造效率。3D 打印技术特别适用于结构复杂且高性能的产品，这正好是拓扑优化的特点所在。可以说，拓扑优化与 3D 打印相得益彰。而 Altair 也很早就看到了二者结合所迸发的重要价值，基于 solidThinking 推出了适于增材制造的设计软件解决方案，并已在全球范围内的航空航天、汽车、建筑等领域得到应用及验证。

在这样的背景下，我们组织编写了 solidThinking 进阶学习教程系列丛书，本书正是该丛书中专注于 Evolve 的一本。Evolve 是专门为设计师量身打造，帮助他们充分发挥想象力、探索三维造型和视觉效果的有趣的设计软件。本书作者具有多年 Evolve 使用经验和工业设计行业技术支持经验，对如何提升设计师的工作流程有着独到见解。相信本书能激发读者的设计灵感，帮助企业提升数字化设计和系统化创新设计能力，并给读者带来耳目一新的学习体验。

我们鼓励广大读者借助 solidThinking 平台在各领域深入探索，同时也衷心期待大家的宝贵建议，以利于我们不断完善和提升软件功能，与大家一同进步。

刘源博士

Altair 大中国区总经理

前　言

solidThinking Evolve 起源于意大利，是 solidThinking 公司于 1992 年开发的同名软件，面向工业设计师。经过多年发展，已成为意大利设计师中应用最为普及的三维造型创意设计软件之一。2008 年，美国 Altair Engineering, Inc. 收购 solidThinking，并重新定义产品线，将原三维造型设计软件重新命名为 solidThinking Evolve，现与 solidThinking Inspire、Click2Cast、Click2Extrude、Click2Form、Compose、Activate、Embed、Envision 等同为 solidThinking 品牌产品。

solidThinking Evolve 一直致力于为工业设计师提供一种超越以往的工作方式，帮助他们高效评估、探索和视觉化设计方案，辅助他们在概念阶段的创意表达。设计师可基于一个模型衍生出众多惊艳的设计方案。因此，solidThinking Evolve（以下简称 Evolve）是一款真正的“辅助设计”软件，而非简单的建模工具，是概念创意阶段的不二利器。

1．Evolve 的主要功能

（1）在同一环境中融合 3 种建模方式

众所周知，在三维造型设计中有 3 种常见建模方式：NURBS 建模、多边形建模以及实体建模。而 3 种方式之间常常无法互通，例如，以 NURBS 构建的模型导出至实体软件时常常出现破面、以多边形构建的模型导出至实体软件时缺少几何信息等。这就导致概念设计模型仅能作评测视觉效果之用，而无法在后续的流程中继续使用。

Evolve 正是在深入理解工业设计师们痛点的基础上，将 NURBS 建模、多边形建模、实体建模同时融于同一环境中，并且以 Parasolid 实体核心为基础，打破不同建模方式间的壁垒。因此，无论设计师以哪种方式构建模型，最终结果都可以直接输出为实体几何，与后续的工程软件进行无缝对接。

（2）结构历史进程

提及结构历史进程，熟悉 CAD 软件的读者都不陌生。但能将结构历史进程始终贯穿于曲面设计中的，非 Evolve 莫属。Evolve 中的结构历史进程基于工具与工具之间，设计师可以精确地控制参数。因此，在 Evolve 学习中，建议读者要更注重揣摩每个工具的特性，掌握基于结构树构建的逻辑关系，这样才能让 Evolve 在设计流程中发挥更大的作用。

（3）高效逼真的渲染引擎

Evolve 在提供建模环境的同时，还设置了交互式渲染引擎，设计师无须导出其他渲染插件，就可以快速评测逼真的渲染效果。

2．谁在用 Evolve

solidThinking Evolve 的用户覆盖多种行业，如设计公司、日用消费品、家具、时尚品、珠宝、展览展示、包装、室内设计等。而使用 Evolve 的设计师们很多来自 Pininfarina、Prada、Shiseido、Coca-Cola、YAMAHA、Ferrero、LEAR 等众多国际知名品牌与行业领导者。他们将 Evolve 应用于概念设计阶段，以助推敲概念与造型，进而获得更多创意设计方案，提高整个工作流程的效率。

3．本书的思路

笔者认为，好的学习素材应以简单的案例贯穿复杂的知识点，并潜移默化地融入软件的操作逻辑。因此，本书并不会面面俱到地详解每一个工具的每一个参数，而是用大量练习覆盖最重要、最常用的功能，以及解析组合操作的规律和逻辑。希望读者通过学习，能以新的角度重新审视三维造型设计，并爱上用 Evolve 表达脑海中随时迸发的灵感。

4．致谢

本书主要由路明村编写，参与编写的还有徐成斌、张卫明、钱纯、毛俪颖、金磊、孙靖超、李岳春、付月磊、张帆和刘炜。本书在编写过程中得到了 Altair 中国和笔者同事们给予的大力支持。特别感谢市场部钱纯总监，毛俪颖；solidThinking 团队的伙伴们，张卫明，徐成斌；实习生杨远龙、霍莹春、张嘉进给予本书的建议。本书虽经过多次润稿，但难免存在不足之处，望读者海涵指正。

编　者

目 录

第 1 章

Evolve 界面基础操作

本章学习要点：

- **熟悉 Evolve 操作界面**。
- **学习自定义界面**。
- **掌握调整视图的方法**。
- **掌握打开与保存文件的方法**。

1.1　认识操作界面

首次打开 solidThinking Evolve 2016 时，会弹出“用户界面”对话框。其中，“标准用户”模式允许用户访问 Evolve 的所有功能，“简化版 PolyNURBS 用户界面”仅针对多边形建模和渲染作业。因此，建议选择“标准用户界面”。Evolve 操作界面如图 1-1 所示，具体介绍如下。

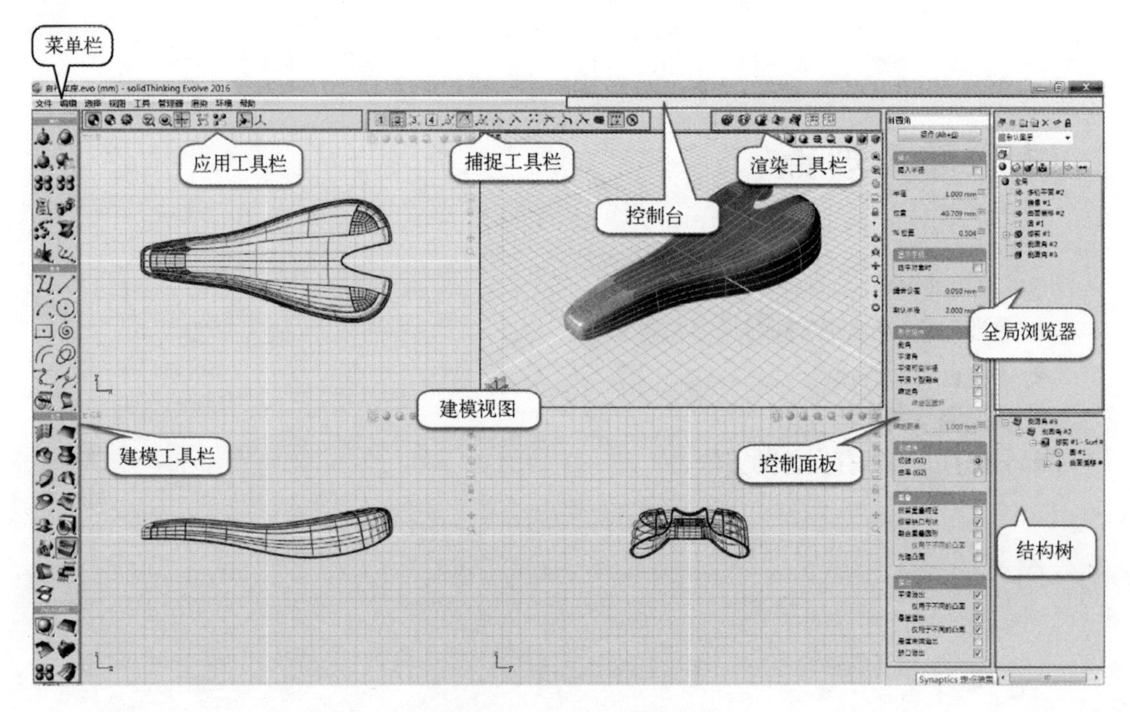

图 1-1　Evolve 操作界面

- 建模视图：用户在该区域内与模型进行互动。
- 建模工具栏：包括所有建模所需的工具。
- 控制台：该区域提示用户需要进行的操作或需要输入的参数。
- 应用工具栏：包括选择、编辑和视图显示等功能。
- 捕捉工具栏：提供捕捉工具。
- 渲染工具栏：提供渲染工具。
- 控制面板：用于编辑和控制选中对象的参数。
- 全局浏览器：用于显示、管理、编辑所有出现在操作流程中的对象。
- 结构树：用于显示所有源对象的历史进程。
- 菜单栏：用于打开和保存文件，以及提供应用工具、显示帮助文件，改变首选项、自定义键盘快捷键等。大部分出现在菜单栏中的命令都可以通过图标或键盘快捷键来实现，当熟悉 Evolve 的操作后，以快捷键的方式实现功能将更为高效。

1.2 自定义设置

1.2.1 界面自定义

（1）排布建模工具栏、控制面板和全局浏览器

1）单击并拖曳建模工具栏、控制面板、全局浏览器最上方的白色虚线线条，可将其放置在屏幕的任意位置；或在面板处于浮动状态时，将其关闭。Evolve 将记录该设置。

2）重新打开建模工具栏、控制面板和全局浏览器，在菜单栏中选择“管理器”菜单，并勾选需要重新打开的工具栏，如图 1-2 所示。

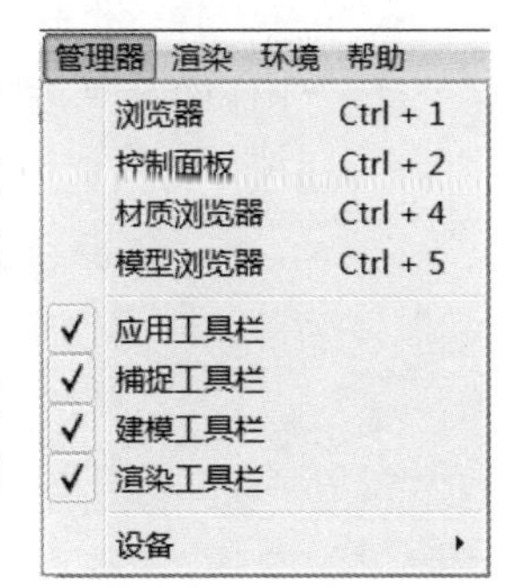

图 1-2 “管理器”菜单

（2）恢复默认设置

经过以上修改，如需返回界面初始状态，则需在菜单栏中执行“帮助”→“首选项”→“常规”→“恢复默认值”命令。

1.2.2 首选项设置

Evolve 中大部分自定义选项都包括在首选项设置中，并且一些参数十分重要，常常决定了建模流程是否顺畅。建议在每次正式建模之前，对这些参数认真定义。这里列出的为常用项。

（1）“常规”选项卡

“首选项”对话框中的“常规”选项卡如图 1-3 所示，参数介绍如下。

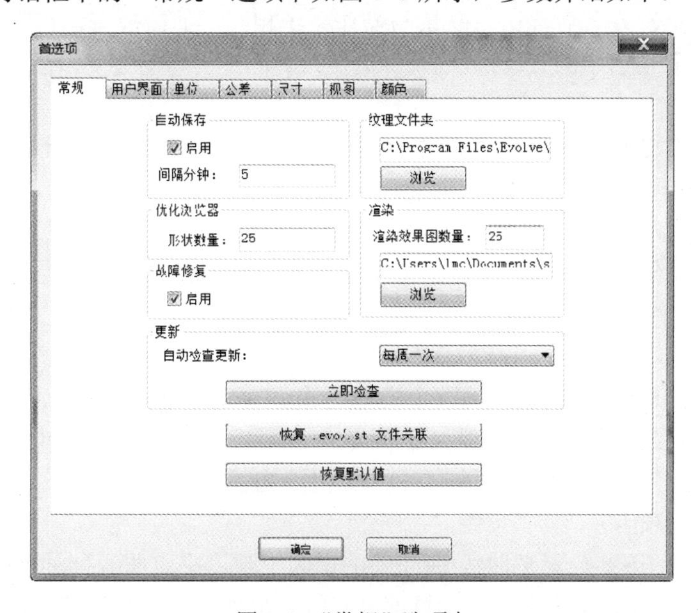

图 1-3 “常规”选项卡

● 自动保存：该项默认为“启用”状态，并可根据需要设置自动保存间隔的时间。当新建一个模型时，建议先将该模型保存，如保存为 test.evo，则在随后的建模过程中，在同一文件夹中会自动生成一个命名为 test.autosave.evo 的文件，随后按照设置的时间间隔自动保存。即使模型出现故障，也可以随时打开保存的模型。
● 故障修复：该项默认为非启用状态，建议将其激活。当 Evolve 出现故障突然崩溃时，系统会自动记录未被保存的模型，在下一次重启时恢复。
● 更新：计算机联网后，Evolve 会自动搜索最新版本。此设置可定义自动检查频率。

（2）“用户界面”选项卡

“首选项”对话框中的“用户界面”选项卡如图 1-4 所示，参数介绍如下。

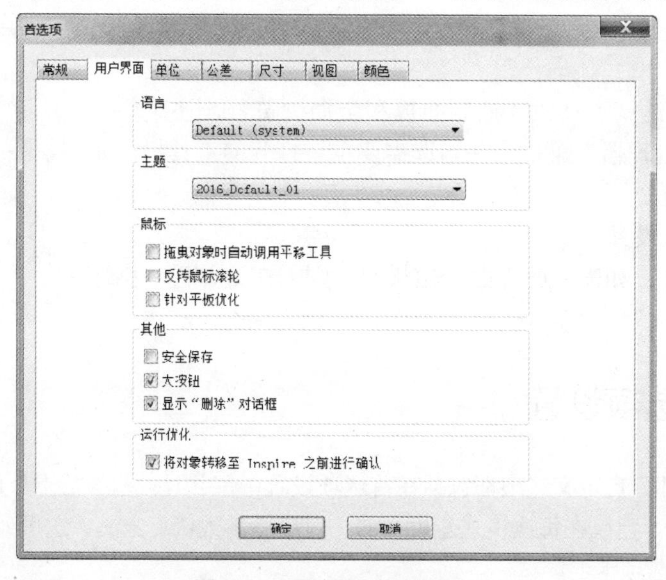

图 1-4 “用户界面”选项卡

● 语言：Evolve 安装后，语言默认与操作系统相同，如需改变，可从该项中选择系统提供的 9 种语言中的 1 种。但选择后用户界面不会马上改变，需要退出程序，重启后生效。
● 鼠标——拖曳对象时自动调用平移工具：勾选此复选框后，鼠标拖动任意选中对象，即可实现位置平移，如未勾选，则必须通过平移工具实现该功能。
● 鼠标——反转鼠标滚轮：可更改鼠标滚轮的方向，适应用户的使用习惯。
● 其他——安全保存：未勾选后，每次保存文件时都会弹出提示，防止因误操作覆盖了之前的文件。

（3）“单位”选项卡

标准单位：标准单位设置将影响整个模型尺寸。Evolve 默认设置单位为“厘米”，则在建模过程中所有涉及尺寸的数值均以 cm 为单位。用户还可以将标准单位设置为：“毫米”“米”“英寸”“英尺”，建模环境中的已有模型尺寸会自动换算。

（4）“公差”选项卡

位置三维公差：该参数定义曲线/曲面间的最大空隙，决定曲线/曲面间是否形成连续。该参数值越小，模型越趋于正确，但计算速度越慢。另外，该参数值的设定还需考虑与下游流程的匹配。角度公差和曲率公差与该参数性质类似。

（5）“颜色”选项卡

用户界面颜色：用户可任意定义界面颜色。

1.2.3 键盘快捷键设置

键盘快捷键的设置方法如下：

1）执行“帮助”→“键盘快捷键”命令，打开“快捷键自定义”对话框。

2）单击快捷键输入区域，当该区域闪动绿色时表示可以输入。

3）在键盘上按出想设置为快捷键的组合。最多可为一个命令设置两个不同的快捷键，修改后的快捷键将呈红色，输入快捷键的方式如下：

- 直接按某个键作为快捷键，无须拼写。例如，当输入“Ctrl”时，可直接按〈Ctrl〉键，而非输入“C-t-r-l”。
- 直接按多个键作为快捷键。同时按住多个键，直到设置完成。此处最多可输入 4 个键。
- 清除输入，直接单击输入框右侧的垃圾桶图标即可清除。
- 重置默认键盘快捷键，单击对话框左下角的“重置”按钮即可。

✧ 注：输入的新快捷键有可能与列表中的某一原有键冲突，此时 Evolve 将提示是否继续保存设置，如选择继续保存，则原有快捷键被自动取消。快捷键列表参见附录“Evolve 快捷键”。

1.3 调整视图

1.3.1 平移、旋转、缩放

鼠标及键盘组合控制见表 1-1。

表 1-1 用鼠标和键盘操作控制视图

	二维平面视图	三维透视图
视图平移		Ctrl + 
基于鼠标光标位置进行视图缩放		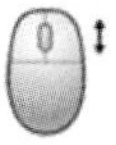
基于屏幕中心进行视图缩放	Shift + 	Shift + 
视图轨道旋转	N/A	

1.3.2 改变默认视图

在默认情况下，Evolve 提供视图的 3 个平面视图，即顶视图、前视图、右视图，以及一个透视图，如图 1-5 所示。

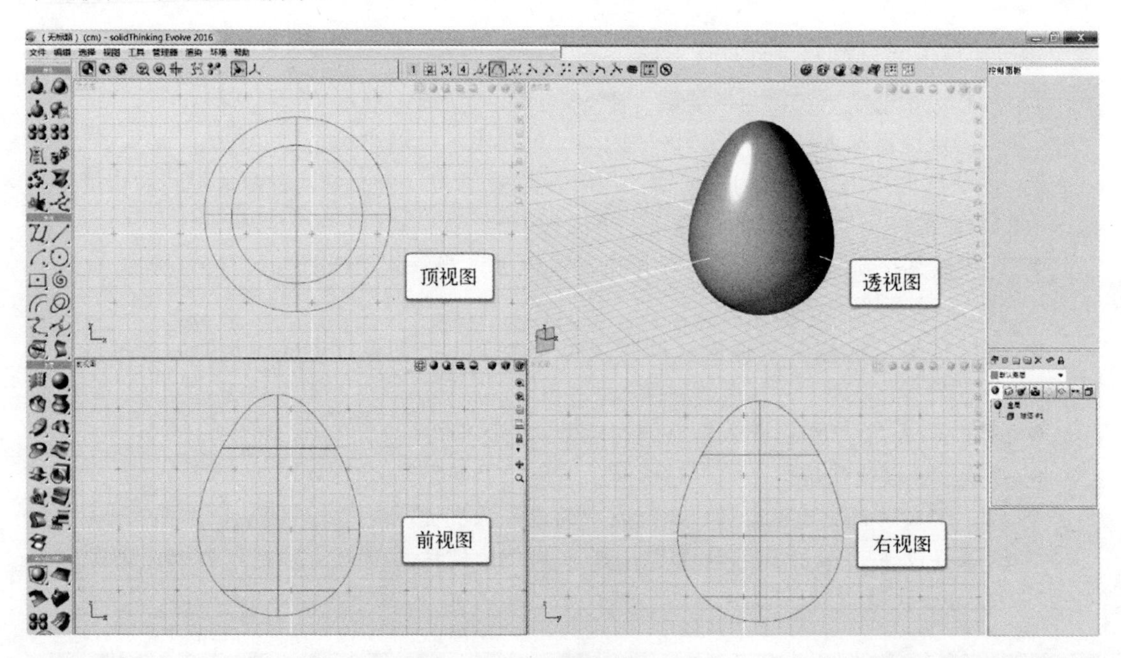

图 1-5　默认视图

单击每一个视图的左上角，单击标题栏中该视图的名字，并切换成摄像机列表中的另外的视图。该列表中包括 6 个平面视图（右视图、前视图、顶视图、左视图、后视图、底视图）以及一个默认的透视图，如图 1-6 所示。

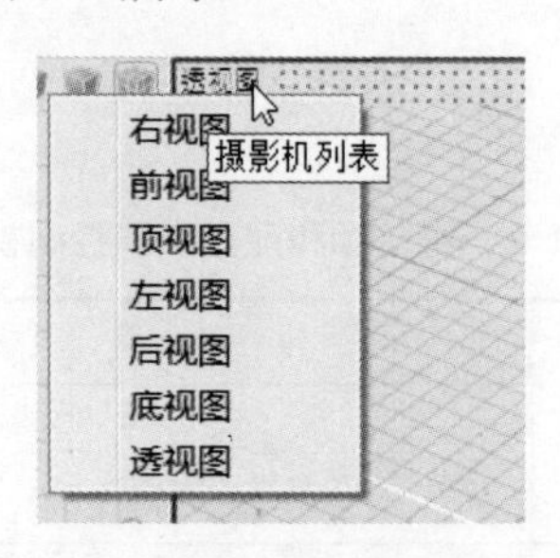

图 1-6　切换默认视图

1.3.3 改变视图布局

在菜单栏中执行“视图”→“布局”命令，打开布局界面，选择任意其他布局图标，如图 1-7 所示。

图 1-7　选择视图布局方式

选择其中一种布局方式后，获得相应的布局效果，如图 1-8 所示。

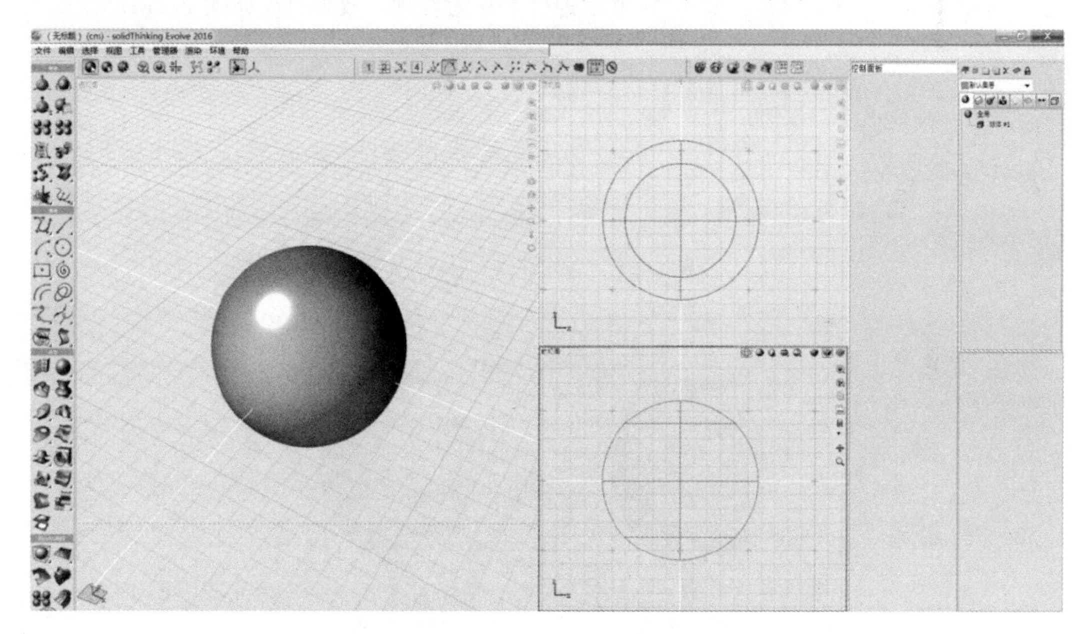

图 1-8　自定义布局效果

1.3.4 视图的最大化与最小化

每个单独的视图可以被扩大充满整个工作区域，只需双击标题栏中的双虚线位置（光标滑过标题栏区域时显示）即可，或使用键盘快捷键〈V〉。

将单个视图收缩为多视图布局，可再次双击标题栏中的双虚线位置，或再次按键盘快捷键〈V〉，如图 1-9 所示。

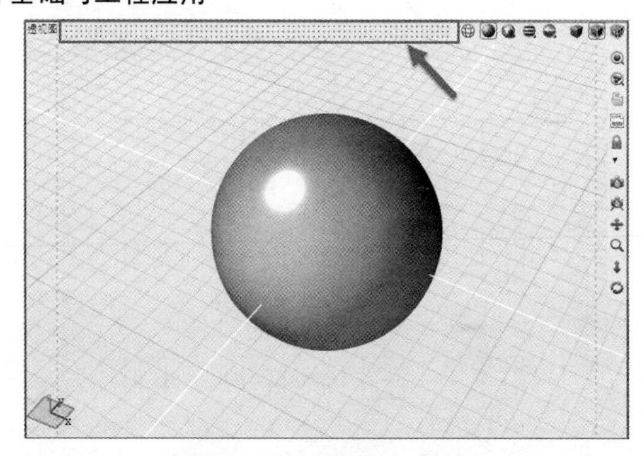

图 1-9　放大或收缩单个视图

1.3.5 改变视图显示质量

在菜单栏中执行“视图”→“视图详情”命令，打开“视图详情”对话框，如图 1-10 所示。选择“低”“中”“高”“最大”（质量最佳）作为设置，效果对比如图 1-11 所示。

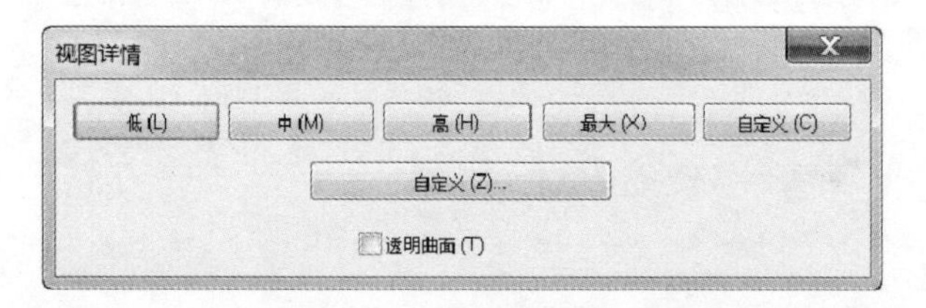

图 1-10　“视图详情”对话框

a)　b)

图 1-11　不同显示质量效果对比

a) 低质量显示效果　b) 最佳质量显示效果

✧ 注：改变视图详情可以提升建模对象的细节显示效果，帮助用户更好地评测模型。改变视图细节并不会对模型几何本身构成改变，但会影响模型在屏幕上的显示效果，以及影响模型更新的时间。具体设置请根据硬件状况决定。

1.3.6 改变模型显示模式

默认情况下，所有平面视图均显示为线框模式，透视图显示为着色模式。用户可以根据需要，单击每个视图右上角的一排图标来改变视图模式。

- 线框模式：视图仅显示类曲线网格，显示速度最快，如图 1-12 所示。

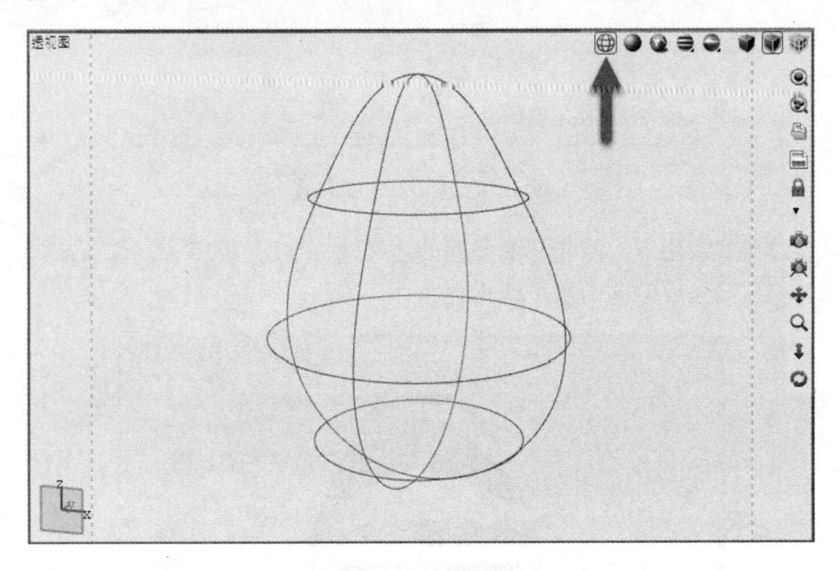

图 1-12　线框模式

- 着色模式：可显示完整的模型造型，以及场景内的光源亮度，如图 1-13 所示。

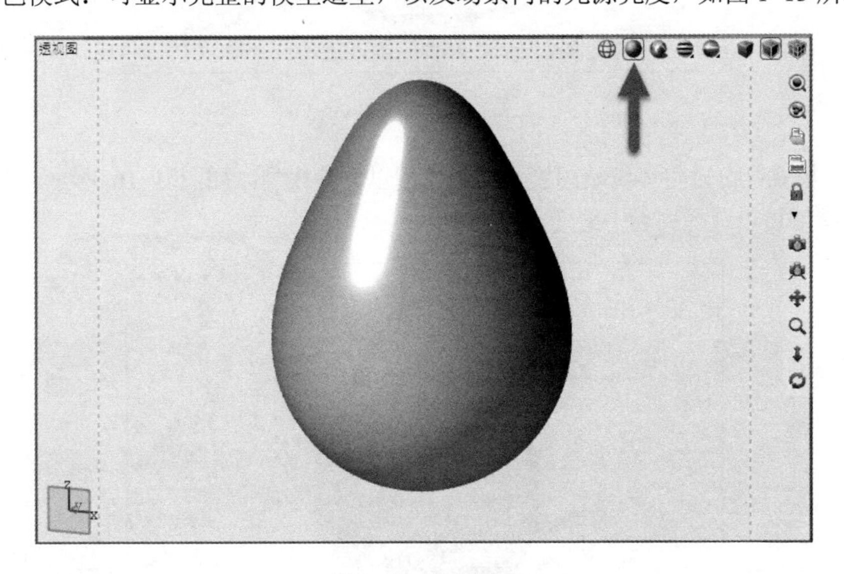

图 1-13　着色模式

- 交互式渲染模式：用于交互式预览材质及环境赋予效果。图 1-14 所示为已附材质（金属）效果。

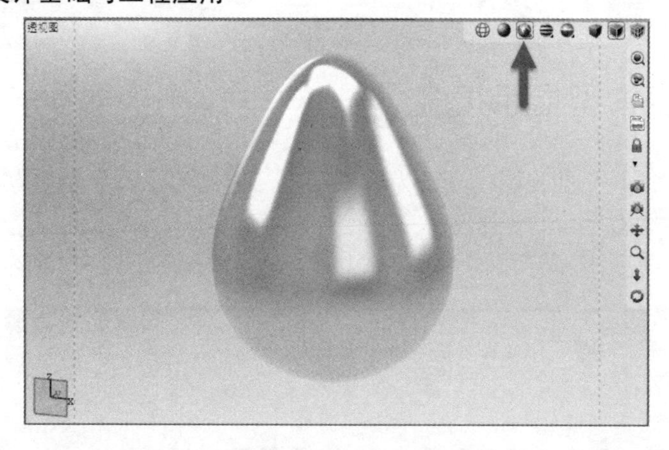

图 1-14　交互式渲染模式

● 斑马条纹模式：用于检测相邻曲面间的连续性，如图 1-15 所示。右键单击图标，可以选择斑马条纹方向为水平或垂直。

图 1-15　斑马条纹模式

● 环境模式：可以将环境贴图置于场景中用以评估模型，如图 1-16 所示。右键单击图标，可以选择列表中的任意环境图片。

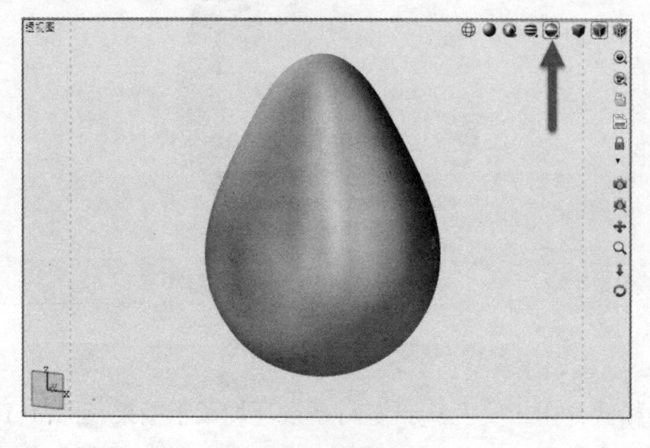

图 1-16　环境模式

✧ 注：该模式仅用于建模过程的评测，并不会对最终渲染效果产生影响。如要对渲染场景中的贴图进行更改，则需在渲染器中编辑。

- 边线和等参线显示：每个视图中，都可以控制边线与等参线的显示，如图 1-17 所示，共 3 种模式："无边线或等参线""边线""边线和等参线"。

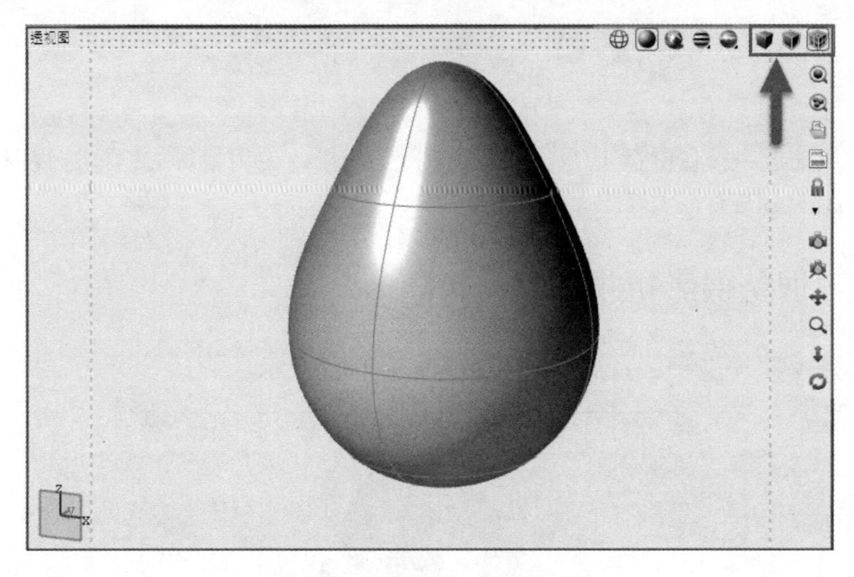

图 1-17　边线和等参线显示

1.3.7　视图调整

1）统一调整平面视图：在应用工具栏中有两个工具，如图 1-18 所示，用户可以使用它们对所有平面视图进行调整，这两个工具不会影响三维透视图。

图 1-18　视图调整工具

- 调整环境中的所有模型到视图中显示：。
- 调整环境中的所选模型到视图中显示：。

2）调整单个视图：在每个视图中，有一组图标与上述工具类似，但尺寸要小一些。这两个图标可对单个视图中的对象进行调整，如图 1-19 所示。

图 1-19　调整单个视图工具

当用户未选中某个对象时，〈F〉键对视图中的所有对象起作用，如当前选中了某个对象，则对选中目标起作用。

3）平面视图同步：单击应用工具栏中的正交调整工具，如图 1-20 所示，可使所有二维视图同时缩放。此操作不会对透视图造成影响。

图 1-20　平面视图同步工具

4）区域缩放：按住键盘上的〈Ctrl+Shift〉快捷键，使用鼠标右键框选视图中的某区域，则可对该区域进行放大观察。

1.3.8 调整摄影机视角

调整场景效果需使用摄像机控制工具组，如图 1-21 所示。

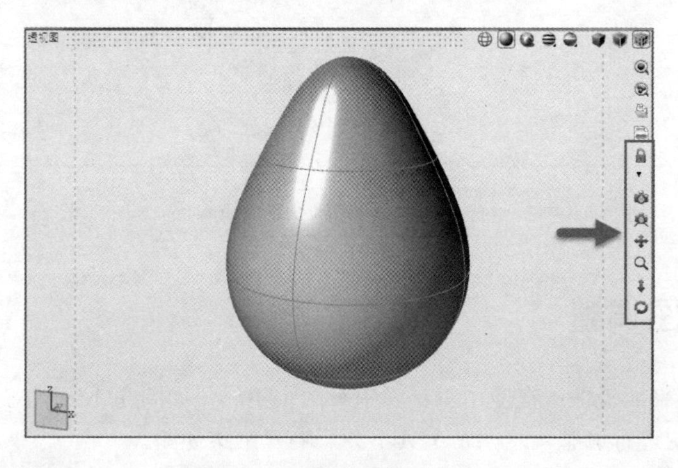

图 1-21　摄像机控制工具组

- 锁定摄影机：用于锁定激活的摄像机控制工具。一旦锁定，则无法对视图进行平移和旋转，但可以进行放缩。
- 显示/隐藏摄影机：单击该图标以显示/隐藏一系列摄影机图标。
- 编辑摄影机：该工具仅出现在透视图中。单击后在控制面板内出现一系列摄影机参数可供调整。
- 透视效果：该工具仅出现在透视图中。单击该工具并拖动，此时摄影机的位置参数及焦距参数同时改变。
- 平移工具：单击该工具可拖动视图中的场景进行平移。建议直接通过鼠标和快捷键进行操作：在二维平面视图中单击鼠标右键；在三维透视图中使用〈Ctrl+鼠标右键〉快捷键。
- 视场工具：单击该工具并拖动，此时仅改变摄影机焦距参数。
- 移动摄影车：该工具仅出现在透视图中。单击该工具并拖动，可改变摄影机位置，但不会改变视图角度。建议使用键盘快捷键〈Shift+鼠标右键〉。

- 摄影机环绕对象：该工具仅出现在透视图中。使用时摄影机环绕某点进行旋转，建议使用鼠标右键直接操作。

✧ 注：默认情况下使用“摄像机环绕工具”是基于全局原点进行环绕的。如果场景中有众多对象且比较分散，当想针对某一远离原点的对象进行观察操作时，可使用前面学习的调整工具，将该对象调整到视图中心区，随后再使用“摄像机环绕对象”，基于该对象进行环绕。

1.3.9 快照

1）在选中视图的右侧，单击“快照”图标，如图 1-22 所示。

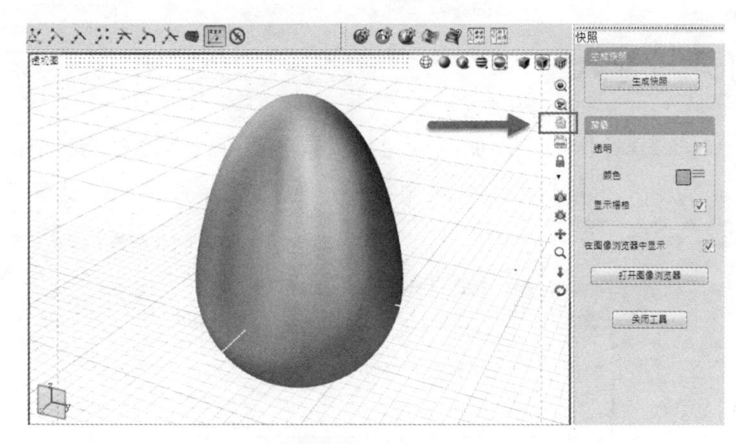

图 1-22　快照工具

2）在右侧的控制面板中调整参数。

- 改变背景颜色：将光标移动至图标的上方，打开调色板可选择其他颜色。
- 显示栅格：决定栅格是否出现在快照中。

3）单击“生成快照”按钮。

4）单击“打开图像浏览器”按钮，则在“图像浏览器”窗口中可看到生成的快照图片，如图 1-23 所示。

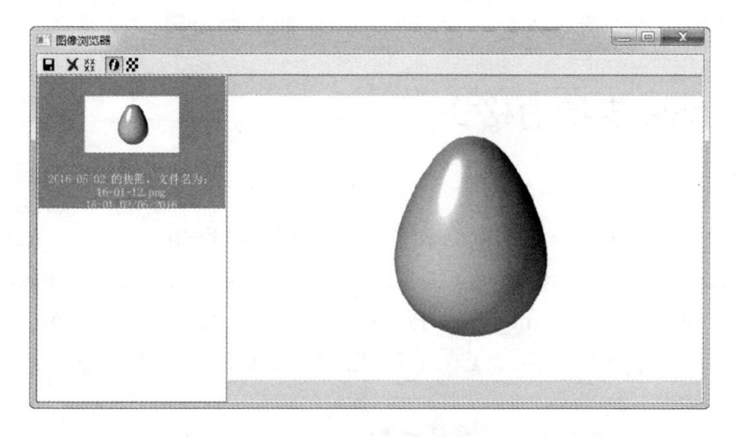

图 1-23　生成的快照图片

1.4 打开与保存文档

1.4.1 新建与保存

1）在菜单栏中执行“文件”→“新建”命令，创建一个新文档。

2）在菜单栏中执行“文件”→“保存”命令，对新文档进行任意命名，并保存于计算机桌面。

3）计算机桌面上出现一扩展名为.evo 的文件，此格式为 Evolve 的默认格式。

1.4.2 打开与导入

“打开”与“导入/合并”操作，如图 1-24 所示，都可以直接置入一个已有模型文档，它们的区别在于“打开”只能打开一个现有模型，而“导入/合并”可以在当前打开的模型文档中置入另外一个已有模型。

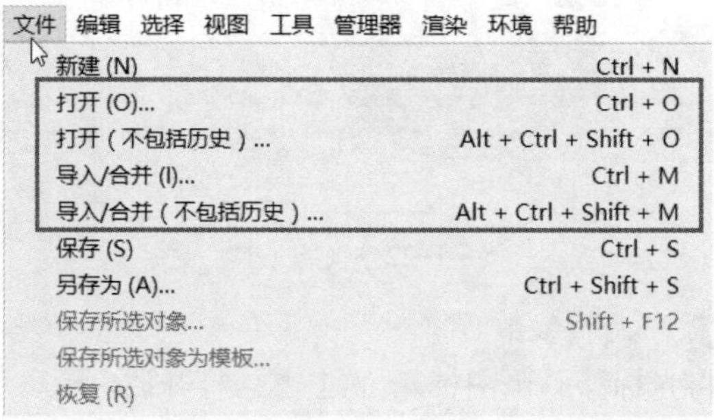

文件 编辑 选择 视图 工具 管理器 渲染 环境 帮助

新建 (N) Ctrl + N
打开 (O)... Ctrl + O
打开（不包括历史）... Alt + Ctrl + Shift + O
导入/合并 (I)... Ctrl + M
导入/合并（不包括历史）... Alt + Ctrl + Shift + M
保存 (S) Ctrl + S
另存为 (A)... Ctrl + Shift + S
保存所选对象... Shift + F12
保存所选对象为模板...
恢复 (R)

图 1-24 “打开”与“导入/合并”选项

“打开（不包括历史）”和“导入/合并（不包括历史）”为 Evolve 中的特别选项，即当置入一个已有模型时，该模型中包含的结构历史进程将自动移除，用户无法再通过结构树对模型进行交互式调整。此选项常用于建模后的渲染阶段，详细应用参见后续章节。

1.4.3 Evolve 支持的格式

以下格式通过在菜单栏中执行“文件”→“打开”命令可直接导入：

Evolve (.evo, .st, .stm)；3D Studio Mesh (.3ds)；Adobe Illustrator (.ai)；AutoCAD Drawing (.dwg)；AutoCAD Drawing Exchange (.dxf)；H3D (.h3d)；IGES (.iges; .igs)；OBJ (.obj)；Parasolid (.x_t, .xmt_txt, .x_b, xmt_bin)；Point cloud (.cld, .txt)；Rhinoceros (.3dm)；sT-Adv (Catia, SolidWorks, Pro/E, NX, Acis, Jt Open, I-DEAS, Inventor)；STEP (.stp; .step)；STL (.stl)；VDAFS (.vda)。

以下格式通过在菜单栏中执行“文件”→“保存”→“另存为”命令，选择格式后即可导出：

Evolve (.evo, .st, .stm)；3D Studio Mesh (.3ds)；Acis SAT (.sat)；AutoCAD ASCII (.dxf)；Arch bill (.txt)；IGES (.iges; .igs)；Keyshot (.bip)；Maya ASCII (.ma)；OBJ (.obj)；Parasolid (.x_t)；Parasolid binary (.x_b)；Rhinoceros (.3dm)；STEP (.stp; .step)；STL (.stl)；VDAFS (.vda)。

本章小结

通过本章学习，读者需要对 Evolve 界面有一个初步认识，并熟练掌握本章中提及的鼠标及键盘快捷键操作。

第 2 章

Evolve 建模基础操作

本章学习要点:

- 理解 NURBS 与 PolyNURBS 的区别，以及各自的适用领域。
- 熟悉与建模相关的界面区域，包括建模工具栏、应用工具栏、捕捉工具栏、 控制台、全局浏览器、结构树。
- 理解结构历史进程的逻辑关系。
- 掌握管理模型方式：组与图层。

2.1 建模基础

2.1.1 NURBS 与 PolyNURBS

在学习建模之前，必须先了解 Evolve 的建模方式，以及每种建模方式的特点。在 Evolve 中包含了两种不同的曲面构建方式：NURBS 建模及 PolyNURBS 建模。

- NURBS 建模：非均匀有理 B 样条曲线（Non Uniform Rational B-Splines），这是计算机图形学中的一种数学模型，用以精确表达三维曲面造型。其内部算法数值稳定高效，因此 NURBS 建模方式也是工业产品几何形状定义的唯一数学方法。NURBS 建模方式中有两个基本的元素，即 NURBS 曲线和 NURBS 曲面，如图 2-1 所示。

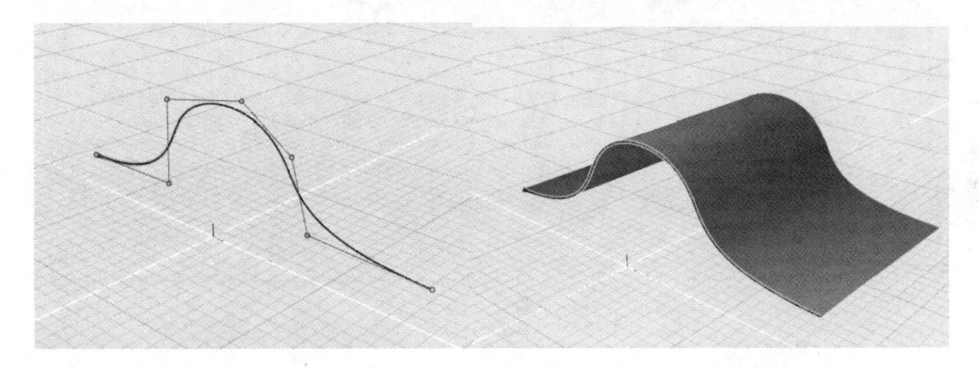

图 2-1 NURBS 曲线与通过 NURBS 曲线创建的 NURBS 曲面

- PolyNURBS 建模：虽然 NURBS 建模方式为工业产品建模提供了极高的精准度和自由度，但某些情况下，如构建复杂造型的工艺品、欧式家具等有机形态时，另外一种三维建模方法——多边形建模（Polygon）则更有优势。Evolve 中提供了一种名为 PolyNURBS 的建模方式，融合了 Polygon 建模的自由性及 NURBS 建模的精确性。PolyNURBS 可以理解为通过多边形的建模方式构建 NURBS 曲面，如图 2-2 所示。

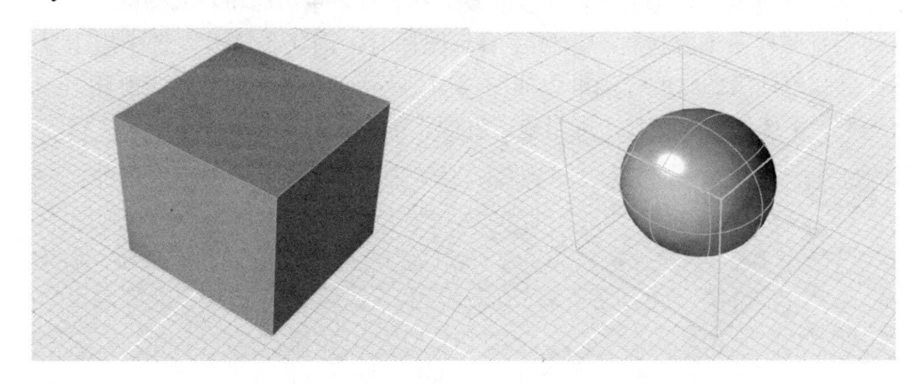

图 2-2 多边形建模（左）与转化后的 PolyNURBS 曲面（右）

✧ 注：NURBS 建模与 PolyNURBS 建模将在后面章节详细介绍。

2.1.2 建模工具栏

建模工具栏位于整个工作区域的左侧，包含了所有与构建模型相关的工具，如图 2-3 所示。

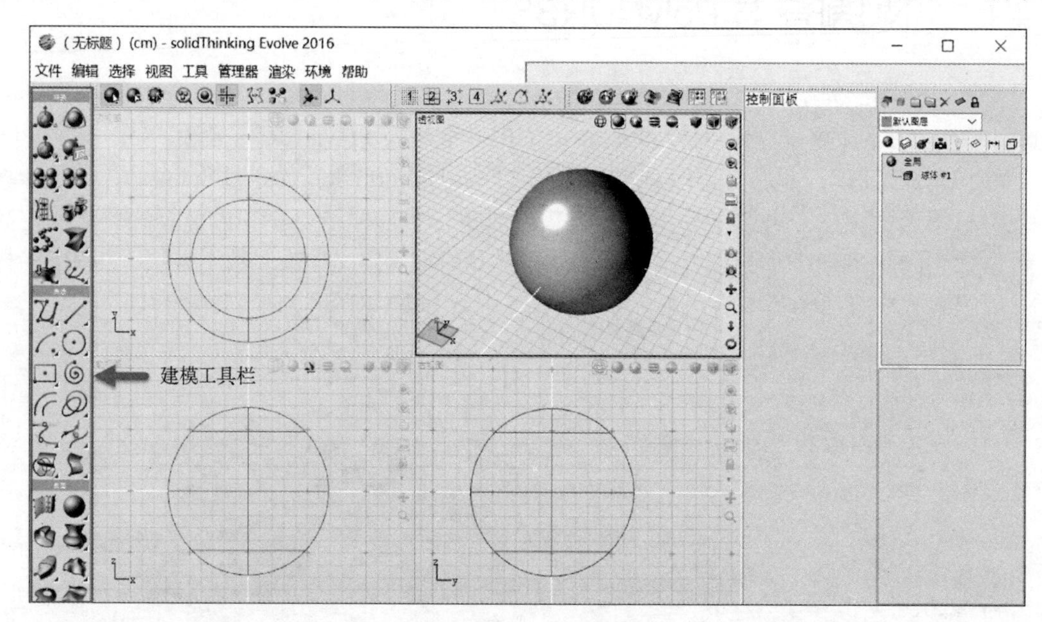

图 2-3 建模工具栏区域

1）滚动建模工具栏：

- 将光标移动到建模工具栏的任意卷展栏位置（如转换、曲线、曲面等标题栏），直到光标变成一只手的形状，单击并拖曳鼠标即可上下滚动工具栏。
- 将光标移动到工具栏上方的任意位置，滚动鼠标中键即可。

2）展开或关闭类别卷展栏：双击卷展栏位置即可关闭或展开。

3）选择建模工具：

- 将光标移动到某一工具上方即可显示该工具名称，单击即可将其激活。
- 当某工具图标右下方包含一个黑色箭头图标时，则代表这里内含一组工具。按住鼠标左键弹出该组图标的浮动框，如图 2-4 所示，该浮动框直到选中其中一个工具后消失。若不选择其中工具，可用单击界面上的任意位置使其消失。

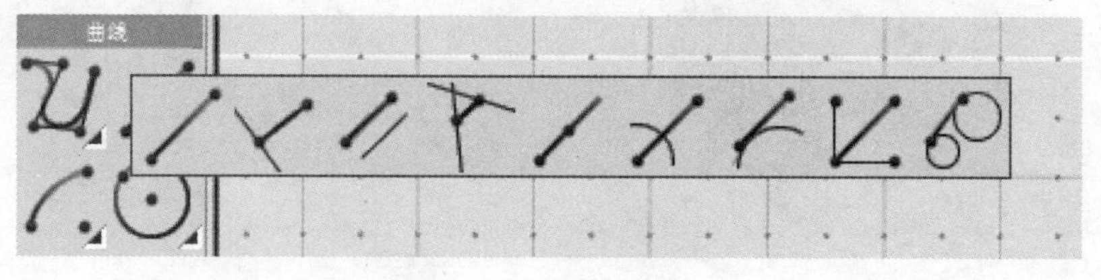

图 2-4 工具组浮动框

4）退出当前工具：按〈Esc〉键退出。

5）重新使用上一步工具：默认快捷键为〈Ctrl+空格〉或〈Insert〉。

✧ 注：由于〈Ctrl+空格〉也是 Windows 中文操作系统的语言切换键，因此建议使用〈Insert〉键；或在菜单栏中执行“帮助”→“键盘快捷键”命令，自定义该操作的快捷键。

2.1.3 控制台

控制台非常重要，它将在建模过程中指导每一步操作，请时刻观察控制台给出的提示，如图 2-5 所示。

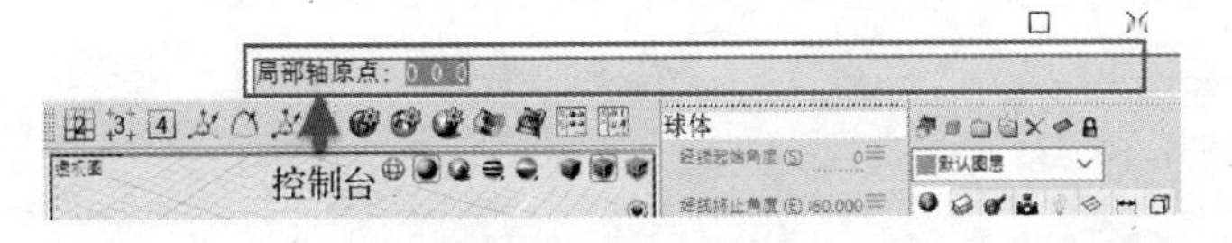

图 2-5　控制台区域

【练习（2.1.3）】使用控制台，步骤如下：

1）在建模工具栏中选择球体工具，如图 2-6 所示。

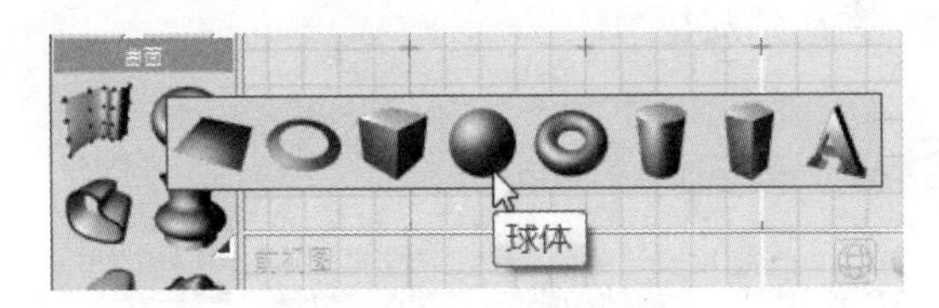

图 2-6　球体工具所在工具组

2）在控制台中默认显示“局部轴原点：0 0 0”，手动将 3 个数字更改为“2 2 2”，如图 2-7 所示，随后按〈Enter〉键（或空格键）确认输入。

局部轴原点：2 2 2

图 2-7　控制台提示 1

✧ 注：此处 3 个数字必须在原来位置上修改，也可以使用符号“,”或“@”相隔，如输入“2,2,2”或“2@2@2”。

3）当控制台提示输入半径时，将默认值更改为 3，如图 2-8 所示，随后按〈Enter〉键（或空格键）确认输入。

半径 (R)：3 cm

图 2-8　控制台提示 2

4）此时，在视图中获得一个半径为 3 的球体，其坐标位置为 x=2、y=2、z=2，如图 2-9 所示。

✧ 注：〈Enter〉键或空格键用于接受控制台提供的默认设置。这两个键是 Evolve 中最常用的“确认键”。

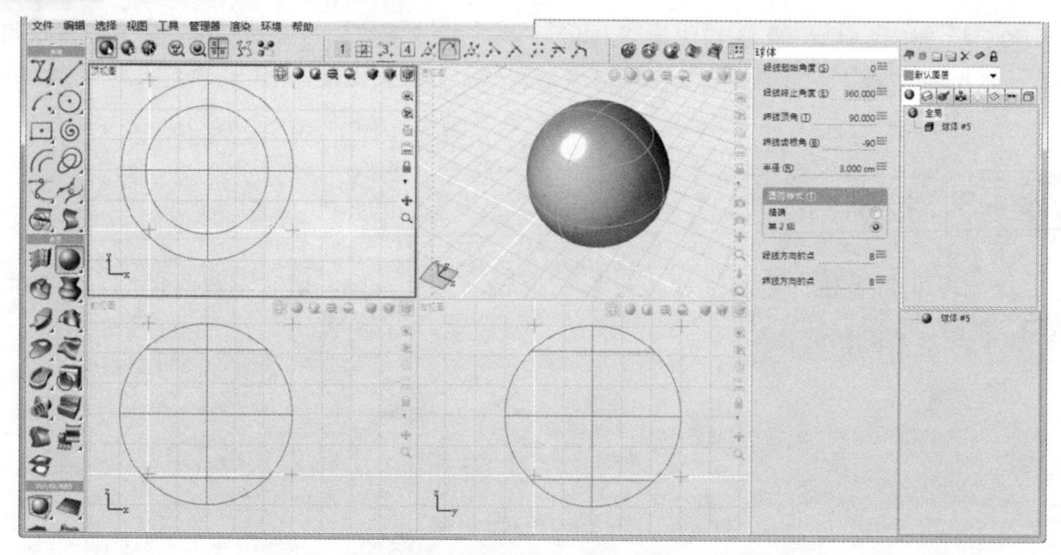

图 2-9　绘制半径为 3cm 的球体，位置坐标为（2,2,2）

✧ 注：如果想要直接接受所有控制台提示的默认设置，则可直接按〈Ctrl+Enter〉快捷键跳过所有提示，直接创建模型。

2.1.4 控制面板

控制面板（见图 2-10）用于显示当前选中对象的所有参数，可通过调整参数来驱动模型造型发生改变。

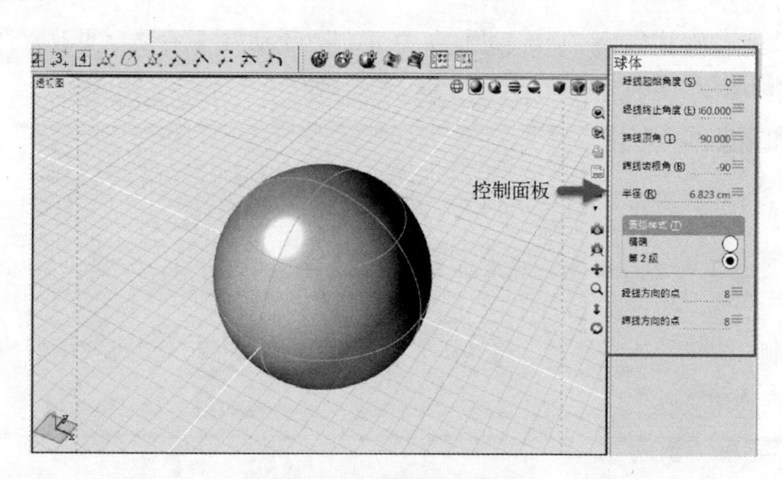

图 2-10　控制面板区域

【练习（2.1.4）】使用控制面板调整参数，步骤如下：

1）继续使用练习（2.1.3）中的球体，在控制面板中找到参数“半径”，输入一新的半径值“5”。此时，视图中的球体半径会相应地做出改变。

2）将光标移动到参数“半径”值右侧的图标▤上时，会弹出一个滑块，此时可拖动滑块调整半径参数，如图 2-11 所示。

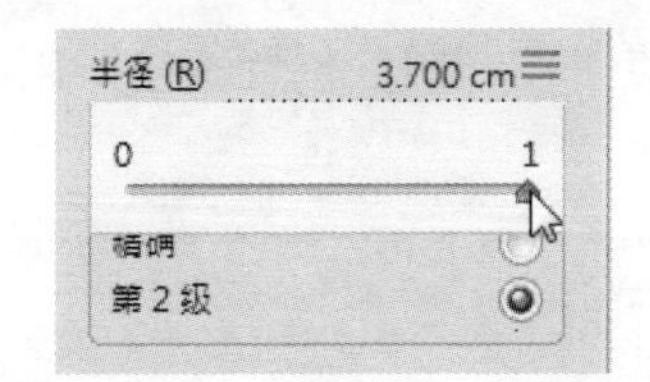

图 2-11　通过滑块调整半径参数

2.1.5 背景设置

通过背景设置，用户可置入图片作为建模参考，如将手绘效果图或产品照片直接导入到视图中。

【练习（2.1.5）】设置背景图像，步骤如下：

1）新建一个 Evolve 文件。

2）单击需要设置背景图像的视图，此处请选择“顶视图”选项。

3）单击视图右侧设置背景图像的图标，如图 2-12 所示。

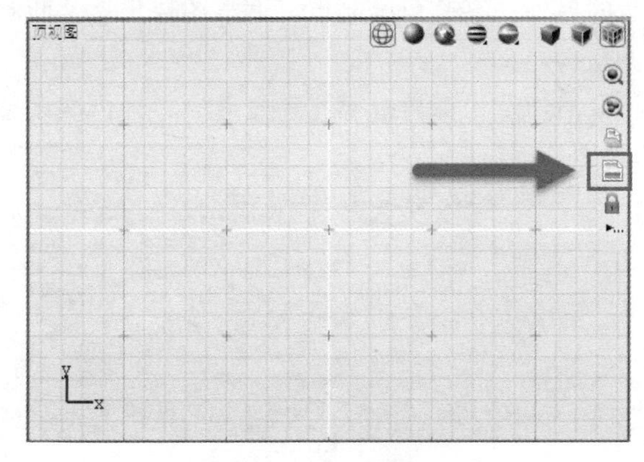

图 2-12　背景图像图标

4）当自动弹出“选择图片”对话框时，请选择素材文件夹“练习（2.1.5）”中的图片“座椅_顶视图.jpg”，图片置入后如图 2-13 所示。

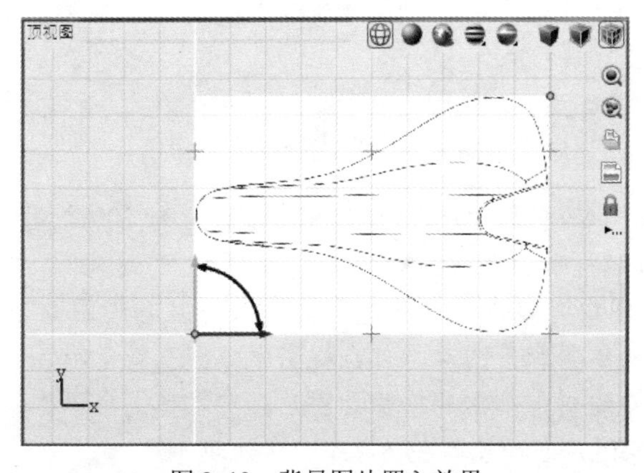

图 2-13　背景图片置入效果

5）位于原点的亮蓝色控制点可控制图片位置。在控制面板中，将“位置”参数设定为“中心”，如图 2-14 所示。

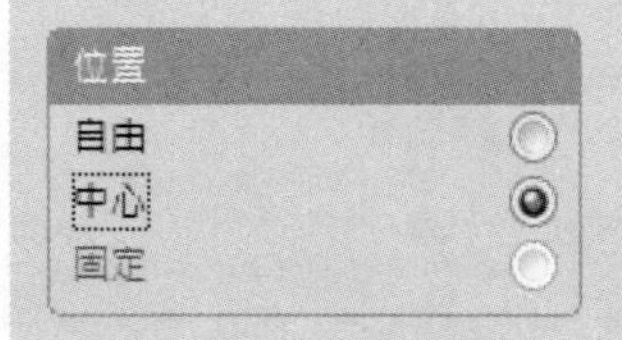

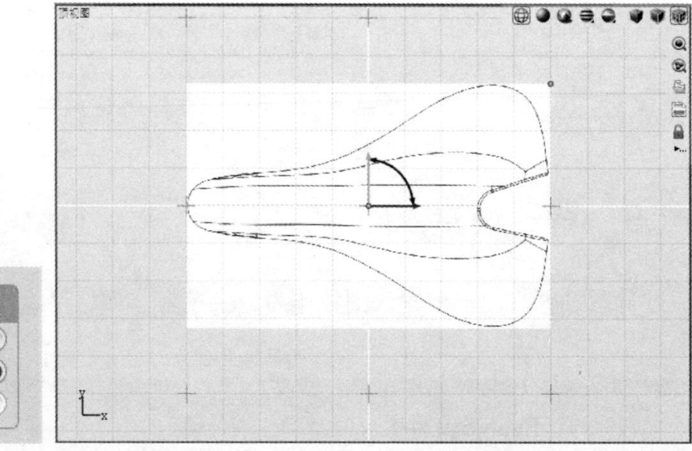

图 2-14 设定位置参数（左）及背景图片定位于中心处（右）

6）编辑图片右上角的另外一亮蓝色控制点，调整图片尺寸。此时可看到，图片是按原始比例调整的。

7）在控制面板中，取消勾选“保持纵横比”复选框。当再次调整图片时，即可按任意比例调整图片，如图 2-15 所示。

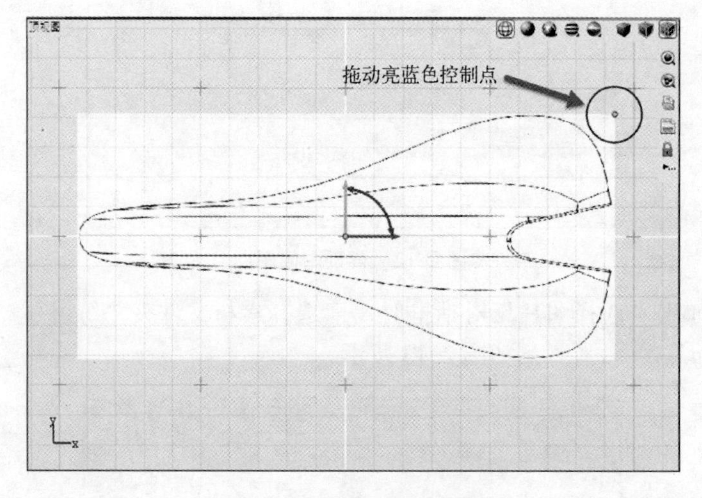

图 2-15 手动调整背景图像

8）在控制面板中，调整参数“透明度”，将其值设置为 60%。可将背景图像的透明度降低，以不影响未来建模过程中的视觉效果。

✧ 注：在每个视图中只能设置一张背景图片，并且背景图片不会出现在最终渲染效果中。如需再次编辑背景图片，可在视图中单击“背景图片”图标，对控制面板中的参数进行重新编辑；如需删除背景图片，可在视图中单击“背景图片”图标，在控制面板中清除图片名称或单击“移除”按钮即可。

2.1.6 结构坐标系

结构坐标系显示于每个视图的右下角，指示当前所处坐标系的方向。

在二维视图中，两红色坐标指示当前结构平面的方向，如图 2-16 所示，所有对象只能在当前平面上移动。在三维视图中，绿色平面代表结构平面方向，当视图旋转时，结构平面自动对齐到与屏幕最为平行的面，如图 2-17 所示。

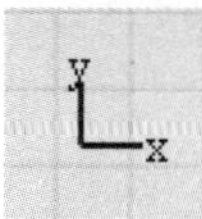

图 2-16　二维视图中的坐标轴指示

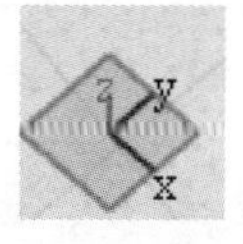

图 2-17　三维视图中的坐标轴指示

单击结构平面可将其锁定。例如，在透视图中锁定结构平面 XZ，再绘制一条曲线，无论视图如何旋转，绘制曲线的所有控制点都会位于结构平面 XZ 上，如图 2-18 所示。

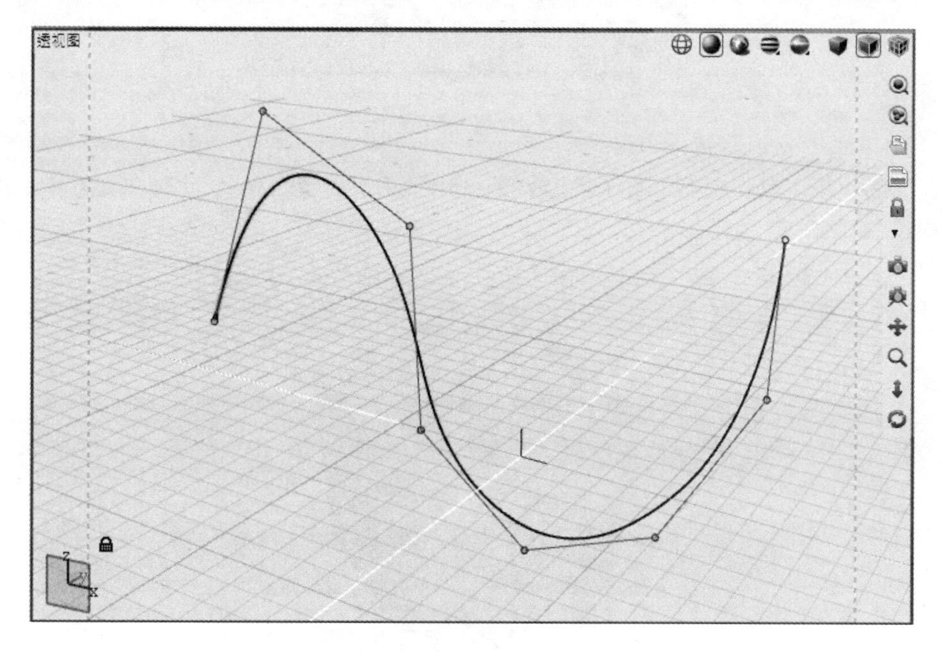

图 2-18　锁定结构平面

2.2 转换和捕捉

2.2.1 平移、旋转、缩放

针对建模环境中的对象，用户可以进行平移、旋转、缩放的转换操作。这 3 个工具位于建模工具栏中的“转换”卷展栏下，如图 2-19 所示。

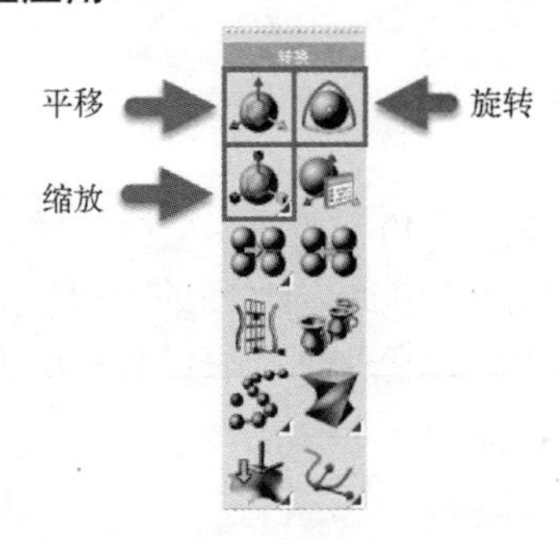

图 2-19　平移、旋转、缩放工具

【练习（2.2.1_1）】使用平移工具，步骤如下：

1）新建一个 Evolve 文件。使用建模工具创建一个立方体，如图 2-20 所示，接受控制台提供的所有默认设置。默认获得起始于坐标轴原点，长、宽、高均为 1cm 的立方体。

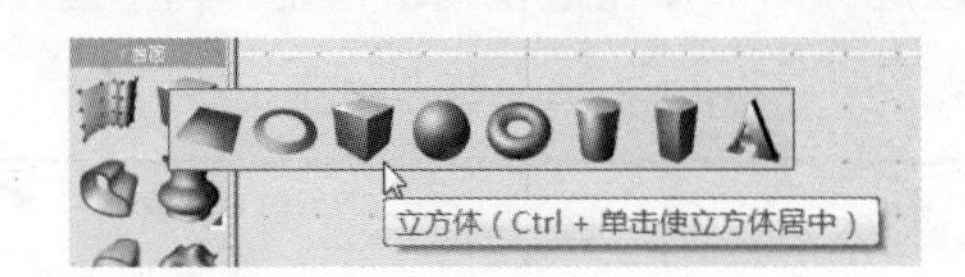

图 2-20　创建立方体

2）激活建模工具栏中的平移工具，或使用平移快捷键〈W〉。此时在立方体上出现一个操纵杆，如图 2-21 所示。

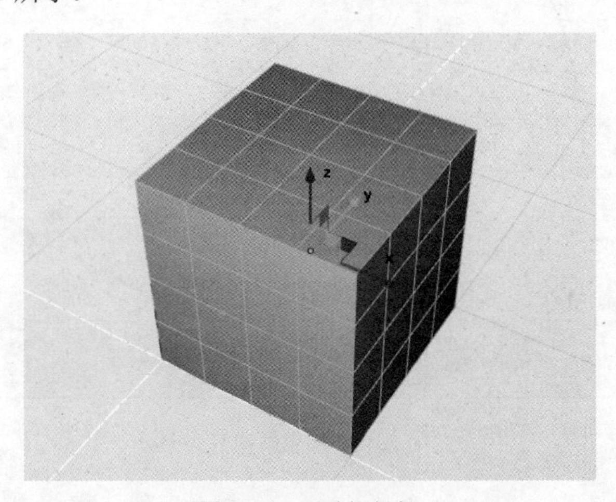

图 2-21　平移操纵杆

3）按住 X（红色）、Y（绿色）或 Z（蓝色）方向的箭头进行拖曳，立方体沿该轴方向移动。

4）按住两箭头夹角中的方形平面进行拖曳，立方体在特定平面 XY（蓝色）、YZ（红色）、XZ（绿色）上移动。

✧ 注：默认情况下，平移的中枢（即亮蓝色控制点所在位置）位于选中对象的“边界框中心”，如图 2-22 所示，用户可以将该中枢点手动移动到建模环境中的任意位置。

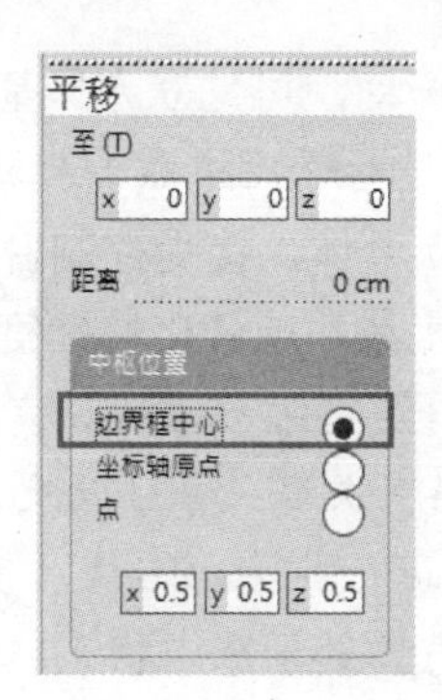

图 2-22　默认中枢设置

【练习（2.2.1_2）】使用旋转工具，步骤如下：

1）保持练习（2.2.1_1）中的立方体处于选中状态。

2）激活建模工具栏中的旋转工具，或使用旋转快捷键〈E〉。此时在选中对象上出现旋转控制杆。

3）按住 3 个不同颜色的控制杆调整旋转角度。例如，图 2-23 所示为基于 Y 轴（绿色）旋转了 335°。

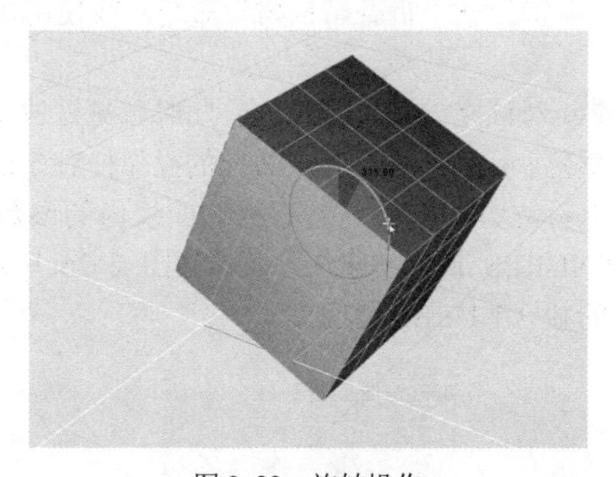

图 2-23　旋转操作

【练习（2.2.1_3）】使用旋转工具，设置新的旋转中心，步骤如下：

1）重新打开 Evolve，新建一个立方体，接受控制台提供的所有默认设置。

2）激活建模工具栏中的旋转工具，或使用快捷键〈E〉。

3）将旋转中枢点（中心）拖动至立方体外部，如图 2-24 所示。

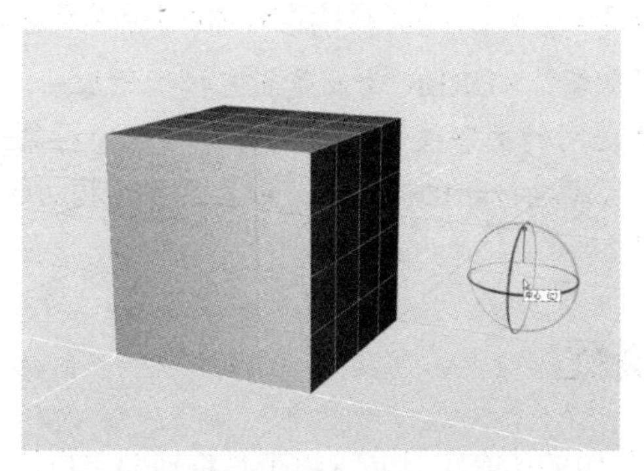

图 2-24　设置新的旋转中枢点

4）再次选中 Y 轴方向（绿色）拖动，可见立方体基于改动后的中枢点旋转。

【练习（2.2.1_4）】使用缩放工具进行等比缩放，步骤如下：

1）重新打开 Evolve，新建一个立方体，接受控制台提供的所有默认设置。

2）激活建模工具栏中的缩放工具，或使用快捷键〈R〉。

3）按住任意一个蓝颜色的控制杆进行缩放，可见立方体等比例缩放。

✧ 注：此时立方体自身参数间具有关联关系（历史进程），无法对其进行非等比缩放。

【练习（2.2.1_5）】使用缩放工具进行非等比缩放，步骤如下：

1）保持练习（2.2.1_4）中的立方体处于选中状态。

2）观察其控制面板内显示为该立方体的参数：长度、宽度和高度，如图 2-25 所示。

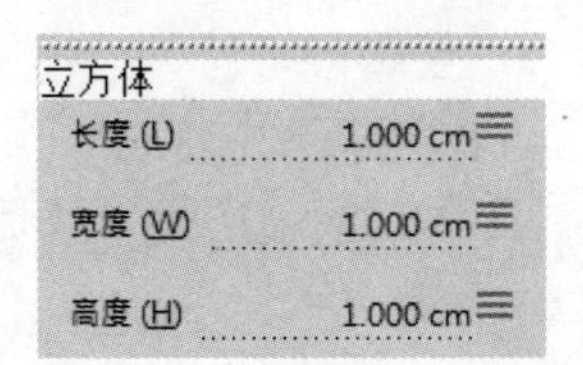

图 2-25 观察控制面板显示立方体参数

3）在菜单栏中执行“编辑”→“折叠结构树”命令，或使用快捷键〈C〉。该操作会将选中对象的结构树损毁。

4）单击缩放工具，重新对该立方体进行缩放。此时可见缩放工具的操作杆在几个轴向方向呈现红、蓝、绿 3 种颜色，用户可拖动任意方向的操作杆对该轴向进行缩放调整。

5）退出缩放工具后保持立方体选中，观察控制面板内的参数，发现此时显示的并非“立方体”的参数，而是“NURBS 曲面编辑”参数，如图 2-26 所示，即此时选中对象已成为一个不具备立方体参数的独立 NURBS 曲面。

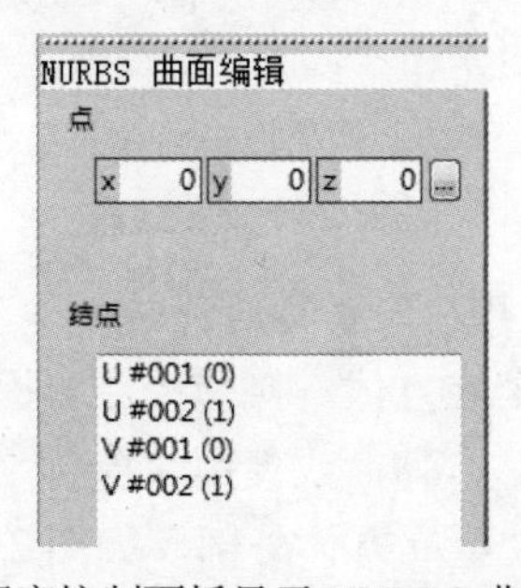

图 2-26 观察控制面板显示 NURBS 曲面编辑参数

✧ 注：读者可以这样理解，NURBS 曲面是所有模型的基础，立方体通过结构树构建了长度、宽度、高度之间的关联关系，是具备结构树的对象。缩放工具对具有结构树的对象——立方体只能进行等比例调整，对不具备结构树的对象——NURBS 曲面可以进行非等比例调整。

2.2 栅格与捕捉

本节将讨论捕捉工具栏中的所有工具，这组工具将辅助用户构建更精确的模型。

1. 捕捉栅格工具

在捕捉工具栏中有一组工具，如图 2-27 所示，它们与栅格的大小息息相关，如图 2-28 所示。

图 2-27　捕捉工具栏 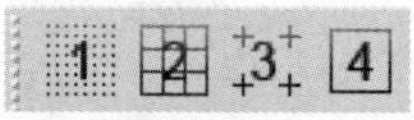　　　图 2-28　捕捉栅格工具组

【练习（2.2.2_1）】使用捕捉栅格工具，步骤如下：

1）新建一个 Evolve 文件。激活“捕捉栅格 1”工具，或使用快捷键〈Alt+1〉。

2）激活顶视图，在建模工具栏中选择“矩形：角、角”工具，如图 2-29 所示。

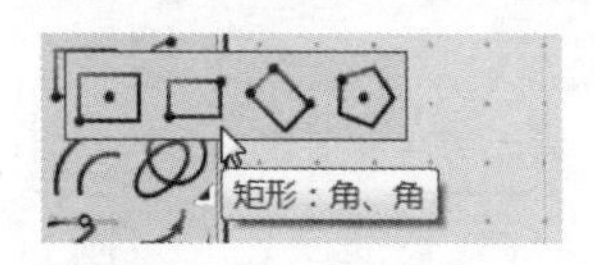

图 2-29　激活矩形工具

3）在顶视图中，通过滚动鼠标中键放大视图，显示出最小尺寸的栅格。

4）在顶视图中，基于最小的栅格点，绘制一个矩形（通过单击对角线两点位置确定矩形大小），在绘制过程中可以感觉到光标自动捕捉到最小尺寸的栅格上，如图 2-30 所示。

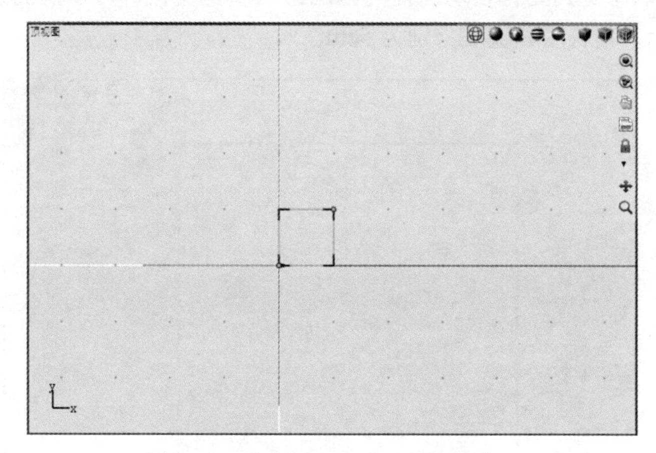

图 2-30　绘制矩形，激活捕捉栅格#1

5）绘制结束后，通过控制面板读取矩形参数，长度和宽度均为 0.1cm，如图 2-31 所示。

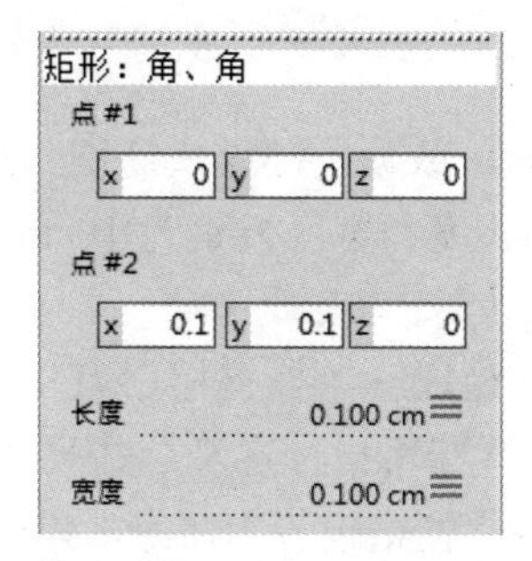

图 2-31　读取矩形参数

6）鼠标激活“捕捉栅格 2”工具[2]，或使用键盘快捷键〈Alt+2〉。再次绘制一个矩形，这次在绘制过程中，可以感觉到光标自动捕捉的范围发生变化，可以捕捉并绘制的最小矩形尺寸如图 2-32 所示，其长度和宽度分别为 1cm。

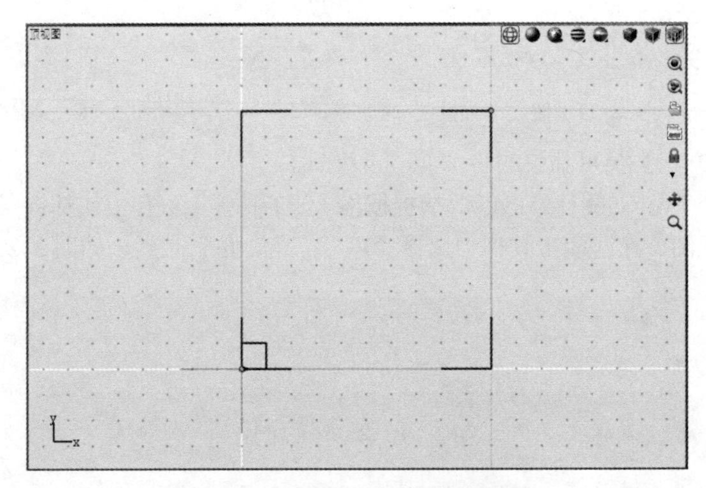

图 2-32　绘制矩形，激活捕捉栅格#2

7）激活“捕捉栅格 3”工具[3]，或使用键盘快捷键〈Alt+3〉。再次绘制一个矩形，这次在绘制过程中，可以感觉到光标自动捕捉的范围再次发生变化，可以捕捉并绘制的最小矩形尺寸如图 2-33 所示，其长度和宽度分别为 5cm。

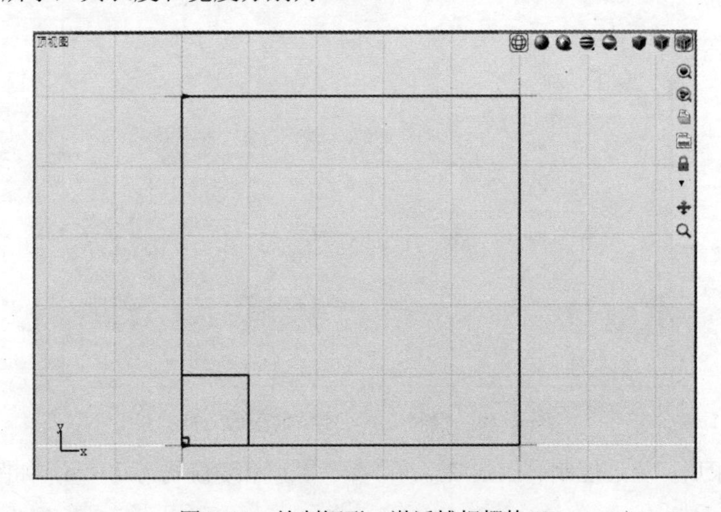

图 2-33　绘制矩形，激活捕捉栅格#3

8）激活“捕捉栅格 4”工具[4]，或使用键盘快捷键〈Alt+4〉。再次绘制一个矩形，这次可以捕捉并绘制的最小矩形尺寸的长度和宽度分别为 10cm。

【练习（2.2.2_2）】设置栅格，步骤如下：

在练习（2.2.2_1）中，我们已经理解“捕捉栅格#1”~“捕捉栅格#4”的尺寸，这个尺寸是默认给定的。用户可以通过设置栅格自行定义这些尺寸。

1）在菜单栏中执行“编辑”→“栅格设置”命令，弹出“栅格设置”对话框，如图 2-34 所示。

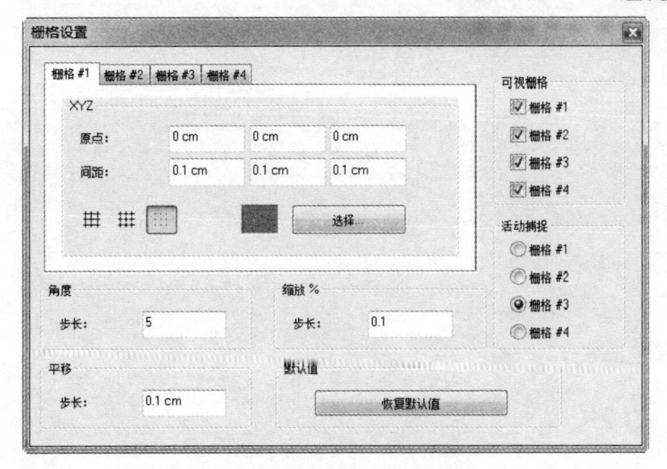

图 2-34 “栅格设置”对话框

2）分别选择“栅格#1”“栅格#2”“栅格#3”“栅格#4”选项卡，发现在“XYZ”选项区域内的“间距”一项，其值分别与前面绘制的矩形尺寸一致。

3）请改变“栅格#1”的间距尺寸，把“XYZ”的间距均设置为 0.5cm。

4）关闭“栅格设置”对话框，此时在视图中最小栅格的尺寸发生了变化。此时如果再绘制一个矩形，通过“栅格#1”进行捕捉，可绘制的最小矩形的长度和宽度均为 0.5cm，即当前“栅格#1”的间距尺寸。

5）打开“栅格设置”对话框，单击“恢复默认值”按钮，可自动恢复所有的默认设置。

2. 转换捕捉工具

转换捕捉工具包括平移捕捉、旋转捕捉和缩放捕捉，这组工具常用于微调控制，如图 2-35 所示。

图 2-35　转换捕捉工具组

【练习（2.2.2_3）】平移微调，

1）继续练习（2.2.2_2），取消所有栅格捕捉选项，并激活捕捉平移工具。

2）选中视图中尺寸为 1cm 的矩形，激活平移工具，让矩形在 X 轴向上移动。此时可见每次移动的间距自动捕捉为 0.1cm。

3）在菜单栏中执行“编辑”→“栅格设置”命令，将“平移”步长默认参数 0.1 调整为 0.2。

4）退出栅格设置后，再次平移矩形，则每次移动的间距自动捕捉 0.2cm。

5）恢复栅格设置的所有默认值。

✧ 注：针对“旋转”和“缩放”也有类似的捕捉设置，具体操作方法这里不再赘述。

2.2.3 其他捕捉工具

1）捕捉点工具，具体介绍如下。

● 捕捉端点工具：可以使用快捷键〈Alt〉临时激活，如图 2-36 所示。

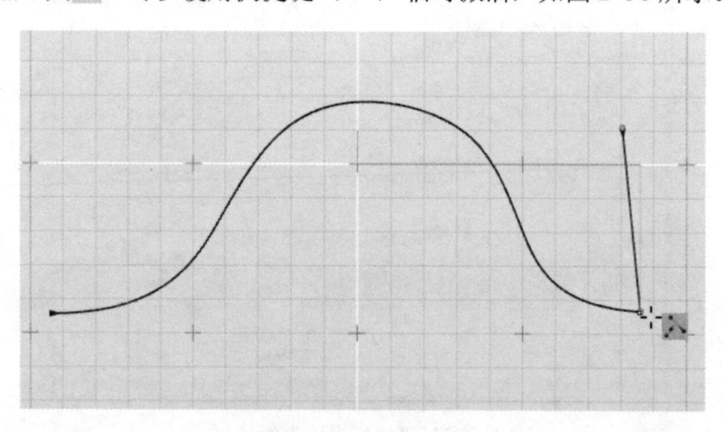

图 2-36 捕捉端点

● 捕捉中点工具：可以使用快捷键〈Alt〉临时激活。捕捉中点工具可以作用于直线、曲线以及曲面边，如图 2-37 所示。

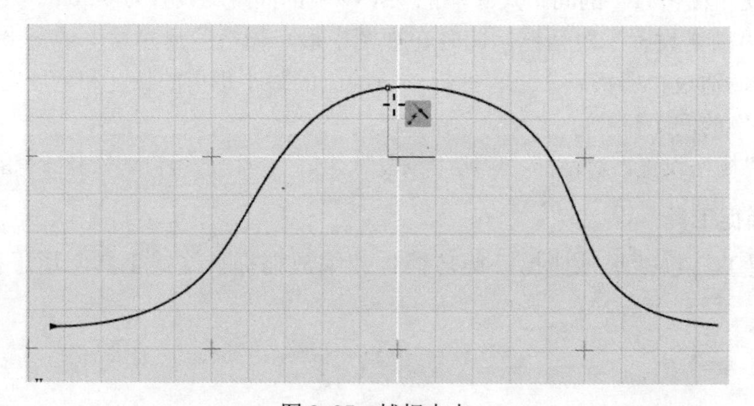

图 2-37 捕捉中点

● 捕捉所有点工具：包括捕捉曲线和曲面控制点、曲线端点、曲线中点以及圆/弧/椭圆的中心点，如图 2-38 所示。

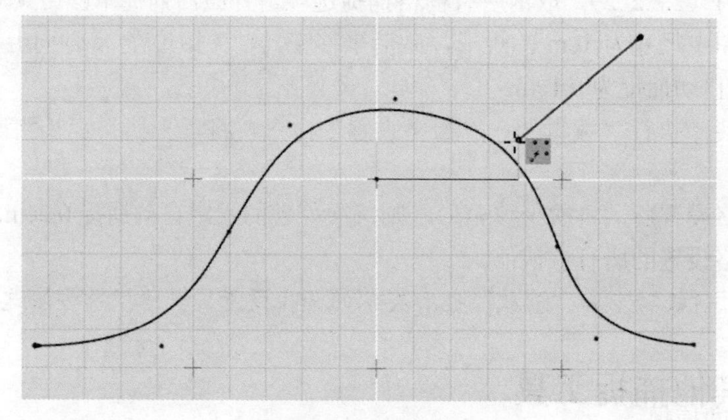

图 2-38 捕捉所有点

● 捕捉交点工具：可以捕捉视图中两条相交的曲线，如图 2-39 所示。

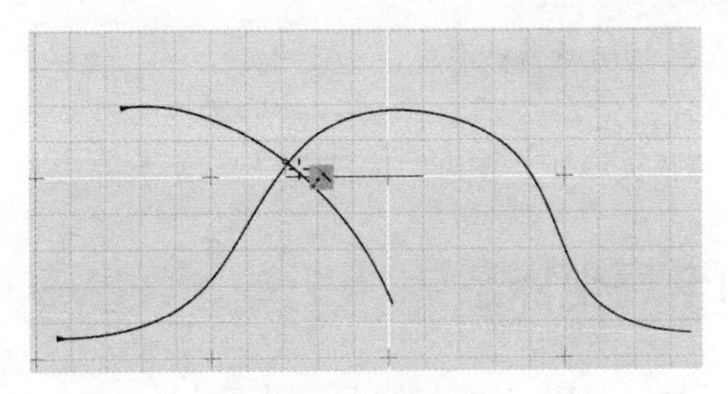

图 2-39　捕捉交点

☆ 注：该工具不仅能实现实际相交曲线的捕捉，即使两条曲线在空间中并未实际相交，但在平面视图中有交点，则同样可在视图中进行交点捕捉，如图 2-40 所示。

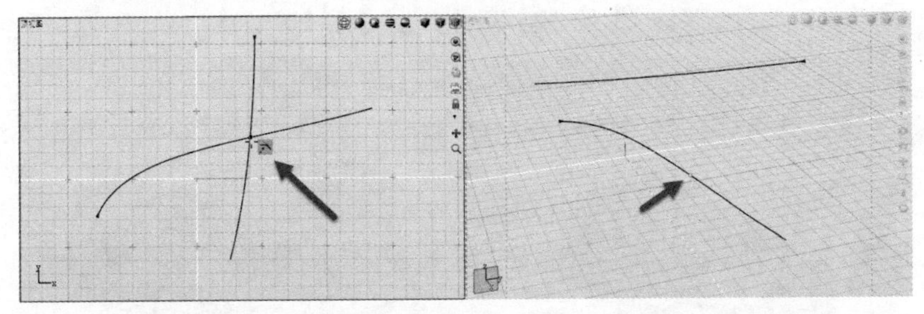

图 2-40　两条空间中未实际相交的曲线（左）也可在视图中进行交点捕捉（右）

● 捕捉曲线工具：用于捕捉曲线上的点，可以使用快捷键〈Ctrl〉临时激活，如图 2-41 所示。

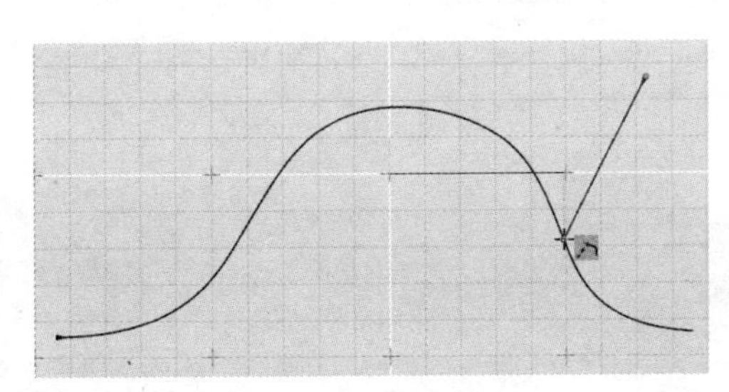

图 2-41　捕捉曲线

● 捕捉相切工具：该工具可捕捉到曲线的切线方向，如图 2-42 所示。

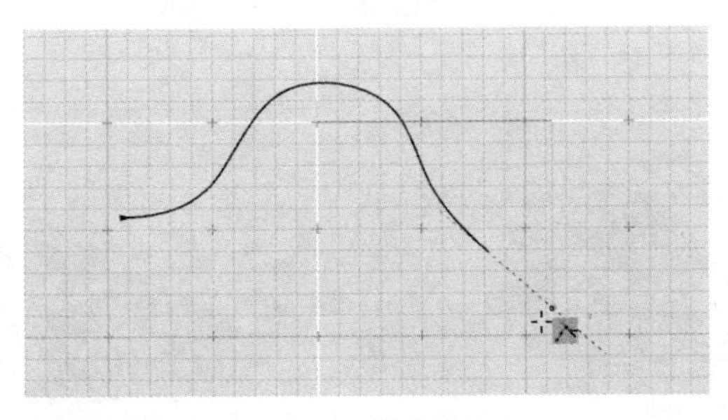

图 2-42　捕捉相切

2）三维空间捕捉：打开此设置，即使某个方向上的视图坐标处于未激活状态，也同样可在该方向进行捕捉。建议此项一直处于打开状态。

3）捕捉禁用：一键禁用所有被激活的捕捉工具。

✧ 注：在平时建模时，请务必不要开启全部的捕捉工具，这样很可能会影响建模过程，造成不必要的捕捉操作。所以，要尽量使用临时激活键。

2.4 局部和全局坐标系

局部和全局坐标系图标（见图 2-43）位于应用工具栏中，这两个工具可以互相切换，控制对象基于局部坐标系或全局坐标系变化，这在使用转换工具（如平移、旋转、缩放）时非常常用，如图 2-44～图 2-46 所示。

图 2-43　局部和全局坐标系切换工具

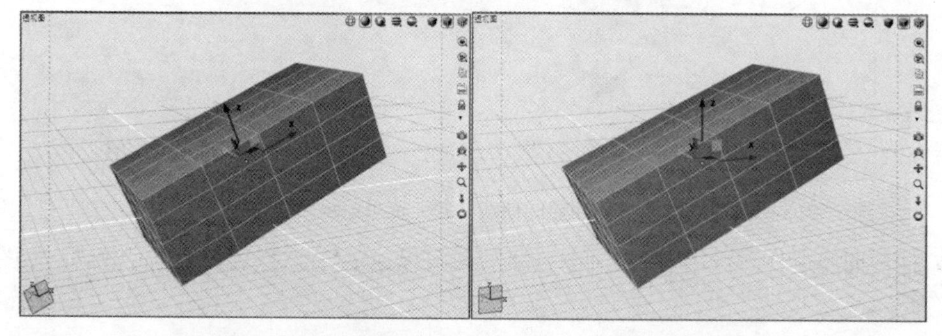

图 2-44　在局部（左）和全局（右）坐标系中平移

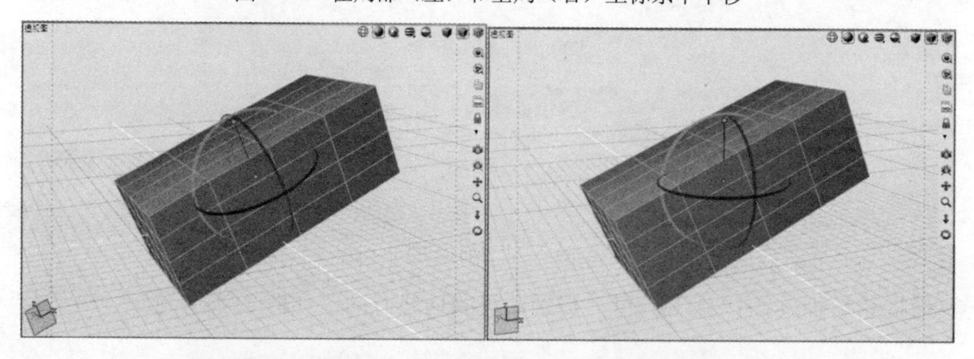

图 2-45　在局部（左）和全局（右）坐标系中旋转

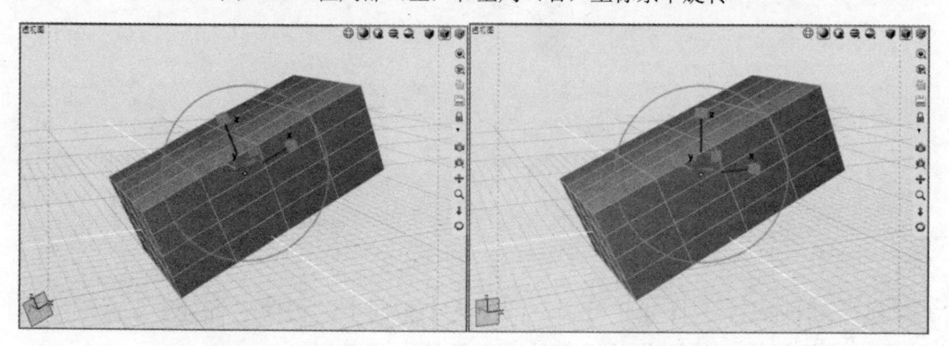

图 2-46　在局部（左）和全局（右）坐标系中缩放

2.3 选择和编辑

2.3.1 选择和编辑的 3 种状态

在应用工具栏中有一组工具极为常用，它们用于控制对象的选择和编辑状态。它们依次是："选择对象"模式，"编辑参数"模式，"编辑点"模式，如图 2-47 所示，这 3 个工具在整个建模过程中将会频繁切换。

图 2-47 "选择对象""编辑参数"和"编辑点"

通常，用户可以通过快捷方式在 3 种模式间切换：

- "选择对象"与"编辑参数"状态通过空格键进行切换。
- "编辑参数"与"编辑点"状态通过〈Alt+空格键〉进行切换。
- 保持模型选中，即在"选择对象"模式下，双击模型即可切换至"编辑参数"模式，再次双击模型即可切换至"编辑点"模式。
- 处于"编辑参数"或"编辑点"模式时，在任意位置单击鼠标右键，可还原至"选择对象"模式。

【练习（2.3.1_1）】选择对象，步骤如下：

1）创建一个新的 Evolve 文件。在透视图中创建一球体，接受所有控制台提示的默认设置。

2）当该球体未被选中时，将光标移动至球体上，此时呈现预选高亮的黄色虚线，如图 2-48 所示。

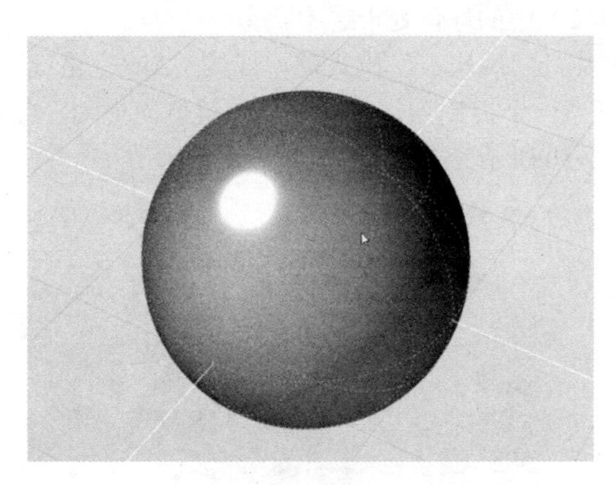

图 2-48 构建球体并使其处于预选状态

3）单击此球体，此时应用工具栏中的"选择对象"模式处于激活状态。"选择对象"模式是模型在建模环境中的常态。

4）在控制面板中调整球体参数"半径"为 3。此时进行的是"对象"编辑，所有参数调整是在控制面板中进行的。

【练习（2.3.1_2）】交互式编辑参数，步骤如下：

1）保持练习（2.3.1_1）中的球体处于选中状态。

2）激活应用工具栏中的“编辑参数”模式，或按空格键切换。

3）将光标移动到球体中间的亮蓝色控制杆附近时，出现提示“半径”，此时按住鼠标左键拖动控制杆，可交互式调整球体半径。“编辑参数”模式仍然是针对“对象”编辑，但参数调整可在模型上直观、交互式地进行，如图 2-49 所示。

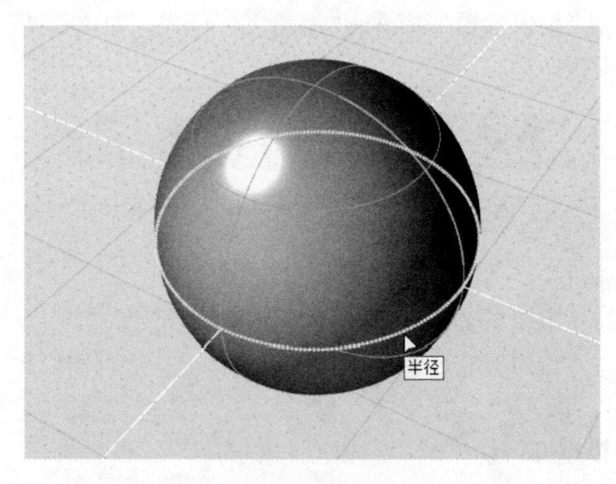

图 2-49　在“编辑参数”模式下进行交互式调整

4）单击鼠标右键以退出“编辑参数”模式。

✧ 注：通过这两个练习对比可知，在“选择对象”和“编辑参数”模式下，都可以通过参数进行调整。前者是在控制面板中进行，后者是在模型上交互式进行。

【练习（2.3.1_3）】编辑控制点，步骤如下：

1）保持练习（2.3.1_2）中的球体处于选中状态。

2）激活应用工具栏中的“编辑点”模式，或按〈Alt+空格键〉切换。

3）选中球体上的任意一个控制点，按住鼠标左键侧向拖动，此时由于曲面控制点的变化导致曲面变形，如图 2-50 所示。

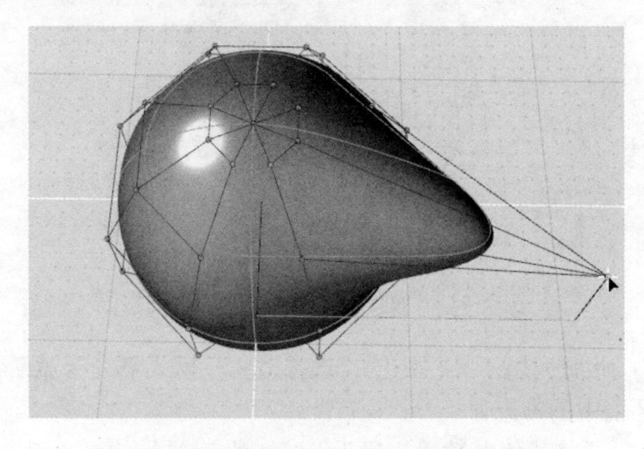

图 2-50　在“编辑点”模式下调整控制点位置

4）保持上一步拖动的点仍被选中，在右侧控制面板中单击“撤销编辑所选项”图标，可见刚刚被拖动的点恢复到原始位置。

✧ 注：这个练习中，“撤销编辑所选项”和“撤销编辑所有项”起到的作用一致。当模型中有多个控制点位置被移动时，可直接单击“撤销编辑所有项”图标，使所有点恢复到原始位置。

5）单击鼠标右键退出“编辑点”模式。

【练习（2.3.1_4)】编辑控制点特性，步骤如下：

1）保持练习（2.3.1_3）中的球体处于选中状态。

2）观察球体当前的半径值，可通过控制面板调整半径为“3”，请记住此时球体的半径值。

3）切换至“编辑点”模式。

4）用鼠标框选所有控制点，使其全部选中。

5）保持所有控制点全部选中，单击建模工具栏中的“缩放”工具。

6）在控制面板中，调整“缩放”参数为 2，如图 2-51 所示。连续单击鼠标右键退回至“选择对象”模式。

图 2-51　调整缩放参数

7）保持该球体处于选中状态，再次观察控制面板中的半径参数值，仍然为 3。

✧ 注：按常理说，球体的半径值变化为原来的两倍，那么其真实的半径值理应为 6。但是此时半径参数值仍然没有改变，说明在“编辑点”模式下，对点的编辑仅改变曲面形状，不会改变对象参数。

因此，在“编辑点”模式下，建议用户仅做通过参数无法获得的造型调整。能通过参数调整的，尽量不用调整点来获得，否则无法保证参数值与实际值的对应关系。

2.3.2 选择与选择过滤

选择与选择过滤工具可帮助用户快速选中目标对象，尤其在对象较多且有所重叠的情况下，可通过过滤分类选择。

1. 选择对象

【练习（2.3.2_1)】多选与取消选择，步骤如下：

1）打开素材文件夹“练习（2.3.2)”中的 Evolve 文件，这个文件中包含多个对象，有曲面（立方体、球体、圆环）、曲线（圆、NURBS 曲线）及多边形（多边四分球体、多边柱体)。

2）在顶视图中，按住鼠标左键并拖动，框选第 1 排的所有曲面对象，可实现多选，如图 2-52 所示。

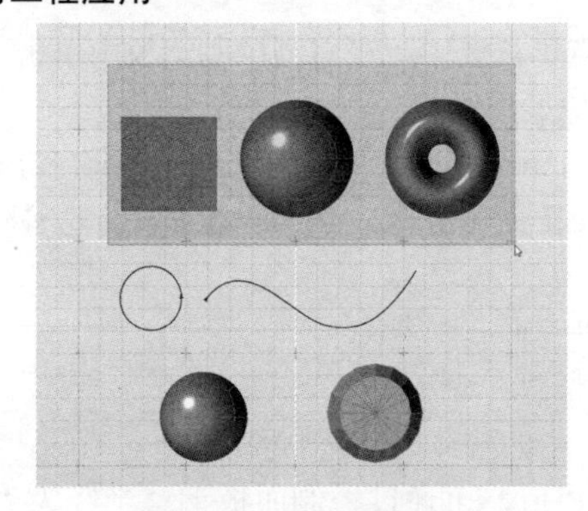

图 2-52　框选曲面对象

3）按住〈Ctrl〉键的同时单击第 2 排的曲线圆和第 3 排的多边柱体，可实现多选。

4）按住〈Ctrl〉键的同时单击第 1 排的曲面圆环，可将其从多选中移除。

5）按住〈Shift〉键的同时框选顶视图中的所有对象，可将全部对象选中。

6）按住〈Shift+Ctrl〉快捷键的同时框选顶视图中的第 1 排的所有曲面对象，可取消对它们的选择。

7）按住〈Ctrl〉键的同时框选顶视图中所有对象，可翻转选择。

8）在任意位置单击鼠标左键可取消对所有对象的选择。

2. 选择过滤

【练习（2.3.2_2）】仅选择曲线或曲面或多边形，步骤如下：

1）继续使用素材文件夹“练习（2.3.2）”中的 Evolve 文件。

2）在菜单栏中执行“选择”→“拾取曲面”命令，框选所有对象，可见顶视图中仅第 1 排的 3 个曲面对象被选中。

✧ 注：使用键盘快捷键〈2+鼠标左键〉，可实现临时激活“拾取曲面”。一旦在菜单栏中选中“拾取曲面”，则此设置一直可用，直到在菜单中切换回“拾取全部”。

3）在菜单栏中执行“选择”→“拾取曲线”命令，框选所有对象，可见顶视图中仅第 2 排的两条曲线对象被选中。

✧ 注：使用键盘快捷键〈1+鼠标左键〉，可实现临时激活“拾取曲线”。一旦在菜单栏中选中“拾取曲线”，则此设置一直可用，直到在菜单栏中切换回“拾取全部”。

4）在菜单栏中执行“选择”→“拾取 PolyNURBS”命令，框选所有对象，可见顶视图中仅第 3 排的两个多边形对象被选中。

5）请在菜单栏中切换回“拾取全部”。

2.3.3　隐藏曲线与隔离

在应用工具栏中，有“隐藏/取消隐藏所有曲线”和“隔离模式”两个工具，如图 2-53 所示，它们常用于在建模过程中更好地观察模型。

图 2-53　隐藏曲线与隔离工具

【练习（2.3.3_1）】隔离模式，步骤如下：

1）打开素材文件夹“练习（2.3.3）”中的 Evolve 文件。

2）选中视图中的曲面“圆环”，单击“隔离模式”图标，或使用快捷键〈I〉，可见视图中除选中的“圆环”外，所有对象都被隐藏。

3）单击“隔离模式”图标（或按〈I〉键），所有对象重新显示。

【练习（2.3.3_2）】隐藏所有曲线，步骤如下：

1）打开素材文件夹“练习（2.3.3）”中的 Evolve 文件。

2）单击“隐藏/取消隐藏所有曲线”图标，或使用快捷键〈Q〉，可见视图中所有的曲线“圆环”及“NURBS 曲线”都被隐藏。

3）单击“隐藏/取消隐藏所有曲线”图标（或按〈Q〉键），曲线重新显示。

✧ 注：“隐藏/取消隐藏所有曲线”工具常用于观察模型，以及在渲染准备阶段使用。但该操作区别于选中对象隐藏（键盘快捷键为〈H〉）。例如，如果一条选中曲线被隐藏（选中并按〈H〉键），则“隐藏/取消隐藏所有曲线”操作对这条曲线不起作用，只能通过全局浏览器找回。

2.4 结构历史进程

结构历史进程是 Evolve 学习的核心内容，读者需认真理解结构历史进程的工作原理并理解其中的逻辑关系。请读者将本节中的练习熟练掌握，为后续学习奠定良好的基础。

2.4.1 全局浏览器与结构树

在 Evolve 界面右侧有上下两个区域，在整个建模过程中它们是息息相关的。

位于上部的是全局浏览器区域，如图 2-54 所示，该区域会显示所有在 Evolve 中构建的对象并对其进行管理，包括模型、图层、材质、摄像机、灯光等。本节主要涉及其对于模型的显示和管理，其他内容将在后续章节详细说明。

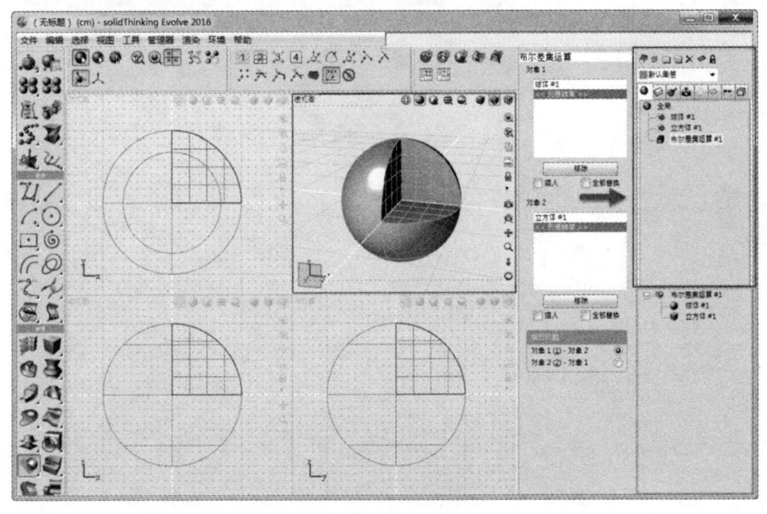

图 2-54　全局浏览器区域

在 Evolve 界面的右下角是结构树区域，如图 2-55 所示。未选择任何对象时，该区域为空；当选中某一对象时，该区域显示选中对象的结构历史进程。

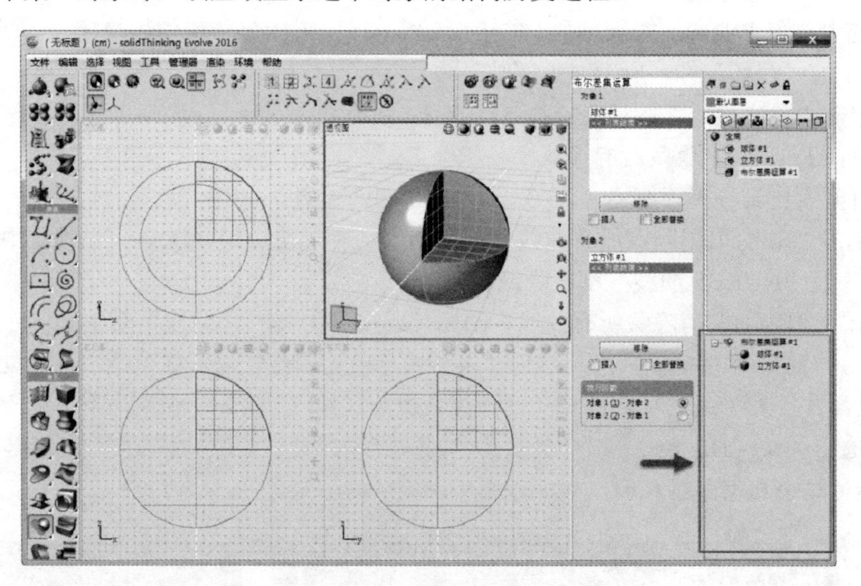

图 2-55　结构树区域

【练习（2.4.1_1)】观察结构历史进程，步骤如下：

1）新建一个 Evolve 文件，创建一个球体，接受所有控制台提示的默认设置。

2）保持球体处于选中状态，观察右上方的全局浏览器，该“球体#1”已显示在全局浏览器中，如图 2-56 所示。

3）观察右下方的结构树，显示为“球体#1”的结构历史进程。

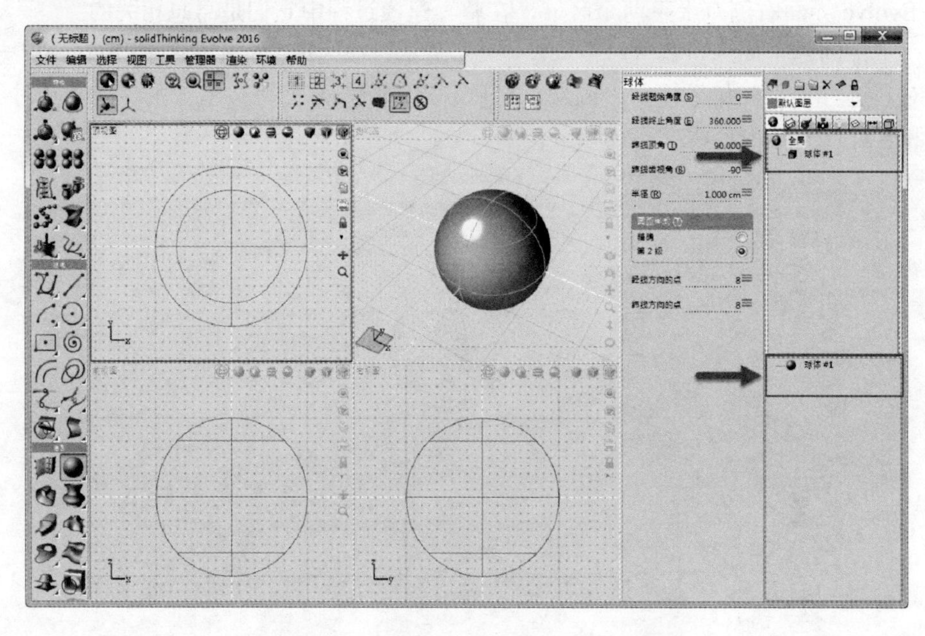

图 2-56　全局浏览器与结构树的显示是对应的

4）在 Evolve 中创建一个立方体，接受所有控制台提示的默认设置。观察全局浏览器出现一新对象“立方体#1”，并且在结构树中显示其结构历史进程。

5）在透视图中确认二者位置有部分交集，如果没有重叠请使用“平移”工具手动调整，如图 2-57 所示。

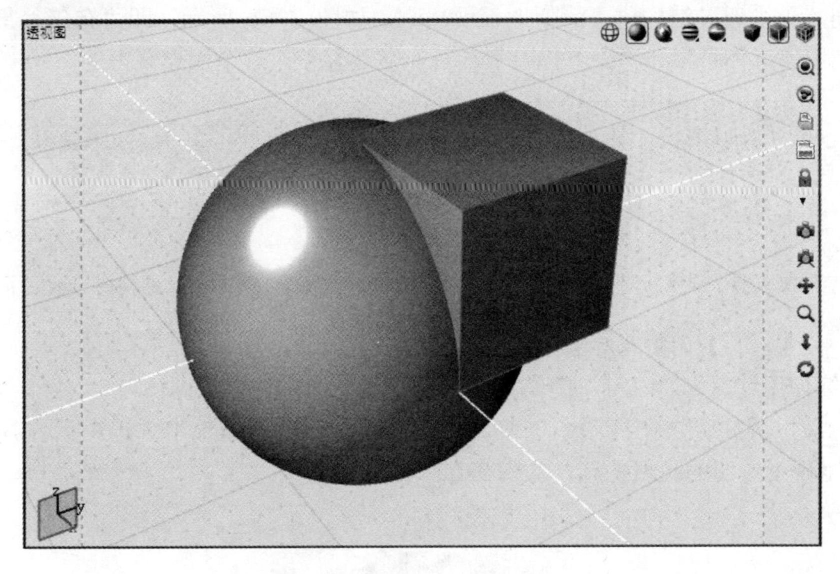

图 2-57　创建有交集的两个对象

6）在建模工具栏中的“曲面”卷展栏下，找到“布尔差集运算”工具，如图 2-58 所示，并将其激活。

7）此时控制台提示“拾取第一个对象集（按 Enter 键/空格结束）:”。按提示拾取“球体#1”，作为第 1 个对象。按〈Enter〉键或空格键确认选取。

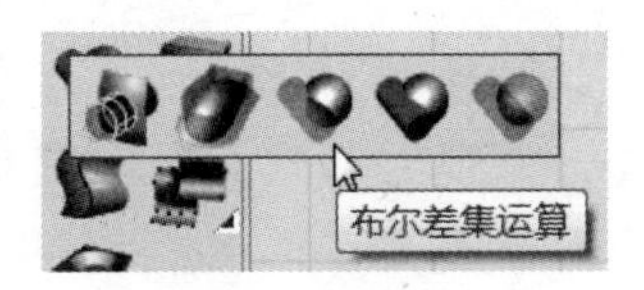

图 2-58　布尔差集运算工具

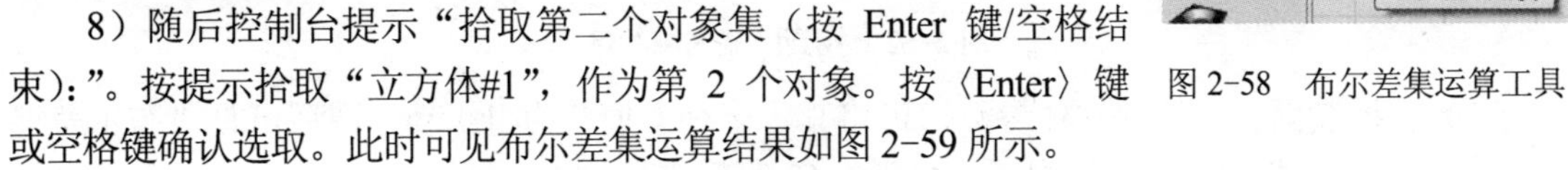

8）随后控制台提示“拾取第二个对象集（按 Enter 键/空格结束）:”。按提示拾取“立方体#1”，作为第 2 个对象。按〈Enter〉键或空格键确认选取。此时可见布尔差集运算结果如图 2-59 所示。

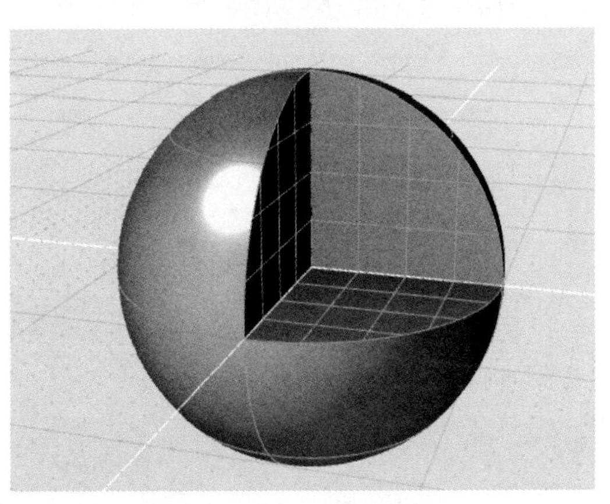

图 2-59　布尔差集运算结果

9）观察全局浏览器，此时自动新建一对象，名为“布尔差集运算#1”，如图 2-60 所示。同时可见对象名称前的小图标有所变化：“球体#1”和“立方体#1”变为，表示该对象成为某个结构树中的源对象，并被自动隐藏；图标代表此对象正常显示于视图中。

10）在全局浏览器中单击“布尔差集运算#1”，观察其结构历史进程，可见刚刚创建的几个对象间的关系通过结构树可清晰地表现出来，如图 2-61 所示，即“布尔差集运算#1”这个对象是由“球体#1”和“立方体#1”通过布尔运算差集这个操作获得的。

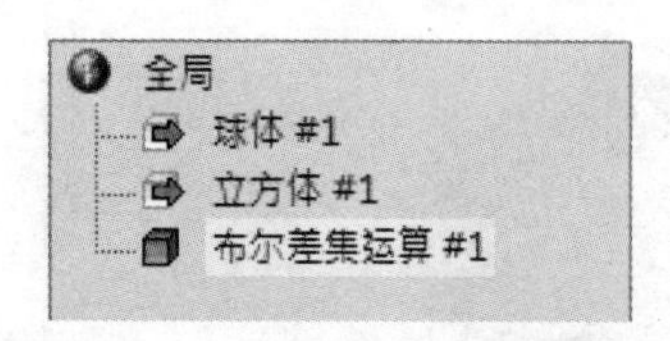

图 2-60　全局浏览器中显示新对象“布尔差集运算#1”

图 2-61　结构树显示父子关系

【练习（2.4.1_2）】调整源对象，步骤如下：

1）继续使用练习（2.4.1_1）的结果。在全局浏览器中选择“球体#1”。由于“球体#1”已被自动隐藏，因此无法在视图中选取，只能通过全局浏览器选中。选中后在视图中可见“球体#1”呈现半透明的隐藏状态，如图 2-62 所示。

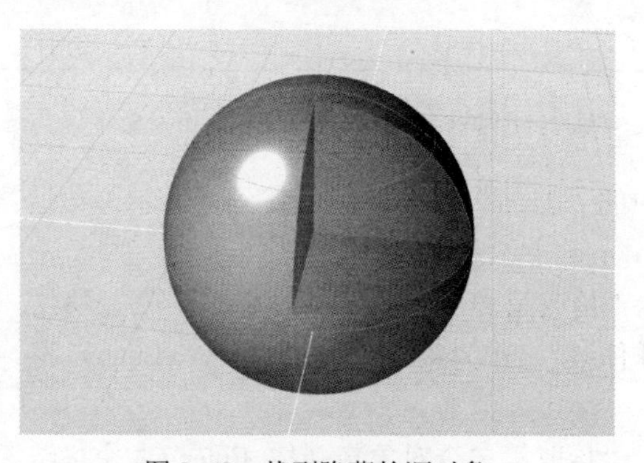

图 2-62　找到隐藏的源对象

2）在控制面板中调整球体参数，可将其“半径”调整为 1.1cm。随后可见“布尔差集运算#1”这个对象的形状同时更新，如图 2-63 所示。

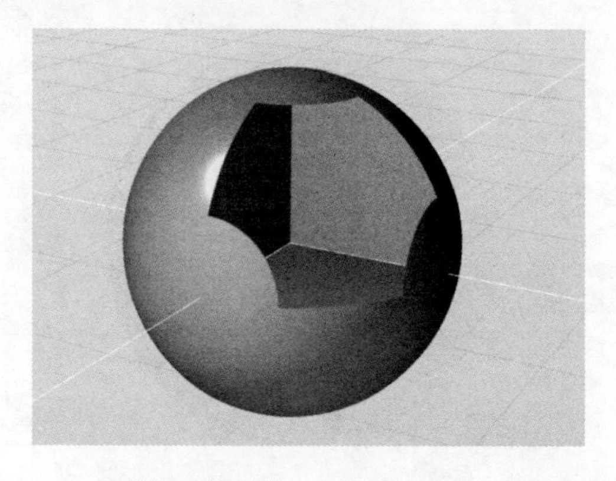

图 2-63　调整源对象参数，可使布尔差集运算结果更新

3）在全局浏览器中选择“立方体#1”，使用“平移”工具将立方体向 Y 轴方向平移，也可更改布尔差集运算结果，如图 2-64 所示。

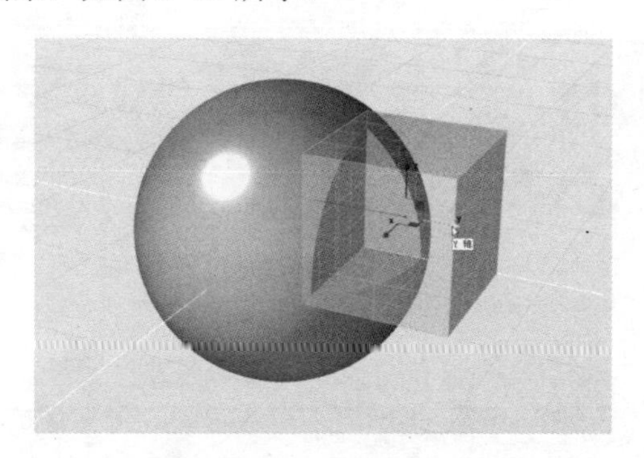

图 2-64　调整源对象位置，也可使布尔差集运算结果更新

✧ 注：通过以上练习可了解，全局浏览器按创建顺序显示环境中所创建的所有对象。而结构树显示当前选中对象的结构历史进程。对具有结构历史进程的对象调整，首要考虑对其源对象编辑，而不是直接对选中对象做调整。

2.4.2 编辑结构树

本小节练习针对结构树的修正、删除和损毁。

【练习（2.4.2_1）】替换源对象，修正结构树，步骤如下：

1）打开练习（2.4.2_1）中的文件。

2）在全局浏览器中选中“立方体#1”，按〈Delete〉键删除。当弹出如图 2-65 所示的提示信息时，单击“确定”按钮。

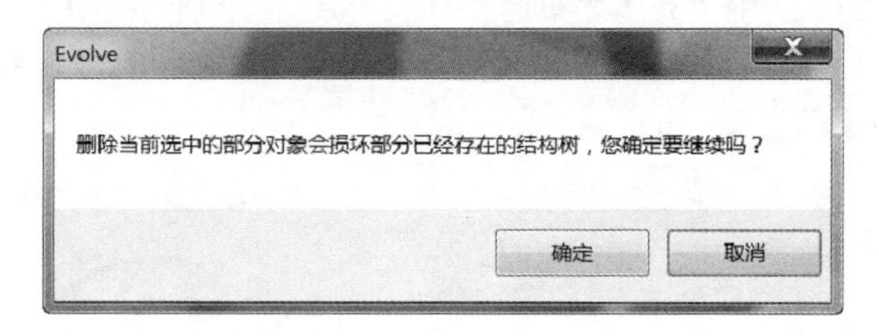

图 2-65　删除源对象提示

3）此时可见全局浏览器中“布尔差集运算#1”这个对象前呈现图标，提示该步骤出现问题，需要修正，如图 2-66 所示。

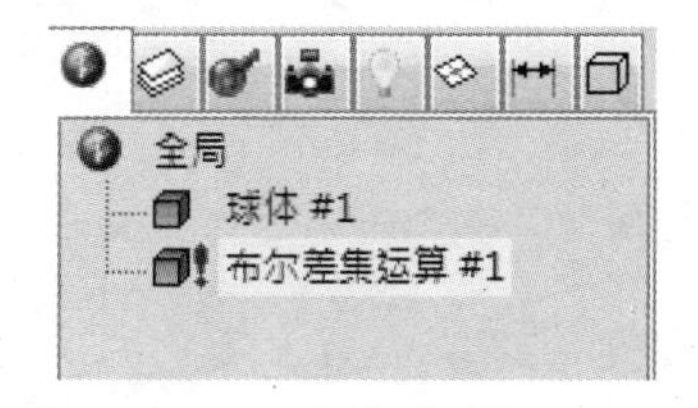

图 2-66　错误提示

4）在建模工具栏中的“曲面”卷展栏下，选择“圆环”工具创建一个新对象，接受控制台提供的所有默认值，如图 2-67 所示。

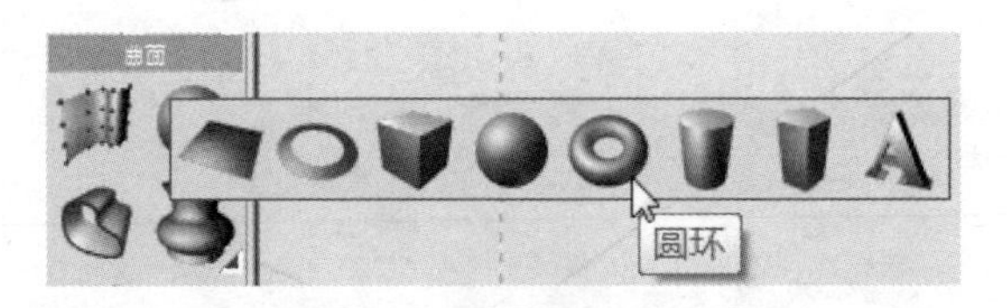

图 2-67　圆环工具

5）调整圆环“外半径”参数为 1.3cm，效果如图 2-68 所示。

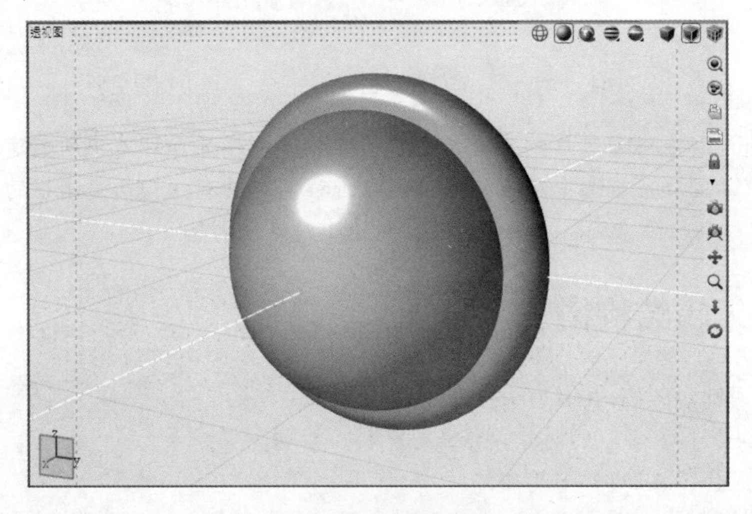

图 2-68　构建圆环

6）在全局浏览器中选中“布尔差集运算#1”，勾选其控制面板中“对象 2”参数下面的“插入”复选框。随后在任意视图中单击圆环，作为新的布尔运算源对象。然后可获得新的布尔差集运算结果，如图 2-69 所示。

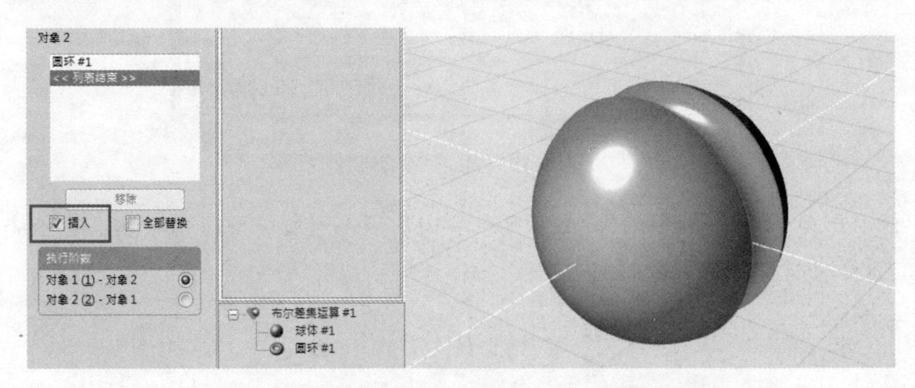

图 2-69　替换布尔运算源对象（左）获得新的布尔差集运算结果（右）

✧ 注：该练习中所涉及的仅是修正结构树方法中的一种，在其他曲面操作中，可能需要通过移动、重构等方式进行调整，需要用户对每种工具的可控参数都非常熟悉。

【练习（2.4.2_2)】智能删除，步骤如下：

1）打开练习（2.4.2_2）中的文件。本练习是练习（2.4.2_1）的结果。

2）在全局浏览器中选中“布尔差集运算#1”，按〈Delete〉键，或单击全局浏览器上方的“智能删除”图标×，如图 2-70 所示。

3）此时弹出关于“智能删除”图标的解释，如图 2-71 所示，请阅读并理解该键含义。随后单击“智能删除”按钮进行确认。

图 2-70 “智能删除”图标

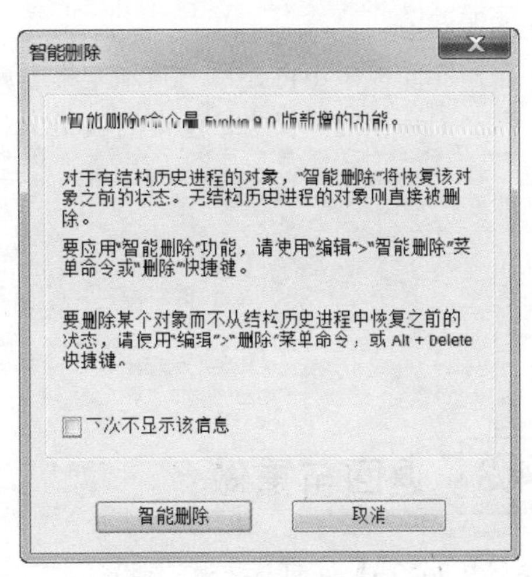

图 2-71 关于智能删除图标的解释

4）可见全局浏览器中“布尔差集运算#1”被删除，同时“球体#1”和“圆环#1”恢复到原始显示状态。

✧ 注：简单来说，智能删除除了起到删除对象的作用，还可将源对象自动恢复为初始显示状态，因此请尽量使用智能删除。如不需要将源对象恢复显示状态，可使用〈Alt+Delete〉快捷键。

【练习（2.4.2_3)】损毁结构树，步骤如下：

1）打开练习（2.4.2_3）中的文件，选中“布尔差集运算#1”对象，观察此时该对象的结构历史进程，如图 2-72 所示。

图 2-72 布尔差集运算结构历史进程

2）在菜单栏中执行“编辑”→“折叠结构树”命令，或按〈C〉键，将该结构树损毁，此时 Evolve 出现损毁结构树提示，如图 2-73 所示，单击“否”按钮确认该操作。

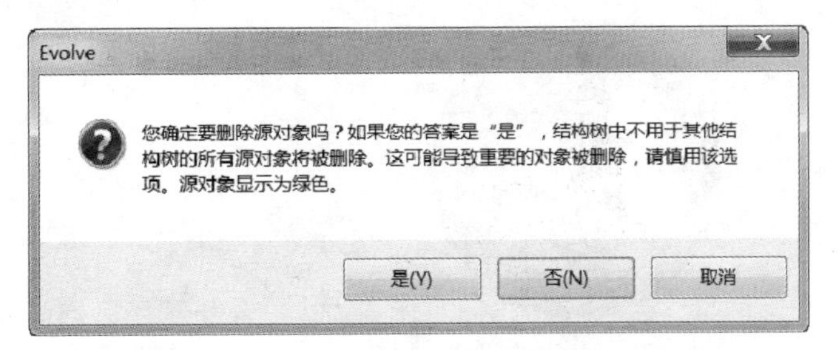

图 2-73 损毁结构树提示

✧ 注：在损毁结构树时，如果选择确认删除源对象，则在全局浏览器中，“球体#1”和“圆环#1”会被彻底删除，因此需慎重选择此项。

3）观察界面中的几个区域，如图 2-74 所示：

- 在结构树中“布尔运算差集#1”不再与“球体#1”和“圆环#1”这两个对象有任何关联关系。
- 全局浏览器中“球体#1”和“圆环#1”前面的图标更改为 ，不再是布尔差集运算的源对象。
- 在控制面板中不再显示“布尔差集运算”的参数，只显示“NURBS 曲面编辑”的参数，表示该对象仅为最基本的 NURBS 曲面，不再具备任何结构历史进程。

图 2-74　结构树、全局浏览器及控制面板区域

2.4.3 返回与重做

【练习（2.4.3）】返回与重做，步骤如下：

1）打开练习（2.4.3）文件，该文件中包含两个对象：一个球体和一个立方体，如图 2-75 所示。

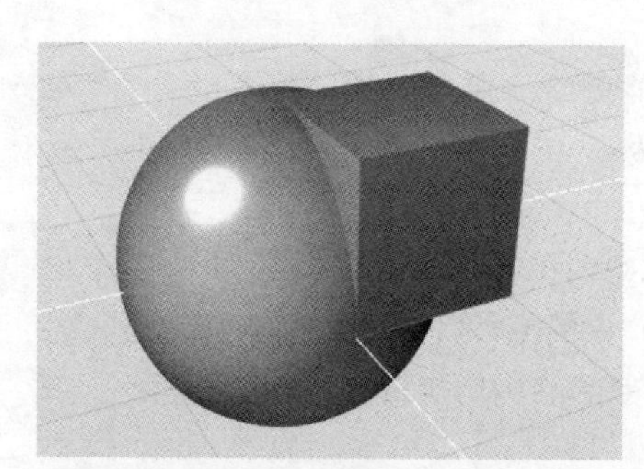

图 2-75　打开练习文件

2）对二者使用“布尔差集运算” ，在全局浏览器中可见如图 2-76 所示的结果。

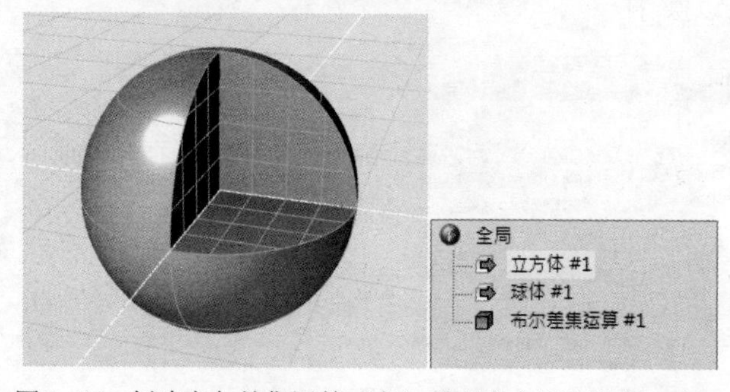

图 2-76　创建布尔差集运算（左）并观察全局浏览器（右）

3）按〈Ctrl+Z〉快捷键，恢复到上一步操作，即“立方体#1”和“球体#1”恢复到原始显示状态，如图 2-77 所示。

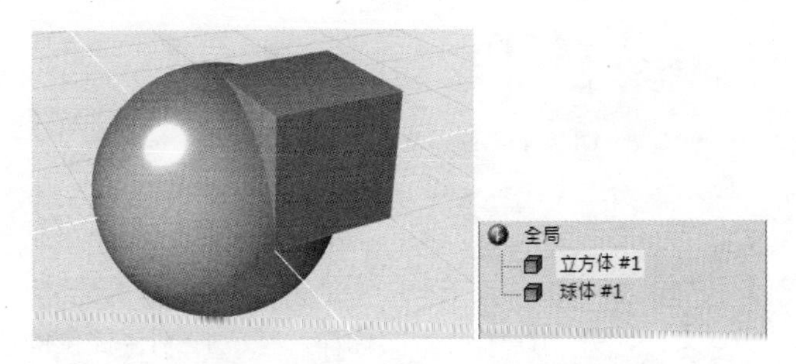

图 2-77　返回上一步操作（左）并观察全局浏览器（右）

4）按〈Ctrl+Y〉快捷键，可重做“布尔差集运算”操作。

✧ 注：返回操作与上一节学习的“智能删除”起到的作用相似。但当建模后期，结构历史进程逐渐复杂时，使用返回和重做操作通常会增加软件的计算时间。所以建议尽量减少使用返回和重做操作。

2.4.4 复制、关联复制、镜像

1. 剪切、复制、粘贴

在 Evolve 中，剪切、复制、粘贴这 3 个操作均可在菜单栏中单击“编辑”菜单找到，同时可见这 3 个操作的快捷键：〈Ctrl+X〉，〈Ctrl+C〉及〈Ctrl+V〉。

【练习（2.4.4_1）】剪切、复制、粘贴，步骤如下：

1）新建一个 Evolve 文件，并创建一个新的球体，接受控制台提供的所有默认提示。

2）使用键盘快捷键，按〈Ctrl+C〉快捷键复制该球体，随后按〈Ctrl+V〉快捷键粘贴该球体。此时在“球体#1”的相同位置产生一个新的复制对象“球体#1/1”，在全局浏览器中可见，如图 2-78 所示。

图 2-78　全局浏览器中显示复制对象

3）在新复制的对象“球体#1/1”上会自动开启平移操作，显示平移操纵杆。此时可将复制对象向 X 轴方向平移，即能同时显示出原始与复制的两个对象，如图 2-79 所示。

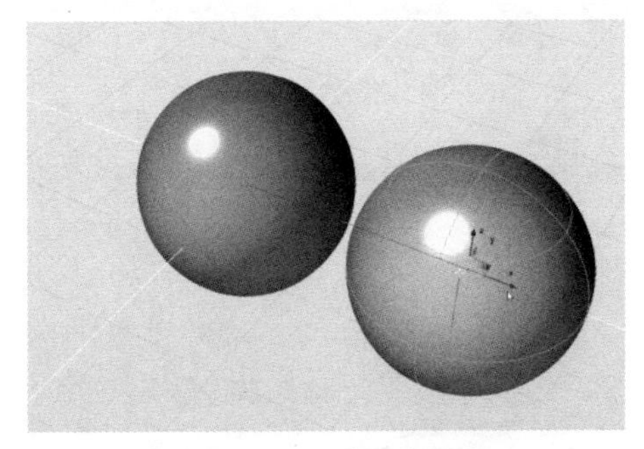

图 2-79　移动复制对象

4）观察复制对象“球体#1/1”的结构历史进程，发现该对象与原始球体无任何关联关系，如图 2-80 所示。

图 2-80　观察复制对象的结构树

2. 关联复制

【练习（2.4.4_2）】关联复制，步骤如下：

1）新建一个 Evolve 文件，并创建一个新的球体，接受控制台提供的所有默认提示。

2）在建模工具栏中的“转换”卷展栏下，选择“关联复制”工具，如图 2-81 所示。

3）当控制台提示“拾取要关联复制的对象：”时，选择刚刚创建的“球体#1”。此时在“球体#1”的相同位置产生一个新的复制对象“关联复制#1”，在全局浏览器中可见，如图 2-82 所示。

图 2-81　“关联复制”工具

图 2-82　全局浏览器中显示关联复制对象

4）在新对象“关联复制#1”上会自动开启平移操作，可将其向 X 轴方向平移，即可显示出原始与复制的两个对象，如图 2-83 所示。

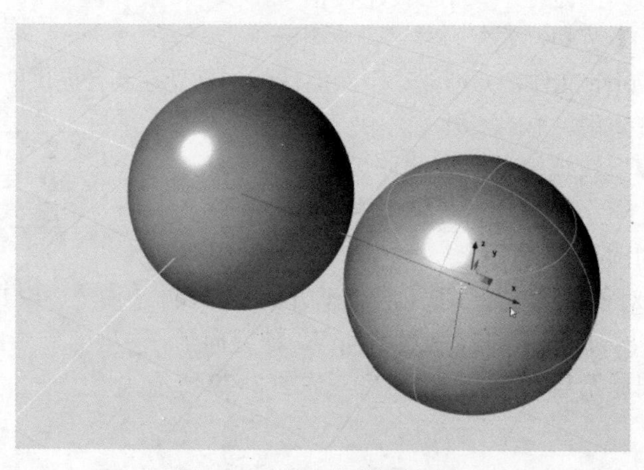

图 2-83　移动关联复制对象

5）观察复制对象“关联复制#1”的结构历史进程，发现“球体#1”是其源对象，如图 2-84 所示。

图 2-84　观察关联复制对象的结构树

6）选中“球体#1”，在控制面板中调整其半径参数，可见复制对象“关联复制#1”的半径也同时改变。

7）选中“球体#1”，切换到“编辑点”模式，选中一个控制点并向外部拖动，改变球体造型。可见复制对象“关联复制#1”的形状也随之改变，如图 2-85 所示。

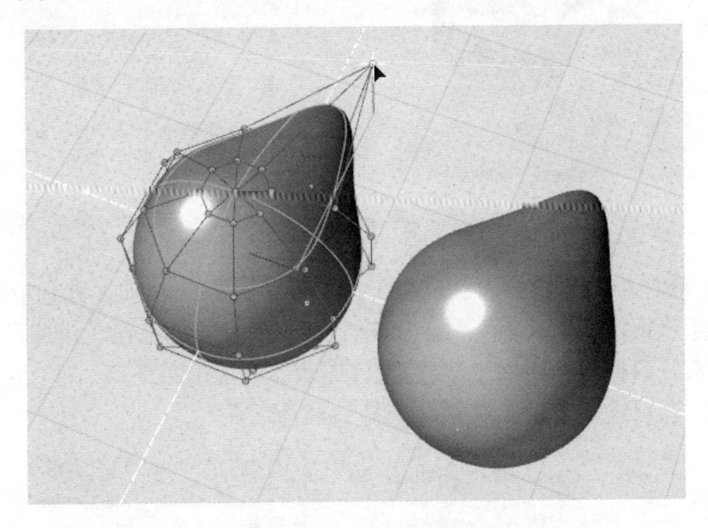

图 2-85　调整源对象，关联复制对象同时改变

8）选中复制对象“关联复制#1”，切换到“编辑点”模式，选中一个控制点并拖动以调整造型。此时“球体#1”的形状并不会随之改变，可见这种关联关系不是双向的，如图 2-86 所示。

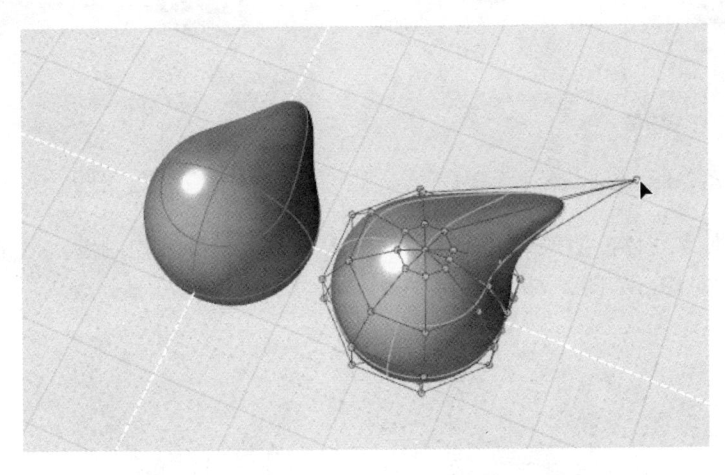

图 2-86　调整关联复制对象

3. 镜像

“镜像”工具是 Evolve 中最常用的工具之一。与复制类似，镜像也可以构建形状相同的对象，但镜像结果与源对象基于某个平面对称。

【练习（2.4.4_3）】镜像，步骤如下：

1）打开练习（2.4.4_3）中的文件，激活顶视图，如图 2-87 所示。

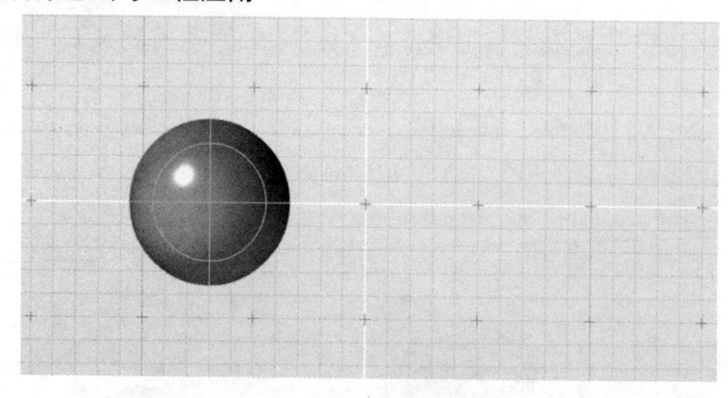

图 2-87　打开练习文件

2）在建模工具栏中的“转换”卷展栏下，选择“镜像”工具并选取球体作为镜像对象。当控制台提示“镜像平面起点”时，单击 Y 轴上任意一点位置（此时请使用捕捉栅格工具作为辅助，通常开启捕捉栅格#2）；当控制台提示“镜像平面终点”时，再单击 Y 轴上另外任意一点位置，即可绘制出镜像对象，如图 2-88 所示。

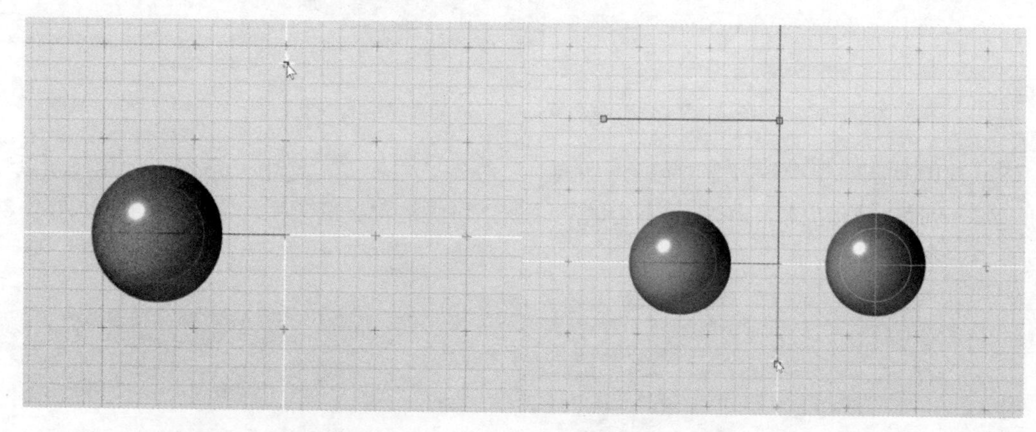

图 2-88　绘制镜像平面第 1 个点（左）和绘制镜像平面第 2 个点（右）

3）选中源对象球体，切换到“编辑点”模式，并调整部分控制点，可见镜像对象与源对象始终沿 Y 轴对称，如图 2-89 所示。

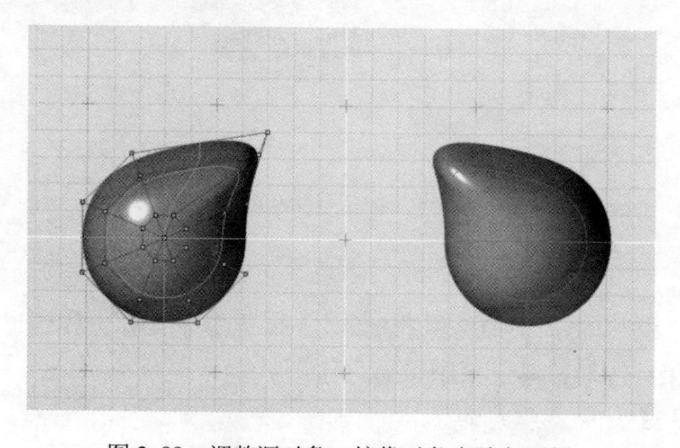

图 2-89　调整源对象，镜像对象也随之更新

✧ 注：在 Evolve 中要特别注意一个操作是否构建了结构历史进程，这决定了最终模型能否随时进行调整以获得新的设计方案，而无须多次重构。

当调整结构树中的源对象时，其子对象也会即时更新；但调整子对象，不会对源对象造成改变。Evolve 中的其他工具均如此。

2.4.5 合并和分离

“合并”工具可构建对象之间的“同体”关系。

【练习（2.4.5_1）】合并对象

1）打开素材文件夹中的“练习（2.4.5）”，文件中包含一个球体和一个立方体，如图 2-90 所示。

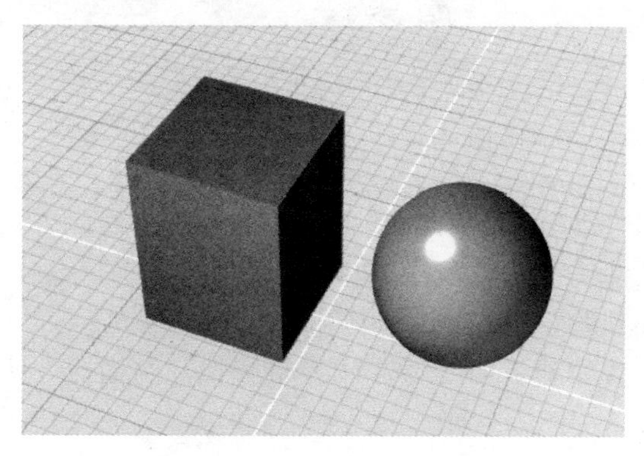

图 2-90 打开练习文件

2）在建模工具栏中的“转换”卷展栏下选择“合并”工具，如图 2-91 所示。当控制台提示“拾取要合并的对象（按 Enter 键/空格键结束）：”时，依次选取文件中的立方体和球体。

图 2-91 合并工具

3）当合并结束后，再次点选，则两个对象被同时选中。这是因为它们已经合并成为一个新的对象，从全局浏览器中可以看出，并且通过结构树可以看出三者的父子关系，如图 2-92 所示。

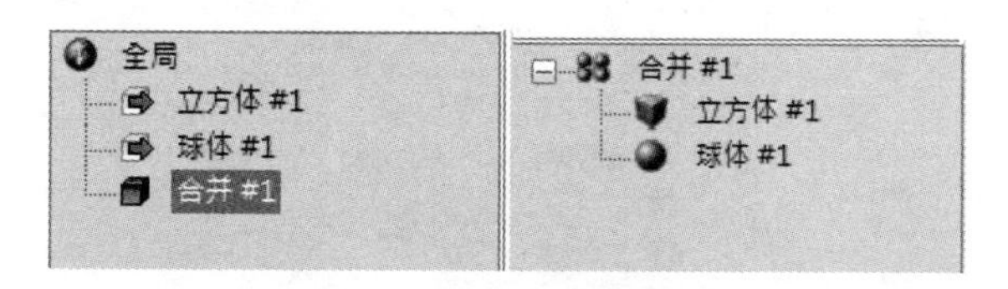

图 2-92 通过全局浏览器与结构树观察三者关系

4）如果此时单击“分离”工具进行分离，如图 2-93 所示，则会弹出一个窗口，提示此操作无法实现，如图 2-94 所示，因为“合并#1”是一个有结构历史进程的对象。

图 2-93 “分离”工具

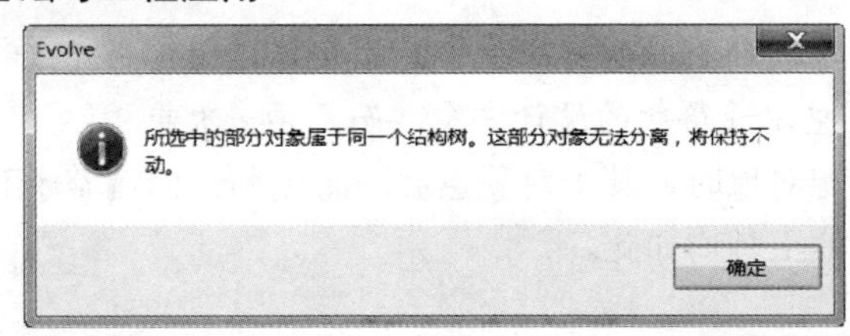

图 2-94　错误提示

5）如果想要分离两个对象，此时需要使用“智能删除”（按〈Delete〉键或单击“智能删除”图标），如图 2-95 所示，将“合并#1”这个对象删除，即可恢复为原始的两个对象“立方体#1”和“球体#1”。

图 2-95　智能删除合并对象

【练习（2.4.5_2）】分离，步骤如下：

1）重新打开素材文件夹中的“练习（2.4.5）”。

2）使用“合并”工具，再次将立方体和球体合并。

3）选中新创建的对象“合并#1”，按〈C〉键损毁其结构树，使其成为独立的 NURBS 曲面，如图 2-96 所示。

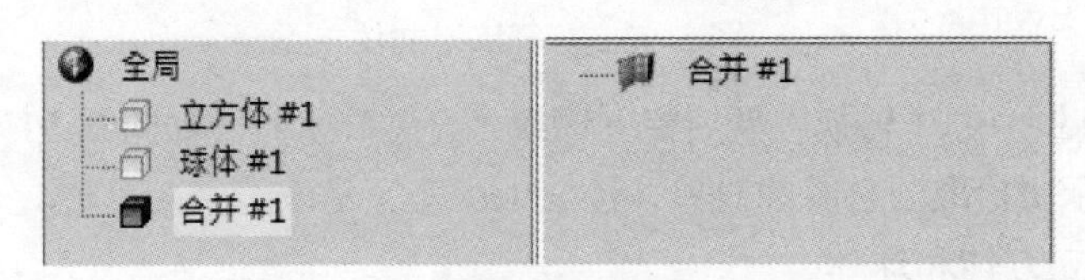

图 2-96　损毁合并对象的结构树

4）由于不再有结构树，因此此时可以直接使用“分离”工具。但是，分离结果将创建出两个新的 NURBS 曲面，不再具有原始球体和立方体的任何特征，如图 2-97 所示。

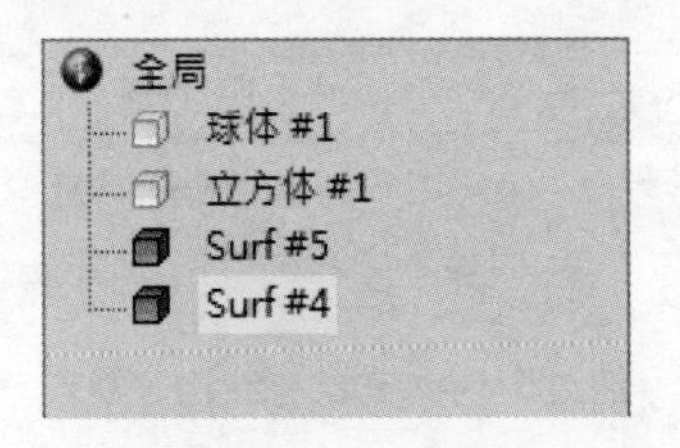

图 2-97　分离无结构树的合并对象

【练习（2.4.5_3）】多项合并，步骤如下：

1）打开素材文件夹中的“练习（2.4.5）”。

2）框选球体和立方体，使二者同时被选中。

3）在建模工具栏中的“转换”卷展栏下，选择“多项合并”工具，两对象随即被合并，产生一新对象“多项合并#1”，如图 2-98 所示。但是需特别注意，“多项合并#1”并没有与原始两对象构建任何关联关系。

图 2-98　多项合并工具及多项合并结果

4）如果想要分离多项合并对象，可直接使用“分离”工具，分离结果仍然为两个独立的 NURBS 曲面，如图 2-99 所示。

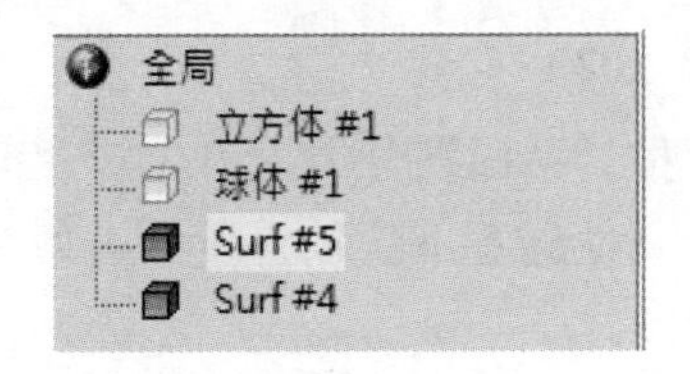

图 2-99　分离多项合并

✧ 注：合并与多项合并的区别在于是否有结构历史进程。因此“合并”功能常应用于建模阶段，以保证模型可被调整；“多项合并”常用于外部导入模型的整合，如多个面组合在一起并被赋予同一材质。

【练习（2.4.5_4）】分离独立面，步骤如下：

1）新建一个 Evolve 文件，并创建一个任意尺寸的立方体。

2）按〈C〉键损毁其结构树，使其成为单一的 NURBS 曲面。

3）按住〈Ctrl〉键的同时单击“分离”工具，立方体被拆分成 6 个独立面，且与原始立方体无任何关联关系，如图 2-100 所示。

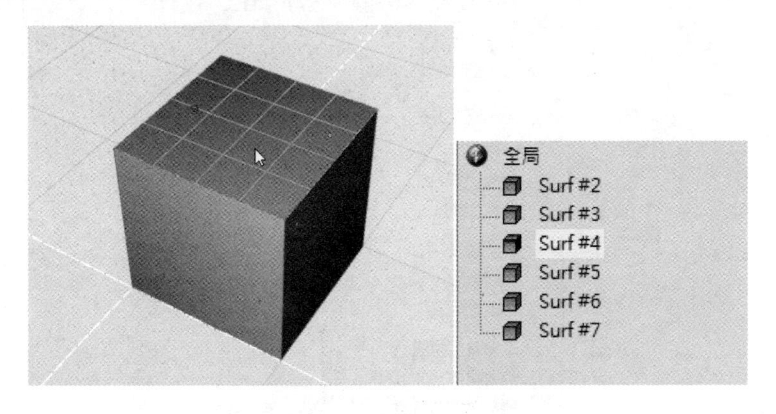

图 2-100　分离成 6 个独立面

✧ 注：分离后，这些独立面间无任何关联关系，无法基于结构树进行调整，所以这个工具在 Evolve 中并不十分常用。后面将学习一个功能类似但可以保留结构历史进程的操作“面提取”（参见 4.4.10 节），到时还将针对这两个工具的应用情景做详细说明。

2.5 通过全局浏览器组织模型

2.5.1 认识全局浏览器

1. 全局浏览器图标及菜单（见图 2-101）

该区域功能包括：设定视觉属性、显示和隐藏对象、删除对象，以及利用“组”或“图层”组织对象。

2. 全局浏览器标签（见图 2-102）

在全局浏览器中构建的对象按类型标签分类，第 1 个“全局”标签可包含建模环境中的所有几何模型、光源及摄影机，其他标签下仅包含单一类型对象，如图层、材质、摄影机、光源、基准平面、尺寸及详细视图。

图 2-101　全局浏览器图标及菜单

图 2-102　全局浏览器标签

3. 全局浏览器右键快捷菜单（见图 2-103）

在全局浏览器中单击鼠标右键，弹出右键快捷菜单，其中多数功能在全局浏览器图标中已有显示，另外还包含图层、材质等设置项。

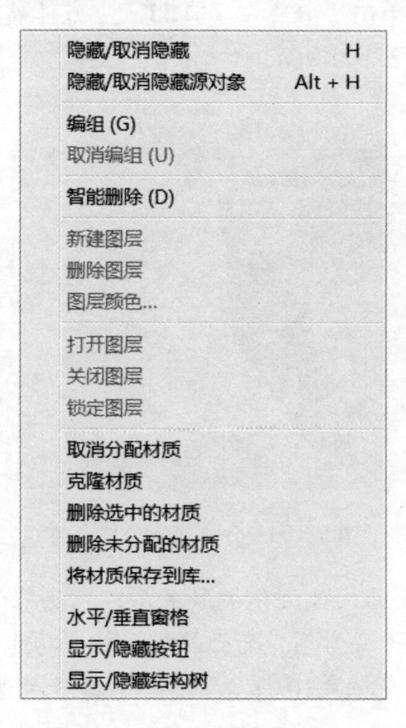

图 2-103　全局浏览器右键快捷菜单

2.5.2 选择与重命名对象

在全局浏览器中选择并重命名对象，有助于随时找到关键模型进行编辑。

【练习（2.5.2）】重命名对象，步骤如下：

1）打开练习（2.5.2_1）中的 Evolve 文件，如图 2-104 所示。

图 2-104　打开练习文件

2）在视图中选择对象主体，在全局浏览器及结构树中可见，该对象为 7 个球体进行布尔运算并集的结果，如图 2-105 所示。

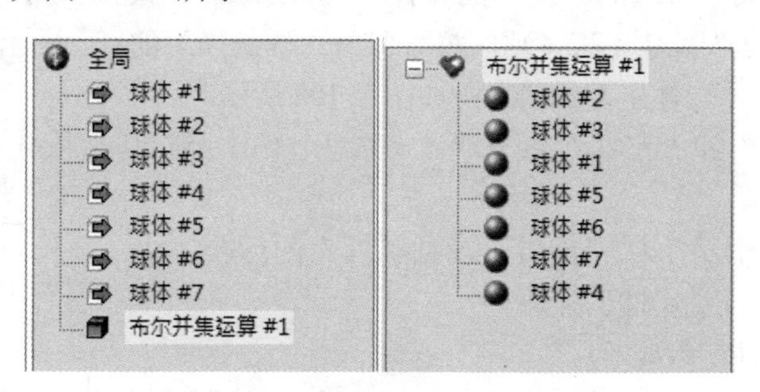

图 2-105　观察全局浏览器及结构树

3）在全局浏览器中，保证“布尔运算并集#1”被选中，单击该对象名称（或按〈F2〉键），重新命名该对象为“玩具熊”，按〈Enter〉键确认，如图 2-106 所示。

4）在全局浏览器中，选择每个球体，对它们分别进行重命名，如图 2-107 所示。

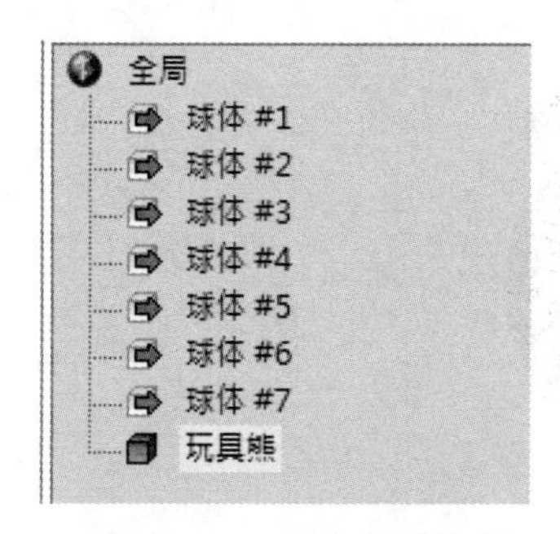

图 2-106　重命名对象 1

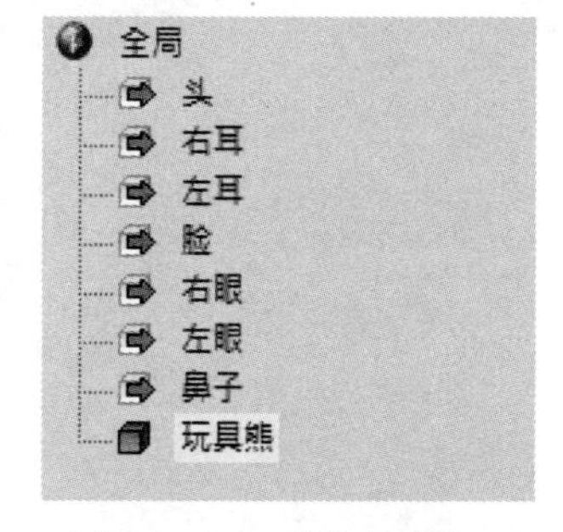

图 2-107　重命名对象 2

5）保存文件，将文件命名为“玩具熊.evo”。

2.5.3 显示与隐藏

【练习（2.5.3）】显示与隐藏，步骤如下：

1）打开练习（2.5.2）中保存的文件“玩具熊.evo”或打开素材文件夹中的“练习（2.5.3）”。

2）在全局浏览器中选择“玩具熊”对象。

3）单击全局浏览器菜单栏中的“隐藏”工具（或使用快捷键〈H〉），使其隐藏。

4）在全局浏览器中选择“脸”对象。

5）按〈Alt+H〉快捷键将其显示出来。

✧ 注：作为历史进程的源对象（图标显示为），无法使用“隐藏”工具（或〈H〉键）将其重新显示，只能使用〈Alt+H〉快捷键。如果需要再次隐藏，则还需再按一次〈Alt+H〉快捷键）。

2.5.4 设定视觉属性

【练习（2.5.4）】设定视觉属性，步骤如下：

1）重新打开练习（2.5.2）中保存的文件“玩具熊.evo”或打开素材文件夹中的“练习（2.5.4）”，将命名为“玩具熊”的对象删除，使所有原始球体呈显示状态，如图2-108所示。

图2-108　删除子对象，所有源对象自动显示

2）选中“右耳”和“左耳”两个球体（按住〈Ctrl〉键进行多选）。

3）在全局浏览器菜单栏中单击“视觉属性”图标，此时控制面板中显示“视觉属性”参数。

4）修改视觉属性参数如下：

- 取消勾选颜色参数“随层”复选框，设定为其他颜色，如红色。
- 自由设定反光度、反射率、透明度3个参数。
- 视觉属性参数中的“全局视觉质量”和“透明模式”针对建模环境中的所有对象。

5）重复进行设定颜色的操作，为玩具熊的不同部位设置不同的颜色以区分，如图2-109所示。

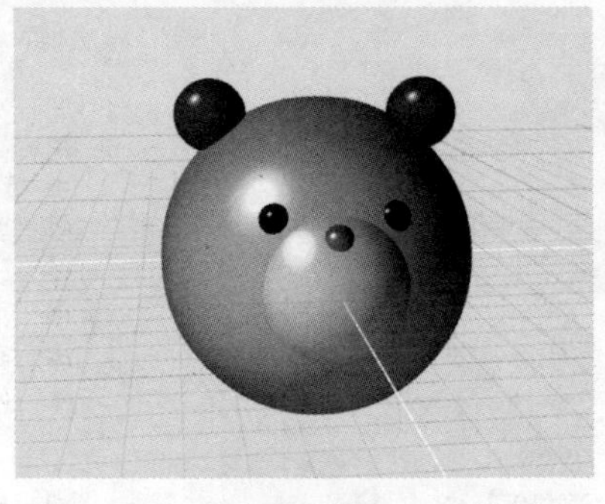
图2-109　多个模型设置不同的颜色

✧ 注：视觉属性中设定的颜色仅为建模过程中的视觉效果，并非渲染时的材质属性。虽然视觉属性能够通过视觉效果分辨对象，但对模型的组织管理并无太大意义，因此需要通过建立组或图层来管理模型。

2.5.5 建立组

【练习（2.5.5）】使用组功能整理模型，步骤如下：

1）打开素材文件夹中的“练习（2.5.5）”，该文件包含玩具熊的每个部件，且全部为独立对象。

2）在全局浏览器中，如图 2-110 所示，选中“右耳”和“左耳”两个对象。

3）在全局浏览器菜单栏中，单击“创建组群”图标，将“左耳”和“右耳”两个对象拖入同一组群中，如图 2-111 所示。

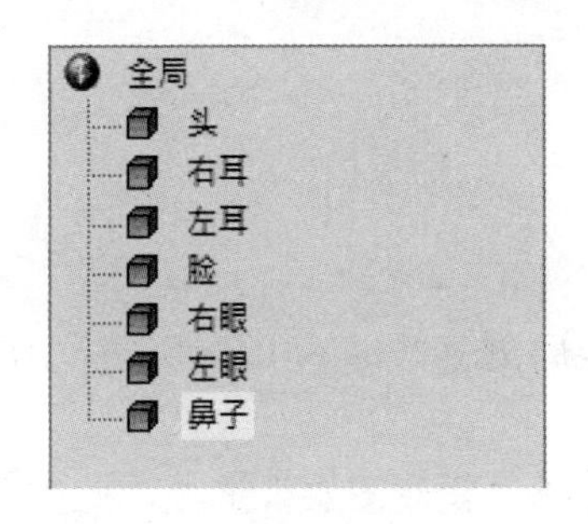

图 2-110　观察全局浏览器

图 2-111　建组

4）单击新建组的名称，为其重命名为“耳朵”，如图 2-112 所示。

5）利用以上方法将“左眼”和“右眼”两对象置入同一组群，并重命名为“眼睛”，如图 2-113 所示。

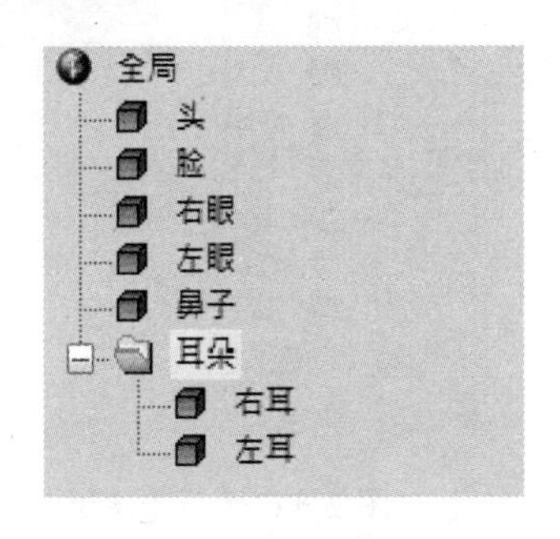

图 2-112　重命名组（“耳朵”）

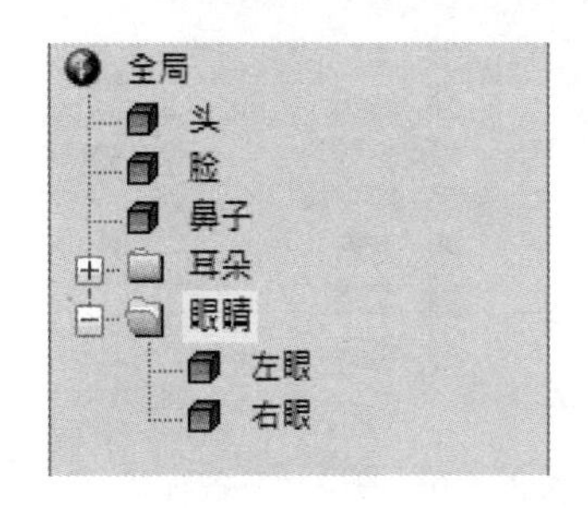

图 2-113　建组及重命名（“眼睛”）

6）在全局浏览器中，按住〈Ctrl〉键，单击对象“头”“脸”“鼻子”，以及组“耳朵”“眼睛”，随后创建一组群，为其重命名为“玩具熊”，如图 2-114 所示。

✧ 注：这一步在全选对象建组时，不能通过建模视图框选对象，只能在全局浏览器中使用〈Ctrl〉键进行多选。因为模型框选仅选中了组中的模型对象，并未选中整个组文件夹，Evolve 会弹出提示，如图 2-115 所示。

通过在全局浏览器中选择组，可直接选中该组中的所有对象，并为组中对象设置相同的视觉属性，或进行平移、旋转等其他操作。

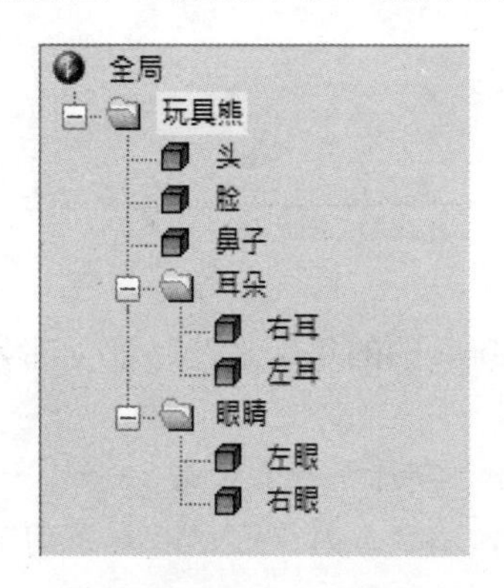

图 2-114　建组及重命名（“玩具熊”）

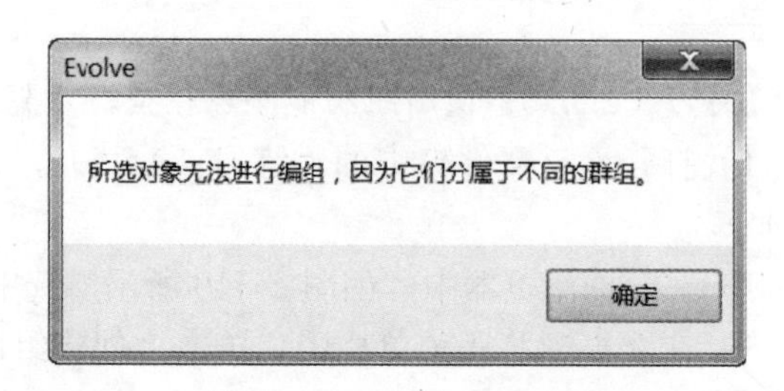

图 2-115　编组错误提示

2.5.6 建立图层

【练习（2.5.6)】使用图层功能整理模型，步骤如下：

1）打开素材文件夹中的“练习（2.5.6)”，单击全局浏览器标签中的图层标签图标，如图 2-116 所示，显示当前所有对象全部在默认图层中。

2）右键单击全局浏览器，在弹出的快捷菜单中选择“新建图层”选项。此时可见当前图层更改为“新建图层 1”，如图 2-117 所示。

图 2-116　图层标签图标

图 2-117　新建图层

3）将“右耳”和“左耳”两对象选中，按住鼠标左键拖曳进“新建图层 1”。此时可见“右耳”和“左耳”两对象自动更改为“新建图层 1”的默认颜色。

4）对新建图层重新命名为“耳朵”。

5）利用以上方法，将“右眼”和“左眼”两个对象置入一个新图层，如图 2-118 所示。

6）选中默认图层，单击鼠标右键，在弹出的快捷菜单中选择“图层颜色”选项，为默认图层赋予一种新颜色，如黄色，如图 2-119 所示。

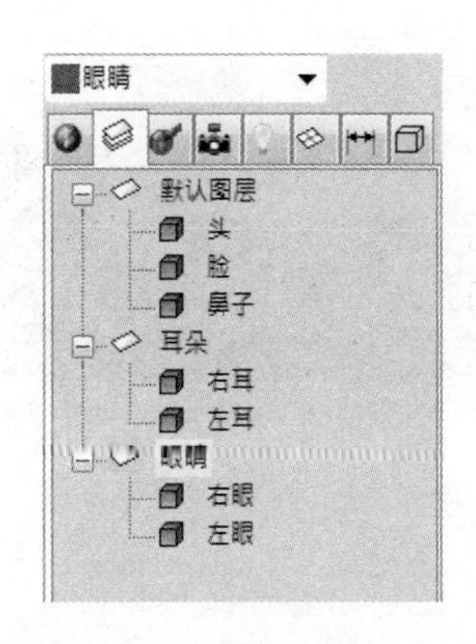

图 2-118　利用图层进行分类

图 2-119　更改图层颜色

7）通过在全局浏览器中设置图层，可直接选中该图层中的所有对象进行操作，也可对该图层进行隐藏或锁定操作。

✧ 注：使用图层管理模型，不会对全局浏览器中对象的排列顺序造成影响，所以建议尽量使用图层管理模型。

本章小结

本章是后续建模学习的基础，需要读者完全掌握并深刻理解其中的操作及逻辑关系。

第 3 章

构建 NURBS 曲线

本章学习要点：

- 理解 NURBS 曲线的特点。
- 熟练操作本章涉及的曲线绘制工具。

3.1 NURBS 曲线及曲线阶数

NURBS（Non-Uniform Rational B-Splines）即非均匀有理 B 样条。NURBS 曲线（见图 3-1）以控制点（CV）来控制曲线造型，但 NURBS 曲线从不通过控制点。每个控制点的参数均影响曲线的形状。

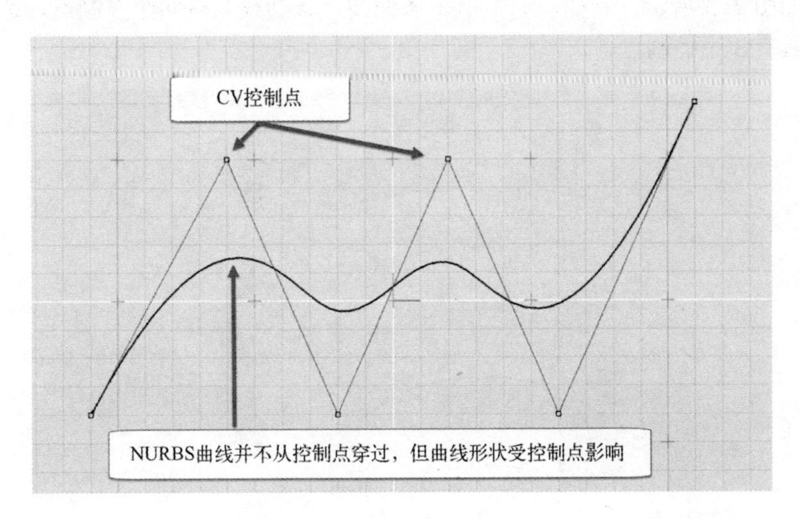

图 3-1　NURBS 曲线

Evolve 曲线建模工具位于建模工具栏的“曲线”卷展栏下，如图 3-2 所示。

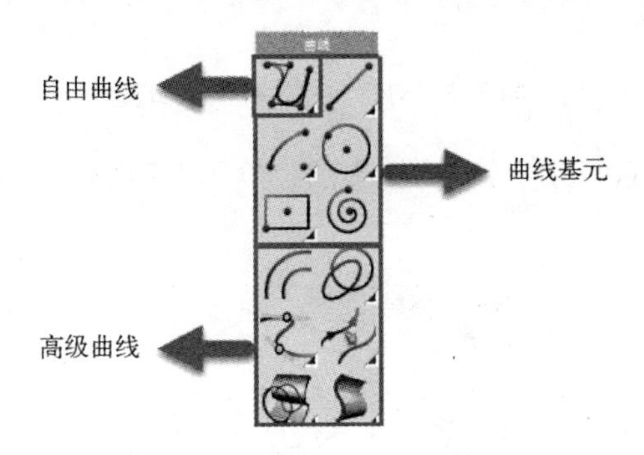

图 3-2　Evolve 曲线建模工具

这些工具可简单分为以下 3 组。

- 自由曲线：通过控制点绘制自由曲线，其中包括 NURBS 曲线、元曲线、开放式多边线、圆角多边线。
- 曲线基元：这组工具可通过基础参数快速创建曲线形状，如直线、弧、圆、矩形及螺旋线等。
- 高级曲线：这组工具可定义特定功能的曲线，包括曲线偏移、融合曲线、曲线投影及提取曲线等。

在 Evolve 中，每条 NURBS 曲线都有一个“阶数”值作为控制参数。阶数越高，曲线越光滑。并且，阶数值与曲线上控制点的数量息息相关。

【练习（3.1.1）】理解阶数值与控制点数量的关系，步骤如下：

1）打开素材文件夹“练习（3.1.1）”中的 Evolve 文件，可见其中共 7 条 NURBS 曲线，该 7 条曲线全部通过 NURBS 曲线工具直接创建。

2）选中任意一条曲线，在应用工具栏中切换到“编辑参数”模式，可见构建曲线的控制点数量，如图 3-3 所示。例如，选中第 1 条曲线，该曲线具有两个控制点，选中第 2 条曲线，该曲线具有 3 个控制点。

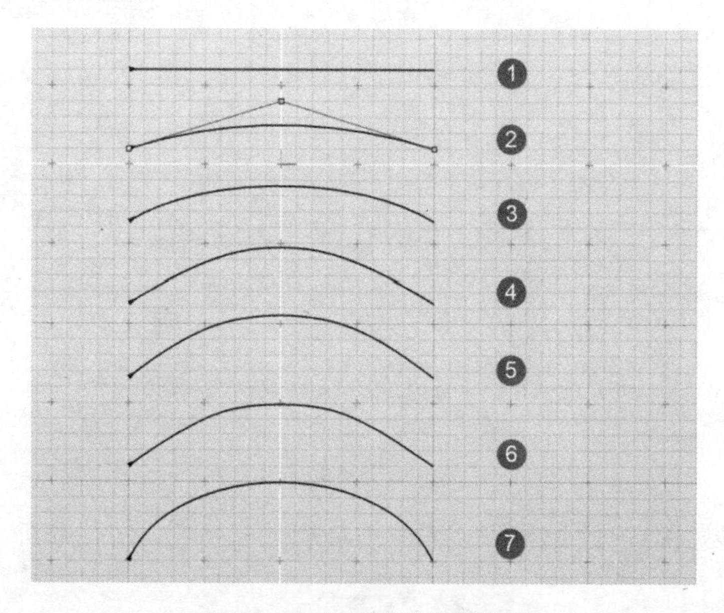

图 3-3　构建曲线的控制点数量

3）选中任意一条曲线，观察控制面板中的“阶数”参数，如图 3-4 所示。曲线控制点与曲线阶数具有以下关系：

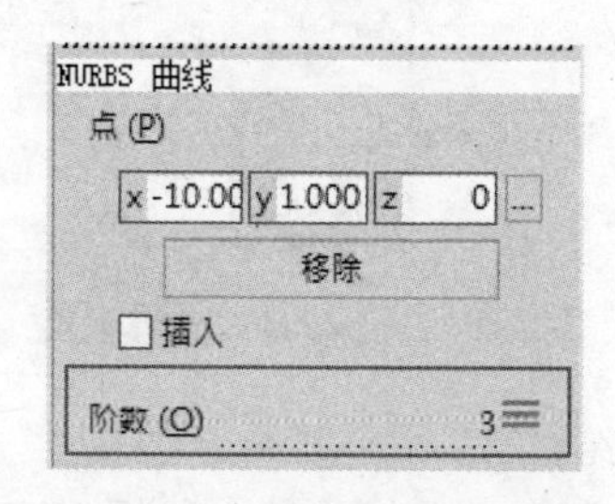

图 3-4　NURBS 曲线阶数

- 当控制点数量为“2”时（第 1 条曲线），该 NURBS 曲线的“阶数”=2，为直线。
- 当控制点数量为“3”时（第 2 条曲线），该 NURBS 曲线的“阶数”=3，为曲线。
- 当控制点数量大于等于“4”时（第 3～7 条曲线），该 NURBS 曲线的“阶数”=4，为曲线。

4）选中第 2 条曲线，在控制面板中将“阶数”的值“3”调整为“2”，可见曲线变为折线（直线），如图 3-5 所示。

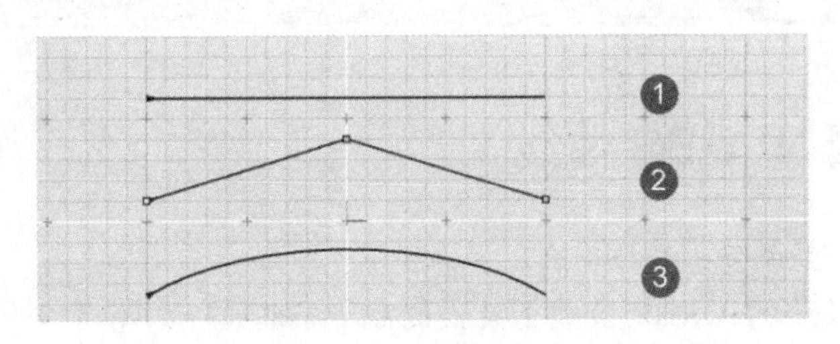

图 3-5　调整第 2 条曲线

5）选中第 3 条曲线（共 4 个控制点），如图 3-6 所示，在控制面板中将“阶数”的值“4”调整为“5”，当输入结束后，可见“阶数”的值自动恢复为“4”。

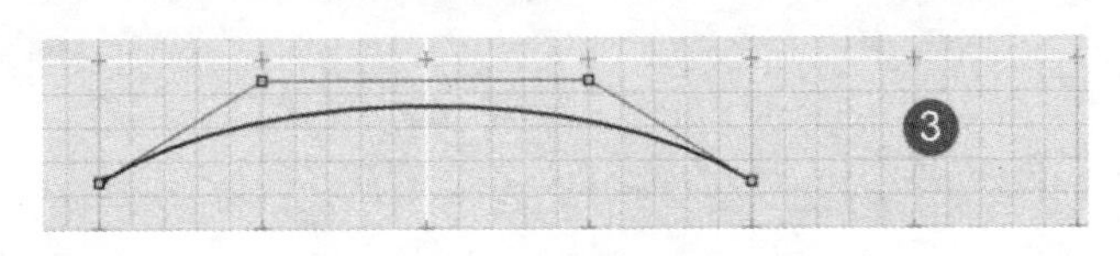

图 3-6　调整第 3 条曲线

6）选中第 4 条曲线（共 5 个控制点），在控制面板中将“阶数”的值“4”调整为“5”，可见曲线更偏离控制点，曲线形状更光顺，如图 3-7 所示。

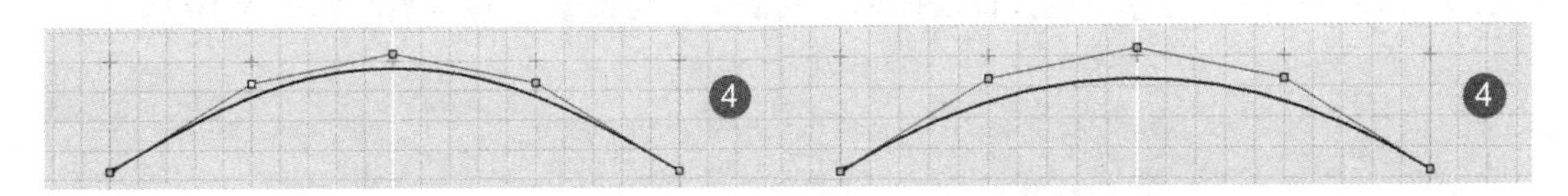

图 3-7　第 4 条曲线调整前（左）与调整后（右）

7）选中第 7 条曲线（共 8 个控制点），在控制面板中将“阶数”的值“4”调整为“8”，可见曲线非常光顺，但“阶数”的值自动修改为“7”，如图 3-8 所示。

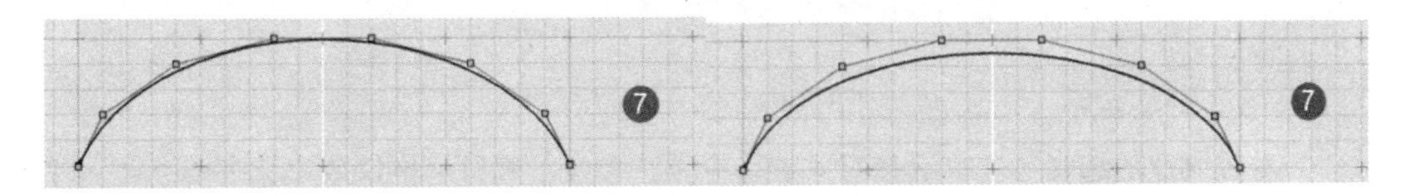

图 3-8　第 7 条曲线调整前（左）与调整后（右）

✧ 注：通过以上练习，我们将 Evolve 中 NURBS 曲线的阶数特性整理如下：

- 当阶数值为 2 时，无论有多少控制点，均为直线；当阶数值大于等于 3 时，为曲线。
- 阶数值必须小于等于控制点数量。
- 曲线阶数越高，曲线越光顺，但计算量越大，占用的计算机资源越多。因此 Evolve 设定：当控制点数量大于等于 4 时，阶数值自动设定为 4。
- 高阶曲线在产品设计中使用较少，故 Evolve 将阶数值的范围限定在 2～7 之间。

3.2 自由曲线

3.2.1 编辑 NURBS 曲线

【练习（3.2.1_1）】调整曲线控制点，步骤如下：

1）新建文档，使用 NURBS 曲线工具绘制一条曲线，如图 3-9 所示，确认此时曲线处于“编辑参数”模式下。

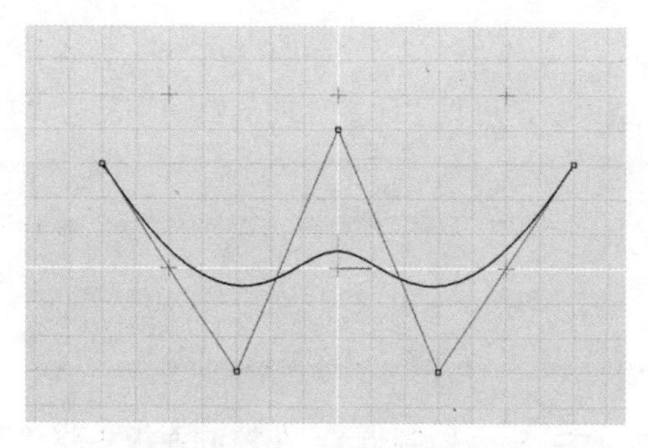

图 3-9 绘制一条 NURBS 曲线

2）使用鼠标点选任意一点并直接拖动，或使用平移键平移该点，如图 3-10 所示。

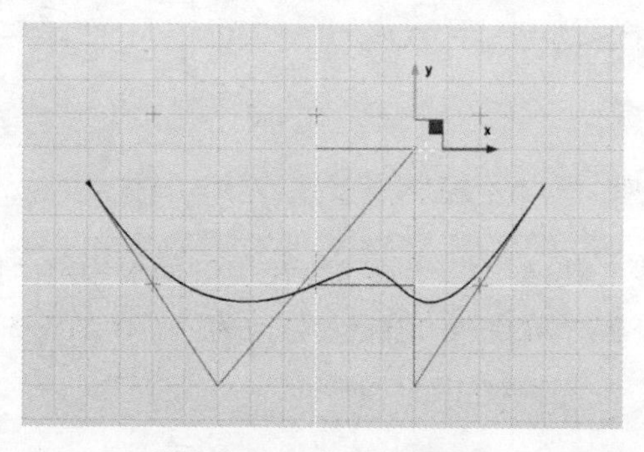

图 3-10 平移一个控制点

3）对控制点的选择与之前选择对象的操作方法一致，此时可框选或点选多个点并同时平移，如图 3-11 所示。

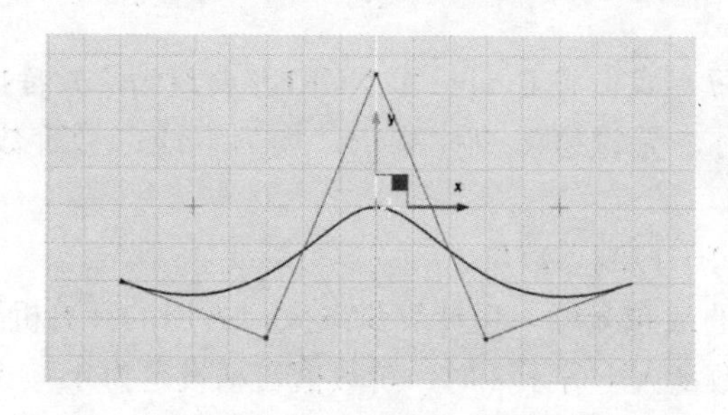

图 3-11 平移多个控制点

【练习（3.2.1_2）】插入与删除曲线控制点，步骤如下：

1）新建文档，使用 NURBS 曲线工具绘制一条曲线，如图 3-12 所示。

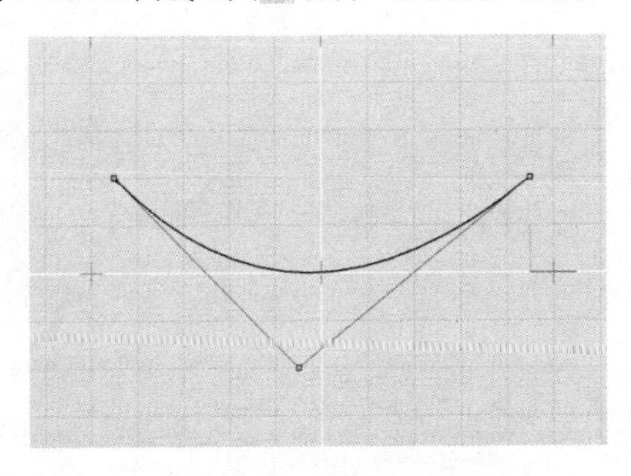

图 3-12　绘制一条 NURBS 曲线

2）将该曲线切换到“选择对象”模式，观察该曲线，可见曲线的首尾方向（有一箭头标识为曲线起始处），如图 3-13 所示。

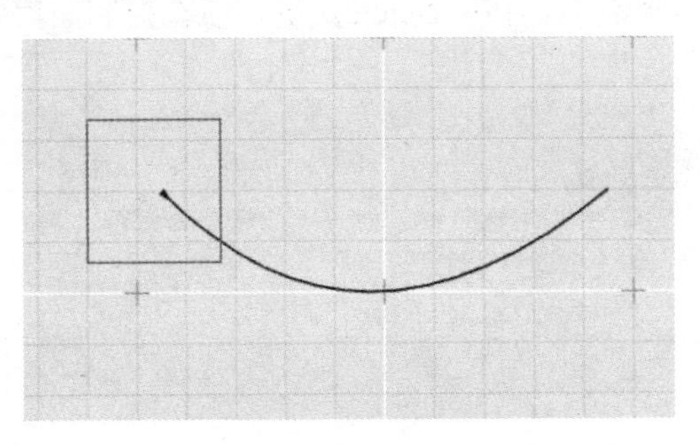

图 3-13　观察曲线的起始位置

3）将该曲线切换到“编辑参数”模式，框选相邻的两个控制点，如图 3-14 所示。

4）在控制面板中，勾选“插入”复选框，如图 3-15 所示。

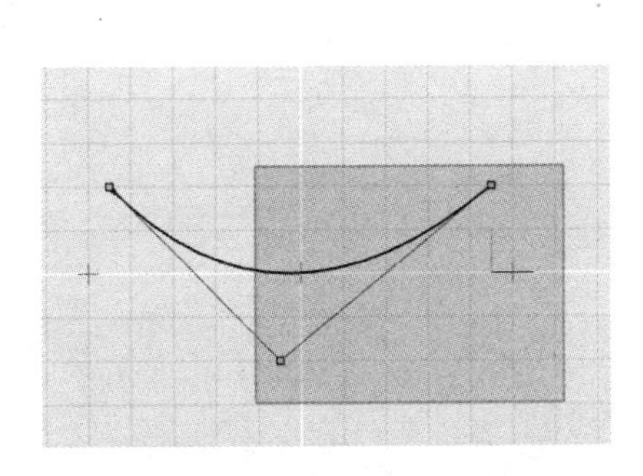

图 3-14　框选相邻的两个控制点

图 3-15　勾选“插入”复选框

5）在曲线上选中的两点间，单击鼠标左键以添加控制点，如图 3-16 所示。插入完成后，按〈Enter〉键或空格键结束。该操作可在曲线上两点间插入任意数量的控制点。

6）选中曲线上末端的控制点，单击鼠标左键以添加控制点。插入完成后，按〈Enter〉键或空格键结束。该操作可在曲线末端插入任意数量的控制点，以延长曲线，如图 3-17 所示。

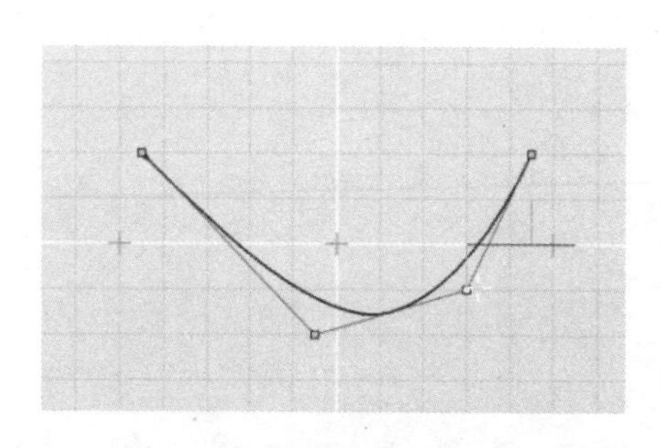

图 3-16　在两点间插入控制点

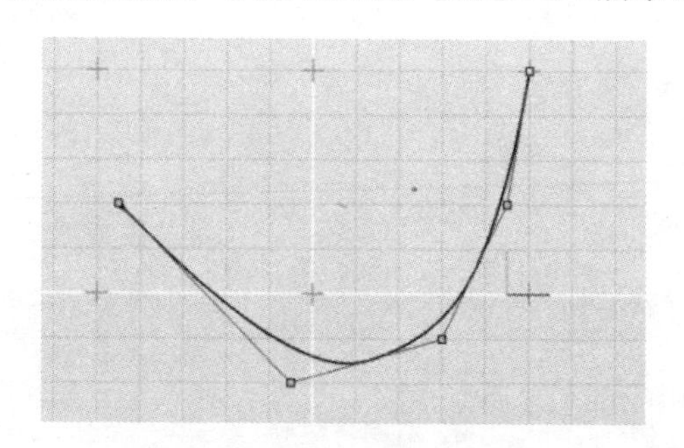

图 3-17　在曲线末端插入控制点

✧ 注：如果选中曲线起始点进行插入，则最多能向外插入 1 个控制点，从第 2 个插入点开始则向内插入。因此，如需向曲线外部插入更多的控制点，可以在控制面板中单击“反转”按钮以改变曲线方向，如图 3-18 所示。

7）选中曲线上的任意控制点，按〈Delete〉键，或在控制面板中单击“移除”按钮进行删除，如图 3-19 所示。

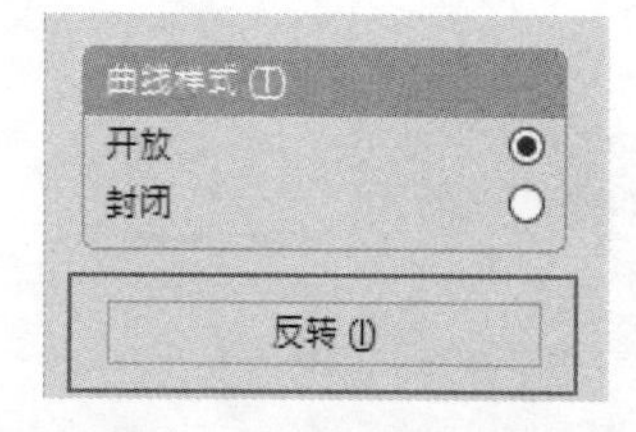

图 3-18 “反转”按钮

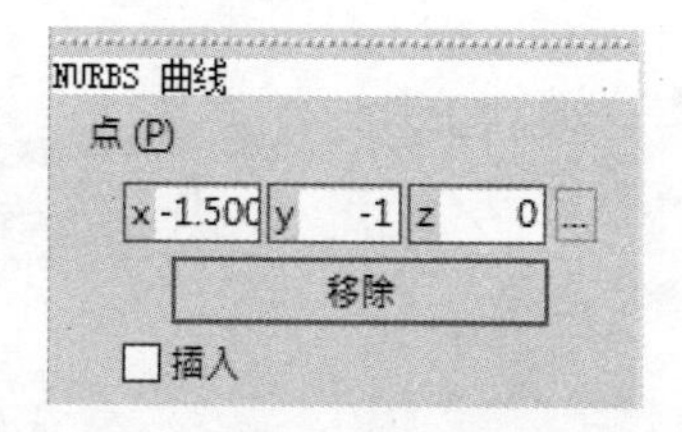

图 3-19 “移除”按钮

【练习（3.2.1_3)】插入新的曲线实体，步骤如下：

1）新建文档，在前视图中使用 NURBS 曲线工具绘制一条曲线，如图 3-20 所示。

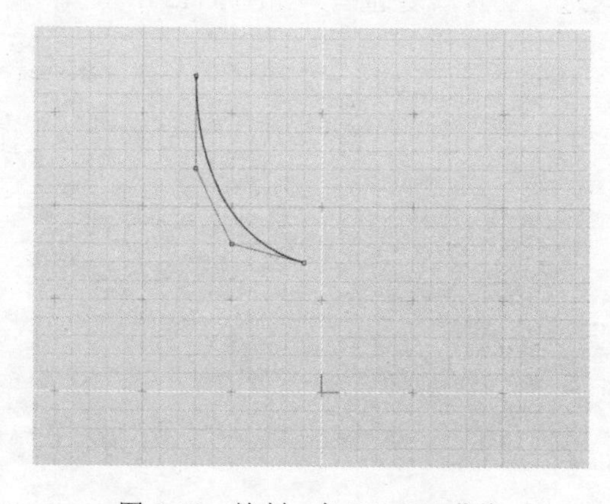

图 3-20　绘制一条 NURBS 曲线

2）在控制面板中，单击“新建实体”按钮，可从上一段曲线结束的位置继续绘制曲线，如图 3-21 所示。

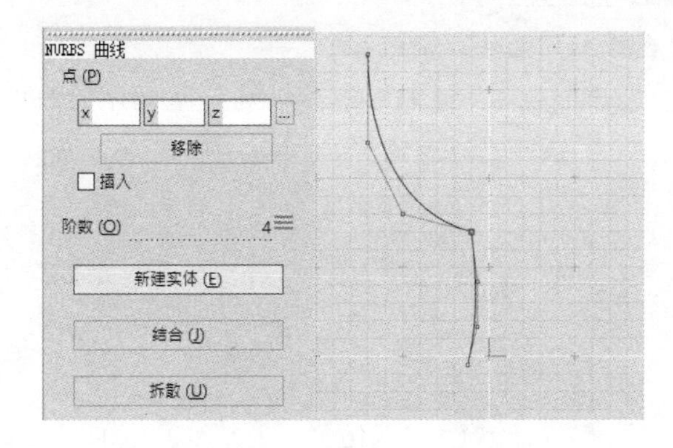

图 3-21　单击“新建实体”按钮（左）并继续绘制曲线（右）

3）重复上一步操作，绘制第 3 段曲线，如图 3-22 所示。

4）退出绘制控制点，恢复到“选择对象”模式。此时单击曲线上的任意位置，都可将 3 段曲线同时选中。通过全局浏览器可看出，虽然操作过程是绘制了 3 段曲线，但结果是绘制了一条具有 3 段曲线实体的独立曲线，如图 3-23 所示。

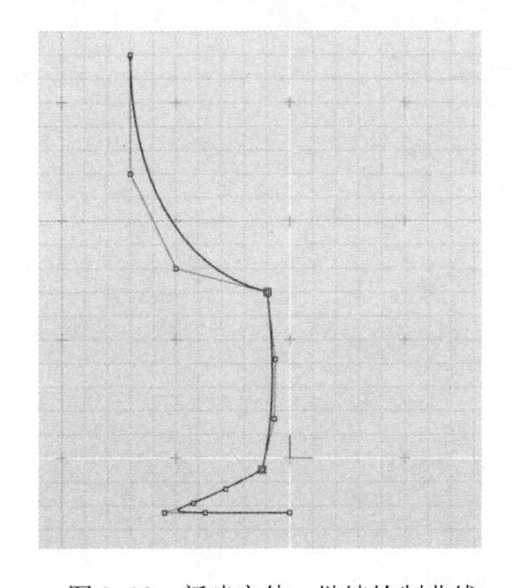

图 3-22　新建实体，继续绘制曲线

图 3-23　观察全局浏览器

5）在建模工具栏中，曲面工具标签下选择“旋转”图标，并选择刚刚绘制的曲线，可一次性绘制图 3-24 所示的曲面（“旋转”工具的操作方法将在后续章节中详解）。

图 3-24　根据曲线绘制旋转曲面

【练习（3.2.1_4）】绘制封闭曲线，步骤如下：

1）新建文档，在任意平面视图中绘制一条类似图 3-25 所示的曲线。

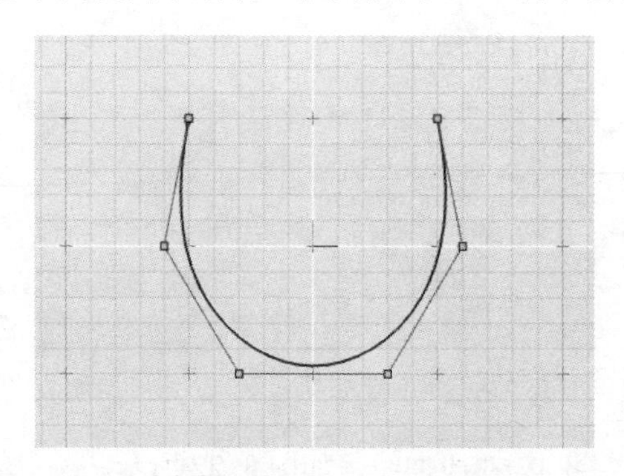

图 3-25　绘制一条 NURBS 曲线

2）在控制面板中设置“曲线样式”为“封闭”，则曲线呈封闭状态，如图 3-26 所示。

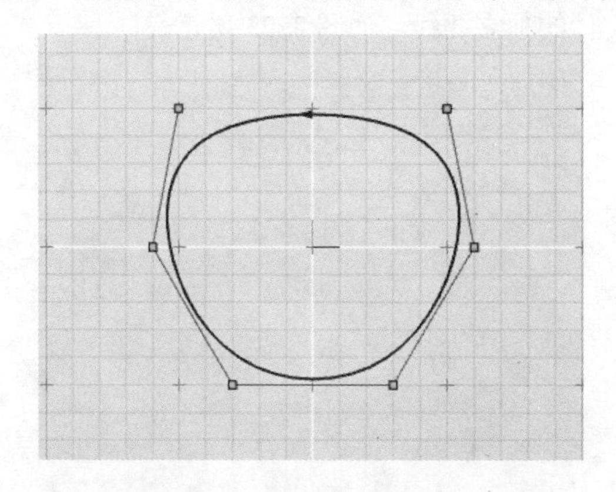

图 3-26　设定曲线为“封闭”

练习（3.2.1_5）：改变曲线权重，步骤如下：

1）新建文档，在任意平面视图中绘制一条类似图 3-27 所示的曲线。

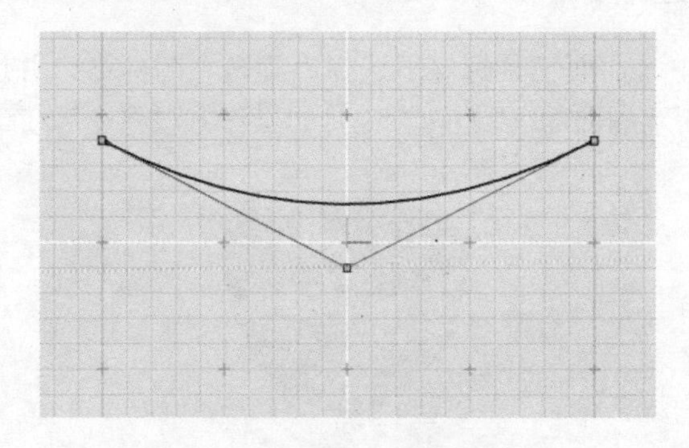

图 3-27　绘制一条 NURBS 曲线

2）选中中间的控制点，在控制面板中调整权重值，可见权重值能够调整曲线偏向该控制点的程度，如图 3-28 所示。

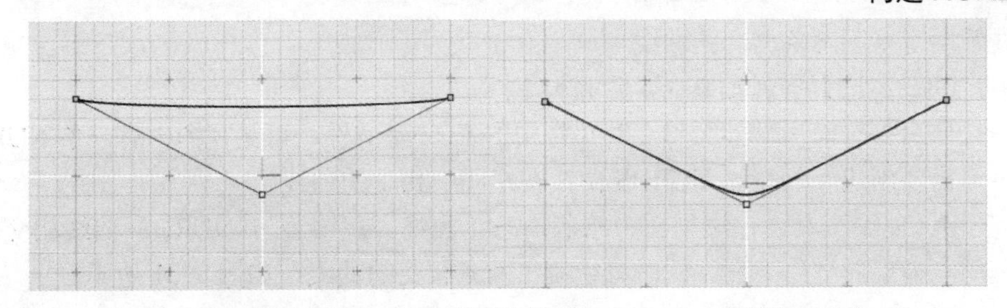

图 3-28　改变控制点权重（左：控制点权重为 0.1；右：控制点权重为 10）

✧ 注：权重及阶数都可以控制曲线接近曲线控制点的程度，但阶数控制整体曲线，权重可以针对某个控制点。

【练习（3.2.1_6）】增加曲线结点，步骤如下：

1）新建一个 Evolve 文件，在任意平面视图中绘制一条类似图 3-29 所示的曲线。

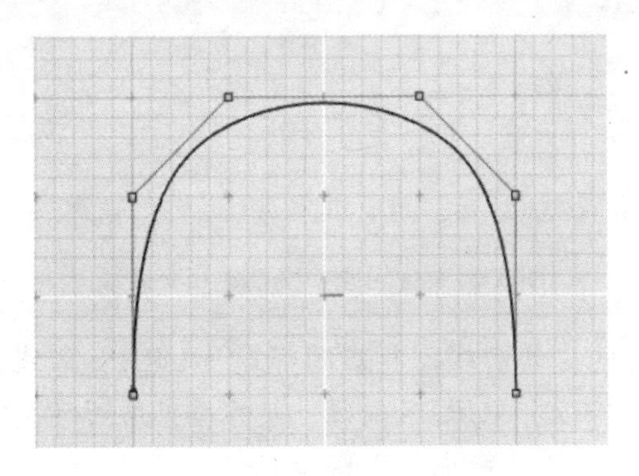

图 3-29　绘制一条 NURBS 曲线

2）选中中间两个相邻控制点，在控制面板中单击“细化”按钮，以新建一个结点，如图 3-30 所示。

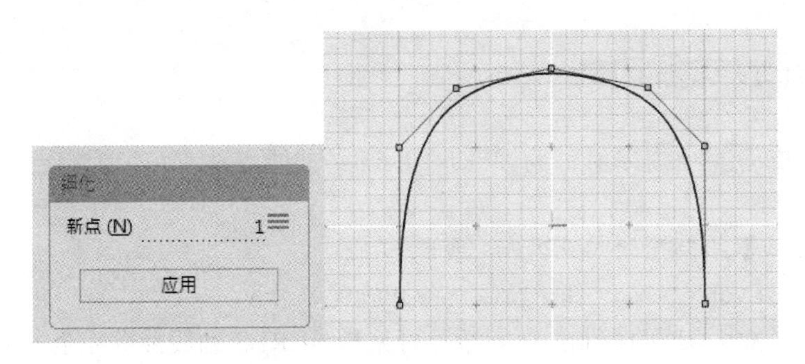

图 3-30　新建曲线结点（左）及获得结果（右）

✧ 注：新建结点与插入控制点有所区别，新建结点不会改变曲线形状，而插入新控制点一定会改变曲线形状。

3.2.2 元曲线

区别于 NURBS 曲线，元曲线是在曲线上进行了插值计算，元曲线必须穿过控制点。因此元曲线常用于绘制两条相交的曲线。

【练习（3.2.2_1)】绘制元曲线，步骤如下：

1）打开素材文件夹“练习（3.2.2_1)”中的Evolve文件，可见视图中有一条NURBS曲线。本练习需要创建一条与该NURBS曲线在空间中相交的曲线。

2）使用元曲线工具，在透视图中绘制一条元曲线。在绘制与NURBS曲线相交的控制点时，使用“捕捉曲线”工具，此时可绘制出两条相交的曲线，如图3-31所示。

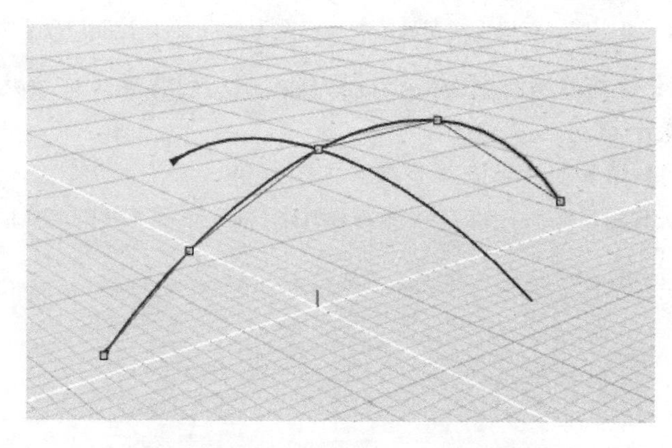

图3-31 使用元曲线创建相交曲线

✧ 注：无论何种工具构建的曲线，其基础都是NURBS曲线。当对元曲线移除参数或结构历史时，它将转化为NURBS曲线，具体参见练习（3.2.2_2）。

【练习（3.2.2_2)】移除元曲线特征，步骤如下：

1）新建一个Evolve文件，任意绘制一条元曲线。

2）保持元曲线被选中，在其控制面板中观看，显示为元曲线参数。

3）按〈C〉键移除其结构历史，再次观察控制面板，显示为NURBS曲线参数。

3.2.3 开放式多边线

开放式多边线实际上是阶数值为2的NURBS曲线，是在两个控制点之间直接以直线相连。

【练习（3.2.3)】绘制开放式多边线，步骤如下：

1）新建一个Evolve文件，任意绘制一条开放式多边线。

2）观察开放式多边线的控制面板参数，可见与NURBS曲线参数完全一致。

3）将“阶数”参数调整为“3”，则开放式多边形转化为光顺的NURBS曲线。

3.2.4 圆角多边线

圆角多边线可在折线中选中的控制点上创建可变半径倒圆角。

【练习（3.2.4)】绘制圆角多边线，步骤如下：

1）新建一个Evolve文件，绘制任意形状的圆角多边线，如图3-32所示。

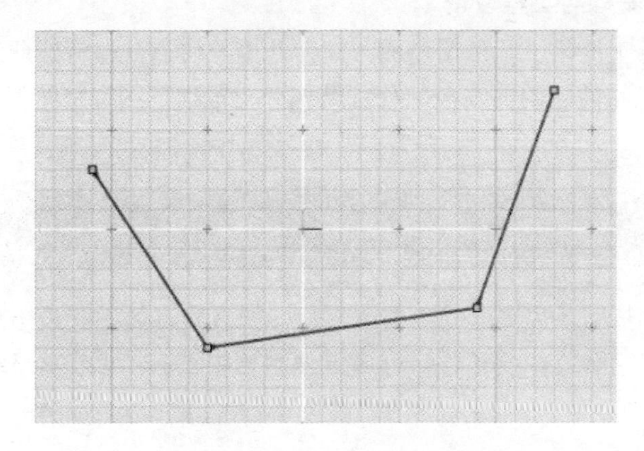

图 3-32　绘制一条圆角多边线

2）选中其中的控制点，改变控制面板中的半径值，可见在折角处出现圆角，如图 3-33 所示。

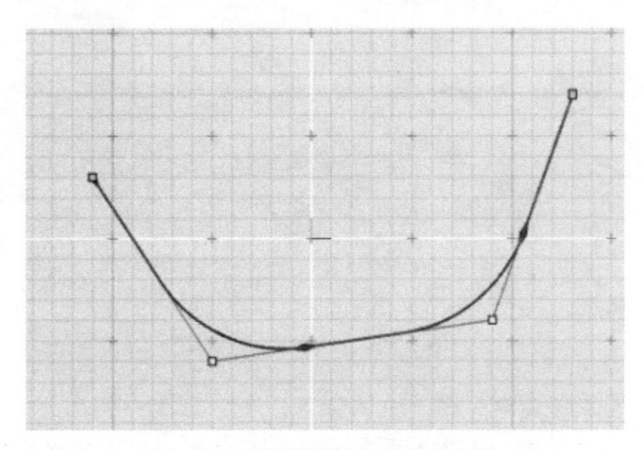

图 3-33　改变控制点处的半径值

3）按〈C〉键移除开放式圆角多边线的参数，则可见其成为多个曲线实体组成的单一 NURBS 曲线，如图 3-34 所示。

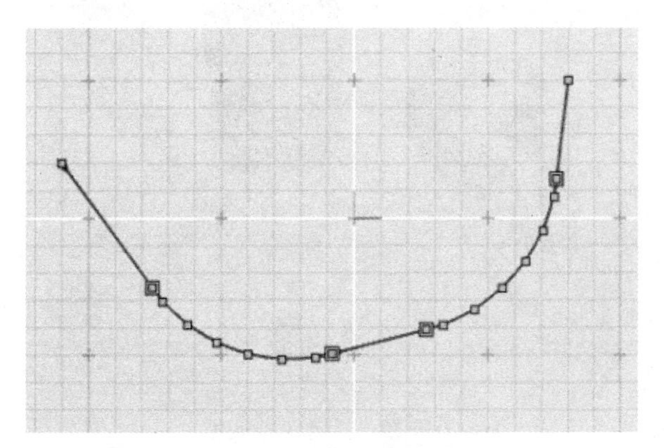

图 3-34　移除开放式圆角多边线的参数

✧ 注：关于 NURBS 曲线，读者需要谨记以下特性：

● NURBS 曲线是唯一一种存在于 Evolve 中的曲线形式。

- 每种工具实际上提供了一种简便的方法，让用户快速获得特殊曲线形态。
- 如果将不同工具创建的曲线全部移除结构历史进程，则最终结果都会是得到 NURBS 曲线。

3.3 曲线基元

这组工具可通过基础参数快速创建曲线形状，如直线、弧、圆、矩形及螺旋线等。曲线基元通常作为曲面的轮廓线。读者可自行尝试使用这组工具绘制图 3-35 所示的曲线，并尝试调整每条曲线的参数。

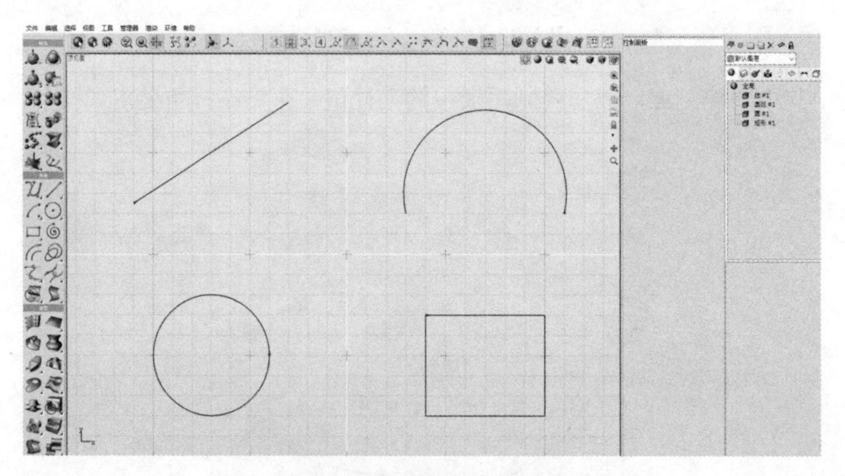

图 3-35 绘制曲线基元

【练习（3.3）】通过曲线绘制曲面，步骤如下：

1）打开素材文件夹“练习（3.3）”中的 Evolve 文件，可见视图中有两条曲线，即“圆#1”和“圆弧#1”，如图 3-36 所示。

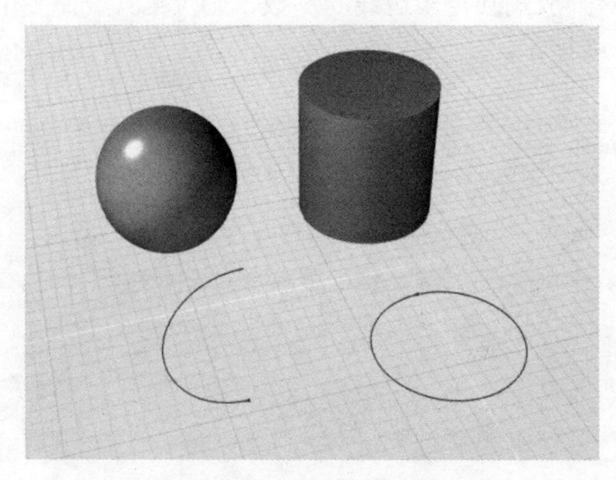

图 3-36 打开练习文件

2）在建模工具栏中，使用“曲线”卷展栏下的“挤出”工具，根据控制台提示，选择曲线“圆#1”作为曲面边线。当控制台提示“沿方向 1 的距离”时，输入数值“10”，并在挤出操作的控制面板中，勾选“封口”复选框，即可获得一个圆柱体“挤出#1”，如图 3-37 所示。

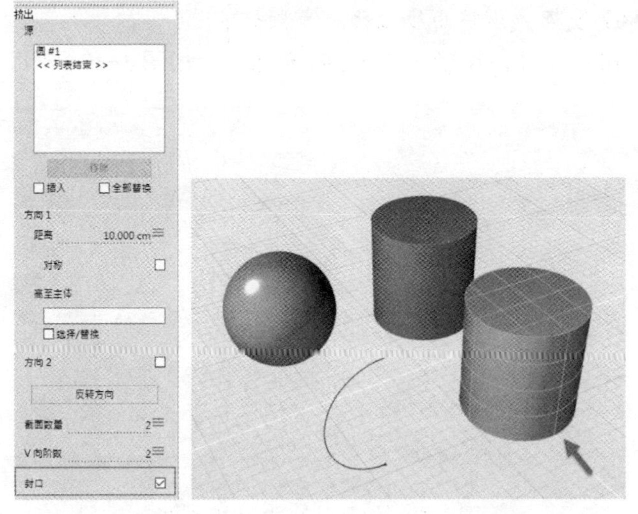

图 3-37　对挤出曲面封口（左）以获得封闭圆柱（右）

3）在建模工具栏中，使用“曲线”卷展栏下的“旋转”工具，当控制台提示“拾取剖面曲线”时，选择曲线“圆弧#1”。随后按〈Enter〉键接受其他默认设置，即可获得一个球体“旋转#1”，如图 3-38 所示。

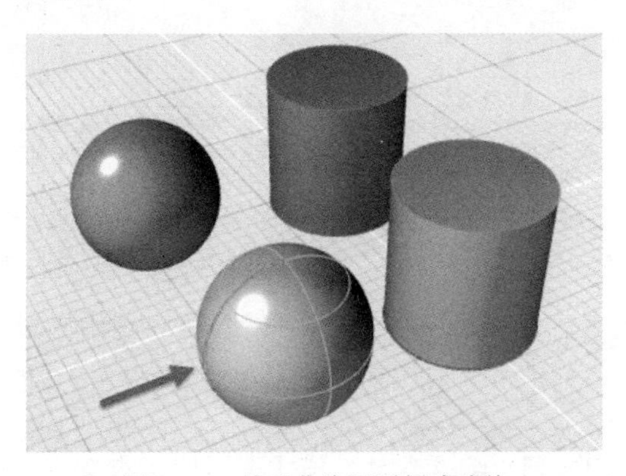

图 3-38　基于曲线圆弧创建球体

4）对比观察建模环境中的其他两个对象“圆柱#1”和“球体#1”，与通过曲线新建的实体造型一致，但造型的调整方式完全不同。例如，想要调整球体的半径值：

- 针对“球体#1”这个对象，直接调整其控制面板中的“半径”参数的值即可。
- 针对“旋转#1”这个对象，则需要找到其源对象“圆弧#1”，再调整其“半径”的值。

3.4　高级曲线工具

3.4.1　曲线偏移

曲线偏移可创建一条或多条类似复制的曲线，这些“复制”曲线与源曲线形状类似并保持特定的距离。此工具不仅可以应用于二维曲线，还可以应用于空间三维曲线。

【练习（3.4.1_1）】交互式调整曲线偏移，步骤如下：

1）新建一个 Evolve 文件，绘制一条 NURBS 曲线，如图 3-39 所示。

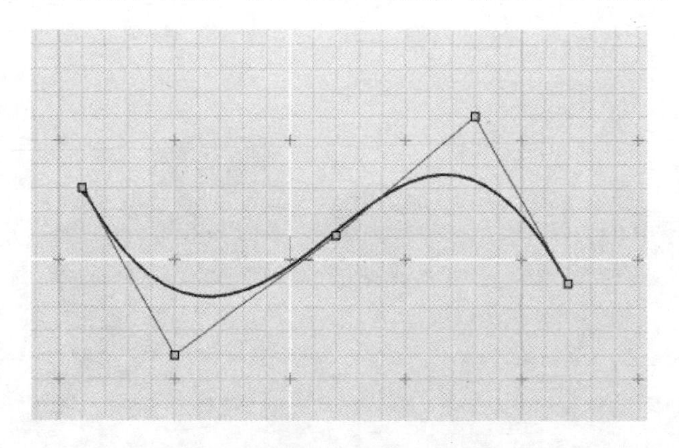

图 3-39 绘制一条 NURBS 曲线

2）对该曲线使用“偏移”工具，并设置偏移距离为 1，如图 3-40 所示。

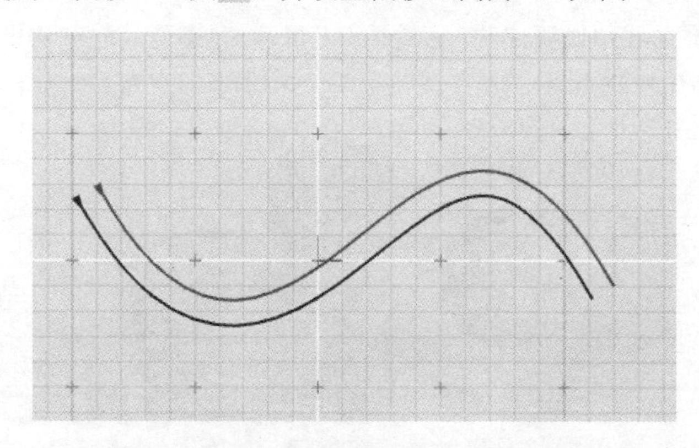

图 3-40 构建偏移曲线

3）选中偏移曲线，切换到“编辑参数”模式。用鼠标点选亮蓝色的“偏移点”，可交互式调整偏移距离，如图 3-41 所示。

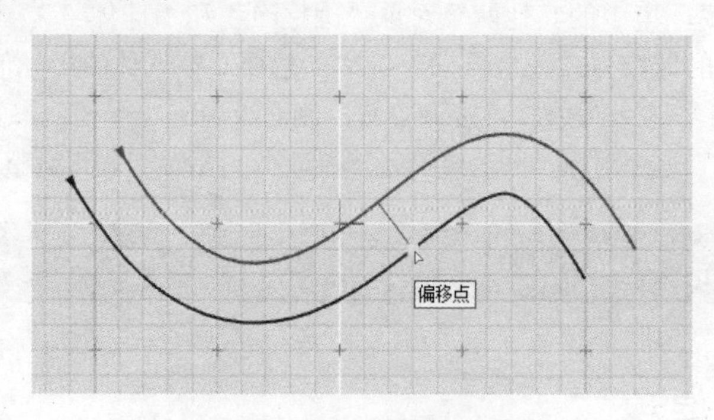

图 3-41 交互式调整偏移距离

4）选中源曲线，并调整控制点位置，可同时改变偏移曲线形状，如图 3-42 所示。

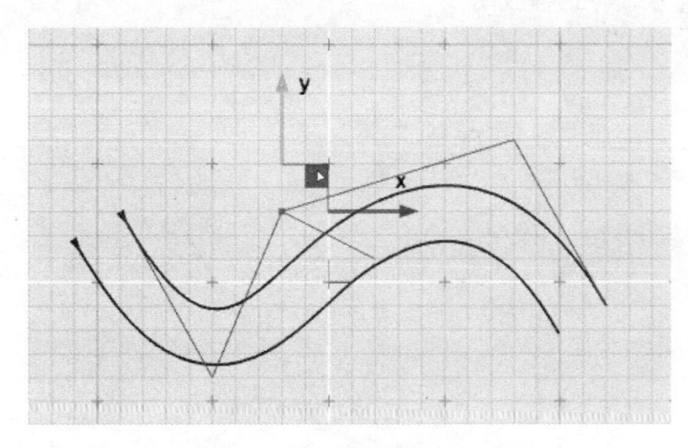

图 3-42　改变源曲线形状

5）选中偏移曲线，切换到“编辑点”模式，调整偏移曲线上的控制点，可见源曲线并不跟随其变化而变化，如图 3-43 所示。

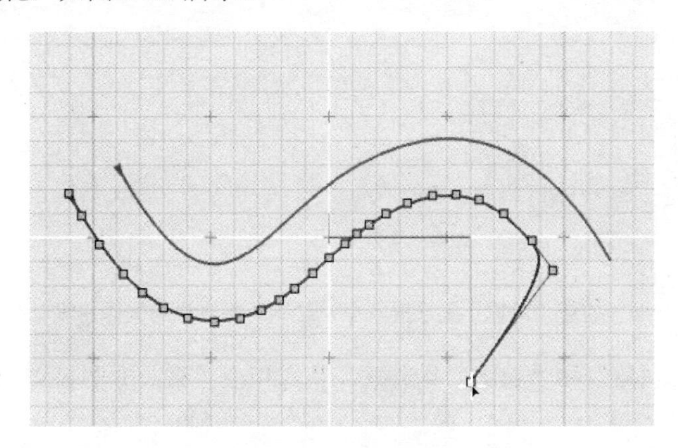

图 3-43　改变偏移曲线

【练习（3.4.1_2）】调整曲线偏移参数，步骤如下：

1）新建一个 Evolve 文档，绘制图 3-44 所示的开放式多边线。

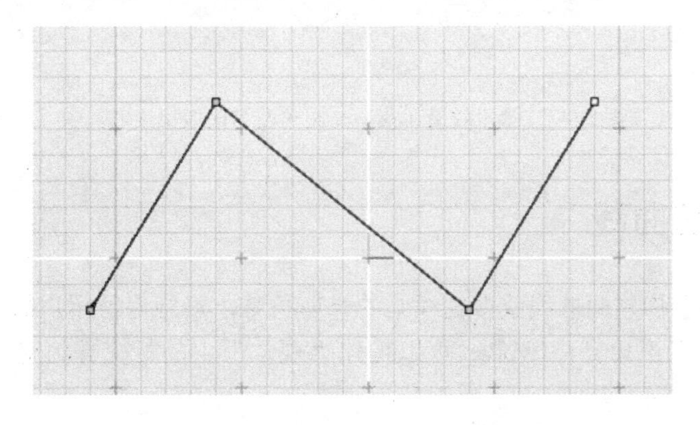

图 3-44　绘制开放式多边线

2）为其绘制一条偏移曲线，偏移距离为 1，如图 3-45 所示。

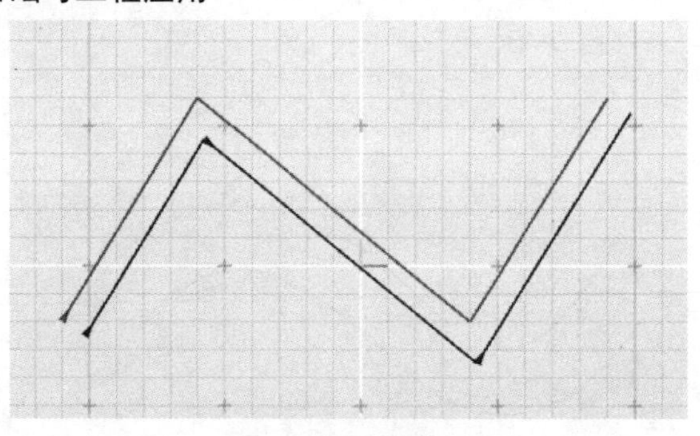

图 3-45　绘制偏移曲线

3）保持偏移曲线选中，在控制面板中勾选“对称”复选框，可获得相应对称的偏移效果，如图 3-46 所示。

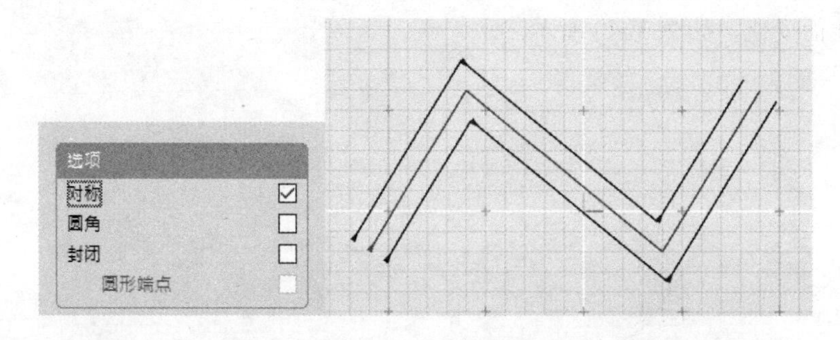

图 3-46　勾选“对称”复选框（左）绘制两条对称的偏移曲线（右）

4）尝试勾选“圆角”和“封闭”复选框，获得相应效果，如图 3-47 所示。

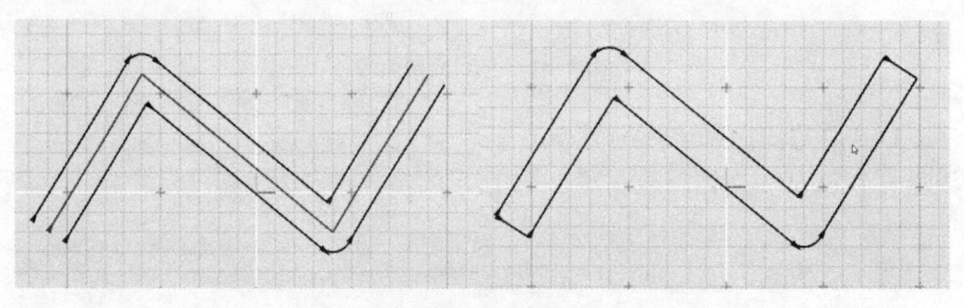

图 3-47　圆角效果（左）与圆角及封闭效果（右）

3.4.2　交切曲线

交切工具适用于构建两曲线或多曲线间的修剪关系，最终保留用户需要的部分。施加交切操作的曲线无须真正相交，Evolve 可以构建“视觉”上的相交并将交切关系投射到目标曲线上。

【练习（3.4.2_1）】相交曲线构建交切，步骤如下：

1）打开素材文件夹“练习（3.4.2_1）”中的 Evolve 文件，可见两曲线“圆#1”和“矩形#1”，如图 3-48 所示。

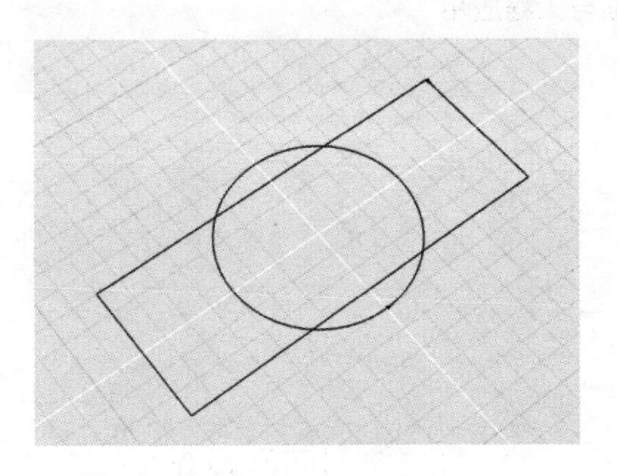

图 3-48　打开练习文件

2）使用“交切曲线”工具，当控制台提示“拾取曲线”时，将两条曲线依次选中，并按〈Enter〉键或空格键确认；当提示“拾取待移除片段”时，用鼠标点选所有位于中间区域内的曲线段进行移除，获得图 3-49 所示的结果，按〈Enter〉键或空格键确认。

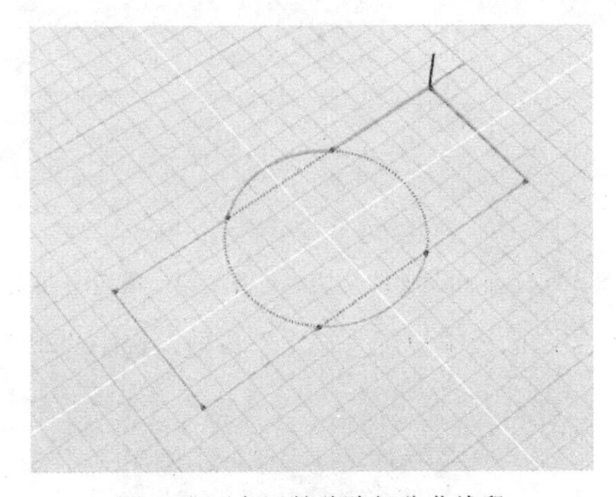

图 3-49　交切并移除部分曲线段

3）从全局浏览器中选中源曲线“圆#1”，改变“半径”参数为“6”，获得图 3-50 所示的结果。由此可见，“曲线交切”工具也可构建结构历史进程。

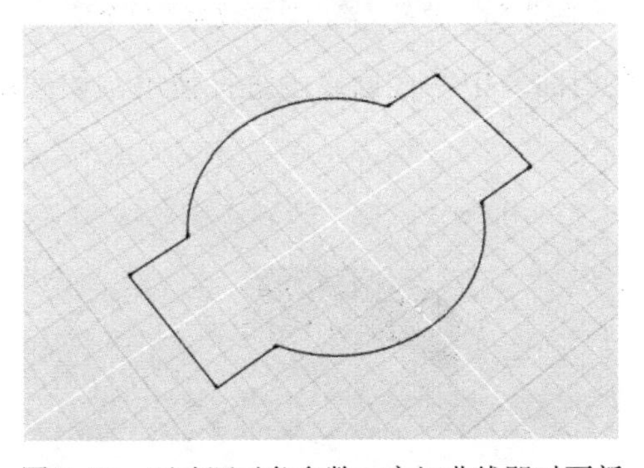

图 3-50　更改源对象参数，交切曲线即时更新

【练习（3.4.2_2)】不相交曲线构建交切，步骤如下：

1）打开素材文件夹“练习（3.4.2_2)”中的 Evolve 文件，如图 3-51 所示，观察此文件中的两条曲线“圆#2”和“矩形#2”。区别于练习（3.4.2_1)，这两条曲线并未在同一平面上，且没有任何相交。

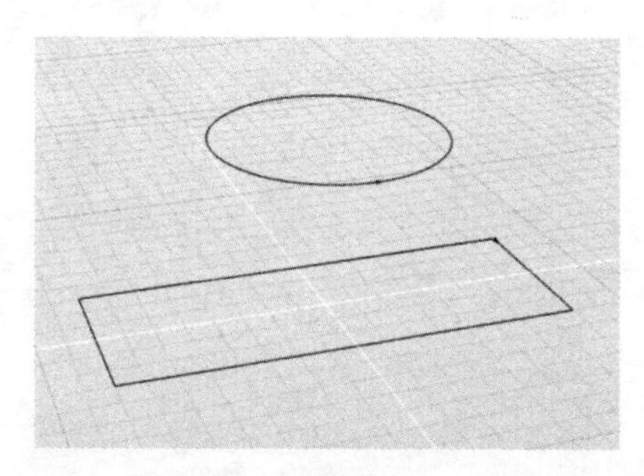

图 3-51　打开练习文件

2）使用“交切曲线”工具，选中两条曲线作为交切对象，可见两条曲线自动向当前激活的平面方向投射，并对齐到第一条选中曲线，如图 3-52 所示。

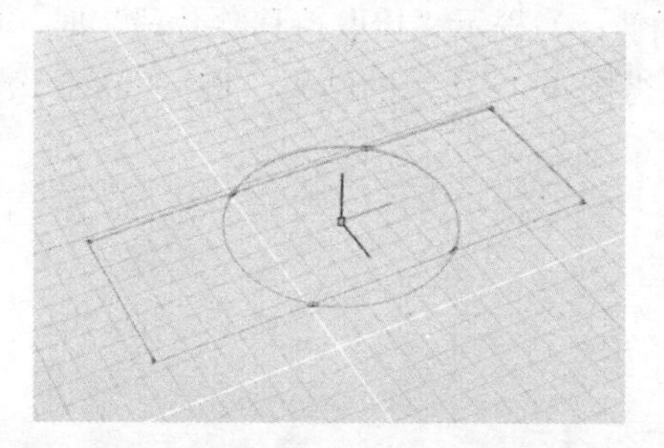

图 3-52　非相交曲线交切，对齐至第一条选中曲线

3）选中交切曲线，在控制面板中设置“输出”参数，选中“单个”单选按钮，如图 3-53 所示。

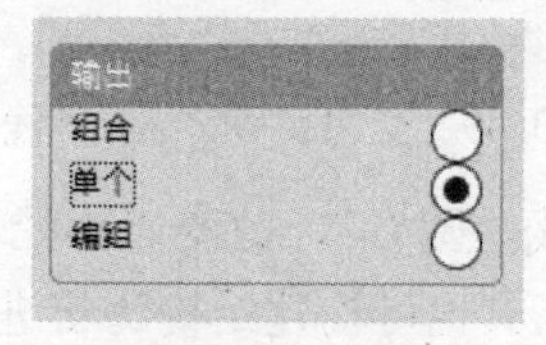

图 3-53　设置“输出”参数为“单个”

4）此时可单独选中交切曲线中的任意线段进行使用，如使用某一段线段作为挤出曲面，如图 3-54 所示。

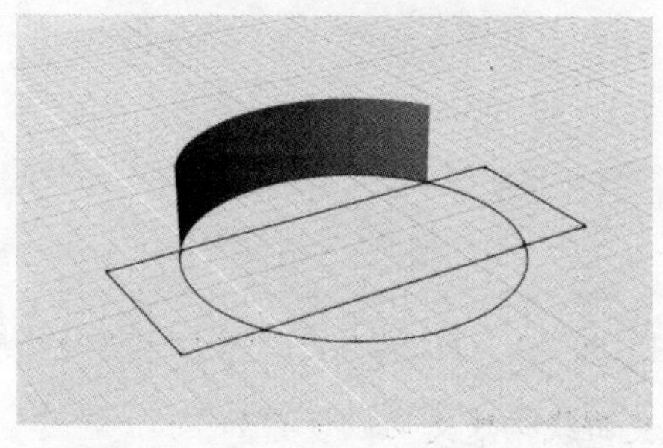

图 3-54　使用交切曲线段继续编辑

5）按〈Ctrl+Z〉快捷键返回至交切曲线，另外尝试“组合”和“编组”两种模式。观

察在全局浏览器中，当设置了不同的“输出”参数后，交切对象前后对比如图 3-55 所示。

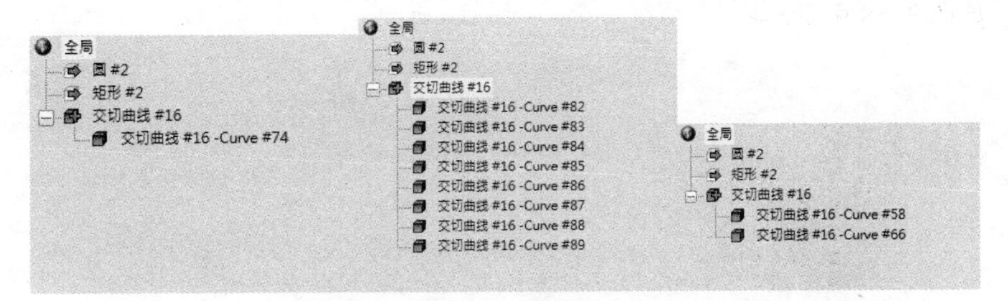

图 3-55　对比全局浏览器：设置“输出”参数为“组合”（左），设置“输出”参数为“单个”（中）；设置“输出”参数为“编组”（右）

3.4.3 切分曲线

“切分曲线”工具可将曲线切分为多条独立曲线。

【练习（3.4.3_1）】切分曲线，步骤如下：

1）打开素材文件夹“练习（3.4.3_1）”中的 Evolve 文件，激活顶视图，绘制一条 NURBS 曲线，如图 3-56 所示。

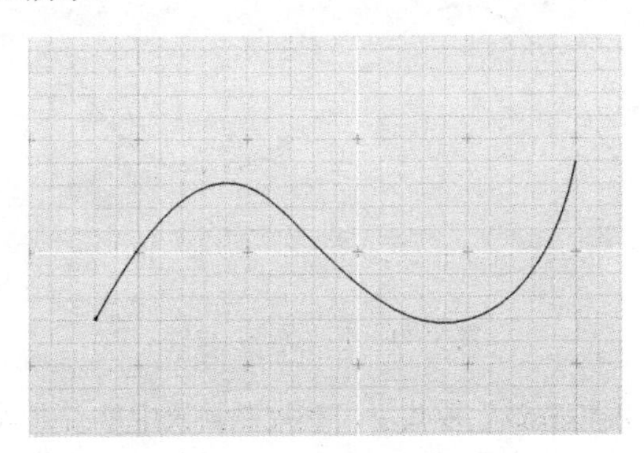

图 3-56　绘制一条 NURBS 曲线

2）使用建模工具栏中的“切分曲线”工具，单击曲线上的任意位置，绘制切分点。将鼠标光标移动到曲线上的其他位置，可再次绘制多个切分点，按〈Enter〉键或空格键确认，如图 3-57 所示。

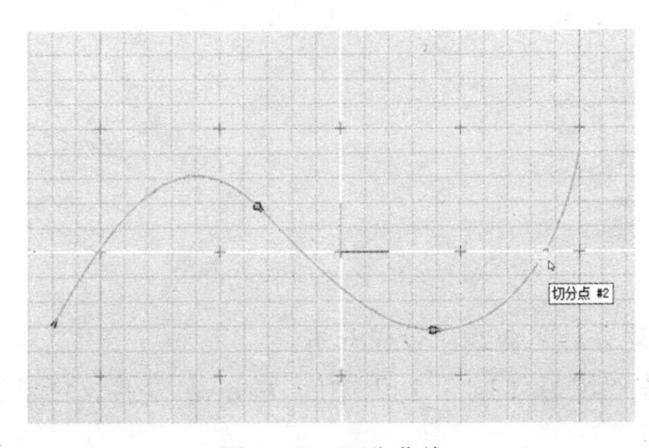

图 3-57　切分曲线

3）观察在全局浏览器中，该切分曲线显示为多线段集合，此时可单独点选其中任意一段曲线，如图 3-58 所示。

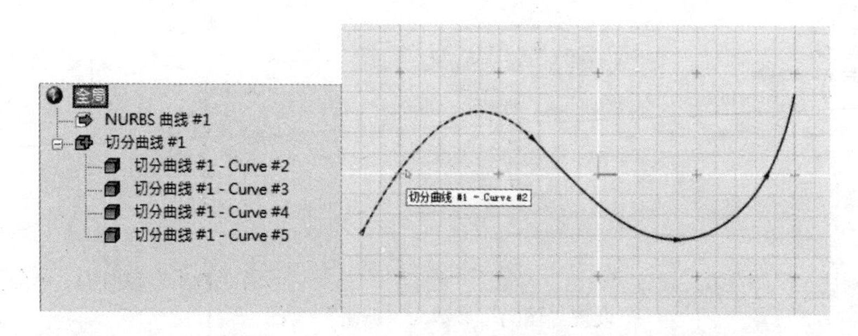

图 3-58　观察全局浏览器

4）保持任意一段曲线处于选中状态，切换到“编辑参数”模式，可见切分点处出现亮蓝色控制杆，点选任意一个控制杆，沿曲线移动，可改变切分点位置及切分曲线段长度，如图 3-59 所示。

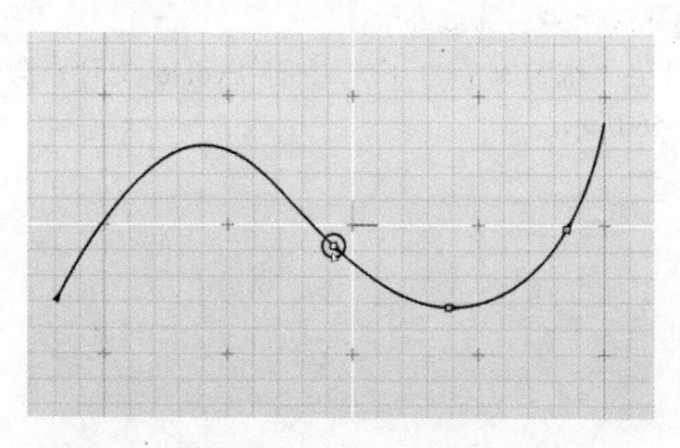

图 3-59　更改切分点位置

5）保持曲线处于“编辑参数”模式下，在控制面板中单击“添加”按钮，可回到切分曲线上，继续增加更多切分点，如图 3-60 所示；或使用“删除”按钮移除部分切分点。

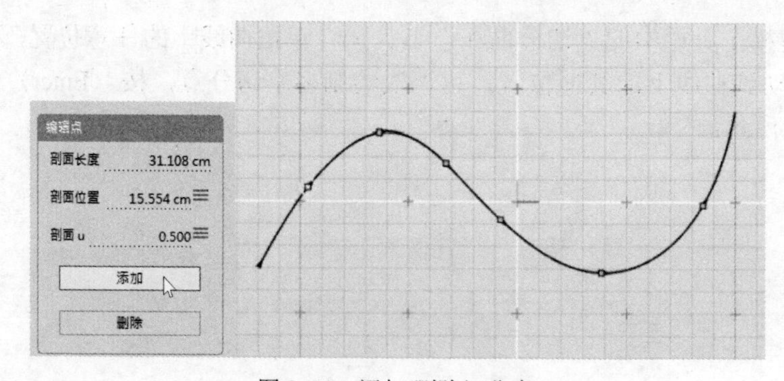

图 3-60　添加/删除切分点

【练习（3.4.3_2）】均分封闭曲线，步骤如下：

1）打开素材文件夹“练习（3.4.3_2）”中的 Evolve 文件，激活顶视图，观察曲线圆的起始点，如图 3-61 所示。

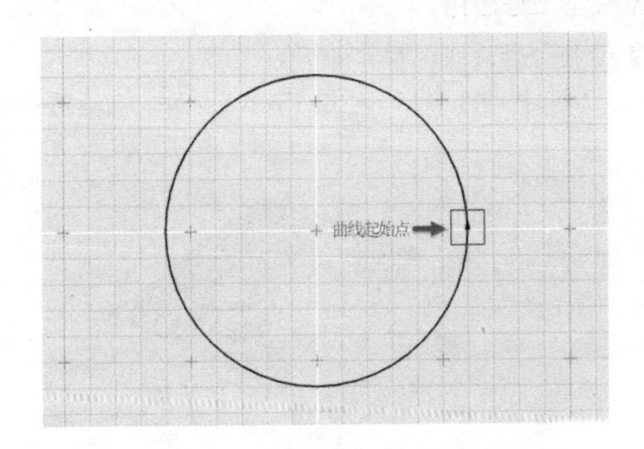

图 3-61　观察曲线圆的起始点

2）使用建模工具栏中的“切分曲线”工具，单击曲线上的任意位置，绘制一个切分点。绘制结束后，可在控制面板中设置“均匀切分”参数，输入“曲线数目”为“6”，如图 3-62 所示。

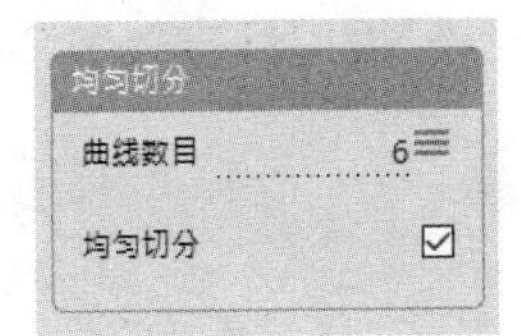

图 3-62　设置“均匀切分”参数

3）观察曲线上的切分点，源曲线圆上的起始点位置现在成为“切分点#0”，如图 3-63 所示。该“切分点#0”与其他切分点一致，可移动也可移除。

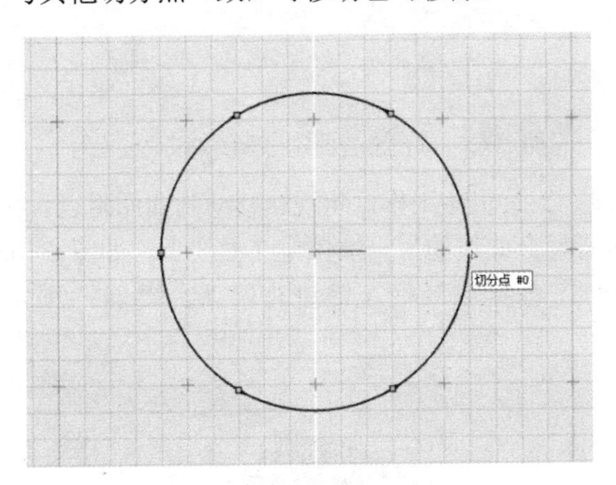

图 3-63　观察均匀切分点

3.4.4　融合曲线

“融合曲线”工具可在曲线、曲面、曲面边之间构建融合的曲线，并可控制融合点的连续性，是 Evolve 中常用且重要的曲线绘制工具。

【练习（3.4.4_1)】绘制融合曲线，步骤如下：

1）打开素材文件夹“练习（3.4.4_1)”中的Evolve文件，激活透视图，如图3-64所示。

图3-64　打开练习文件

2）使用建模工具栏中的“融合曲线”工具，将鼠标光标移动至视图中NURBS曲线上的中间位置，按住〈Ctrl〉键，当亮蓝色方框锁定至NURBS曲线并可自由在曲线上移动时，释放鼠标。此时，锁定融合曲线与NURBS曲线融合，如图3-65所示。

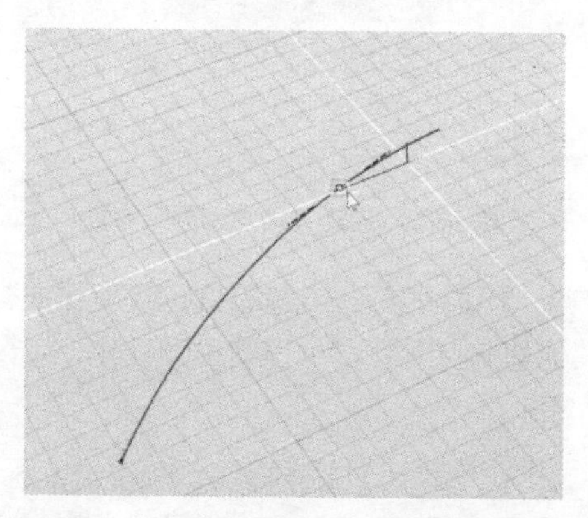

图3-65　锁定融合曲线与NURBS曲线融合

3）保持“融合曲线”工具仍然工作，将视图移动到曲面附近。按住〈Ctrl〉键，在曲面中部单击鼠标左键，可将融合曲线的另一端锁定在曲面上，如图3-66所示。当移动鼠标光标到合适的融合位置时，可释放鼠标左键进行确认。此时，锁定融合曲线的另一端与NURBS曲面融合。

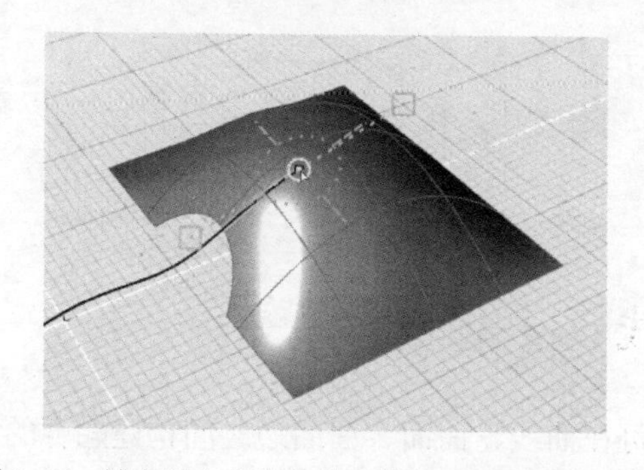

图3-66　锁定融合曲线的另一端与NURBS曲面融合

4）选中融合曲线，切换到“编辑参数”模式。框选首末两端点，在控制面板中勾选“插入”复选框，并在融合曲线中间插入一个新控制点，如图 3-67 所示。

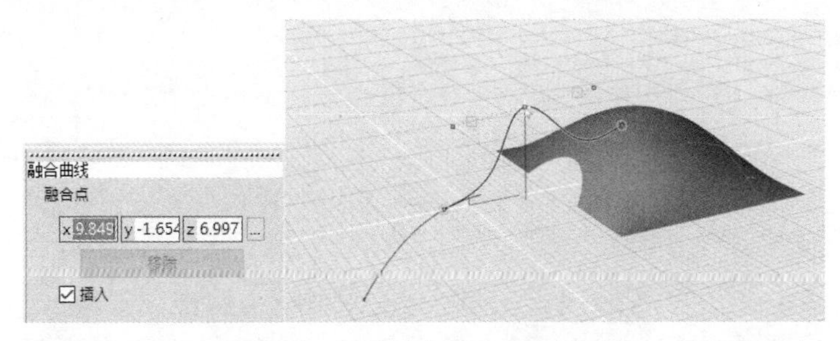

图 3-67　勾选“插入”复选框（左）并在融合曲线中间插入一个新控制点（右）

5）保持融合曲线处于“编辑参数”模式下，单击 NURBS 曲线上的融合点，将其拖动至 NURBS 曲线的末端位置，如图 3-68 所示。

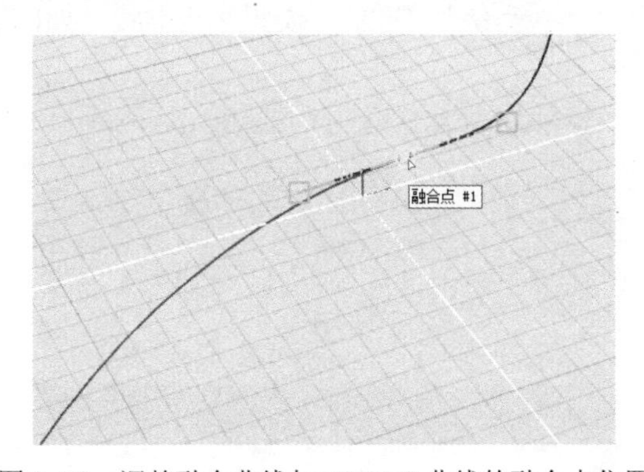

图 3-68　调整融合曲线与 NURBS 曲线的融合点位置

6）保持融合曲线处于“编辑参数”模式下，单击修剪曲面上的融合点，将其拖动至曲面的边上，如图 3-69 所示。

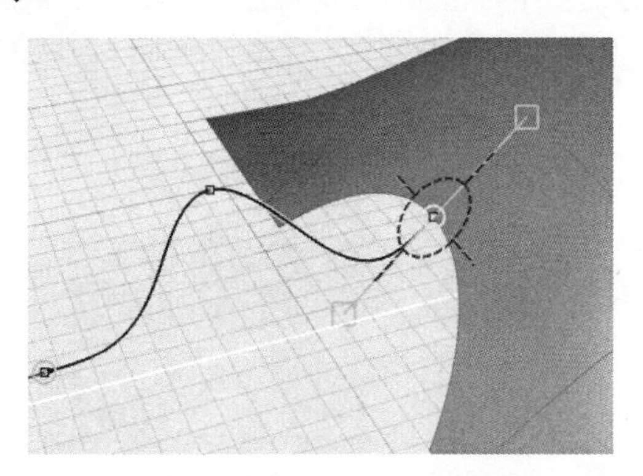

图 3-69　调整融合曲线与 NURBS 曲面的融合点位置

7）保存文件。

【练习（3.4.4_2）】调整融合曲线，步骤如下：

1）打开练习（3.4.4_1）中保存的文件，选中融合曲线并切换到“编辑参数”模式。

2）点选融合曲线与 NURBS 曲线的融合点，在融合点两侧出现亮蓝色控制杆以及深蓝色虚线。单击一侧虚线，使融合曲线与该虚线方向相切，如图 3-70 所示。

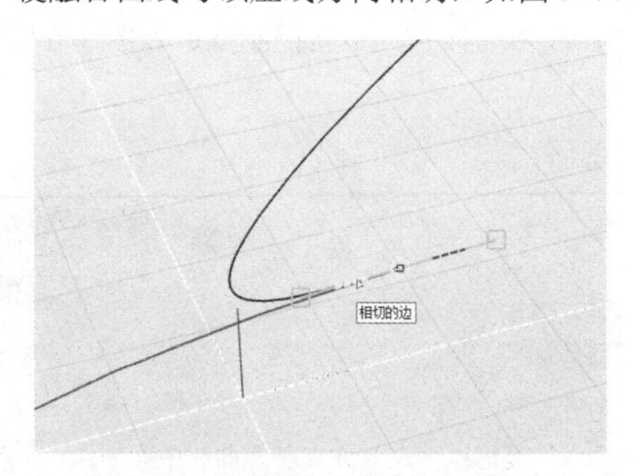

图 3-70　调整融合点位置的相切方向

3）保持上一步操作，使用鼠标左键按住亮蓝色控制杆向外拖动，可调整切线等级（或选中后在控制面板中调整“切线等级”参数），改变曲线形状，如图 3-71 所示。

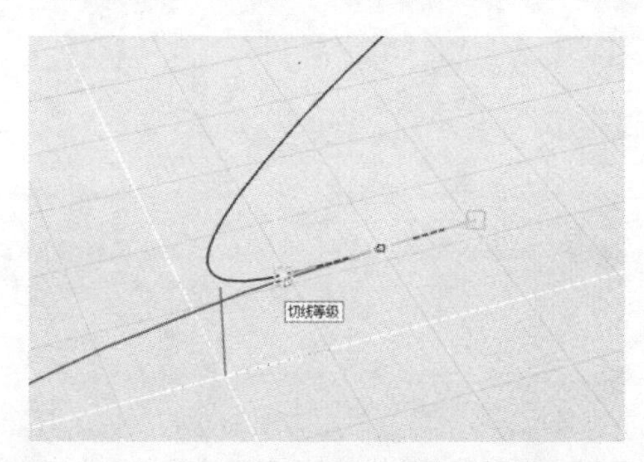

图 3-71　调整融合点位置的切线等级

4）点选融合曲线与曲面边的融合点，当在曲面边上移动此点时，可非常明显地看到有两组虚线，一组为深蓝色，一组为亮绿色。深蓝色一组代表与曲面边相切/垂直，亮绿色一组代表与曲面等参线相切/垂直。可单击其中任意一条虚线，以实现该方向上的相切，如图 3-72 所示。

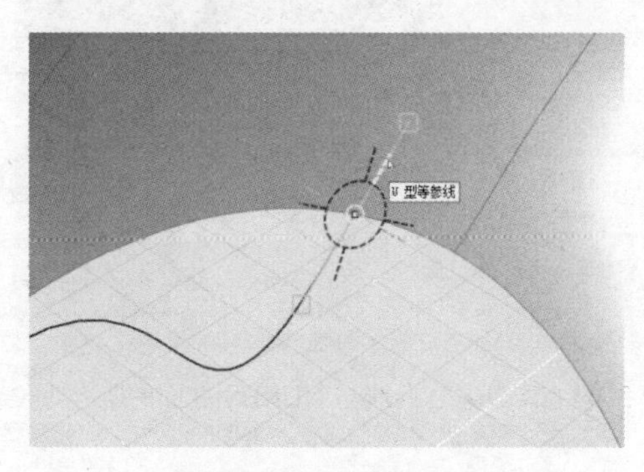

图 3-72　更改相切方向

5）保持该融合点处于选中状态，在控制面板中可设置该点的连续性。默认为 G2 连续，可将其修改为 G1 连续，如图 3-73 所示。

6）保持该融合点处于选中状态。在控制面板中将该点的“切线方向”参数设置为“自由”。此时“连续性”参数将自动设定为“位置（G0）”连续。当再次拖动该点的控制杆时，可调整其为任意方向，如图 3-74 所示。

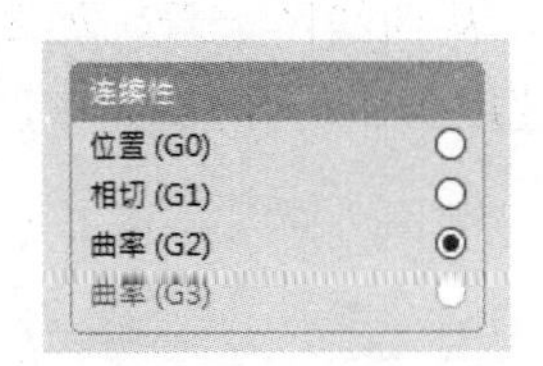

图 3-73　更改融合点连续性

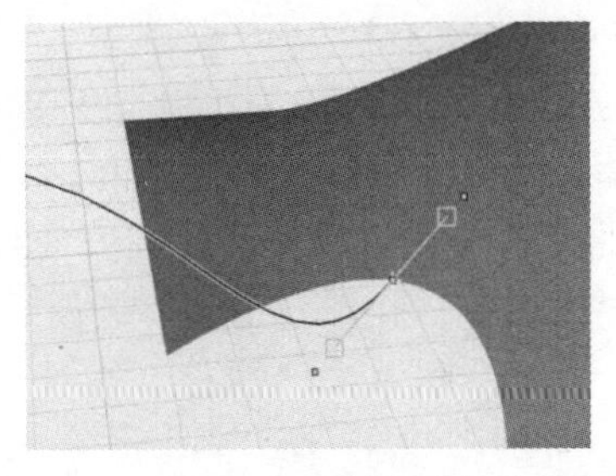

图 3-74　切换至 G0 连续，可自由调整融合点位置的方向

✧ 注:

1）从以上练习可以看出，“融合曲线”工具不仅可以在 NURBS 曲线间进行，还可以在曲面及曲面边之间进行。这个工具的使用范围非常广，在未来建模过程中将非常常用。

2）当曲线与曲线融合时，涉及曲线间的连续性概念，请看下面的详细介绍。当曲线与面进行融合时，连续性的概念都一致，只不过要考虑的是曲线与曲面的等参线或修剪边线之间的连续性。

本节练习中涉及“连续性”参数，代表 NURBS 曲线连接处的光顺程度，这里又涉及两个概念——“曲率”和“曲线连续性”。

1. 曲率

曲率是测量曲线弯曲程度的一个指标。曲率是通过将圆与曲线重合，然后取圆形半径的倒数来测量的。

在 Evolve 中，用户可以使用建模工具栏中，“分析”卷展栏下的“曲线切线和曲率”工具，如图 3-75 所示。单击某条曲线上的一点进行曲率测量，如图 3-76 所示，图中的 X 点处，曲率为 1/r。

曲线切线和曲率

图 3-75 “曲线切线和曲率”工具

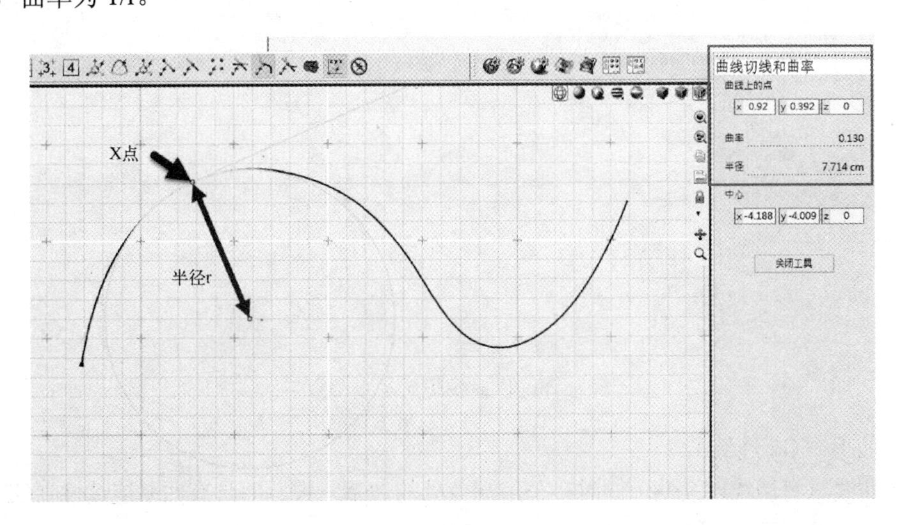

图 3-76　测量曲率显示结果

2. 曲线连续性

曲线连续性是测量两条曲线在相交点彼此“汇合”时的平滑程度的一个指标。曲线连续性可以用 G0、G1、G2……表示。

（1）位置 (G0 连续）

两条曲线的端点恰好相交，即具有位置连续性（G0）。从曲线图上看，如图 3-77 所示，两条曲线在彼此汇合处沿不同方向移动，且移动的“速度”（方向的变化率，即曲率）也不相同。

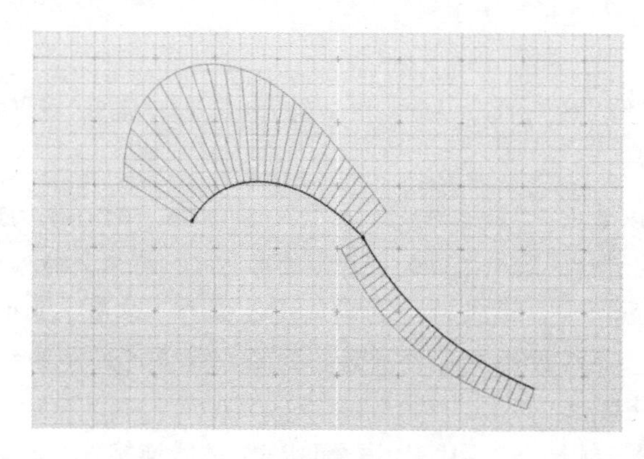

图 3-77 以曲线图显示 G0 连续

（2）切线（G1 连续）

两条曲线先要具有位置连续性，同时端点切线在公用端点处一致，即具有相切连续性（G1）。

从曲线图上看，如图 3-78 所示，两条曲线在接合处沿相同方向移动，但它们的“速度”（曲率）不同，接合处左侧的曲线在接合处的曲率较快（高），而接合处右侧的曲线在接合处的曲率较慢（低）。

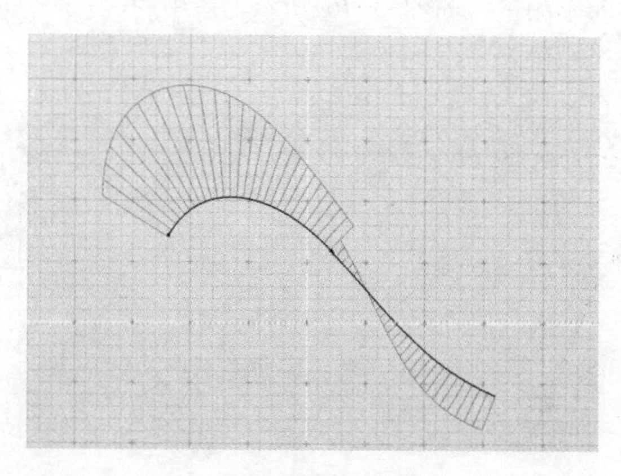

图 3-78 以曲线图显示 G1 连续

（3）曲率（G2 连续）

两条曲线具有切线连续性，同时在公用端点处的曲率一致，即具有曲率连续性（G2）。从曲线图上看，如图 3-79 所示。

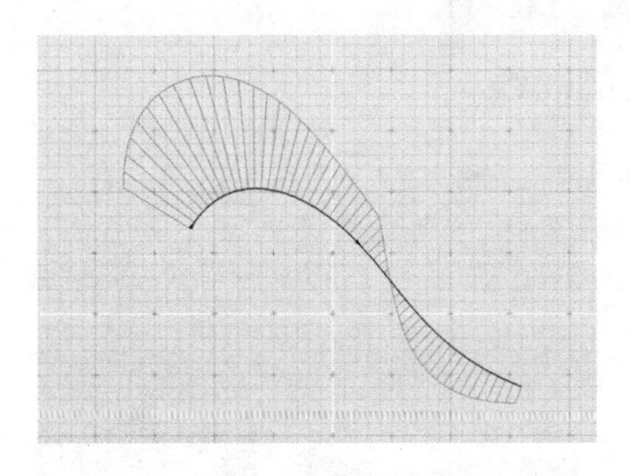

图 3-79　以曲线图显示 G2 连续

（4）G3 连续

当满足 G2 连续条件，且曲率的变化率也接近连续时，才可以达到 G3 连续，如图 3-80 所示。但通常情况下，产品设计中达到 G2 连续即可满足连续性要求，G3 连续并不常用。

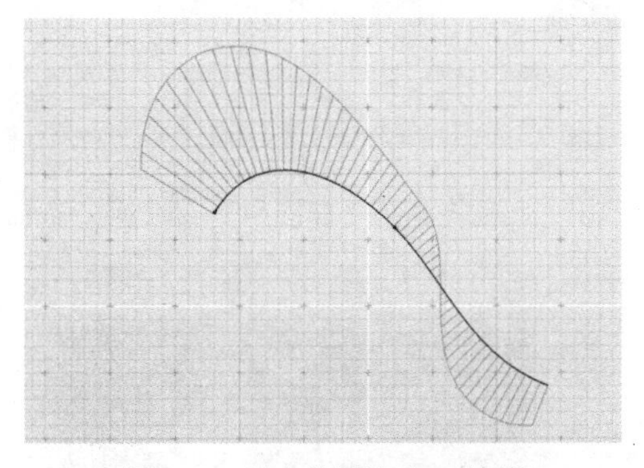

图 3-80　以曲线图显示 G3 连续

在 Evolve 中，判断两条曲线曲率连续性的直观方法是使用曲线图进行检测，如图 3-81 所示。具体方法是：选中两条连接曲线，在菜单栏中执行“视图”→“曲线图”命令。

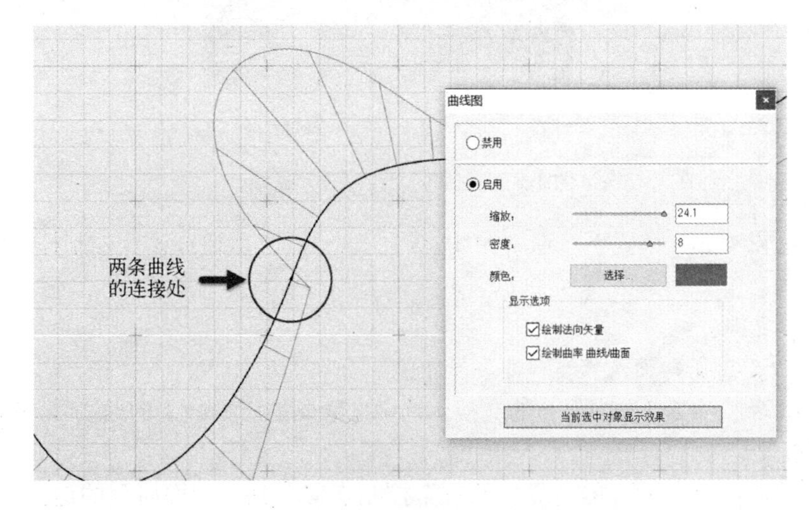

图 3-81　使用曲线图检测曲线曲率连续性

3.4.5 曲面上的曲线

“曲面上的曲线”工具允许用户在曲面上直接绘制曲线。

【练习（3.4.5_1）】绘制曲面上的曲线，步骤如下：

1）打开素材文件夹“练习（3.4.5_1）”中的Evolve文件，激活透视图，如图3-82所示。

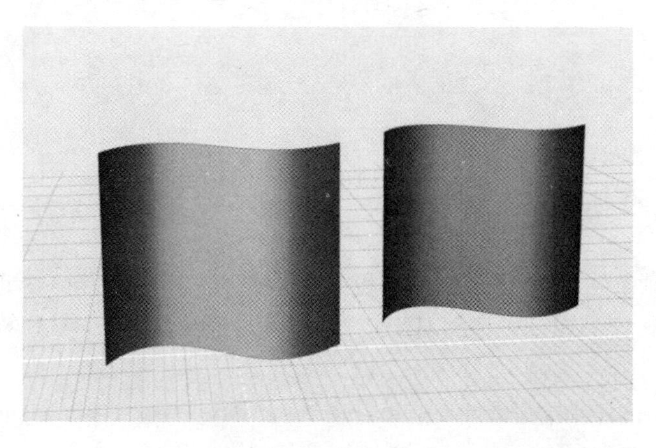

图3-82　打开练习文件

2）使用“曲面上的曲线”工具，在“曲面#1”上绘制一条曲线，如图3-83所示。

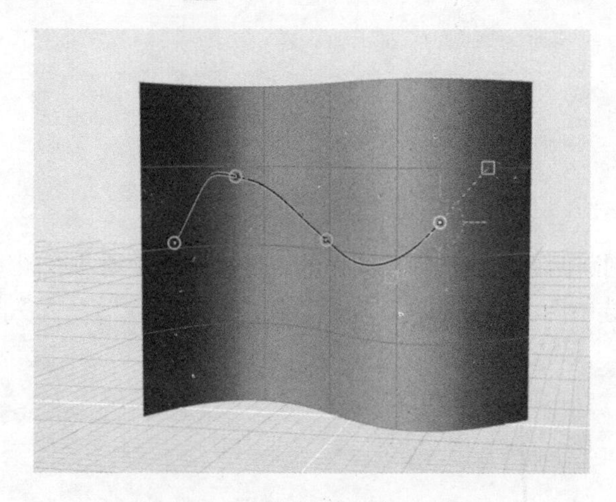

图3-83　在曲面上绘制一条曲线

3）在“编辑参数”模式下，选中曲线上的任意一点，可通过该点控制杆调整切线方向和切线等级。

4）保存该文档。

【练习（3.4.5_2）】跨面及修剪，步骤如下：

1）打开练习（3.4.5_1）中保存的文档，选中已绘制的“曲面上的曲线”，并切换到“编辑参数”模式。

2）将已绘制的“曲面上的曲线”的首个控制点移动到“曲面#1”的边上，如图3-84所示。

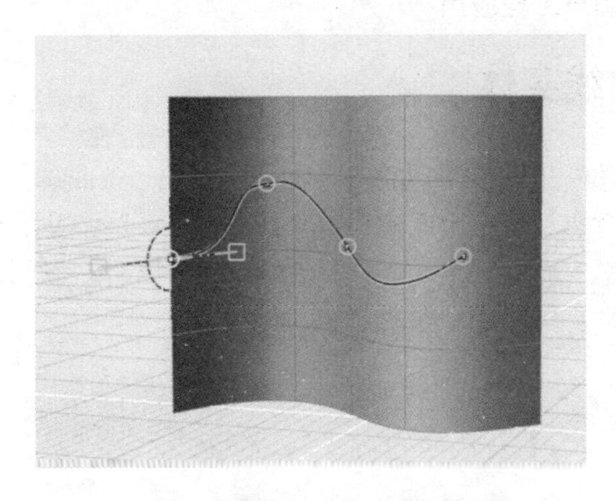

图 3-84　移动曲线首点至曲面的边上

3）选中“曲面上的曲线”的最后一个控制点，在控制面板中勾选“插入”复选框，插入融合点，并在曲面上继续绘制该曲线。在绘制过程中，可跨面绘制到“曲面#2”上。绘制最后一个点时，请将其置于“曲面#2”的侧边上，如图 3-85 所示。

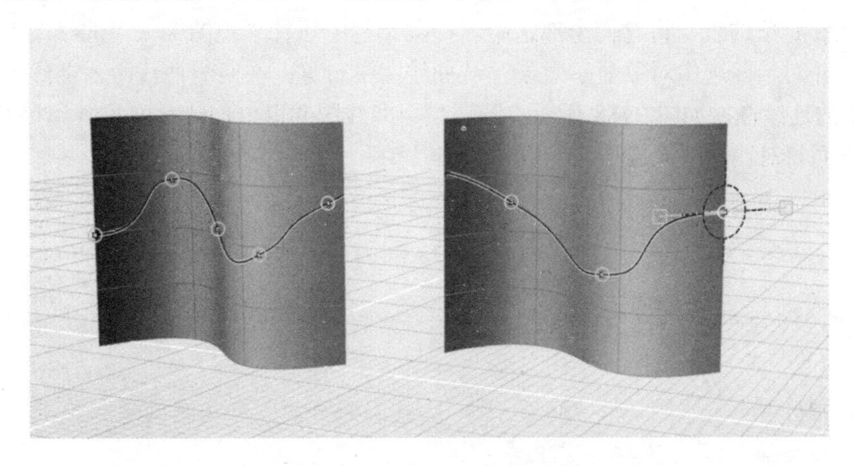

图 3-85　跨面绘制曲线

4）在曲面上绘制的曲线，可用于修剪曲面。例如，使用“曲面修剪”工具，可获得图 3-86 所示的效果。修剪工具将于后续章节详细介绍。

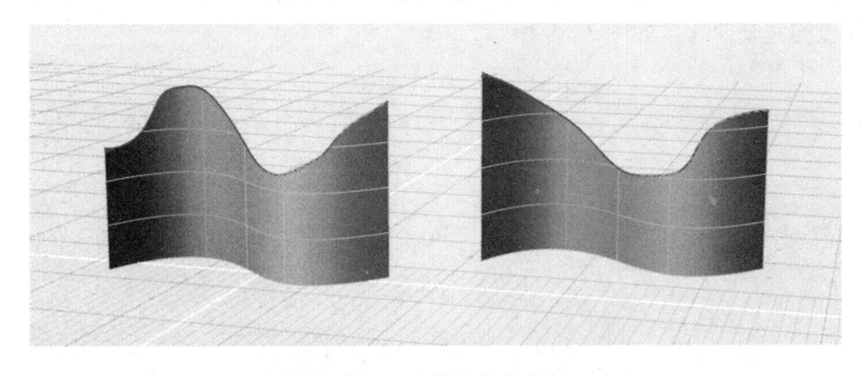

图 3-86　以曲线修剪曲面

3.4.6 连接曲线实体

使用“连接曲线实体”工具可以将多条曲线连接成一条曲线。

【练习（3.4.6_1）】对比“连接曲线实体”工具和“合并”工具，步骤如下：

1）打开素材文件夹“练习（3.4.6_1）”中的 Evolve 文件，激活顶视图，视图中有两组相同形状的曲线，且分别首尾相连，如图 3-87 所示。

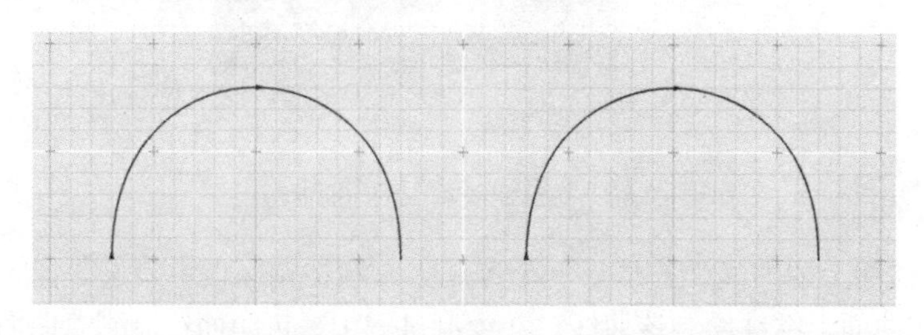

图 3-87 打开练习文件

2）框选 4 条曲线，将它们全部选中。在菜单栏中执行“视图”→“曲线图”命令，激活“启用”并对当前选中对象显示效果。从曲线图中可见，在两组曲线中，曲线连接处都具有至少 G2 的连续性，如图 3-88 所示。随后禁用曲线图并退出。针对这两组具有 G2 连续性的曲线，下面将对比使用“连接曲线实体”工具和“合并”工具。

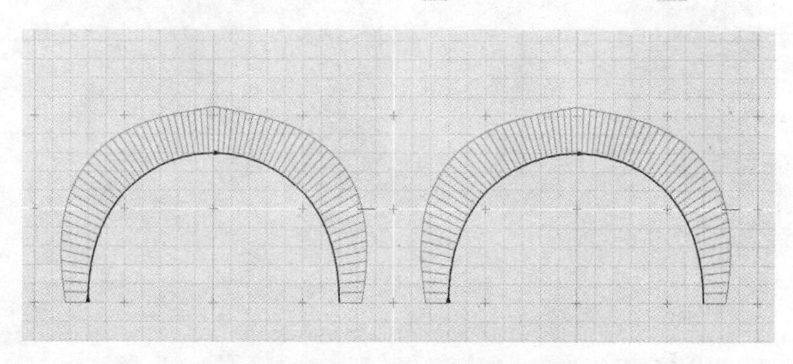

图 3-88 以曲线图检测连续性

3）先使用“连接曲线实体”工具，拾取第 1 组曲线，操作结束后可见两条曲线合并为一条无断点的完整曲线，如图 3-89 所示。

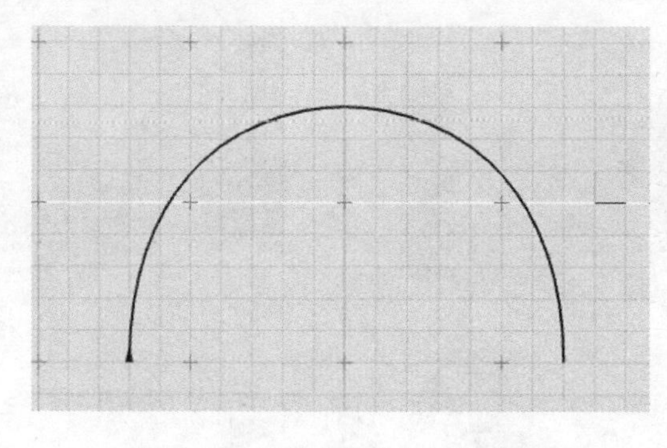

图 3-89 连接曲线实体操作结果

4）使用“合并”工具，拾取第2组曲线，结果虽合并为一个对象，但是明显可见曲线的接合位置，如图3-90所示。

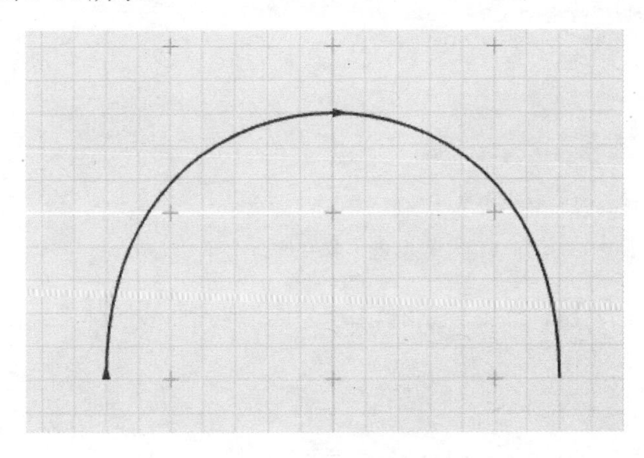

图3-90　合并操作结果

5）使用“挤出”工具分别对两个新对象实施操作，获得图3-91所示的结果：在“连接曲面实体”的基础上挤出的面上无可见边线；在“合并”曲线的基础上挤出的面上，可明显看到一条与“合并”曲线接合点对应的边界线。

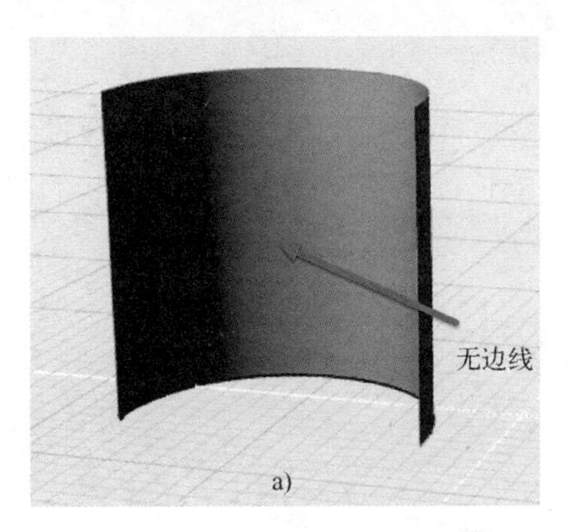

a)

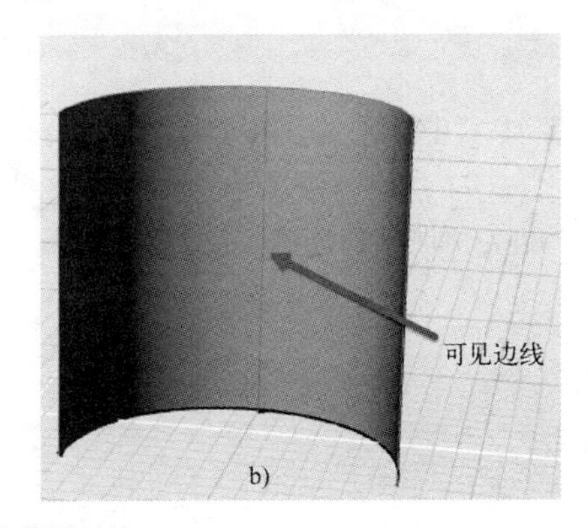

b)

图3-91　挤出曲面对比

a) 在“连接曲线实体”的基础上挤出面　b) 在“合并”的基础上挤出面

✧ 注：由于在Evolve中存在历史进程，因此每一步操作都是为后续建模打下基础。例如，针对上面的两个挤出面，如果后续建模中需要提取面上的接合边线加以利用，则这一步可以使用“合并”；如果后续建模需要一个完整的面与其他曲面融合，则这一步使用“连接曲线实体”是更便捷的选择。因此在Evolve学习中，深刻理解每个工具的特性，并能将其很好地串联在整个结构树中，是学习该软件的难点和重点。

【练习（3.4.6_2）】“连接曲线实体”参数设定，步骤如下：

1）打开素材文件夹“练习（3.4.6_2）”中的Evolve文件，激活顶视图，可见两组NURBS曲线，虽然两组曲线分别首尾相连，但明显可见连接处的连续性为G0，如图3-92所示。

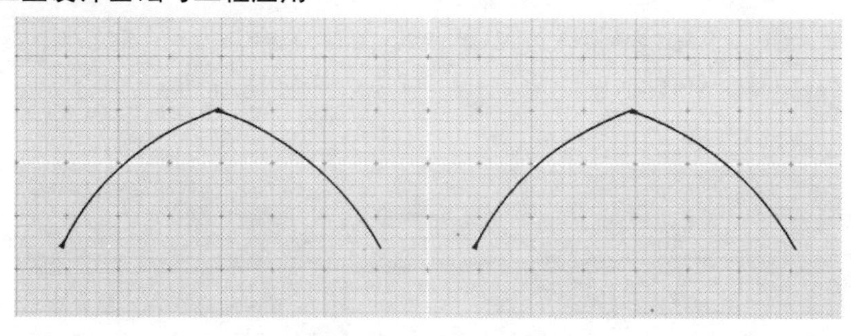

图 3-92　打开练习文件

2）针对视图中的两组曲线，分别对它们使用“连接曲线实体”工具，可见两组曲线成为两条无断点曲线，如图 3-93 所示。

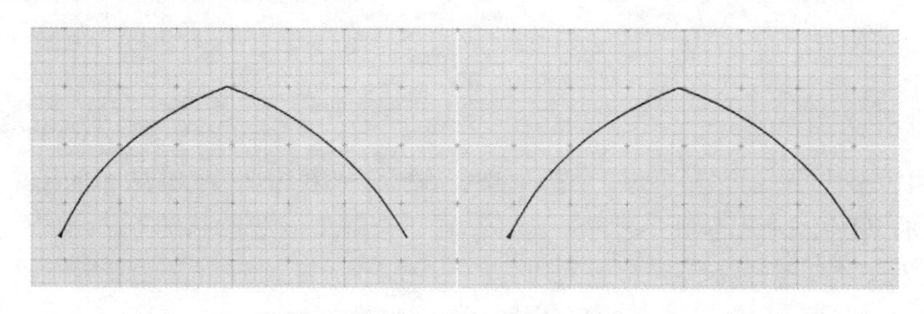

图 3-93　对两组曲线分别使用“连接曲线实体”工具

3）选中其中一条“连接曲线实体”曲线，在控制面板中将“尖锐化”参数设置为“近似”，如图 3-94 所示。这个选项可控制曲线连接处的连续性：在近似原曲线形状的情况下，将不连续的尖角调整为连续。

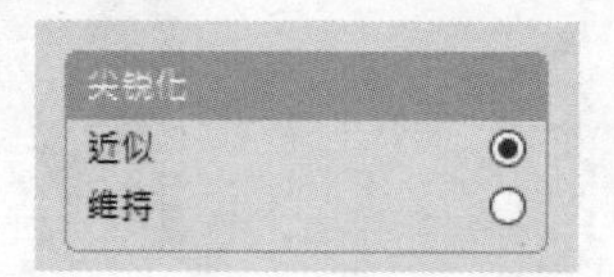

图 3-94　选中“近似”单选按钮

4）验证步骤 3)：使用“挤出”工具，分别针对两条“连接曲线实体”曲线进行挤出操作，放大视图以观察曲面上的折角位置。明显可见进行了“近似”操作的曲线，在挤出曲面的转角处是圆润的（虽然很小），没有尖角，如图 3-95 所示。

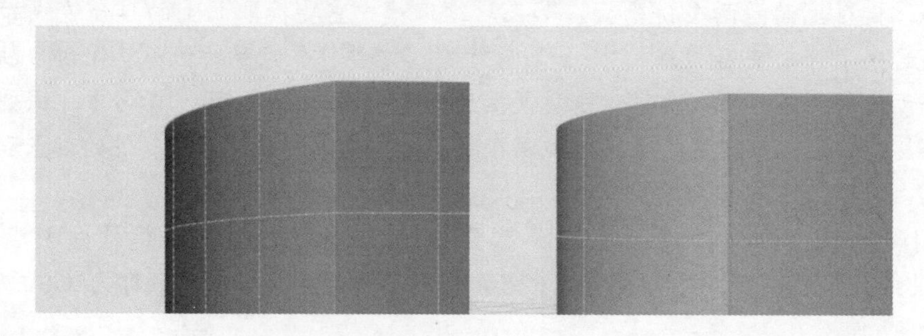

图 3-95　对比挤出结果：“维持”尖角曲线的挤出效果（左）；“近似”曲线的挤出效果（右）

【练习（3.4.6_3)】“连接曲线实体”特性设置，步骤如下：

1）打开素材文件夹“练习（3.4.6_3）”中的 Evolve 文件，激活顶视图，可见两条 NURBS 曲线，如图 3-96 所示。

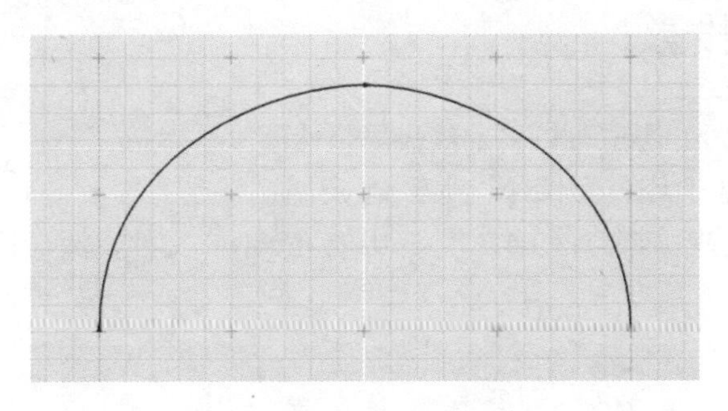

图 3-96　打开练习文件

2）针对这两条曲线，使用“连接曲线实体”工具，将它们连接成一条无断点曲线。

3）对曲线形状进行调整。选中已构建的“连接曲线实体”曲线，切换到“编辑点”模式，可见该对象的控制点。此时可以尝试调整部分控制点以改变该曲线的形状，如图 3-97 所示。

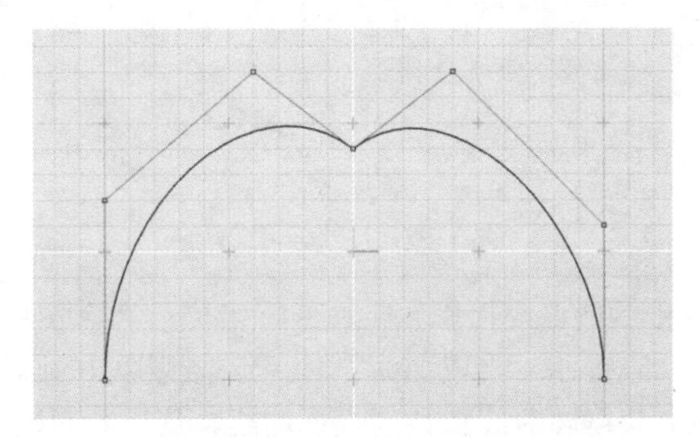

图 3-97　调整控制点

4）此时必须回到源对象的两条 NURBS 曲线进行观察。请从全局浏览器中找到已被自动隐藏的两条源对象曲线，可以发现它们的形状并未改变，如图 3-98 所示。而且，一旦直接调整源曲线的控制点，作为子对象的“连接曲线实体”曲线也会更新形状，但不再与源曲线的形状匹配。

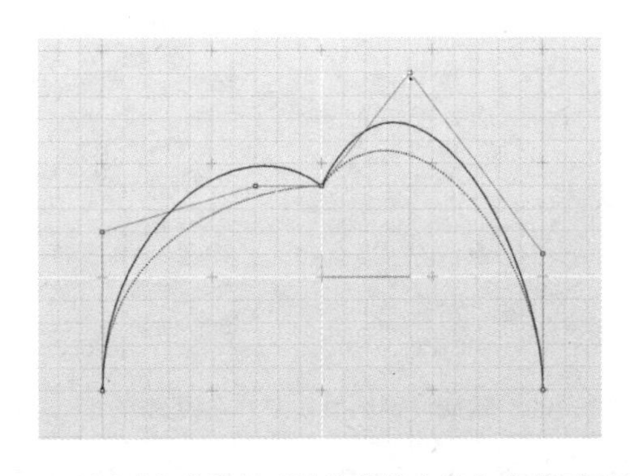

图 3-98　源对象曲线与“连接曲线实体”曲线不再重合

✧ 注：特别提示，修改子对象形状，一定要先考虑回到源曲线编辑，这样才能保证子对象与源对象一致。当有特别变化时，再考虑直接编辑子对象。

3.4.7 曲线投影

使用“曲线投影”工具可以将曲线投影至曲面。

【练习（3.4.7_1）】曲线投影操作，步骤如下：

1）打开素材文件夹“练习（3.4.7_1）”中的 Evolve 文件，激活透视图，并切换至线框模式，如图 3-99 所示。

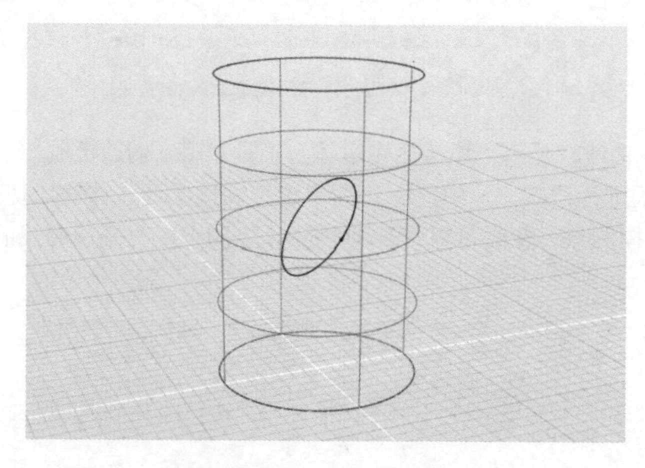

图 3-99　打开练习文件

2）激活建模工具栏中的“曲线投影”工具，当提示“拾取曲线”时，点选视图中的圆，按〈Enter〉键确认；当提示“拾取曲面”时，点选视图中的圆柱曲面，按〈Enter〉键确认。此时在圆柱曲面上获得圆曲线默认的投影曲线。从控制面板中可见，其投影方向为“双向曲线法线”方向，即该圆曲线的垂直方向及其对称方向，如图 3-100 所示。

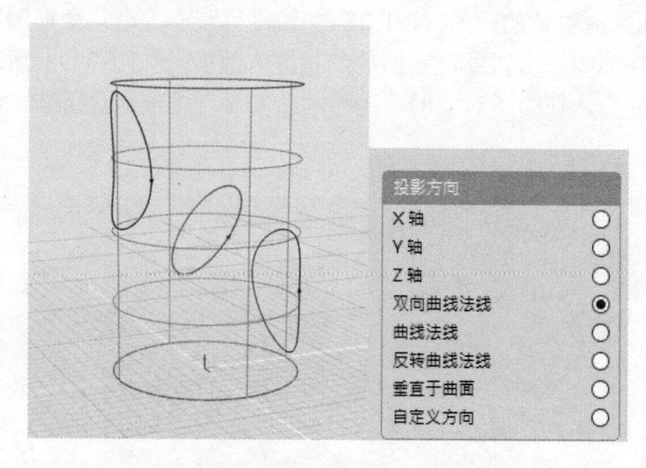

图 3-100　默认投影结果（左）及投影方向（右）

3）尝试在控制面板中设置不同的投影方向，如图 3-101 所示。

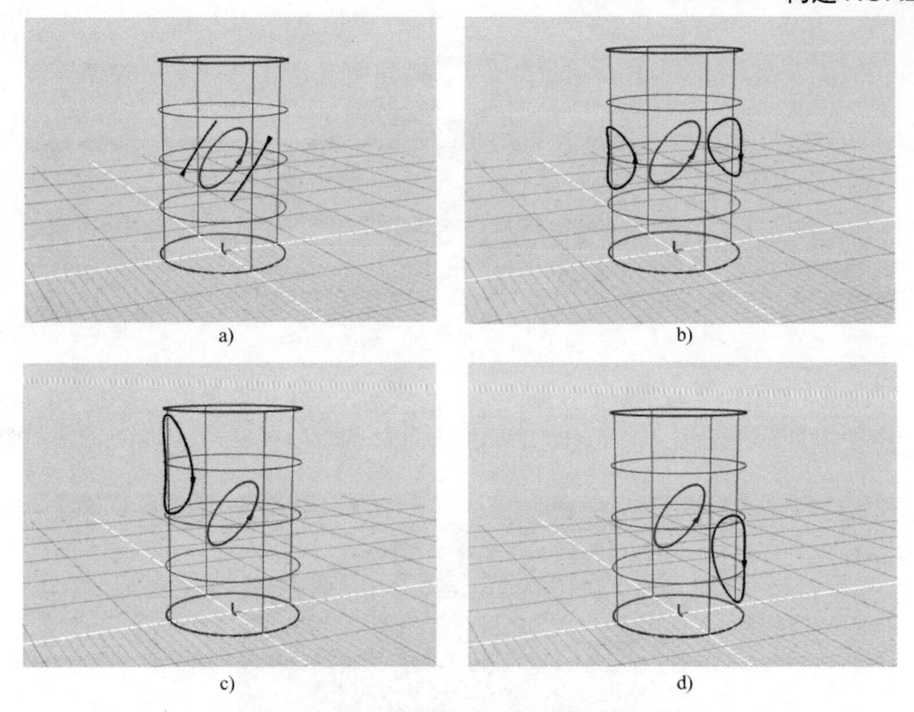

图 3-101　尝试设置不同的曲线投影方向

a) X 轴方向投影　b) Y 轴方向投影　c) 曲线法线方向投影　d) 反转曲线法线方向投影

【练习（3.4.7_2）】曲线投影应用，步骤如下：

1）打开素材文件夹“练习（3.4.7_2）”中的 Evolve 文件，激活透视图，如图 3-102 所示。

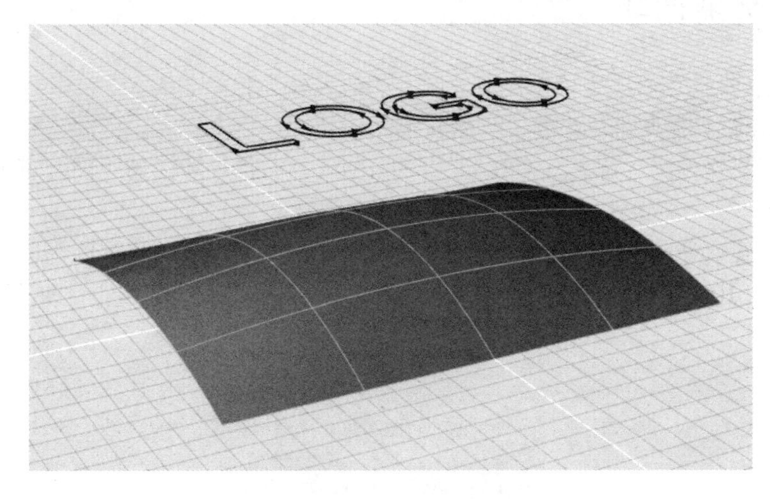

图 3-102　打开练习文件

2）使用建模工具栏中的“曲线投影”工具，当提示“拾取曲线”时，点选视图中的文字“LOGO”，按〈Enter〉键确认；当提示“拾取曲面”时，点选视图中的曲面，按〈Enter〉键确认。此时“LOGO”字样投影到了曲面上，如图 3-103 所示。

图 3-103　投影曲线效果

3）在后续章节中将学习基于曲线创建曲面，例如，这里可以使用“管道”工具，绘制另外一个圆作为管道截面，沿 LOGO 字样生成曲面，即生成三维立体 LOGO，如图 3-104 所示。

图 3-104　基于投影曲线生成三维立体 LOGO

3.4.8 提取曲线

使用“提取曲线”工具可以提取曲面上的边线作为独立曲线。

【练习（3.4.8）】提取曲线操作，步骤如下：

1）打开素材文件夹“练习（3.4.8）”中的 Evolev 文件，激活透视图，可见视图中为一立方体。

2）使用“提取曲线”工具，单击立方体上的任意一边，可将该边提取出来作为独立的曲线，如图 3-105 所示。

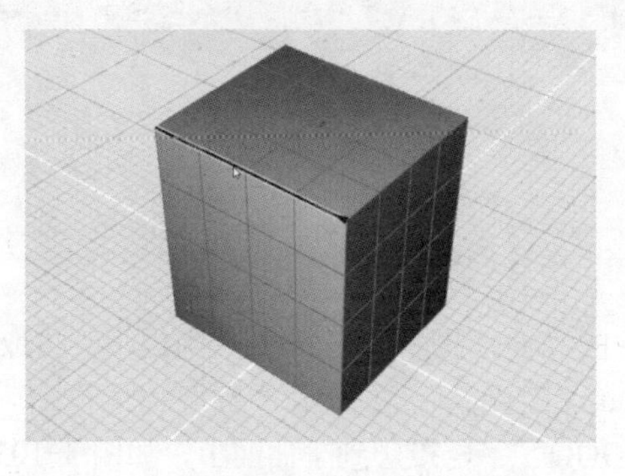

图 3-105　提取立方体上的一条边线

3）单击立方体将其选中，在控制面板中调整其参数，将“长度”参数的值修改为“30”，可见立方体形状变化，同时上一步提取的边线也随之变化，如图 3-106 所示。由此可知“提取曲线”工具可保留历史进程。

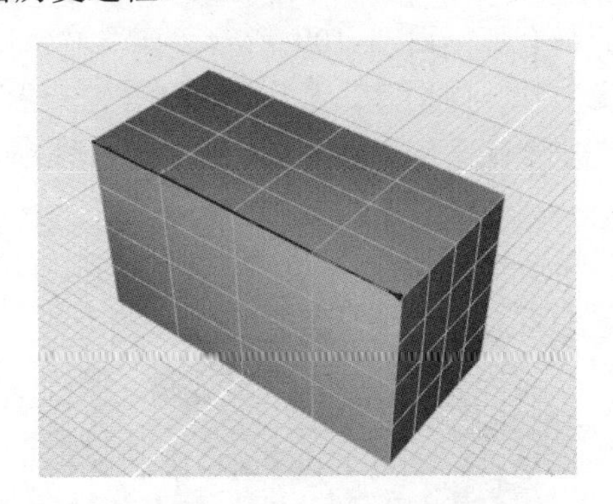

图 3-106　调整立方体参数，提取边也随之改变

4）再次选中前面提取出的曲线，然后在控制面板中勾选“插入”复选框，可在立方体上提取更多的边线，如图 3-107 所示。

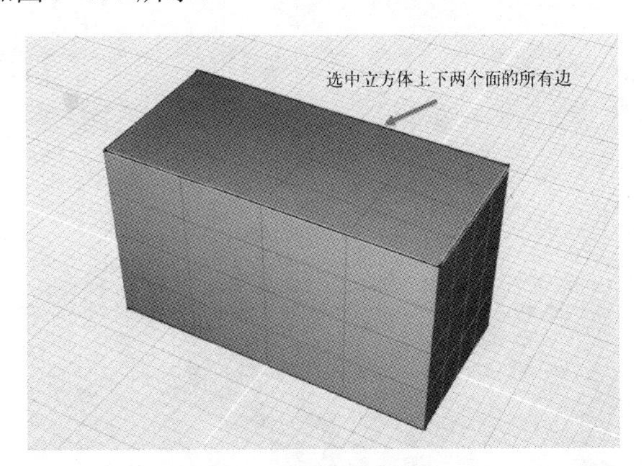

图 3-107　提取更多的边线

5）这里可以尝试使用“管道”工具，绘制另外一个圆作为管道截面，生成的曲面如图 3-108 所示。

图 3-108　基于提取边线绘制管道曲面

6）随后无论如何调整立方体的参数值，“提取曲线”及“管道”都会随之改变。

✧ 注：对“提取曲线”进行“管道”操作时，要特别注意“提取曲线”的相交位置。例如，同时提取立方体中的两条边界线，基于提取线做管道曲面时，曲面会在曲线相交处呈现一个曲面拼合，如图 3-109 所示。如果单独提取这两条边界线，再基于提取线分别做“管道”操作，则无法呈现曲面拼合，如图 3-110 所示。但如果将两条单独提取的边界线再进行“合并”操作，则可以达到类似图 3-109 所示的效果。

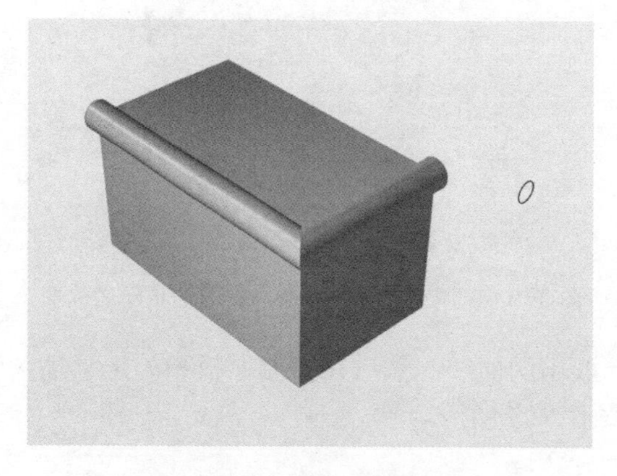

图 3-109　管道曲面在曲线相交处拼合

图 3-110　管道曲面无法构建拼合

3.4.9 提取等参线

“提取等参线”工具与前面讲到的“提取曲线”工具同组（见图 3-111），这组工具都是从曲面上提取曲线，只不过提取位置不同。“提取等参线”工具可以沿 NURBS 曲面的 U 方向或 V 方向提取一条等参线，但该工具并不能构建与曲面之间的关联。这里给读者提供一种提取等参线的使用思路。

图 3-111　提取等参线工具

【练习（3.4.9）】基于等参线重构造型，步骤如下：

1）打开素材文件夹“练习（3.4.9）”中的 Evolve 文件，该文件包含 3 条曲线及两个曲面，如图 3-112 所示。这是一个遥控器的基本造型，我们将在此基础上探讨更多的设计方案。

✧ 注：图 3-112 中的两个曲面是由“多曲线扫略”工具（见图 3-113）构建而成的。

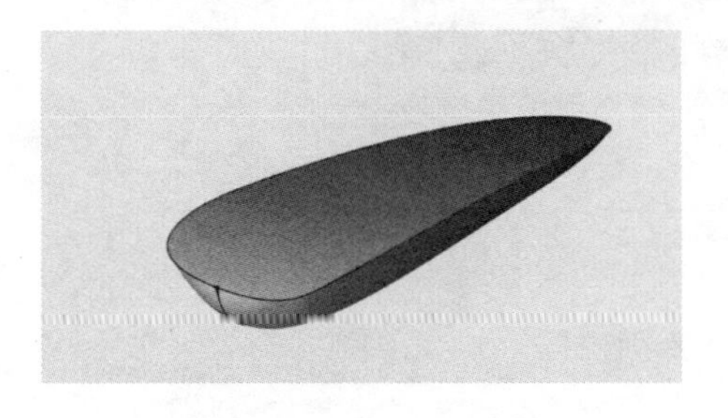

图 3-112 打开练习文件

图 3-113 “多曲线扫略”工具

2）单击并选择遥控器下部的曲面。激活“提取等参线”工具，在控制面板中设置“结构等位线方向”为“V 向”，“参数”设定为“0.25”，随后单击“开始”按钮。在模型上提取到一条等参线，如图 3-114 所示。

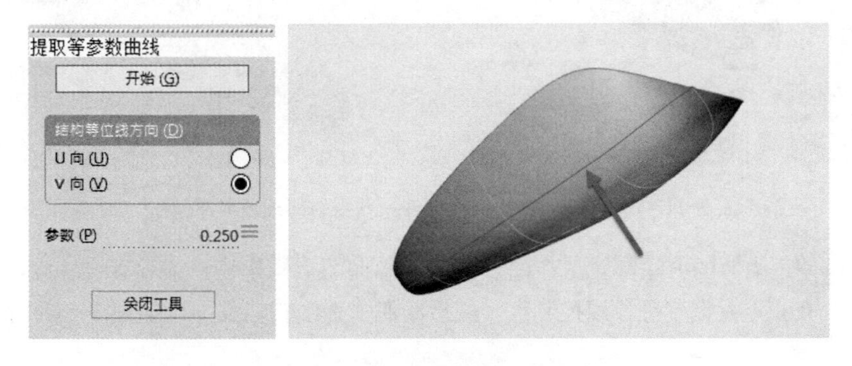

图 3-114 设置参数（左）后提取等参线（右）

✧ 注：如果把“V 向”长度以 0～1 的范围计量，则参数“0.25”表示新的等参线位于“V 向”上 1/4 处的位置。

3）将当前遥控器的下部曲面隐藏（快捷键为〈H〉键）。

4）使用“镜像”工具，将提取等参线基于 X 轴镜像，结果如图 3-115 所示。

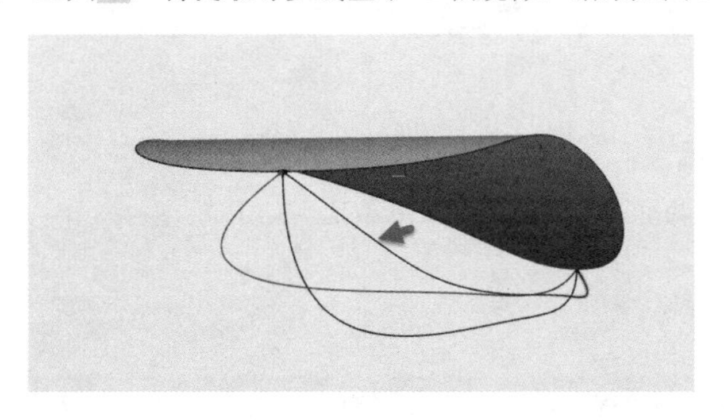

图 3-115 绘制镜像曲线

5）再次选择前面步骤中提取到的等参线，激活“编辑参数”模式。对等参线上的控制点进行位置调整，调整时请尽量选择中段控制点，如图 3-116 所示。

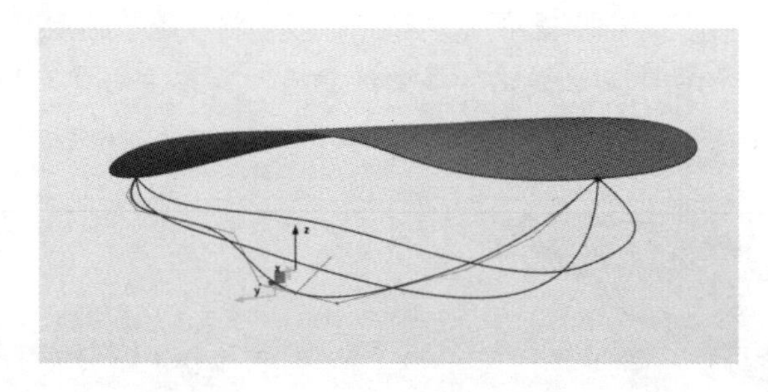

图 3-116　调整等参线控制点

6）激活“多曲线扫略”工具，当控制台提示“拾取剖面曲线”时，依次选取图 3-117 中的 5 条曲线，获得新的扫略曲面。

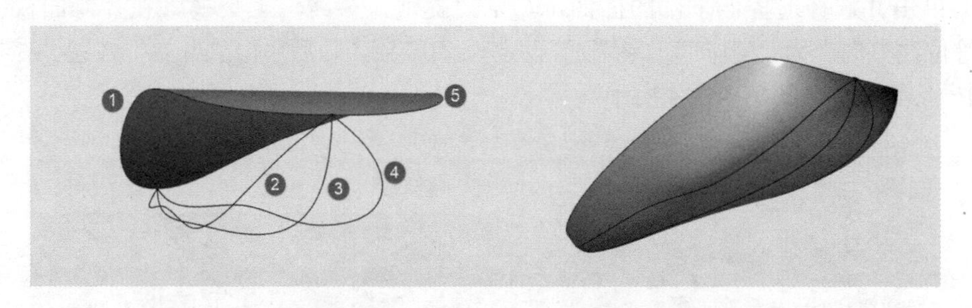

图 3-117　依次选取 5 条曲线（左）获得新的扫略曲面（右）

7）可以使用类似的方法，尝试在遥控器的上部曲面上构建另一条等参线。设定“V 向”的参数值为“0.5”，并调整等参线控制点。随后绘制多曲线扫略曲面，如图 3-118 所示。

图 3-118　绘制新的顶部扫略曲面

✧ 关于“多曲线扫略”工具的更多应用参见 4.3.10 节。

3.4.10　轮廓

“轮廓”工具也与“提取曲线”工具同组，该组工具可以提取曲面在某个方向的轮廓和边界曲线。“轮廓”工具可建立结构历史进程，有时也可用于产品分模线的创建。

【练习（3.4.10)】构建产品分模线，步骤如下:

1）打开素材文件夹“练习（3.4.10)”中的 Evolve 文件，该文件包含一个遥控器主体模型，如图 3-119 所示，下面将对其绘制分模线。

图 3-119　打开练习文件

2）激活“轮廓”工具，当控制台提示“拾取曲面”时，选择遥控器模型。如果获得的结果与图 3-120 所示不一致，则在控制面板中将“方向”参数修改为“Z”，所获得曲线可作为产品的分模线。

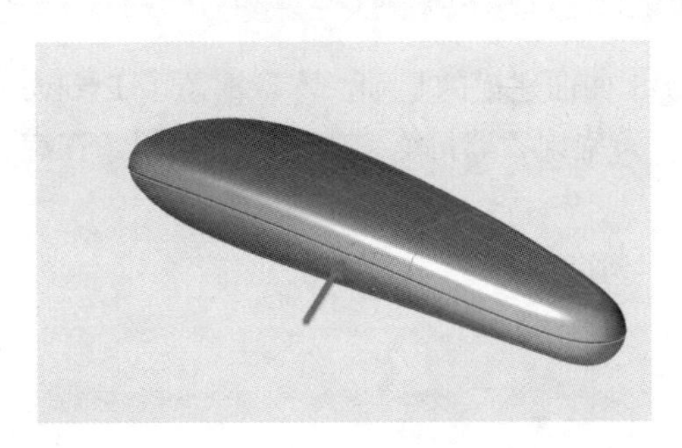

图 3-120　获得的轮廓曲线

3）如果想检验分模线位置是否合理，可使用“拔模分析”工具。该工具位于建模工具栏的“分析”卷展栏下。在保持对象选中的情况下点选该工具，并在控制面板中勾选“Z 轴”复选框，可获得与步骤 2)“轮廓”曲线一致的分模位置，如图 3-121 所示。

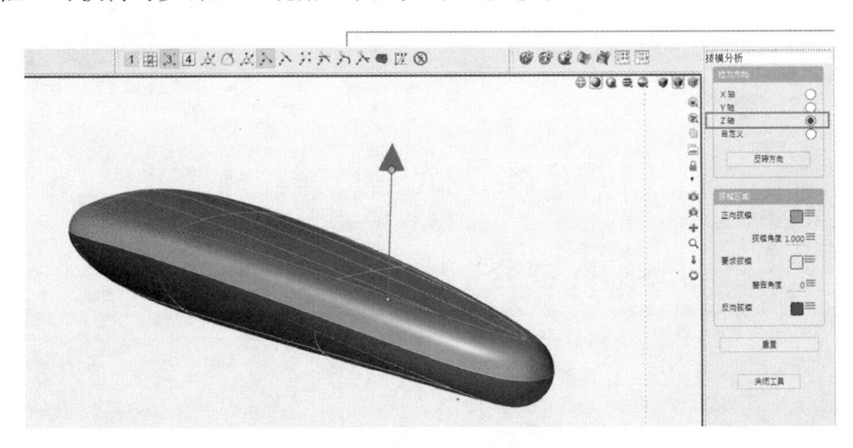

图 3-121　分析拔模位置

4）激活“修剪”工具，使用提取的“轮廓”曲线修剪曲面，可在分模线位置将模型分为上下两个部分（以颜色区分），如图 3-122 所示。具体操作方法参见【练习(4.4.5_3)】。

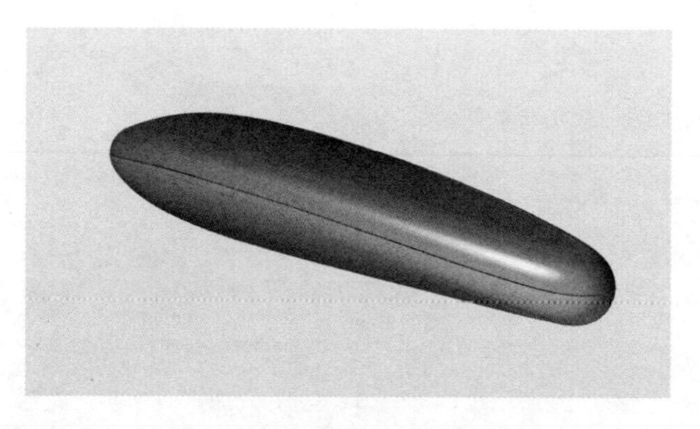

图 3-122　利用分模线修剪模型

本章小结

NURBS 曲线是 NURBS 曲面建模的基础，本章汇总了 Evolve 中最常用的 NURBS 曲线工具操作方法和参数设置。希望读者熟记练习中的应用场景，在综合实践中发挥用途。

第 4 章

构建 NURBS 曲面

本章学习要点：

- **理解 NURBS 曲面的特点。**
- **熟练操作本章涉及的曲面绘制工具。**

4.1 NURBS 曲面基础

读者可以将 NURBS 曲面理解为一张无厚度的四边形纸。在曲面上的每个点都有特定的坐标，用 U 和 V 来识别，如图 4-1 所示。

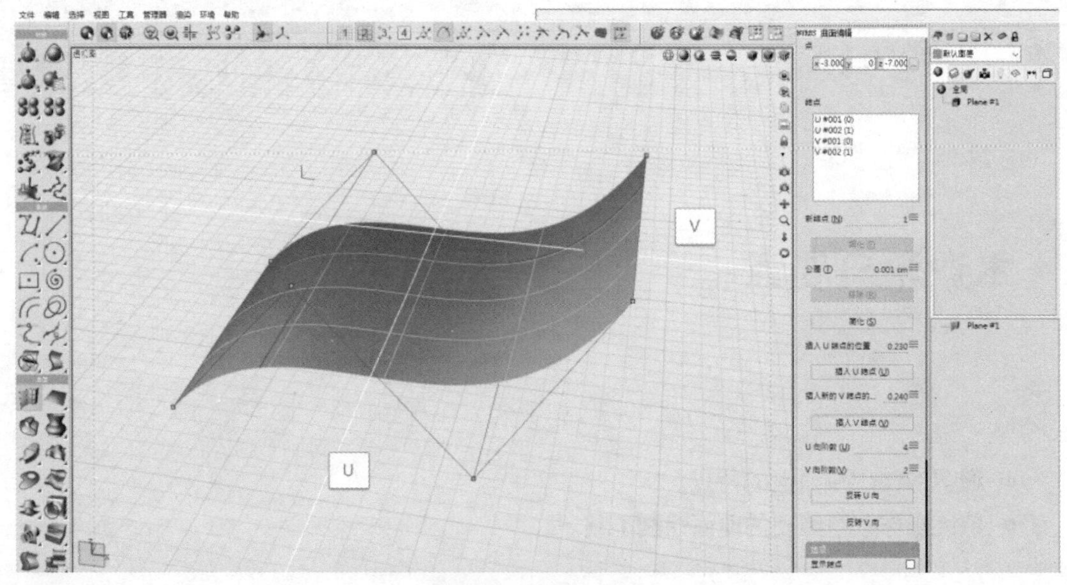

图 4-1　NURBS 曲面

在 Evolve 中，曲面建模工具位于建模工具栏的“曲面”卷展栏下，在该卷展栏下的工具如图 4-2 所示。

这些工具可简单分为 3 组：

- 曲面基元，包括平面、圆盘、立方体、球体、圆环、圆柱、棱柱、文字。
- 基于 NURBS 曲线构建曲面：包括挤出、修剪、旋转、辐射状扫掠、放样、扫掠、蒙皮、放样 8.5、管道、双轨道、多曲线扫掠等。
- 基于曲面构建曲面：包括补块、融合曲面、曲面偏移、抽壳、修剪、交切、创建多面体、布尔运算、倒圆角、面提取、连接曲面等。

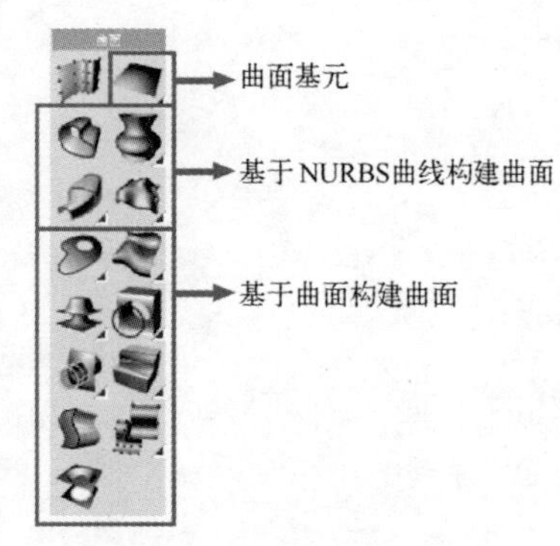

图 4-2　NURBS 曲面工具

4.1.1 曲面阶数与权重

NURBS 曲面在 U 或 V 的每个方向上，与 NURBS 曲线的特性都非常类似，可以通过控制点来控制曲面造型，也具有阶数和权重等特性。

【练习（4.1.1）】调整曲面阶数和权重，步骤如下：

1）打开素材文件夹“练习（4.1.1）”中的 Evolve 文件，视图中为一个 NURBS 曲面，其控制面板中显示为“NURBS 曲面编辑”参数。将其切换至“编辑参数”模式，可见其 U 向及 V 向都各只有首尾两排控制点，此时曲面为平面，如图 4-3 所示（此处可联想只有首尾两个控制点的 NURBS 曲面）。

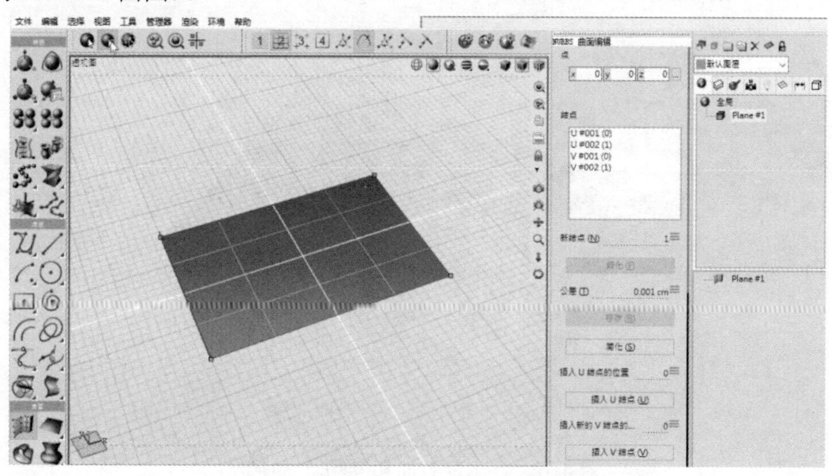

图 4-3　观察 NURBS 曲面编辑参数

2）在控制面板中，用户可以找到 U 方向和 V 方向参数的控制选项，将“插入 U 结点的位置”和“插入 V 结点的位置”两项分别设置为“0.5”，并单击“插入 U 结点”和“插入 V 节和点”按钮。插入后，可见曲面 U 方向和 V 方向中间部位各增加一排控制点，如图 4-4 所示。

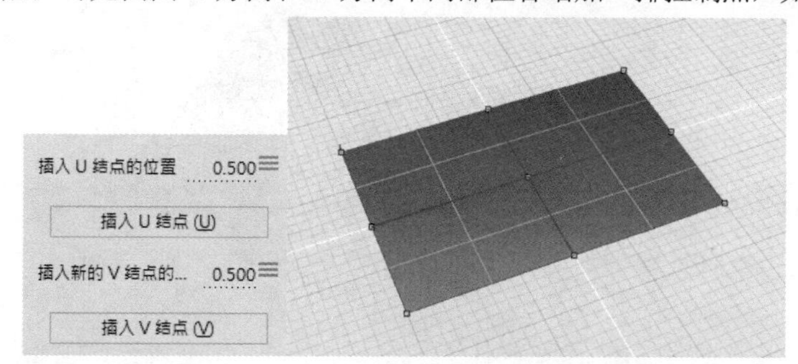

图 4-4　设置参数（左）在 U 方向和 V 方向各插入一排控制点（右）

3）选中曲面中间的控制点，向 Z 轴正向移动，此时可见曲面上 U 方向和 V 方向都出现了折角，如图 4-5 所示（此处可联想 NURBS 曲线，当阶数值为 2 时，呈直线或折线）。

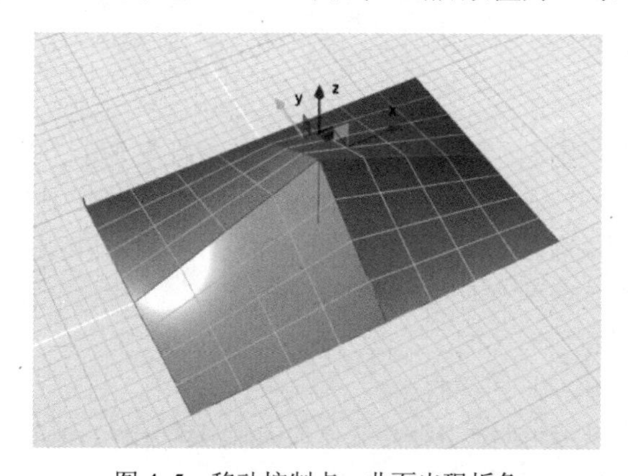

图 4-5　移动控制点，曲面出现折角

4）再次切换到“编辑参数”模式，将“U 向阶数”和“V 向阶数”的值分别设置为“3”，此时 NURBS 曲面上呈光顺过度，如图 4-6 所示。

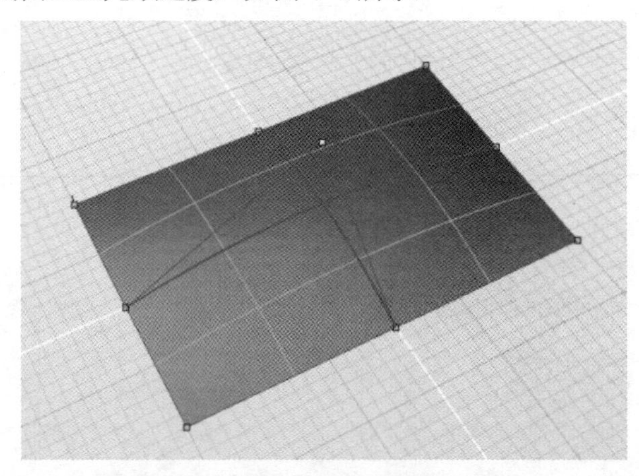

图 4-6　调整 U 方向和 V 方向的阶数

5）保持曲面中间的控制点被选中，将控制面板中的“权重”参数的值设置为“10”，可见曲面向该点汇聚，如图 4-7 所示，即控制点权重越大，曲面越偏向于该点。

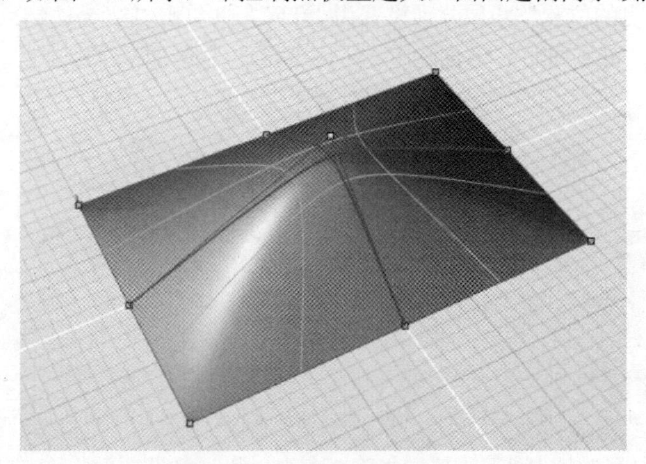

图 4-7　调整控制点权重

4.1.2 连续性

当两个曲面连接时，连接位置的光顺程度以“连续性”表示。与曲线连续一样，曲面连续性也可以用 G0、G1、G2……表示。在 Evolve 中，除极个别工具提供 G3 连续，大部分工具提供最高为 G2 的连续，能够满足大部分工业产品造型的设计需求。

- G0：两个曲面相连或两个对象的位置是连续的。
- G1：两个曲面是相切连续的。
- G2：两个曲面的曲率是连续的。

从直观上观察，G0 连续可明显分辨出来，但肉眼很难分辨 G1 连续和 G2 连续，如图 4-8 所示。因此，可以借助曲面连续性检测工具来判断。

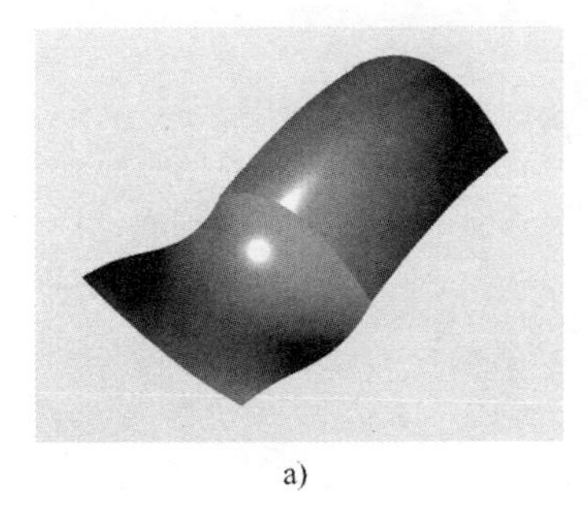
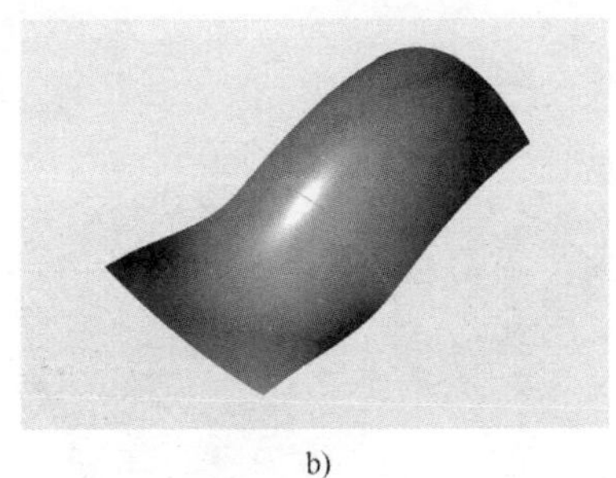
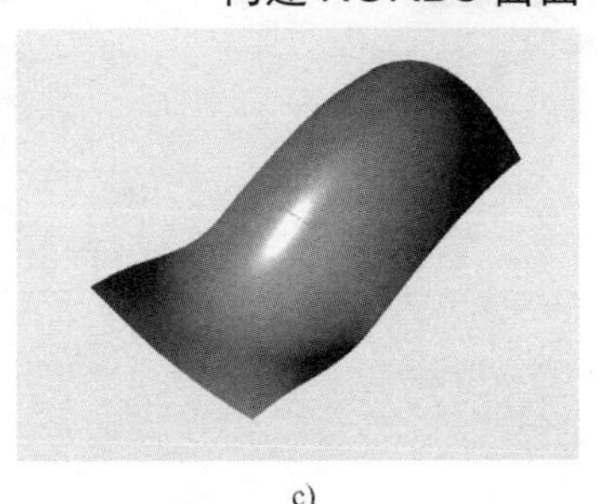

a) b) c)

图 4-8 直接观察曲面连续性

a) G0 连续 b) G1 连续 c) G2 连续

- 借助斑马条纹检测：Evolve 中可在视图窗口右上角切换至“斑马条纹”显示模式，如图 4-9 所示。

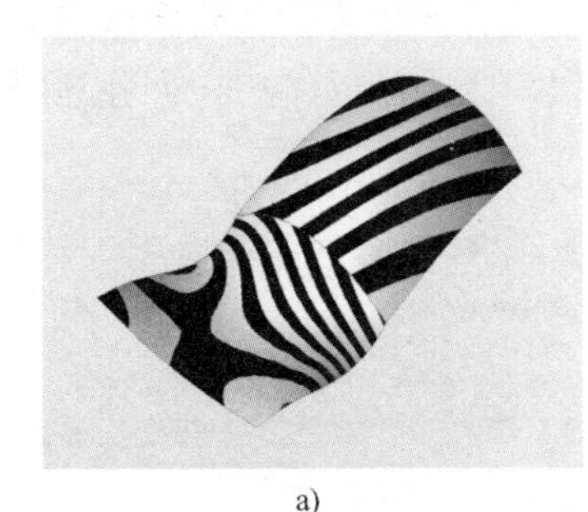
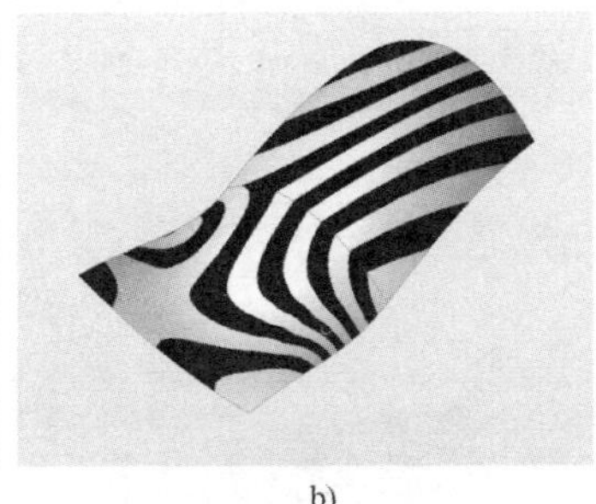

a) b) c)

图 4-9 借助斑马条纹观察曲面连续性

a) G0 连续：纹理不连续 b) G1 连续：纹理连续，但有突变 c) G2 连续：纹理连续且光顺

- 借助曲面曲率工具检测：Evolve 中可在菜单栏中执行“视图” > “曲面曲率”命令，如图 4-10 所示。

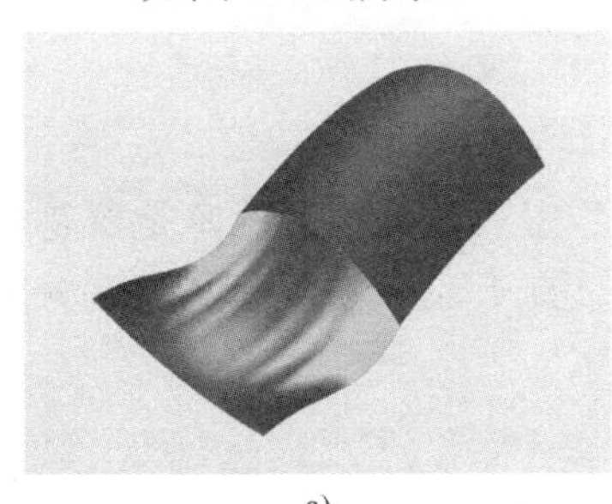
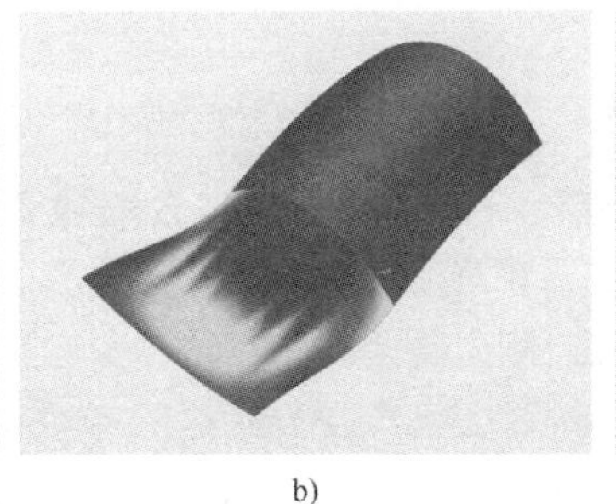
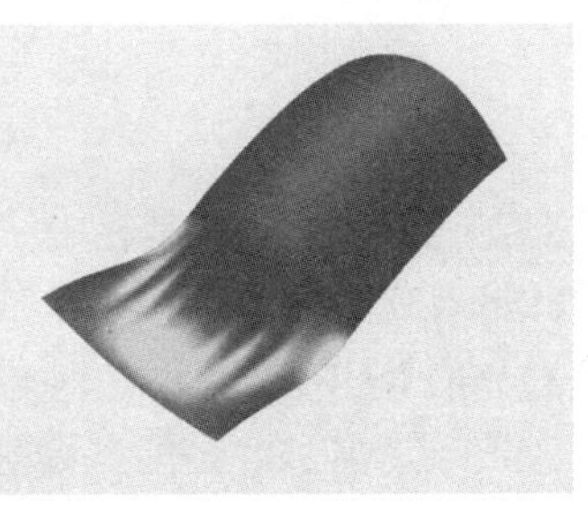

a) b) c)

图 4-10 借助曲面曲率工具观察曲面连续性

a) G0 连续：颜色有突变 b) G1 连续：颜色有突变 c) G2 连续：颜色逐渐变化

4.1.3 曲面与实体

在 Evolve 曲面建模中，有两个重要的概念，即“曲面”与“实体”。

我们可以这样认为，在 Evolve 中，如果曲面包裹了一个封闭空间，且在曲面连接处缝隙小于环境设定公差（设置公差可通过在菜单栏中执行“首选项”→“公差”），则该曲面及其包裹的空间可认定为实体，如图 4-11 所示。

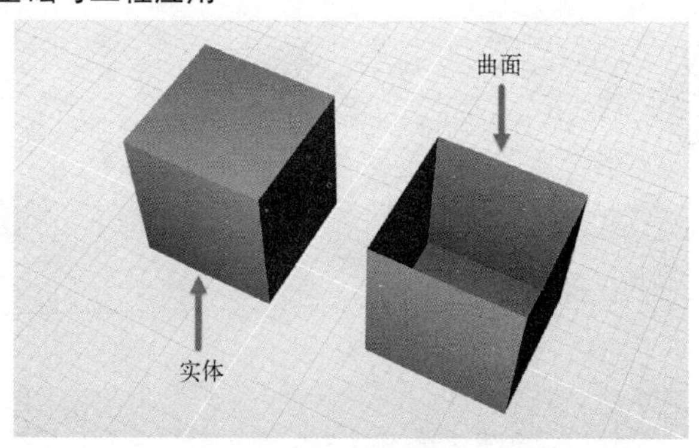

图 4-11　Evolve 中的实体与曲面

【练习（4.1.3）】对比实体与曲面，步骤如下：

1）打开素材文件夹“练习（4.1.3）”中的 Evolve 文件，仅从外观来看，该对象包含了两个立方体。但从全局浏览器中观察可知，其中一个为立方体，另外一组为 6 个独立的 NURBS 曲面，如图 4-12 所示。

图 4-12　通过全局浏览器观察确认对象特征

2）使用建模工具栏中“分析”卷展栏下的“公差检查”工具，以检测对象是否是实体。针对立方体对象，在控制面板中应显示为“封闭实体”，如图 4-13 所示。而针对另外 6 个独立的 NURBS 曲面，则无法检测出封闭实体。

图 4-13　使用公差检查工具，检测立方体为封闭实体

3）在全局浏览器中选中全部 6 个独立 NURBS 曲面（按住〈Ctrl〉键进行多选），或在建模视图中框选选中。随后在建模工具栏中找到“多项合并”工具，如图 4-14 所示，将 6 个独立面合并。

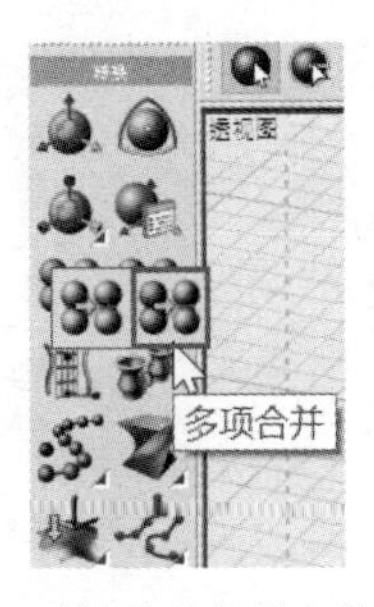

图 4-14　使用“多项合并”工具

4）随后用公差检查工具对多项合并后的结果进行检测，可见多项合并对象为封闭实体，如图 4-15 所示。

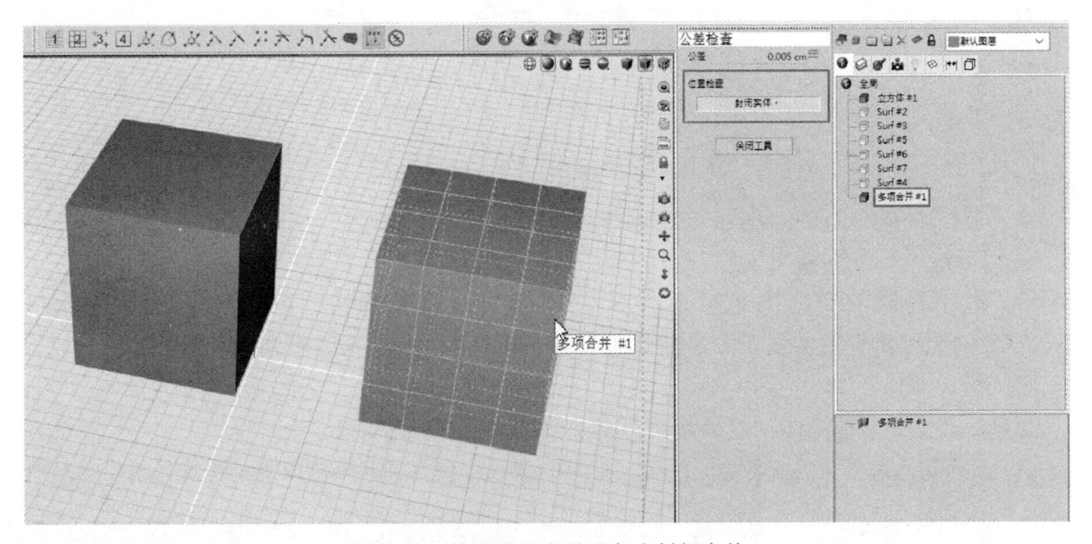

图 4-15　检测多项合并对象为封闭实体

✧ 注：合并操作也可以通过使用“合并”工具进行，这样可以构建合并对象的结构树。但无论使用哪种合并方式，目的是将独立的曲面在边界处“黏合”，构成为一个封闭实体。

4.2　NURBS 曲面基元

曲面基元工具如图 4-16 所示，可通过基础参数快速创建曲面形状，如平面、立方体、球体、圆环、棱柱等。

图 4-16　曲面基元工具

【练习（4.2）】绘制不同形状的曲面基元，步骤如下：

1）尝试使用曲面基元工具绘制图 4-17 所示的曲面，在绘制过程中，可直接在视图中通过交互式方式绘制，也可以在控制面板中输入参数值。

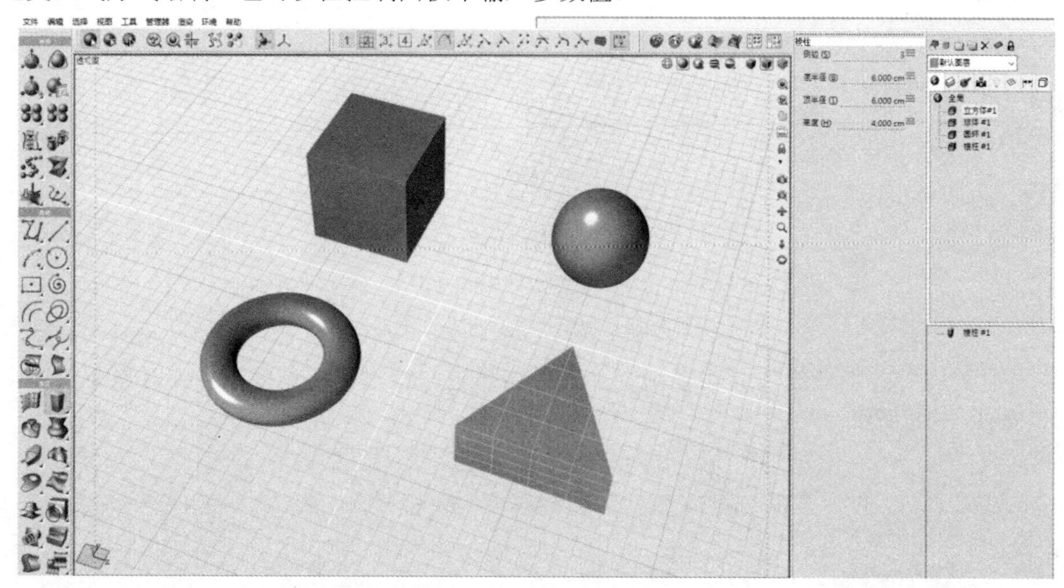

图 4-17　绘制不同形状的曲面基元

2）尝试调整每个曲面的参数。参数调整可在“编辑参数”模式下直接进行交互式编辑，也可以通过控制面板来调整。

3）选中任意一个已构建曲面，按〈C〉键移除其结构树，可见其控制面板中显示“NURBS 曲面编辑”的参数。即当前曲面为 NURBS 曲面，不再具有曲面基元的参数特性。

✧ 注：

1）无论使用何种工具构建的曲面，其基础都是 NURBS 曲面。

2）曲面基元工具中，立方体、球体、圆环、圆柱、棱柱工具都可以直接构建封闭实体。

4.3　以 NURBS 曲线搭建曲面

4.3.1　挤出

“挤出”工具可以是 NURBS 曲线沿某方向挤出曲面，也可以是 NURBS 曲面沿某方向挤出曲面。

【练习（4.3.1_1）】挤出曲面参数设定，步骤如下：

1）打开素材文件夹“练习（4.3.1_1）”中的 Evolve 文件，视图中有一曲线“圆#1”。

2）使用“挤出”工具，当控制台提示“拾取曲面边”时，选择曲线“圆#1”，按〈Enter〉键或空格键确认；当控制台提示“沿方向 1 的距离”时，可直接输入一个数值，或在建模视图上直接按住控制该参数的亮蓝色控制杆并向上拖动，即可绘制出挤出曲面，如图 4-18 所示。

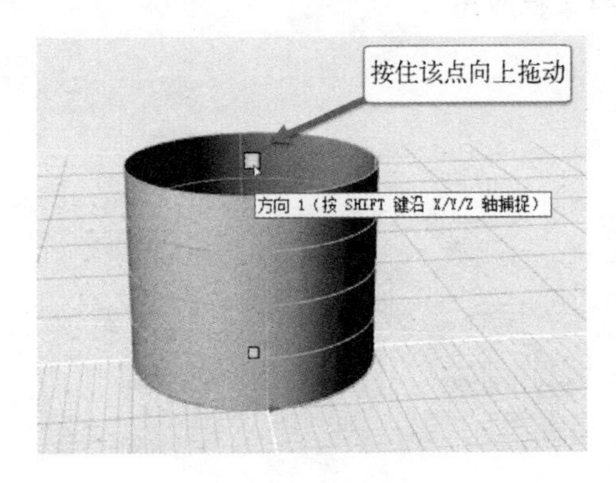

图 4-18　绘制挤出曲面

3）绘制结束后，在“挤出”曲面的控制面板中，勾选“对称”复选框，可获得基于曲线圆两侧距离对称的曲面，如图 4-19 所示。

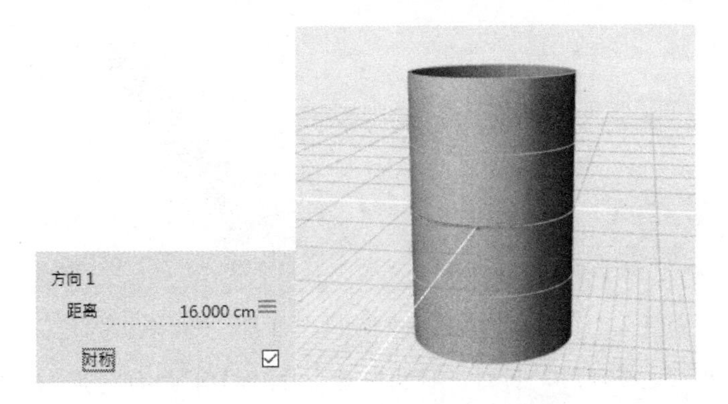

图 4-19　勾选“对称”复选框（左），获得两侧对称的挤出曲面（右）

✧ 注：此处的“对称”区别于“镜像”，仅为挤出的距离一致。用户可在“编辑参数”模式下，自行调整亮蓝色控制杆在空间中的位置并进行观察，如图 4-20 所示。

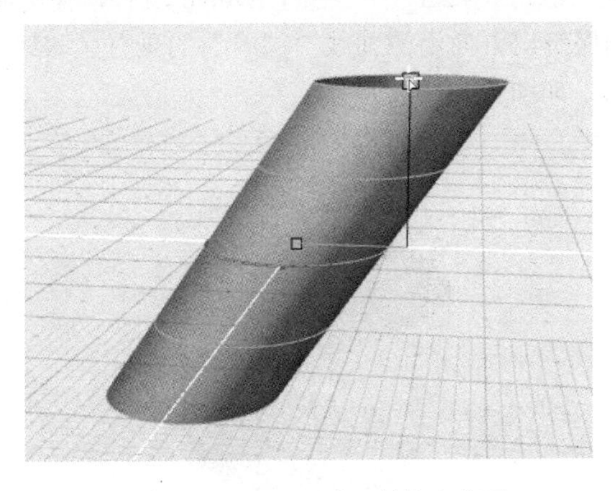

图 4-20　调整“对称”的挤出曲面

4）取消勾选“对称”复选框，勾选“方向 2”复选框，该选项可针对源曲线两侧分别设置不同的挤出距离，如图 4-21 所示。

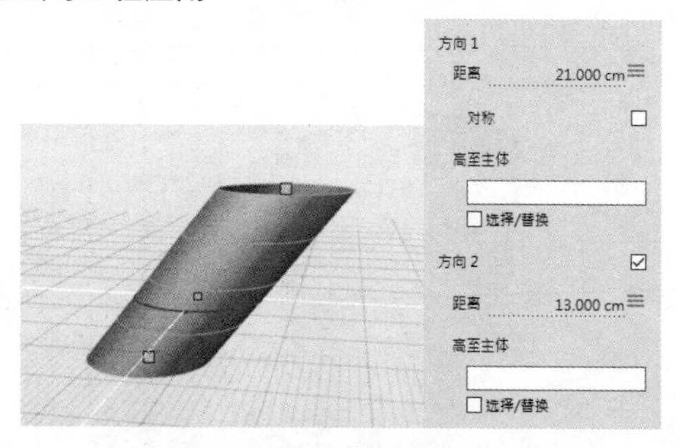

图 4-21　设置两侧不同的挤出距离

5）在控制面板中，将“截面数量”参数修改为“6”、“V 向阶数”的值修改为“4”。切换到“编辑点”模式，可见在挤出面方向共有 6 排控制点，如图 4-22 所示。

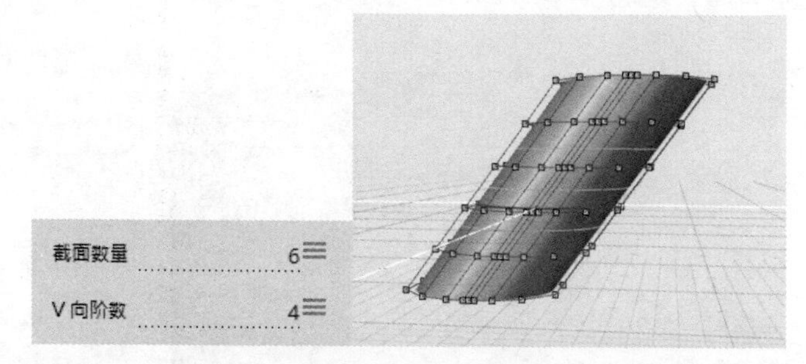

图 4-22　调整 V 向截面数量和阶数（左）的获得结果（右）

✧ 注：读者可以这样理解，针对“挤出”这个 NURBS 曲面，其 U 向的段数（截面数量）及阶数均由“圆#1”这条曲线决定，如需修改必须调整源曲线；而其 V 向的截面数量及阶数，可通过“挤出”工具控制。

【练习（4.3.1_2）】挤出曲面封口，步骤如下：

1）打开素材文件夹“练习（4.3.1_2）”中的 Evolve 文件，使用曲线“圆#1”。基于这条曲线挤出一个曲面，确保挤出方向沿源曲线“圆#1”的垂直（法线）方向（按住〈Shift〉键，或沿红色虚线方向），如图 4-23 所示。

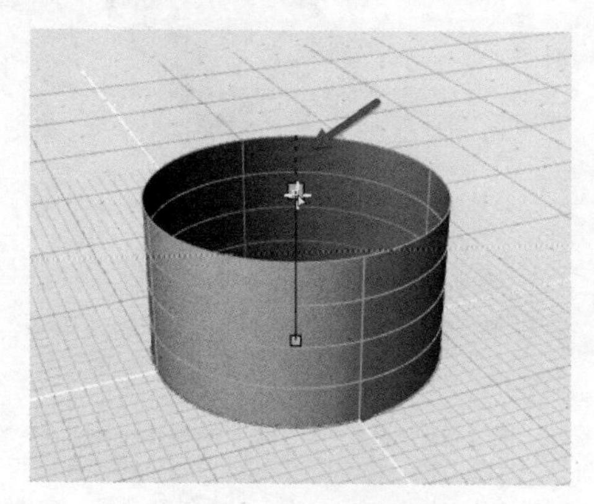

图 4-23　沿曲线法线方向挤出

2）勾选控制面板中的“封口”复选框。可见挤出曲面的上下两个面封闭，且自动设置为“平封口”，如图 4-24 所示。

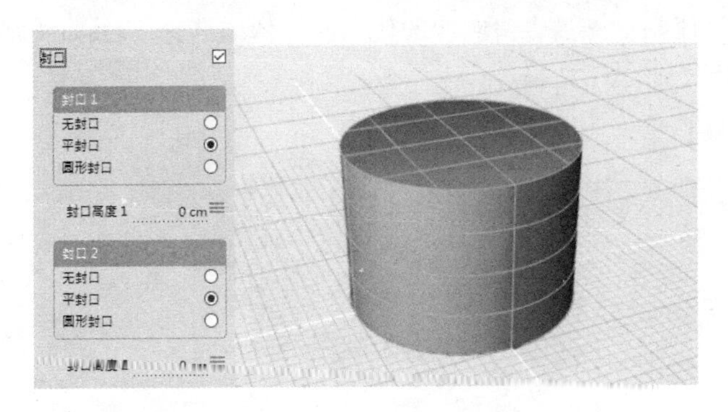

图 4-24 勾选“封口”复选框（左）获得封闭挤出曲面（右）

3）尝试将“封口 1”调整为“圆形封口”，并设置“封口高度 1”参数的值为“5”，如图 4-25 所示。

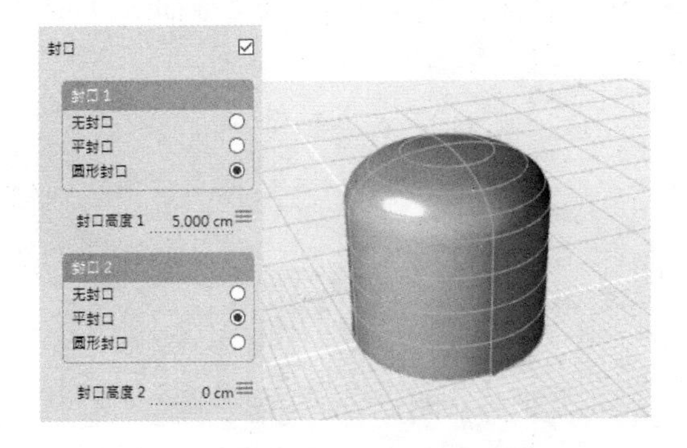

图 4-25 设置一侧为圆形封口（左）以获得结果（右）

4）在“圆形封口”状态下，无法设置“拔模斜度”。如果工艺设计中有此需求，则可取消选中“圆形封口”单选按钮，勾选“拔模模式”复选框，并设置“拔模角度”的值。

【练习（4.3.1_3）】挤出至面，步骤如下：

1）打开素材文件夹“练习（4.3.1_3）”中的 Evolve 文件，此文件中包含 3 条曲线圆，即“圆#1”“圆#2”和“圆#3”，以及一个“曲面#1”，如图 4-26 所示。

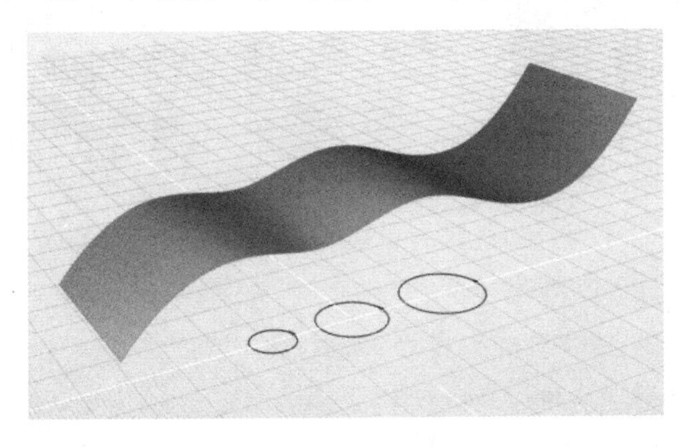

图 4-26 打开练习文件

2）“挤出”工具可以针对单一曲线，也可以针对多条曲线同时操作。在这一步操作中使用“挤出”工具，当控制台提示“拾取曲面边”时，依次选择 3 条曲线圆，并输入挤出距离值“50”，获得图 4-27 所示的结果。

图 4-27　同时挤出 3 条曲线

3）在控制面板中，在“高至主体”参数下勾选“选择/替换”复选框。此时可见控制台提示“沿方向 1 拾取参照对象”，随后点选视图中的“曲面#1”，该操作使挤出曲面高度与选中曲面对齐，因此获得图 4-28 所示的结果。

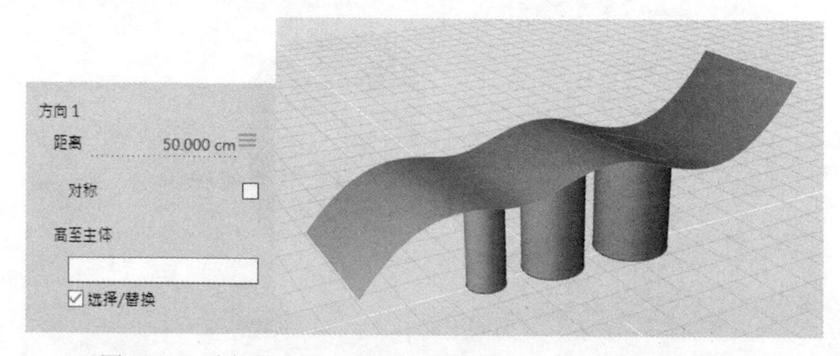

图 4-28　选择挤出曲面高至曲面#1（左）以获得结果（右）

4）在控制面板中，该设置有 3 个选项：“无修剪”（默认）“修剪并保留内部”和“修剪并保留外部”，读者可尝试 3 种选项的不同效果，如图 4-29 所示。

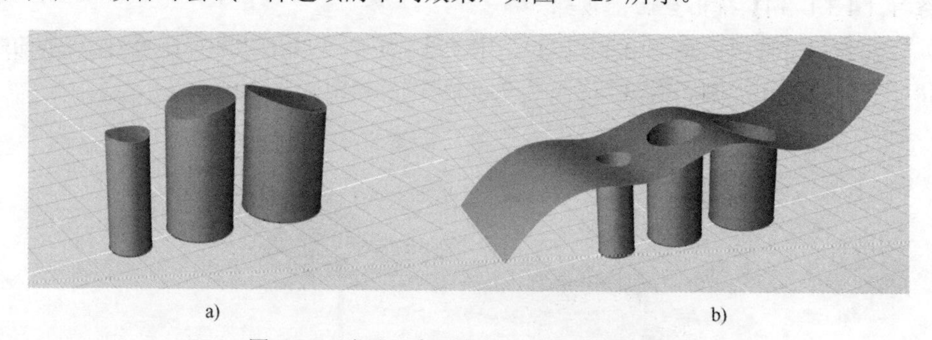

a)　　b)

图 4-29　尝试“高至主体”参数的不同设置

a) 修剪并保留内部　b) 修剪并保留外部

【练习（4.3.1_4)】曲面挤出，步骤如下：

1）打开素材文件夹“练习（4.3.1_4)”中的 Evolve 文件，此文件中有两个对象：“平面#1”和“矩形#1”，如图 4-30 所示。

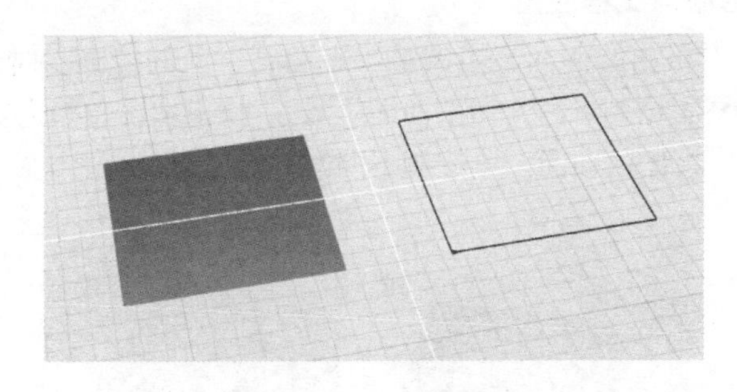

图 4-30　打开练习文件

2）使用“挤出”工具，分别对两个对象进行挤出，挤出高度全部设定为“10”，获得结果如图 4-31 所示。

图 4-31　针对两个对象分别进行挤出操作

✧ 注：虽然“挤出”工具可以针对多个对象同时操作，但如果在后续操作中还要对每个对象单独操作，则要对两个对象分开使用“挤出”工具。例如，在本练习中，随后可对两个挤出对象分别设置不同的挤出距离，如图 4-32 所示。如果对两个对象仅做了一次挤出操作，则挤出距离只能设置为同一值。

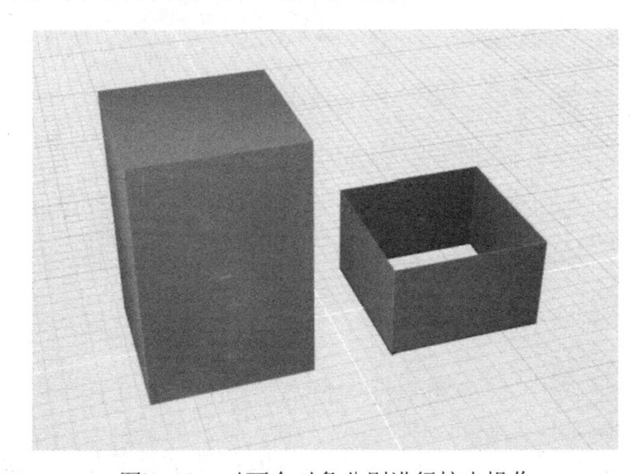

图 4-32　对两个对象分别进行挤出操作

3）观察两个挤出曲面，如果将曲线挤出设置“封口”，则两个对象结果非常类似，都是封闭的立方体。但是，两者可编辑的参数有所不同，如图 4-33 所示。

- 通过“平面#1”挤出的曲面，当调整“平面#1”上的控制点时，可控制平面成为三维曲面（增加平面控制点，并调整曲面阶数），挤出曲面也随之更新。
- 通过“矩形#1”挤出的曲面，可控制不同的封口效果。

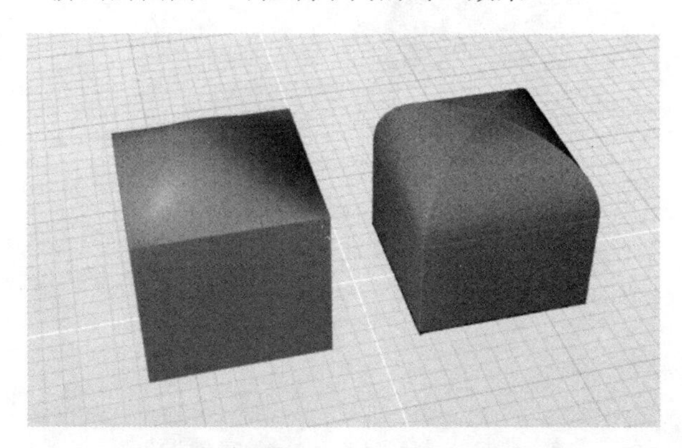

图 4-33　不同构建方式可进行不同的造型调整

✧ 注：因此在 Evolve 中，用户需要对每种操作可获得的结果，以及可以编辑的参数了如指掌。

4.3.2 旋转

使用“旋转”工具可以通过一个曲线截面，沿预设的旋转轴旋转获得曲面。

【练习（4.3.2_1）】绘制旋转曲面，步骤如下：

1）打开素材文件夹“练习（4.3.2_1）”中的 Evolve 文件，此文件中有一个曲线对象：“NURBS 曲线#1”。确保此时处于透视图中，如图 4-34 所示。

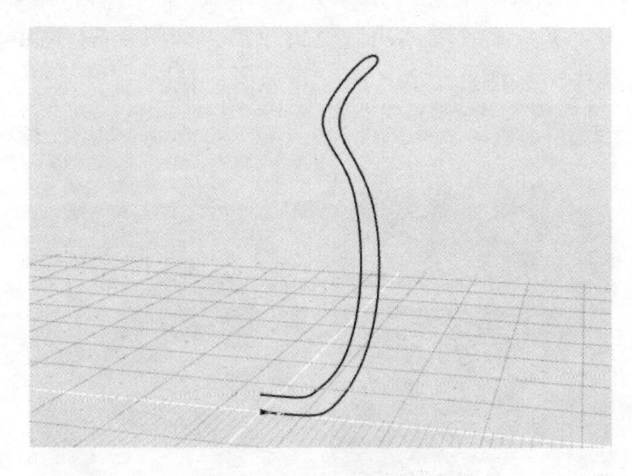

图 4-34　打开练习文件

2）使用“旋转”工具，当控制台提示“拾取剖面曲线”时，拾取该曲线。随后当控制台提示选取“回转轴开始”及“回转轴方向”时，可按空格或〈Enter〉键接受默认设置，得到图 4-35 所示的曲面。

图 4-35　得到旋转曲面

✧ 注：如果在其他视图中选中曲线，则有可能生成的曲面与图 4-35 中所示的结果不一致。例如，在顶视图中选取，获得的结果并非所需。用户可在控制台提示“回转轴方向”时，将旋转轴更改为 Z 轴，如图 4-36 所示；或稍后在控制面板中修改此参数。

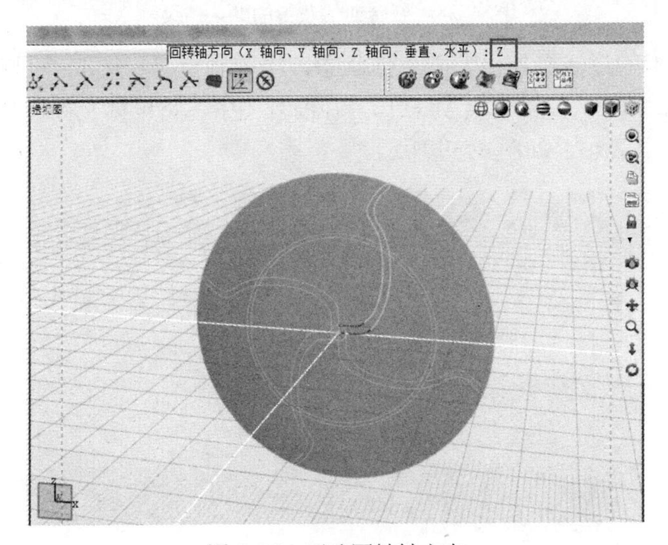

图 4-36　更改回转轴方向

【练习（4.3.2_2）】调整旋转曲面，步骤如下：

1）打开素材文件夹“练习（4.3.2_2）”中的 Evolve 文件，此文件中有一个曲线对象：“NURBS 曲线#1”，如图 4-37 所示。

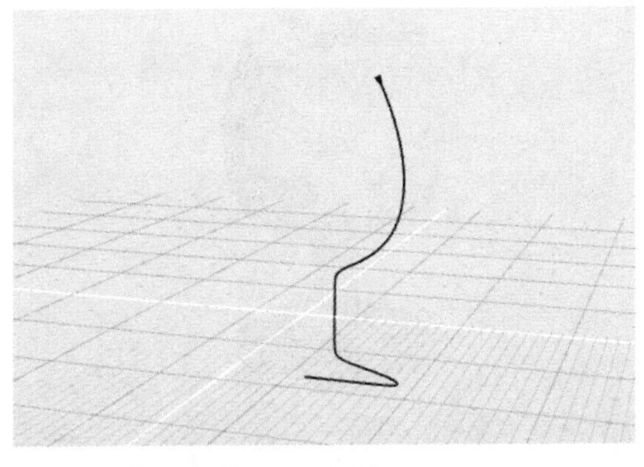

图 4-37　打开练习文件

2）使用“旋转”工具，当控制台提示“拾取剖面曲线”时，在透视图中拾取该曲线。默认得到图 4-38 所示的曲面，很明显该结果并非我们所需要的曲面形态。

图 4-38　旋转曲线获得的默认结果

3）保持上一步的旋转操作仍处于工作状态，当控制台提示选取“回转轴开始”时，临时激活“捕捉栅格 2”（快捷键为〈Alt+2〉），在前视图中，将鼠标光标移动至 Z 轴附近并单击，即将回转轴至于 Z 轴，如图 4-39 所示。

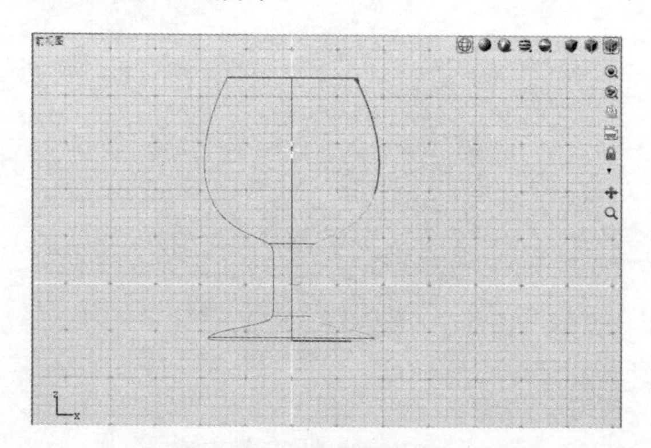

图 4-39　手动调整旋转轴至 Z 轴

4）保持上一步的旋转操作仍处于工作状态，按〈Enter〉键或空格键接受回转轴方向的默认设置（即垂直方向），获得图 4-40 所示的结果。

图 4-40　获得正确的旋转结果

✧ 注：“旋转”工具获得的结果除了与选中的视图有关，还与曲线的方向有关。例如，本练习中，如对初始曲线反转方向，如图 4-41 所示，再进行旋转操作，则无须调整旋转轴的位置，即可获得正确的旋转结果。

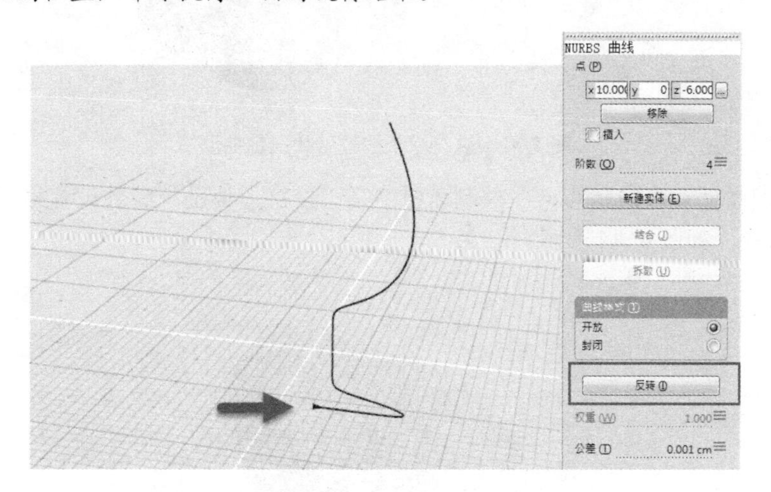

图 4-41　旋转轴默认为曲线起始位置

4.3.3 辐射状扫掠

使用“辐射状扫掠”工具可将一条或多条剖面曲线，沿一条轨迹及一个旋转公用点扫掠出一个曲面。默认旋转公用点为第一条剖面曲线的末端点。

【练习（4.3.3）】构建辐射状扫掠，步骤如下：

1）打开素材文件夹“练习（4.3.3）”中的 Evolve 文件，此文件中有 4 条曲线，如图 4-42 所示。

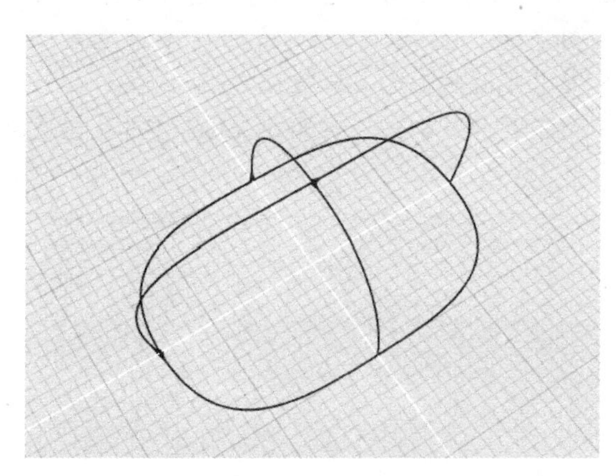

图 4-42　打开练习文件

2）使用“辐射状扫掠”工具，当控制台提示“拾取剖面曲线”时，依次点选图中的曲线#1～曲线#4，选完后按空格键确认；当控制台提示“拾取轨道曲线”时，点选曲线#5，获得图 4-43 所示的曲面。

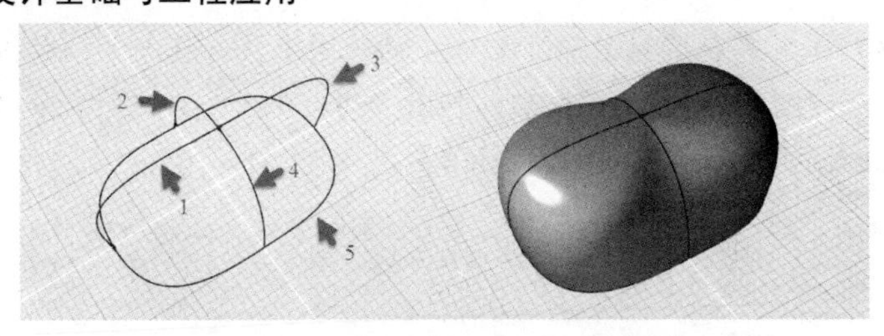

图 4-43　获得默认的辐射状扫掠曲面

3）保持曲面处于选中状态，在控制面板中将“沿轨道旋转”参数设置为“不旋转”，可见曲面形状改变，如图 4-44 所示。

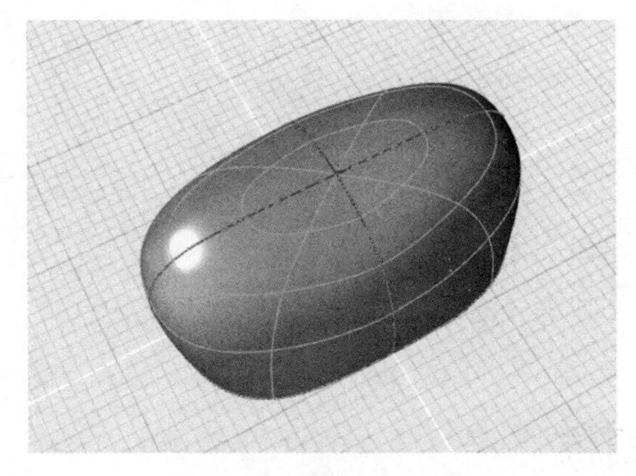

图 4-44　调整曲面形状

4.3.4　放样

使用“放样”工具可由至少两条或更多的曲线（或曲面边）控制剖面形状，由至少一条轨道曲线（或曲面边）控制轨迹，形成一个新的曲面。“放样”工具具有多种使用方法，是曲面构建中最重要的工具之一。

【练习（4.3.4_1）】构建基本放样曲面，步骤如下：

1）打开素材文件夹“练习（4.3.4_1）”中的 Evolve 文件，该文件中包含 4 条曲线，如图 4-45 所示。

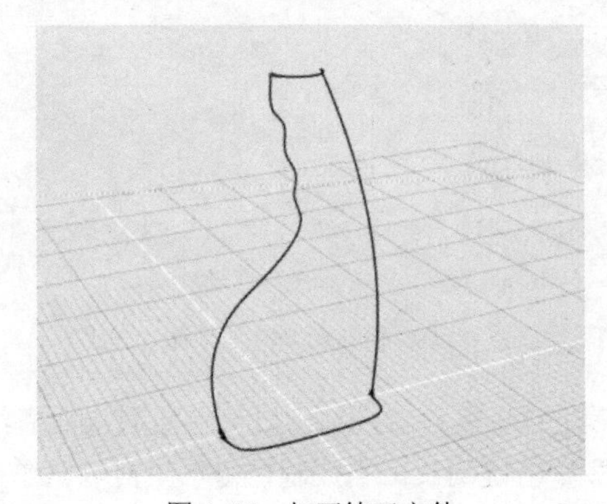

图 4-45　打开练习文件

2）激活“放样”工具，当控制台提示“拾取剖面边界”时，依次选择两条剖面曲线，按〈Enter〉键或空格键确认；当控制台提示“拾取轨道边界”时，依次选择两条轨道曲线，按〈Enter〉键或空格键确认，得到图 4-46 所示的放样曲面。

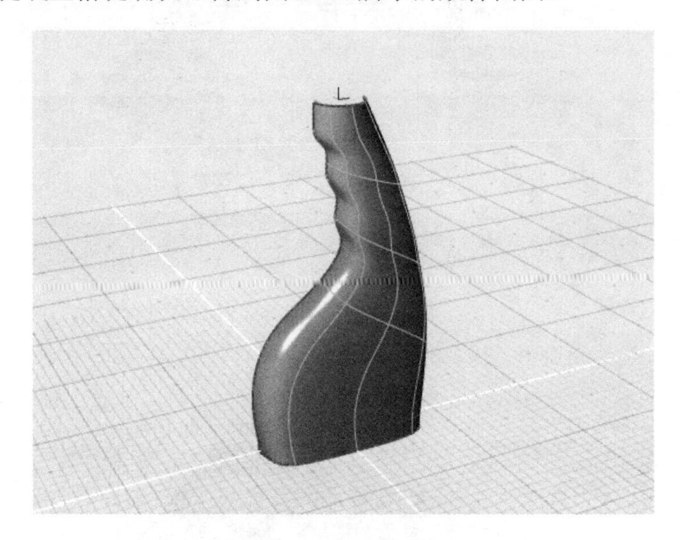

图 4-46　获得的放样曲面

✧ 注：“放样”工具可通过多条曲线构建曲面，但条件是曲线与曲线间必须相交。读者可尝试将原始曲线首尾相邻位置移开，可见曲面报错。

【练习（4.3.4_2）】使用“放样”工具混接曲线与曲面边，步骤如下：

1）打开素材文件夹“练习（4.3.4_2）”中的 Evolve 文件，该文件中包含一个被修剪过的曲面以及一条曲线，如图 4-47 所示。

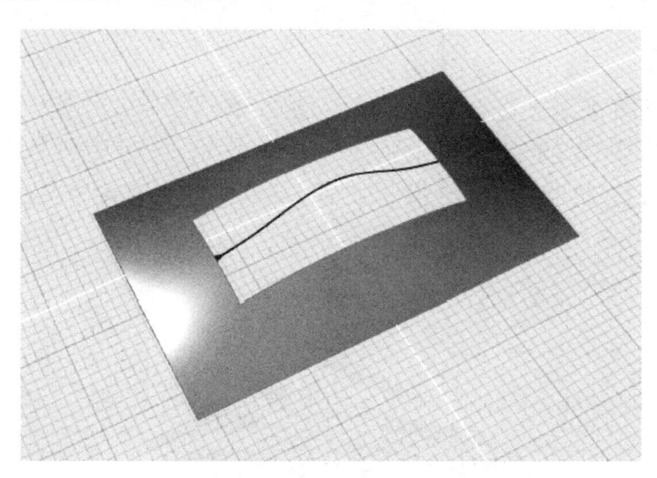

图 4-47　打开练习文件

2）激活“放样”工具，当控制台提示“拾取剖面边界”时，请按图 4-48 所示的顺序选择曲面边及曲线，按〈Enter〉键或空格键确认。

3）保持上一步“放样”工具仍处于工作状态，当控制台提示“拾取轨道边界”时，按图 4-49 中的序号依次选择两条曲面边，按〈Enter〉键或空格键确认，得到图 4-49 所示的曲面。

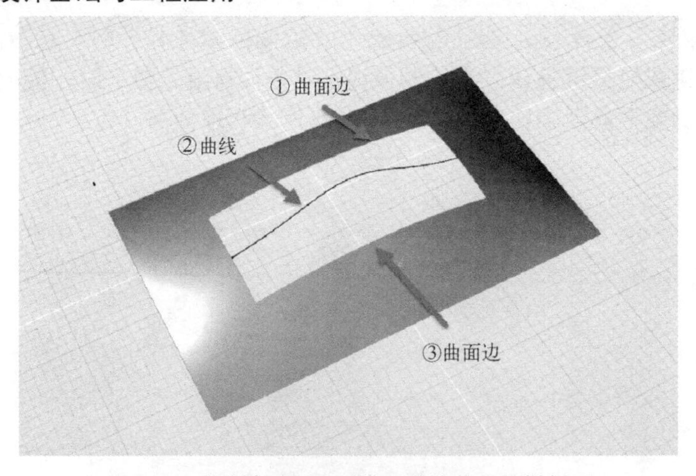

图 4-48　按顺序选择曲面边及曲线作为放样剖面

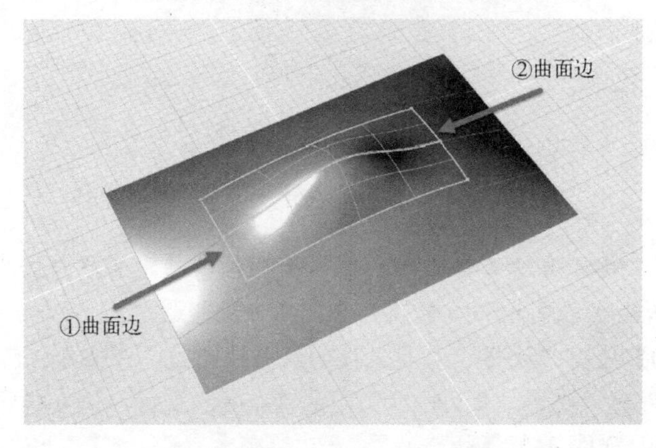

图 4-49　按顺序选择曲面边作为放样轨道

4）保存此文件，作为下一个练习的素材。

【练习（4.3.4_3）】控制放样曲面连续性，步骤如下：

1）继续使用练习（4.3.4_2）构建的模型。

2）打开“斑马条纹”工具，观察新建曲面与原始曲面的匹配情况，可见二者明显处于 G0 连续状态，斑马条纹断开，如图 4-50 所示。

图 4-50　通过斑马条纹观察曲面连续性

3）保持放样曲面处于选中状态，切换至“编辑参数”模式，在控制面板中将“约束”参数设置为“曲面相切（G1)”。可见图中所有曲面边线部位上增加了一个方块标识，表示该处曲面连接为 G1 连续。读者还可通过斑马条纹直观验证，如图 4-51 所示。

图 4-51　调整连续性为 G1（左）并通过斑马条纹验证（右）

4）在控制面板中将“约束”参数设置为“曲面曲率（G2)”，可见图中所有曲面边线部位上增加了一个圆圈标识，表示该处曲面连接为 G2 连续。同样，读者可通过斑马条纹直观验证，如图 4-52 所示。

图 4-52　调整连续性为 G2（左）并通过斑马条纹验证（右）

【练习（4.3.4_4)】调整放样曲面，步骤如下:

1）打开素材文件夹“练习（4.3.4_4)”中的 Evolve 文件，该文件中包含两组曲线，如图 4-53 所示。

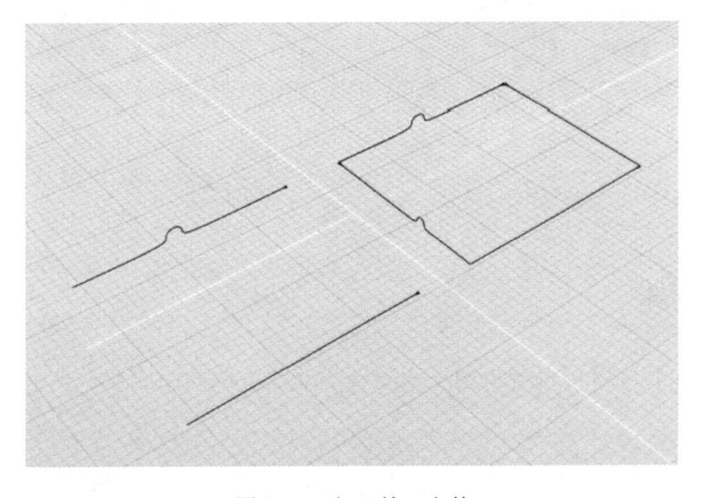

图 4-53　打开练习文件

2）激活“放样”工具，针对第 1 组中的两条曲线创建一个放样曲面，如图 4-54 所示。

3）保持曲面处于选中状态，观察曲面上的等参线。由于等参线分布与原始曲线的控制点分布有关，因此该曲面的等参线分布并不均匀。

4）在控制面板中，勾选“弧长剖面”复选框，获得结果如图 4-55 所示，可见等参线被重新排布。

图 4-54 针对第 1 组曲线创建放样曲面

图 4-55 调整第 1 个放样曲面的等参线

5）针对第 2 组曲线也可做类似操作。使用“放样”工具，针对第 2 组两条曲线创建一个放样曲面，如图 4-56 所示。

6）在控制面板中，勾选“弧长剖面”和“弧长轨道”两个复选框，获得结果如图 4-57 所示，可见等参线被重新排布。

图 4-56 针对第 2 组曲线创建放样曲面

图 4-57 调整第 2 个放样曲面的等参线

4.3.5 扫掠

使用“扫掠”工具可将至少两条或更多的曲线（或曲面边）沿一条路径曲线，形成一个新的曲面。

【练习（4.3.5_1）】构建扫掠曲面，步骤如下：

1）打开素材文件夹“练习（4.3.5_1）”中的 Evolve 文件，该文件中包含 3 个圆曲线和 1

条开放曲线。旋转透视图，观察这 4 条曲线间并无相交，如图 4-58 所示。

2）单击“扫掠”工具，当控制台提示“拾取剖面边界”时，依次选取 3 条圆曲线，按〈Enter〉键或空格键确认；当控制台提示“拾取路径曲线”时，选取开放曲线，获得图 4-59 所示的结果。

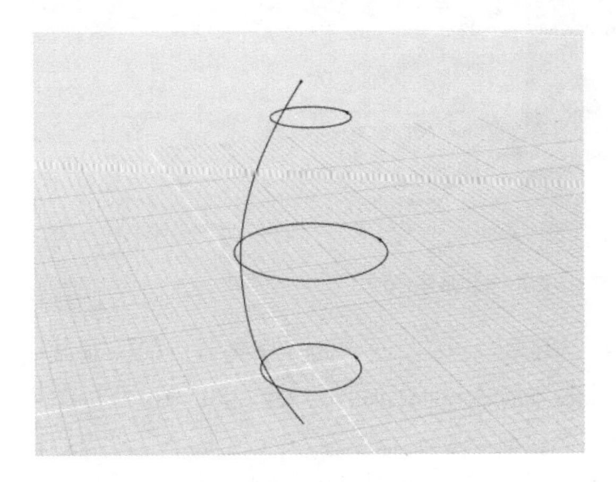

图 4-58　打开练习文件

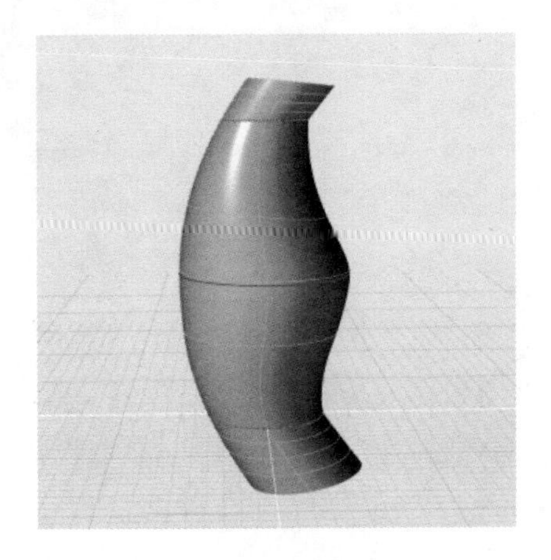

图 4-59　获得的扫掠曲面

✧ 注：由此可见，“扫掠”工具不一定要求剖面曲线与轨迹曲线相交。

3）在控制面板中将“扫掠类型”参数设置为“平行”，可见曲面上所有等参线趋于平行，如图 4-60 所示。

4）在控制面板中取消勾选“选项”参数下的“延伸”复选框，则扫掠曲面仅在剖面曲线间形成，如图 4-61 所示。

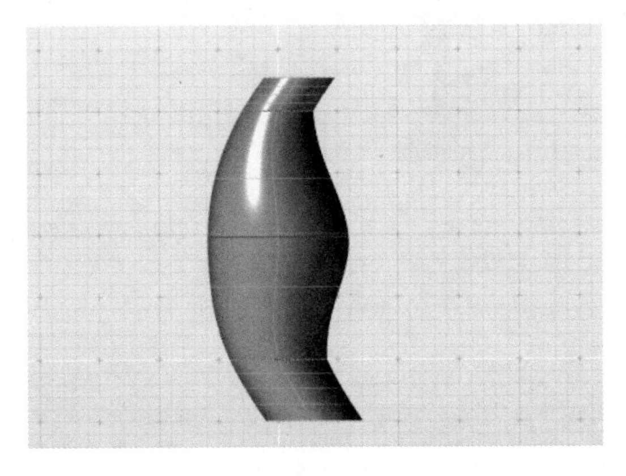

图 4-60　调整扫掠曲面等参线

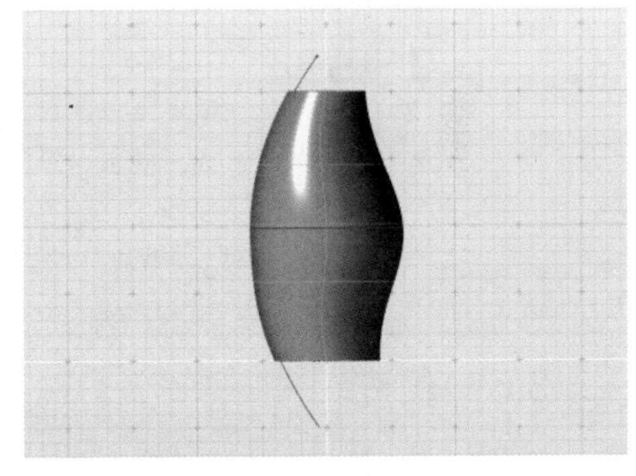

图 4-61　调整曲面扫掠区域

【练习（4.3.5_2）】调整扫掠曲面，步骤如下：

1）打开素材文件夹“练习（4.3.5_2）”中的 Evolve 文件，按住键盘上的〈Ctrl〉键，再单击“扫掠”工具。

2）按照练习（4.3.5_1）中的操作，依次选择 3 个圆曲线作为剖面、开放曲线作为路径，获得结果如图 4-62 所示。可见剖面曲线自动对齐到路径曲线。

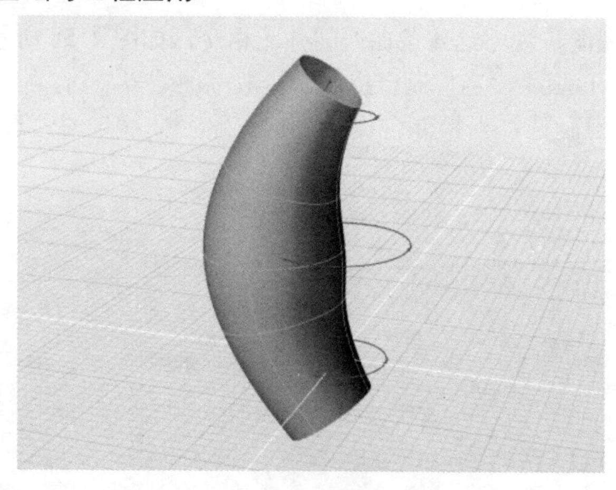

图 4-62　扫掠曲面位置基于路径曲线

3）选中扫掠曲面，切换到“编辑参数”模式，选中曲面中间一条亮蓝色的控制截面，修改控制面板中的“围绕切向量旋转”参数为“90”（即在该方向旋转 90°），获得结果如图 4-63 所示。

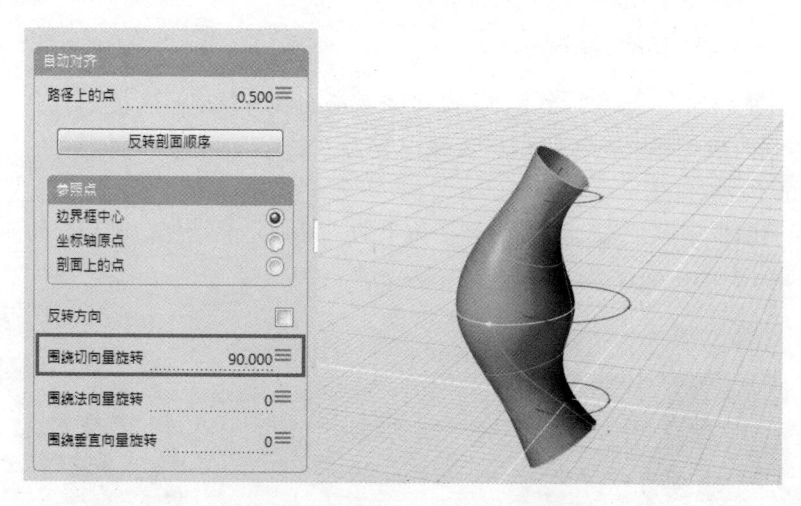

图 4-63　调整截面旋转 90°（左）以获得结构（右）

4.3.6 蒙皮

使用“蒙皮”工具可沿多个空间中的截面曲线创建光滑曲面，也可以沿这些曲线创建带折痕的平直曲面。

【练习（4.3.6_1)】创建蒙皮并调整参数，步骤如下：

1）打开素材文件夹“练习（4.3.6_1)”中的 Evolve 文件，该文件中包含 3 条闭合曲线，如图 4-64 所示。

2）激活“蒙皮”工具，当控制台提示“拾取要进行蒙皮操作的曲线”时，依次选取 3 条曲线，按〈Enter〉键或空格键确认，获得图 4-65 所示的结果。

图 4-64　打开练习文件

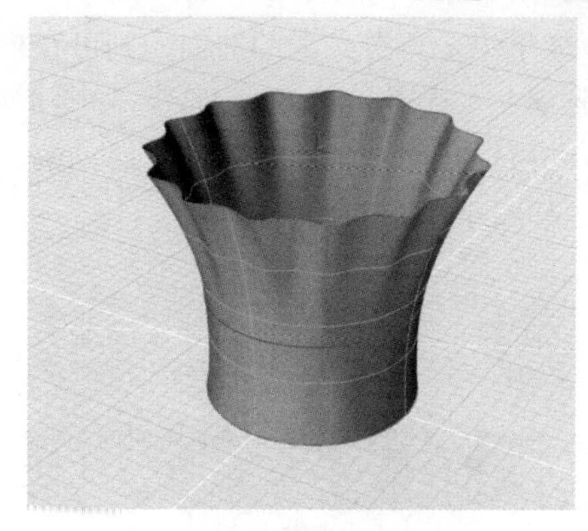

图 4-65　获得的蒙皮曲面

3）保持曲面处于选中状态，切换到“编辑参数”模式，选中曲面中间的一条控制截面，更改“缝合位置”参数为“0.2”，获得结果如图 4-66 所示。

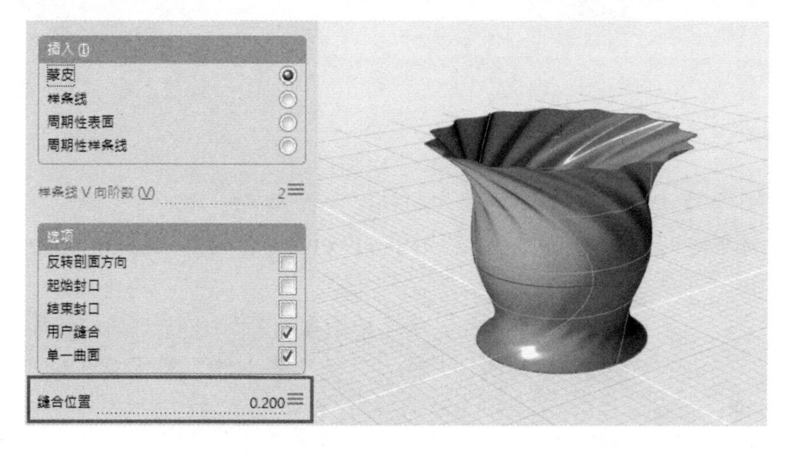

图 4-66　调整一条控制截面的缝合位置（左）以获得结果（右）

4）在控制面板中，设置“插入”参数为“样条线”，表示蒙皮曲面在 V 方向上呈折面，因为此时 V 方向上的阶数值为“2”，结果如图 4-67 所示。

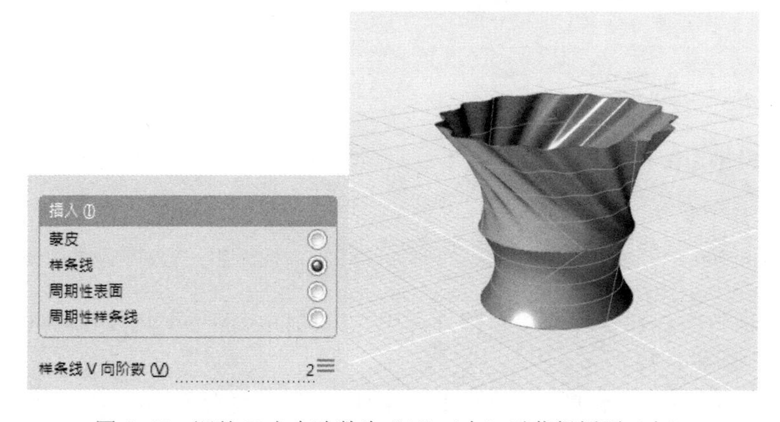

图 4-67　调整 V 方向阶数为“2”（左）以获得折面（右）

5）如果想要获得光滑的曲面，则可在控制面板中将阶数修改为更高的值，如将“样条线 V 向阶数”参数的值修改为“3”，如图 4-68 所示。

6）还可以在“选项”参数中勾选“起始封口”和“结束封口”两个复选框，将曲面上下封闭。如图 4-69。

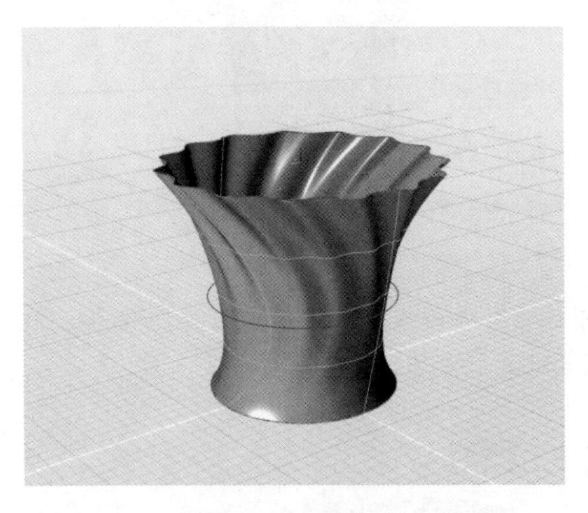

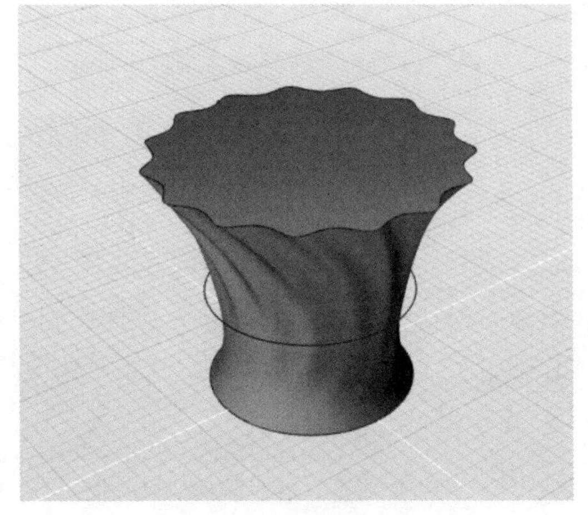

图 4-68　调整 V 向阶数为 3，呈光滑曲面

图 4-69　封闭蒙皮曲面

【练习（4.3.6_2）】使用蒙皮曲面构建牙刷柄，步骤如下：

1）打开素材文件夹“练习（4.3.6_2）”中的 Evolve 文件，该文件中包含 5 条曲线，如图 4-70 所示。

2）激活“蒙皮”工具，当控制台提示“拾取要进行蒙皮操作的曲线”时，依次选取前 4 条曲线，按〈Enter〉键或空格键确认，注意，第 1 条曲线不要重复选择，此时获得一个开放性的蒙皮曲面，如图 4-71 所示。

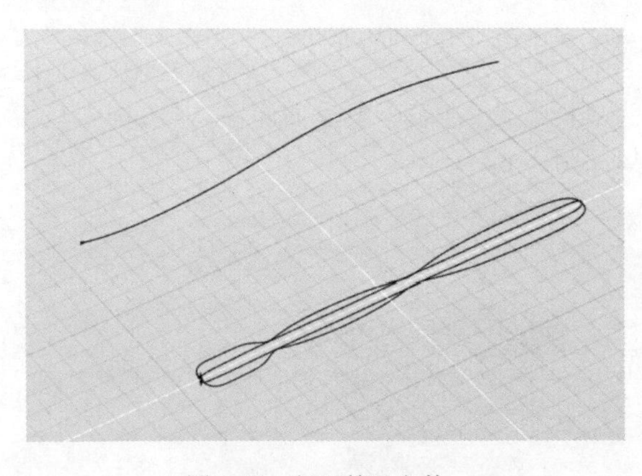

图 4-70　打开练习文件

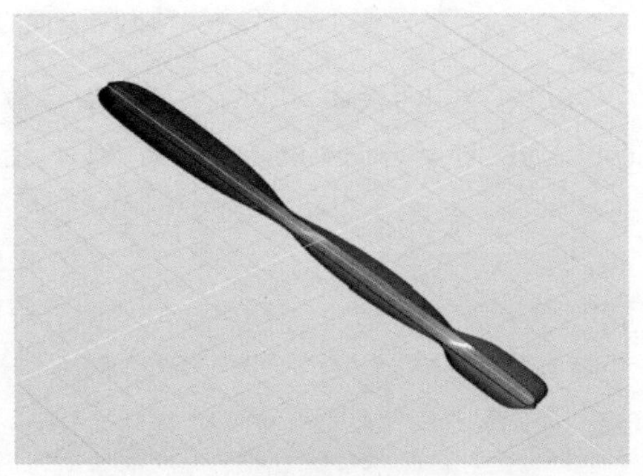

图 4-71　构建开放性的蒙皮曲面

3）在控制面板中，在“插入”参数下选中“周期性表面”单选按钮，此时可获得一个封闭蒙皮曲面，如图 4-72 所示。

4）在建模工具栏中的“转换”卷展栏下，找到“伸展”变形工具并激活，如图 4-73 所示。

5）当控制台提示“拾取要变形的对象”时，点选刚刚构建的蒙皮曲面；随后控制台提示“拾取目标曲线”，此时点选文件中的“曲线#05”，获得一个变形曲面，如图 4-74 所示。

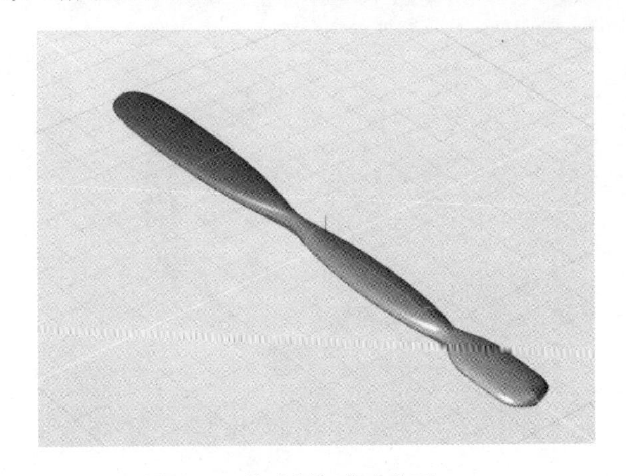

图 4-72 构建封闭蒙皮曲面

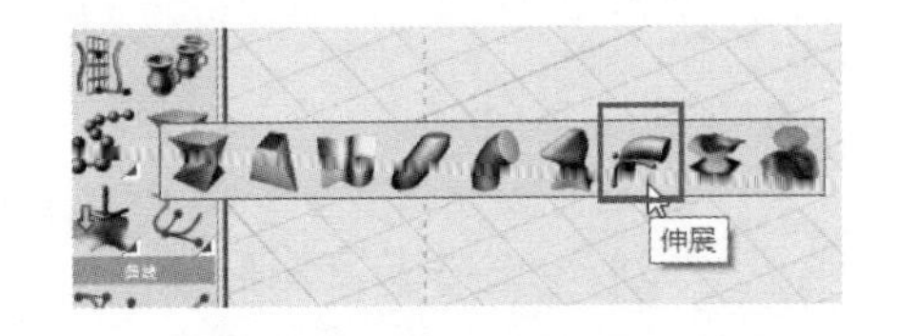

图 4-73 “伸展”变形工具

6）以上变形并非所期望的结果，这是由于变形的默认拉伸轴不是我们所需要的。因此，在“伸展”变形曲面控制面板中，设置“拉伸轴”为“X 轴”，即获得正确的伸展结果，如图 4-75 所示。

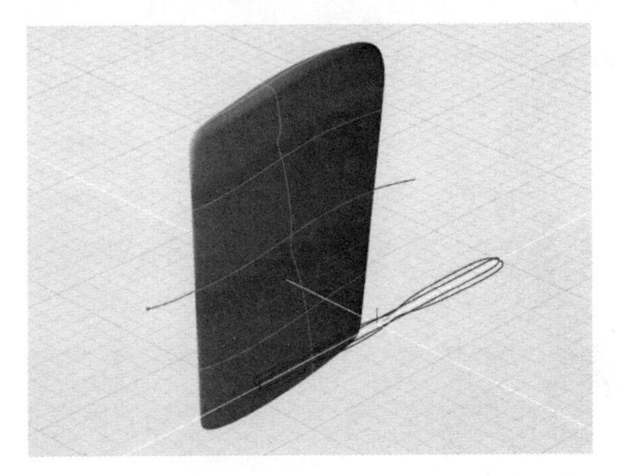

图 4-74 获得默认的曲面变形结果

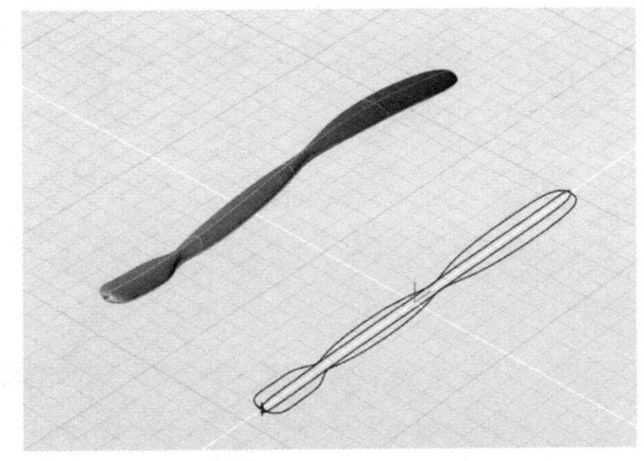

图 4-75 调整伸展曲面的“拉伸轴”为“X 轴”

4.3.7 放样 8.5

使用“放样 8.5”工具可沿一条路径，按至少两个截面形状进行扫掠获得曲面。截面曲线可以放置在任意位置，无须与路径曲线相交。曲面的位置由路径曲线决定。这个功能读者也可以将其理解为具有脊线的蒙皮。

【练习（4.3.7）】创建放样 8.5 曲面，步骤如下：

1）打开素材文件夹“练习（4.3.7）”中的 Evolve 文件，该文件中包含 3 条曲线，如图 4-76 所示。

2）激活“放样 8.5”工具，当控制台提示“拾取剖面曲线”时，依次按照“剖面#01”→“剖面#02”选择两条封闭曲线，按〈Enter〉键或空格键确认；当提示“拾取基础路径曲线”时，选择开放曲线，获得结果如图 4-77 所示。

图 4-76　打开练习文件

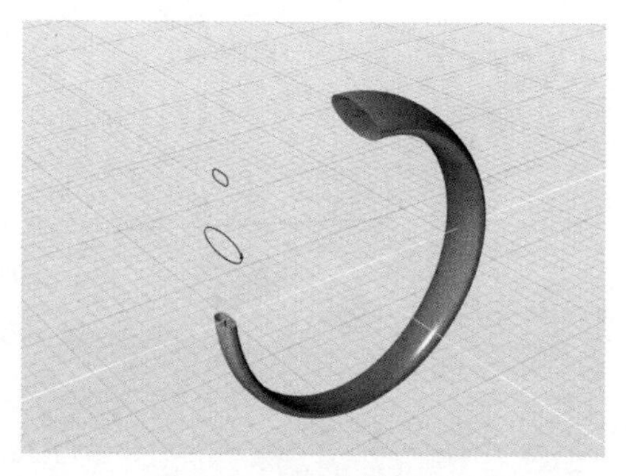

图 4-77　绘制放样 8.5 曲面

3）按〈Delete〉键删除新建曲面。

4）再次使用文件中的曲线构建一个新的放样 8.5 曲面，但这次在拾取剖面曲线时，可按照“剖面#01”→“剖面#02”→“剖面#01”的顺序选择；当提示“拾取基础路径曲线”时，仍然选择开放曲线，获得结果如图 4-78 所示。

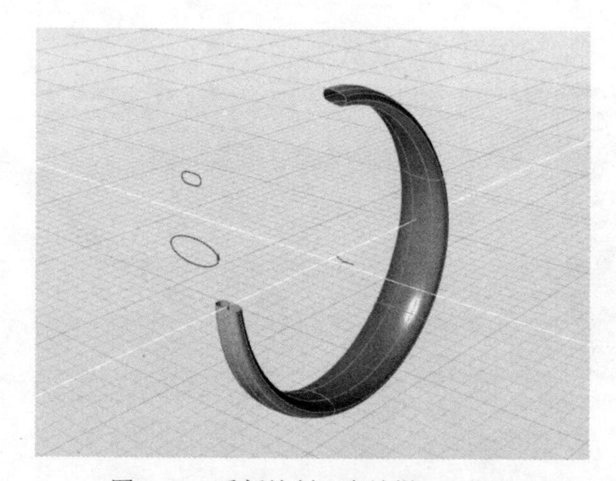

图 4-78　重新绘制一个放样 8.5 曲面

5）选中曲面，切换到“编辑参数”模式。选中曲面中间的一条控制截面，将控制面板中的“当前轮廓主线”参数的值修改为“0.3”，可见控制截面的位置有所改变，如图 4-79 所示。

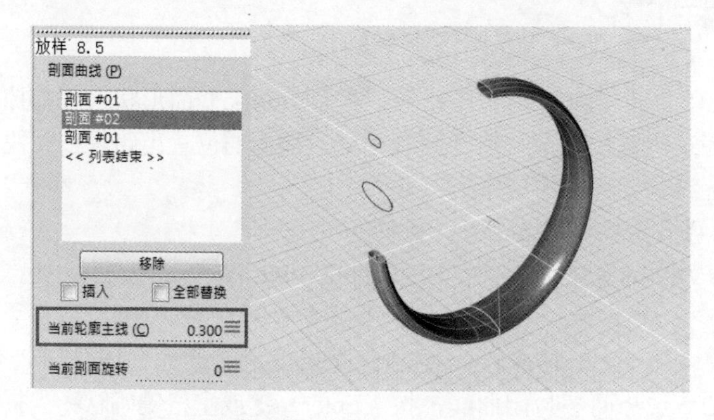

图 4-79　调整控制截面位置（左）以获得结果（右）

4.3.8 管道

使用“管道”工具可绘制由一条截面曲线沿一条路径曲线扫掠而成的曲面。

【练习（4.3.8_1）】绘制管道曲面，步骤如下：

1）打开素材文件夹“练习（4.3.8_1）”中的 Evolve 文件，该文件中包含两条曲线：一个曲线圆和一条 NURBS 曲线，如图 4-80 所示。

2）激活“管道”工具，当控制台提示“拾取剖面曲线”时，单击曲线圆，按〈Enter〉键或空格键确认；当控制台提示“拾取挤出路径曲线”时，单击开放的 NURBS 曲线，获得结果如图 4-81 所示。

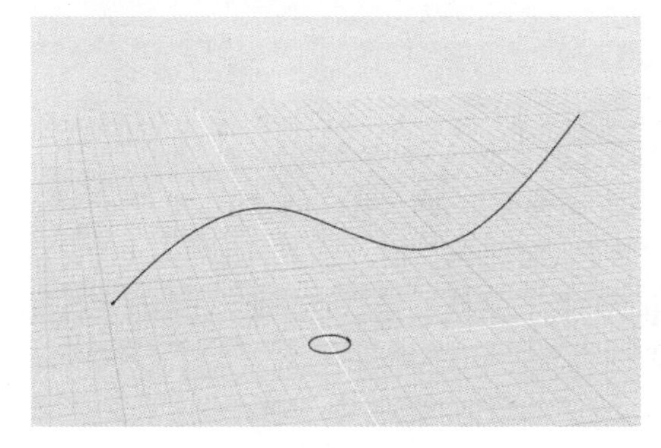

图 4-80　打开练习文件

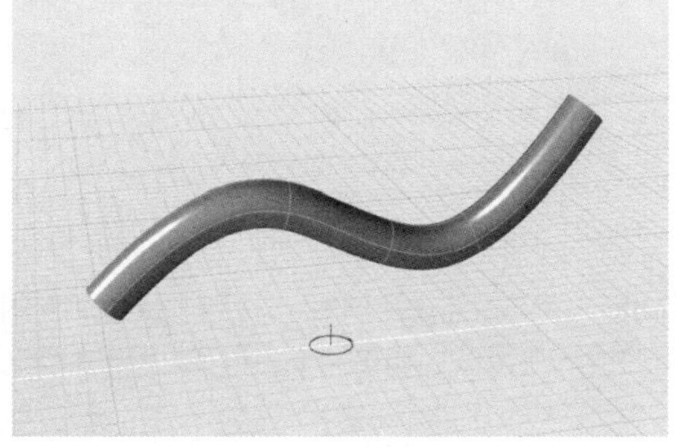

图 4-81　绘制管道曲线

【练习（4.3.8_2）】绘制立体 LOGO，步骤如下：

1）打开素材文件夹“练习（4.3.8_2）”中的 Evolve 文件，该文件中包含两个对象：一条曲线和一个曲面，如图 4-82 所示。

图 4-82　打开练习文件

2）激活“曲面投影”工具，将文字曲线投影到曲面上，如图 4-83 所示。

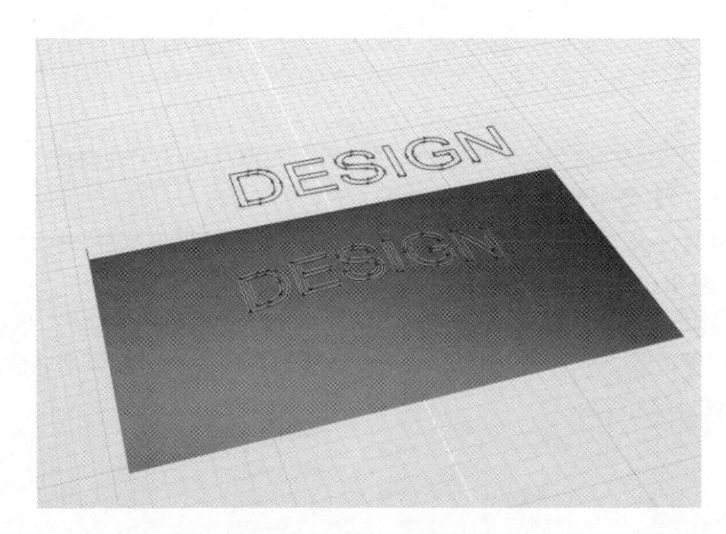

图 4-83　投影曲线至曲面

3）在任意位置绘制一个半径为 0.2cm 的圆。管道曲面与截面曲线位置无关。

4）激活“管道”工具，当控制台提示“拾取剖面曲线”时，单击新建的曲线圆，按〈Enter〉键或空格键确认；当控制台提示“拾取挤出路径曲线”时，单击投影在曲面上的文字曲线，获得结果如图 4-84 所示的三维 LOGO。

图 4-84　基于投影曲线绘制管道

4.3.9　双轨道

使用“双轨道”工具可绘制由一条剖面曲线沿两条路径曲线/轨道扫掠而成的曲面。

【练习（4.3.9）】绘制双轨道曲面，步骤如下：

1）打开素材文件夹“练习（4.3.9）”中的 Evolve 文件，该文件中包含 3 条曲线，且观察 3 条曲线并无相交，如图 4-85 所示。

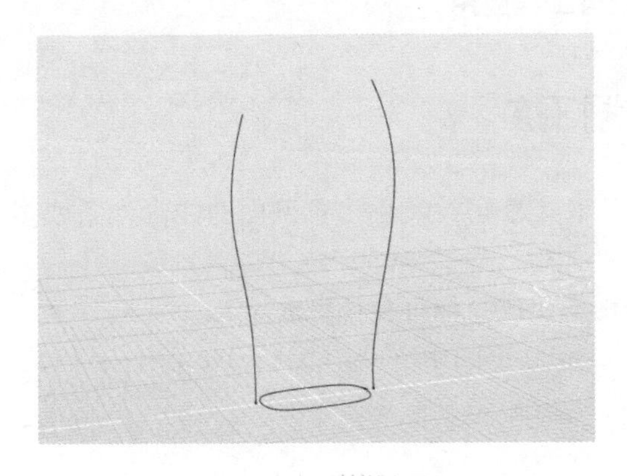

图 4-85 打开练习文件

2）激活“双轨道”工具，当控制台提示“拾取剖面曲线”时，选择最底部的曲线；当控制台提示“拾取起点附近的轨道曲线#1”时，点选侧面一条曲线的起始一端；当控制台提示“拾取起点附近的轨道曲线#2”时，点选侧面另外一条曲线的同侧起始一端，获得结果如图 4-86 所示。

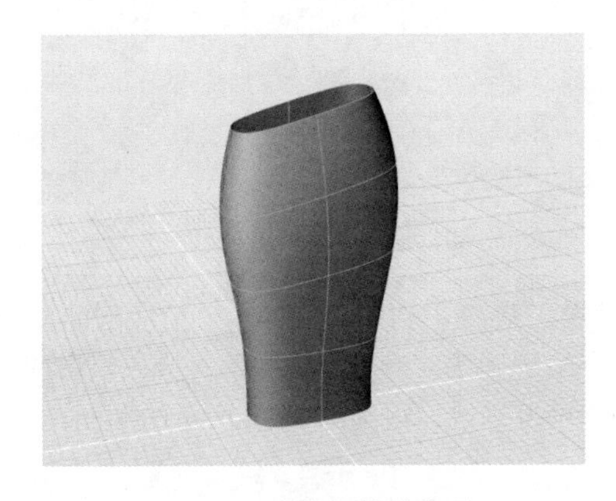

图 4-86 获得双轨道曲面

✧ 注：使用“双轨道”工具时，如果在选择轨道曲线时，点选的位置不在同侧，则有可能出现曲面反转的情况。如果出现此情况，则可在控制面板中勾选“选项”参数下的“反转轨道#1”或“反转轨道#2”复选框，如图 4-87 所示。

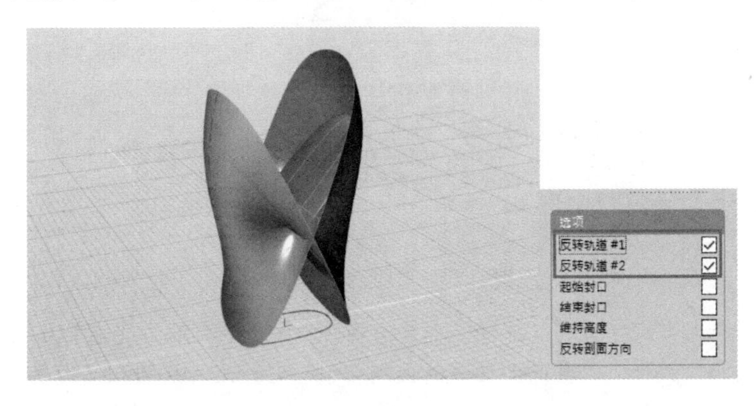

图 4-87 反转轨道设置

4.3.10 多曲线扫掠

使用“多曲线扫掠”工具可绘制由多条剖面曲线沿一条或多条路径曲线扫掠而成的曲面。

【练习（4.3.10）】绘制多曲线扫掠曲面，步骤如下：

1）打开素材文件夹“练习（4.3.10）”中的 Evolve 文件，该文件中包含 4 条曲线，如图 4-88 所示。

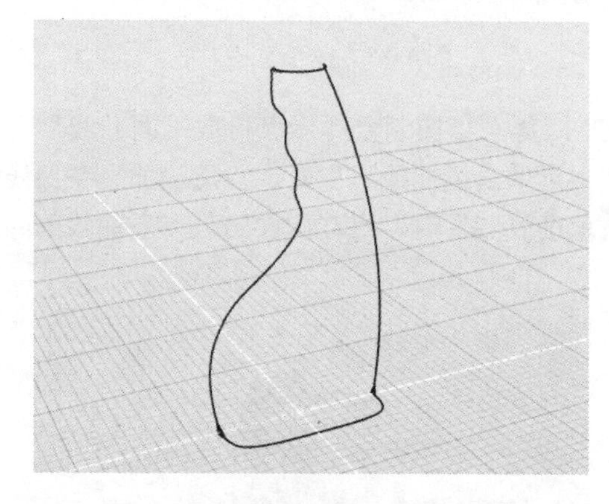

图 4-88　打开练习文件

2）激活“多曲线扫掠”工具，当控制台提示“拾取剖面曲线”时，依次选择两条剖面曲线，按〈Enter〉键或空格键确认；当控制台提示“拾取轨道曲线”时，依次选择两条轨道曲线，按〈Enter〉键或空格键确认，得到图 4-89 所示的曲面。

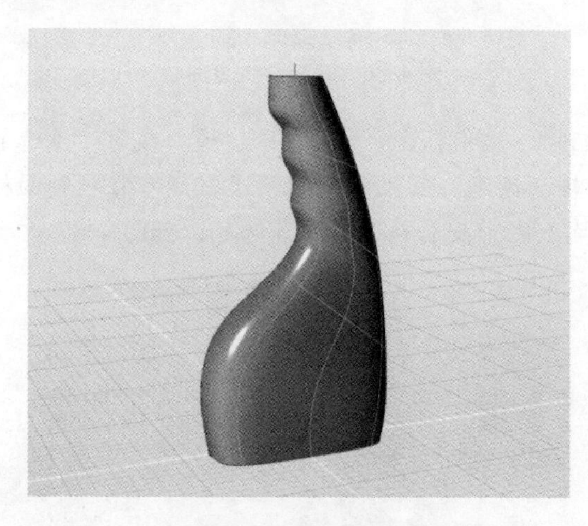

图 4-89　多曲线扫掠曲面

✧ 注：该结果与之前学习的“放样”工具构建的曲面非常类似，具体参见练习（4.3.4_1）。但该工具与“放样”工具的最显著的区别在于，它并无曲线间相交的要求。读者可尝试调整曲线形状，即使曲线间不相交，曲面仍然存在，如图 4-90 所示。

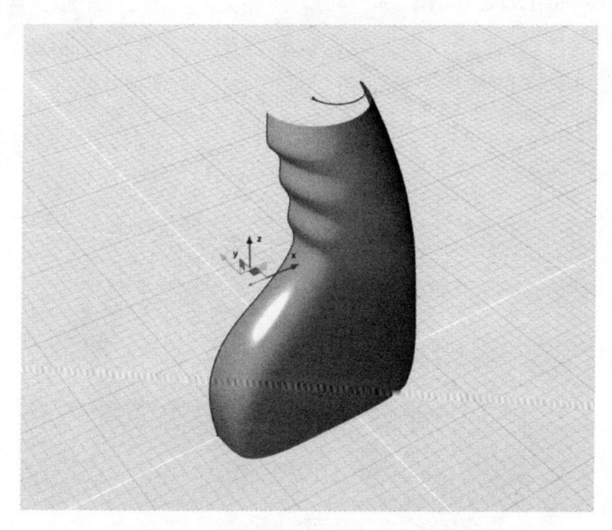

图 4-90　多曲线扫掠对曲线无相交要求

因此建议读者，在建模初期进行概念探索时，可使用“多曲线扫掠”工具进行较为随意的调整。而如果需要构建较为精确的曲面，或需要对曲面连续性有所控制时，可使用“放样”工具。“放样”工具在实际建模中更为常用。

4.4　基于曲面构建曲面

4.4.1　补块

使用“补块”工具可以通过补齐由曲面边及曲线构建的封闭区域以构建曲面。另外，还可以控制新建曲面与周围曲面的连续性。

【练习（4.4.1_1）】对比“填充路径”工具与“补块”工具，步骤如下:

1）打开素材文件夹“练习（4.4.1_1）”中的 Evolve 文件，该文件中包含一个曲线圆和一个圆柱面，如图 4-91 所示。

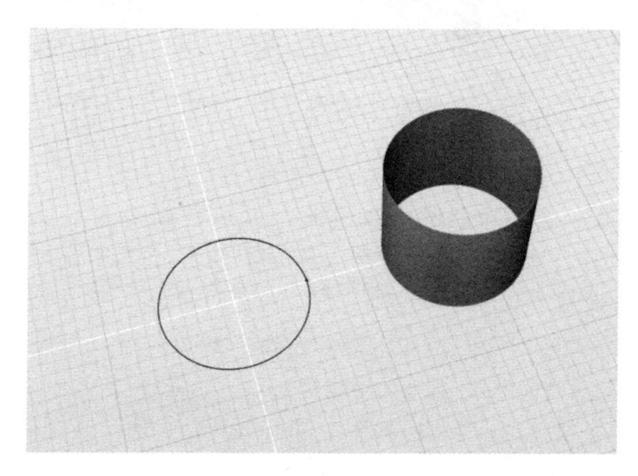

图 4-91　打开练习文件

2）激活“填充路径”工具，当控制台提示“选择要填充的曲线”时，选择圆曲线，按〈Enter〉键或空格键接受后续的默认设置，可见曲线内部被填充以曲面，如图 4-92 所示。

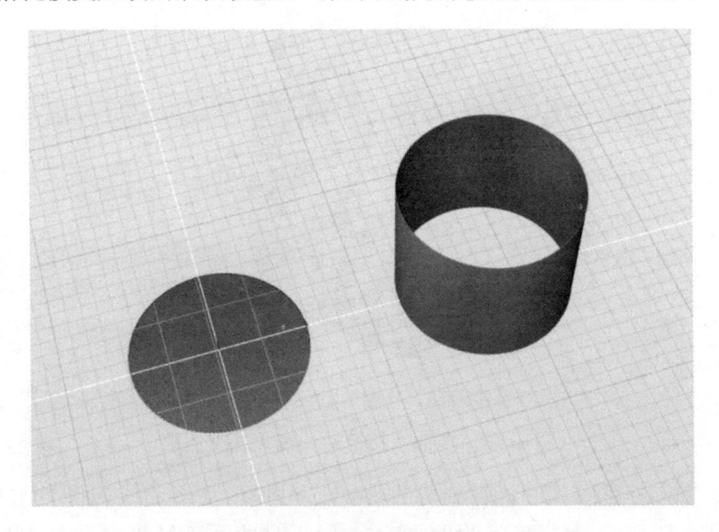

图 4-92　构建填充路径曲面

3）激活“补块”工具，针对圆柱曲面的顶部边界进行补块操作，可获得一个补块曲面，如图 4-93 所示。

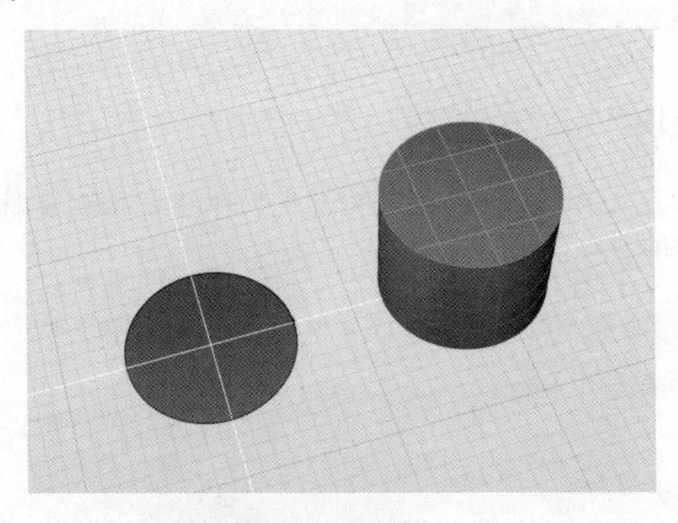

图 4-93　构建补块

✧ 注：“填充路径”工具只能做曲线填充，且应控制曲线尽量为二维曲线，因为无论曲线造型如何，填充面均为平面。而“补块”工具不仅可以对曲线填充，还可以直接填充曲面边界，且补面可以为三维空间曲面。所以“补块”工具的应用范围更广。

【练习（4.4.1_2）】在曲面及融合曲线间构建补块，步骤如下：

1）打开素材文件夹“练习（4.4.1_2）”中的 Evolve 文件，该文件中包含一个修剪曲面和两条融合曲线，如图 4-94 所示。

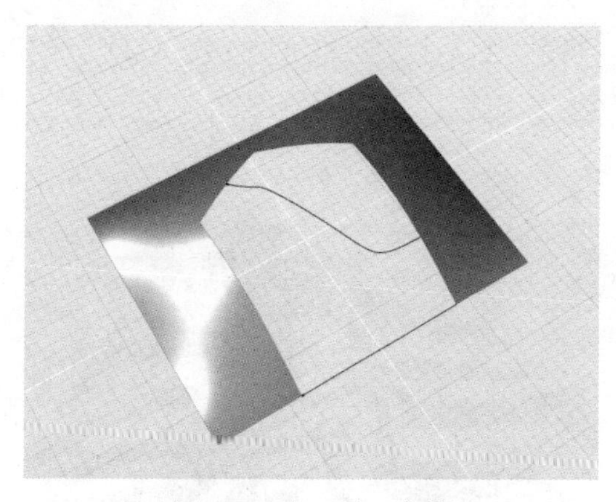

图 4-94　打开练习文件

2）激活“补块”工具，当控制台提示“拾取边界曲线或曲面边界”时，依次选择修剪曲面内部的所有边界，以及同样起到边界作用的“融合曲线#01”，按〈Enter〉键或空格键确认，如图 4-95 所示。

图 4-95　构建补块曲面

3）保持上一步的“补块”工具仍处于工作状态，当控制台提示“拾取内部曲线”时，单击边界内部的另外一条融合曲线，按〈Enter〉键或空格键确认，可见补块曲面内部随融合曲线形状更新，如图 4-96 所示。

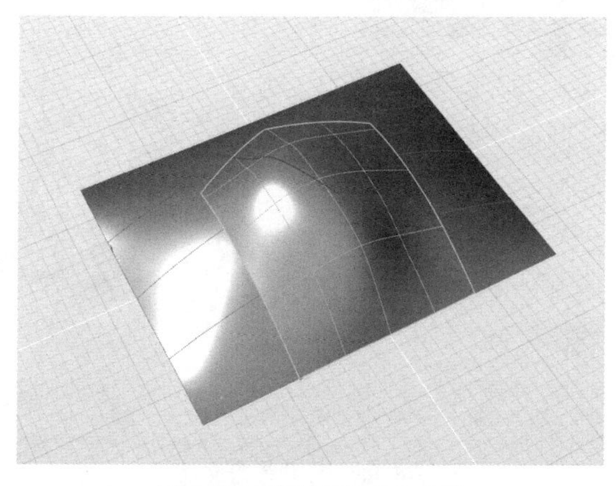

图 4-96　拾取内部融合曲线

4）在控制面板中，设置“连续性”参数为“曲率（G2）”。随后请使用斑马条纹验证曲面连续性，如图 4-97 所示。

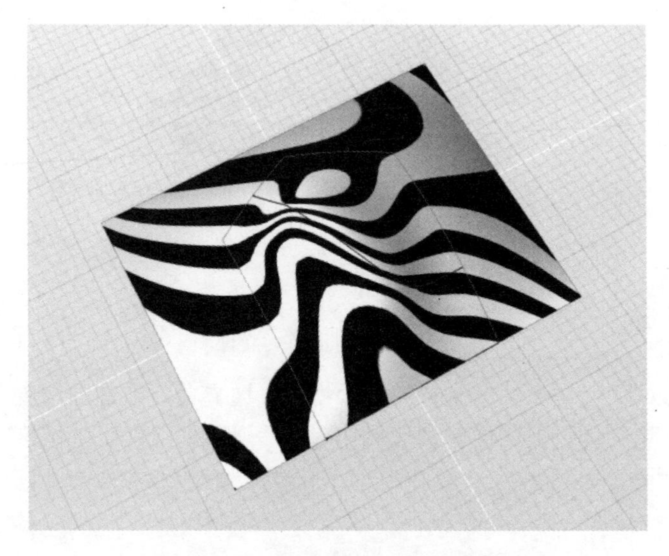

图 4-97　控制补块曲面连续性为 G2

4.4.2 融合曲面

使用“融合曲面”工具可在两个曲面间创建一个新的曲面，且可控制新建曲面与两个源曲面间保持一定的连续性。

【练习（4.4.2）】绘制融合曲面，步骤如下：

1）打开素材文件夹“练习（4.4.2）”中的 Evolve 文件，该文件中包含两个曲面，一个是完整曲面，一个是修剪曲面，如图 4-98 所示。

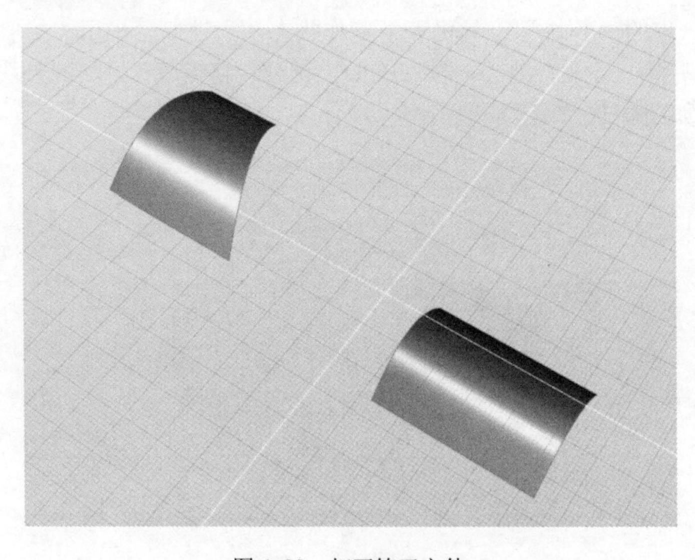

图 4-98　打开练习文件

2）激活“融合曲面”工具，当控制台提示“拾取曲面#1”时，选择文件中的完整曲面；当控制台提示“拾取曲面#1 起点附近的边线”时，点选图 4-99 中所示的位置，按〈Enter〉键或空格键确认。

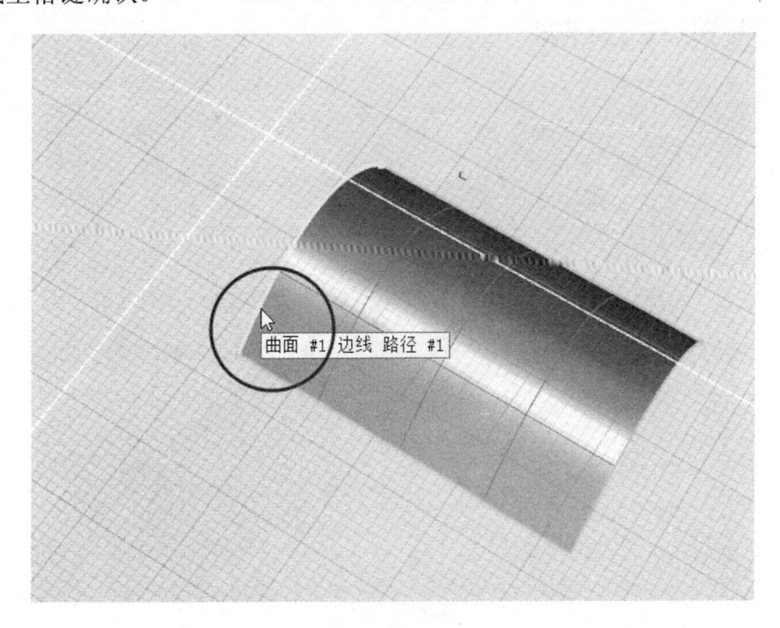

图 4-99 选择第 1 个曲面及曲面边线

3）保持上一步的“融合曲面”工具仍处于工作状态，当控制台提示“拾取曲面#2”时，选择文件中的修剪曲面；当控制台提示“拾取曲面#2 起点附近的边线”时，点选图 4-100 中所示的位置。

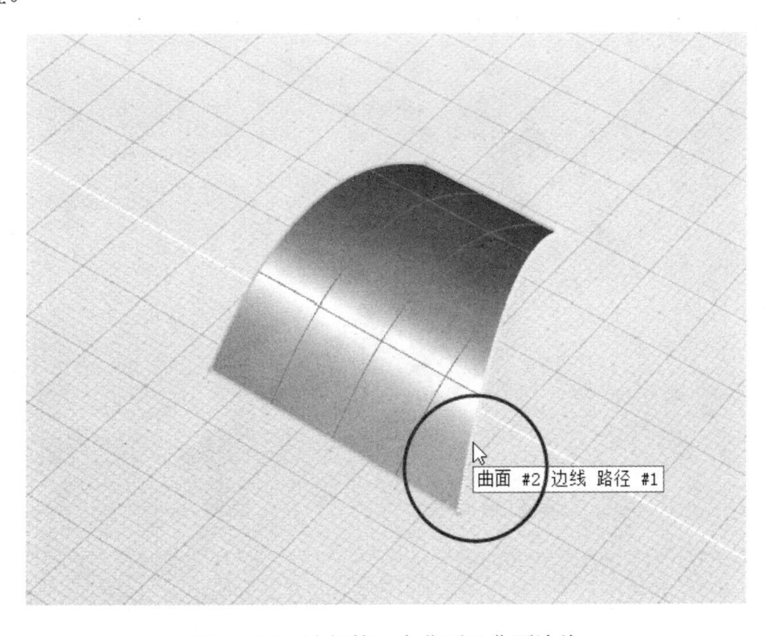

图 4-100 选择第 2 个曲面及曲面边线

按〈Enter〉键或空格键确认后，获得图 4-101 所示的曲面融合效果。此时，新构建的融合曲面等参线具备以下特点：在与未修剪的曲面（即曲面 1）边线融合时，默认跟随其边的切线方向，同样也是等参线方向；在与修剪的曲面（即曲面 2）边线融合时，默认跟随该边的切线方向，但与等参线方向不同。

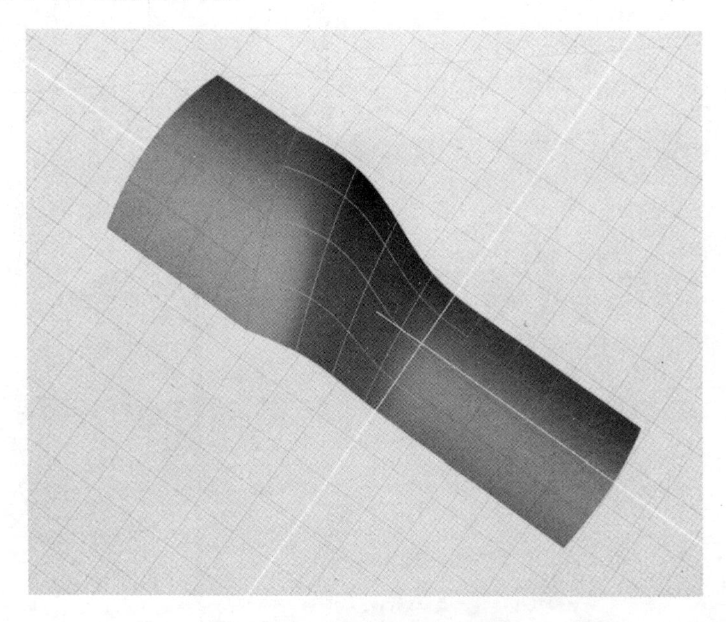

图 4-101　获得默认的融合曲面

4）在控制面板中，勾选“选项”参数下的“跟随曲面 2 等参线”复选框，以及该参数下的“切换 U/V 向”复选框，获得结果如图 4-102 所示，此时可见新构建的融合曲面等参线跟随曲面 2 的等参线方向。

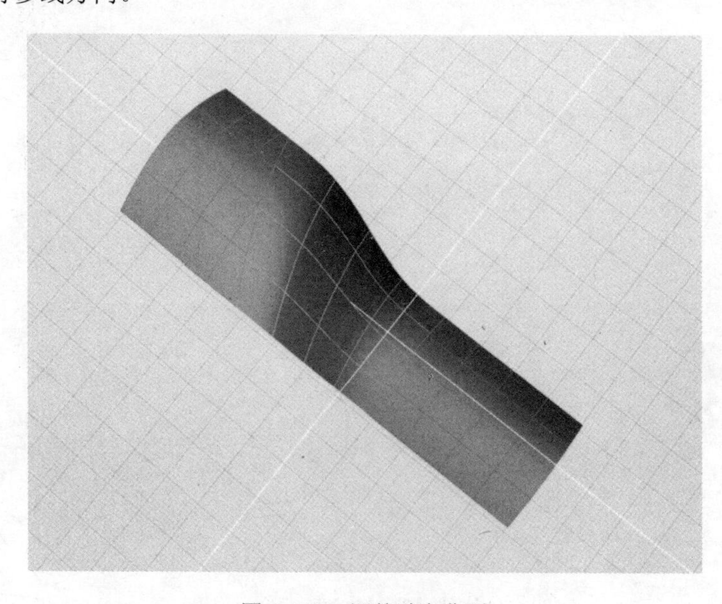

图 4-102　调整融合曲面

✧ 注：生成的融合曲面默认与原始两个曲面形成 G2 连续。如果仅需要 G1 连续，则可在控制面板的“选项”参数下，勾选“只计算曲面 1 上的 G1”和“只计算曲面 2 上的 G1”两个复选框，如图 4-103 所示。

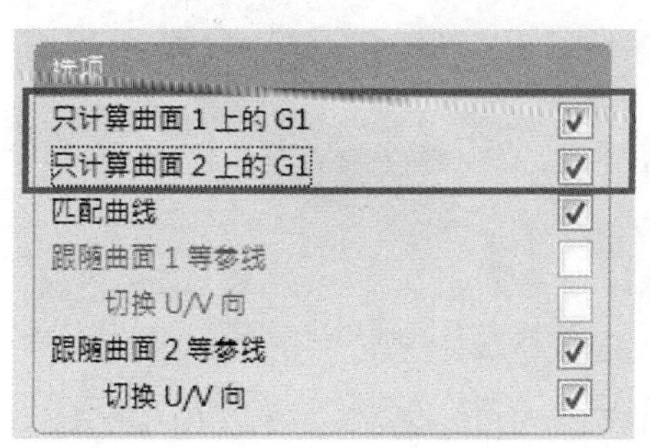

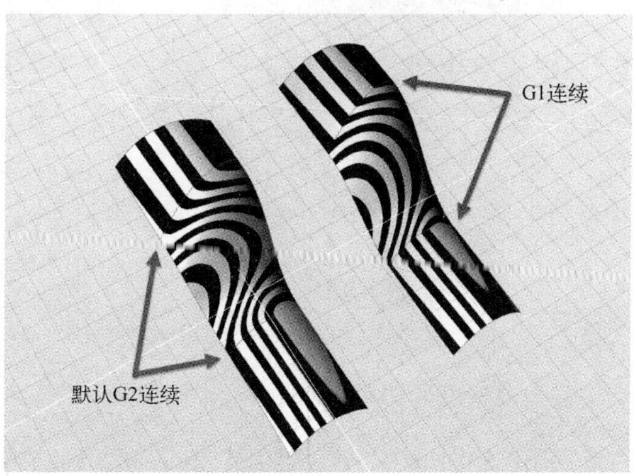

图 4-103 调整融合曲面连续性（左）及效果（右）

4.4.3 曲面偏移

“曲面偏移”工具可创建一个或多个偏移曲面，偏移曲面与源曲面保持设定距离。

【练习（4.4.3）】创建偏移曲面，步骤如下：

1）打开素材文件夹“练习（4.4.3）”中的 Evolve 文件，该文件中包含一条折线，如图 4-104 所示。

2）使用“旋转”工具，利用该折线绘制一个旋转曲面，如图 4-105 所示。

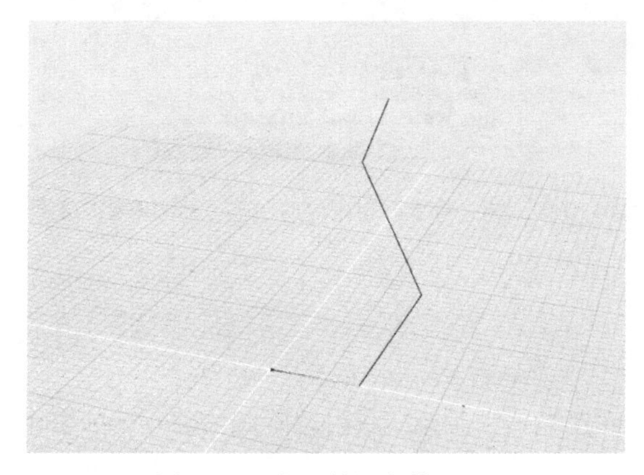

图 4-104 打开练习文件

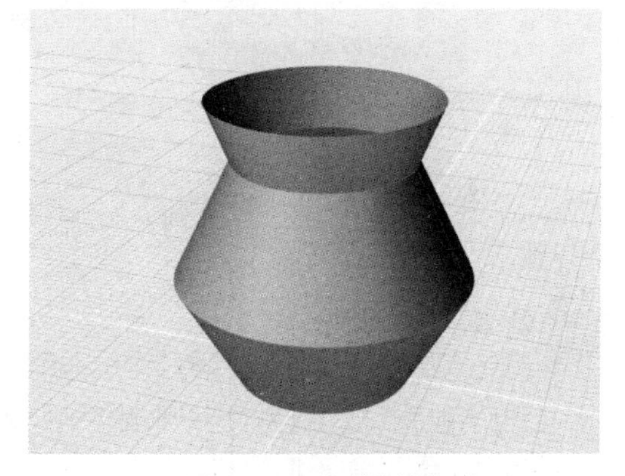

图 4-105 绘制旋转曲面

3）激活“曲面偏移”工具，当控制台提示“拾取要偏移的对象”时，选择步骤 2）中构建的旋转曲面，随后按〈Enter〉键或空格键确认。然后在控制台中给定“偏移距离”为“1cm”，按〈Enter〉键确认，获得结果如图 4-106 所示。

4）在控制面板中，在“选项”参数下勾选“增厚”复选框，获得增厚实体，如

图 4-107 所示。

图 4-106 绘制偏移曲面

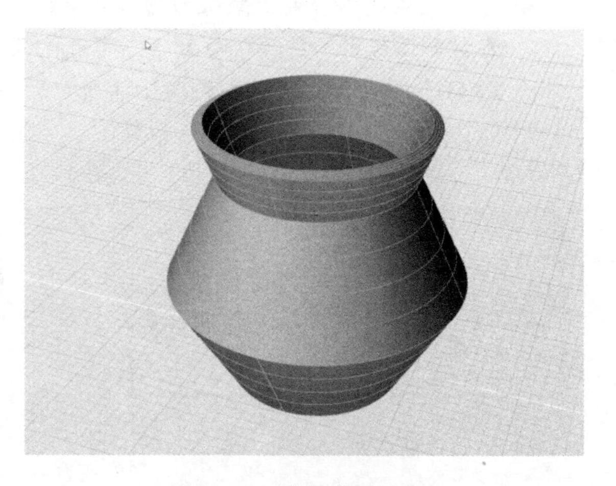

图 4-107 获得增厚实体

5）在控制面板中，在“选项”参数下勾选“圆边”复选框，则在向外凸出的边缘上获得默认参数的倒圆角，如图 4-108 所示。

✧ 注：在步骤 3）中，可按住〈Ctrl〉键，同时单击“曲面偏移”工具，如图 4-109 所示。完成偏移操作后，可直接获得增厚结果。

图 4-108 获得圆边结果

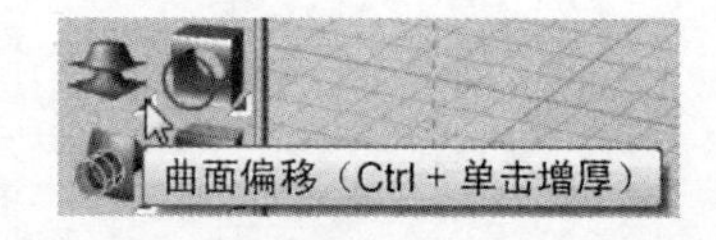

图 4-109 按住〈Ctrl〉键的同时单击“曲面偏移”工具

4.4.4 抽壳

使用“抽壳”工具可为一个或多个实体创建壳体，且该工具可移除实体的一个或多个面，并为保留面设置不同的厚度。

【练习（4.4.4）】创建抽壳，步骤如下：

1）打开素材文件夹“练习（4.4.4）”中的 Evolve 文件，该文件中包含一个实体模型，如图 4-110 所示。

2）激活“抽壳”工具，当控制台提示“选取抽取面”时，选择该实体顶部面，并指定“全局厚度”为“1cm”，按〈Enter〉键或空格键确认，可获得抽壳结果，如图 4-111 所示。

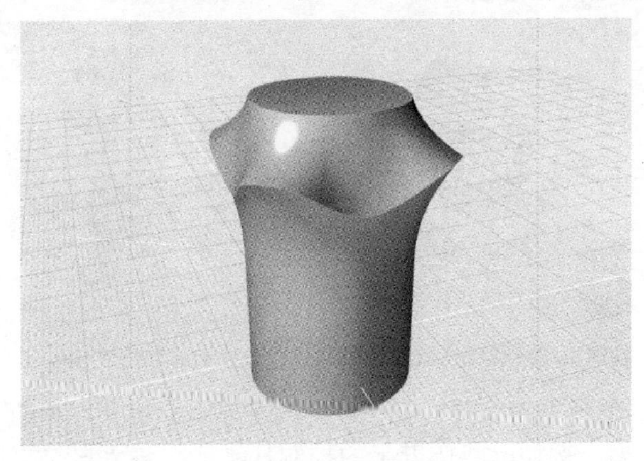

图 4-110　打开练习文件

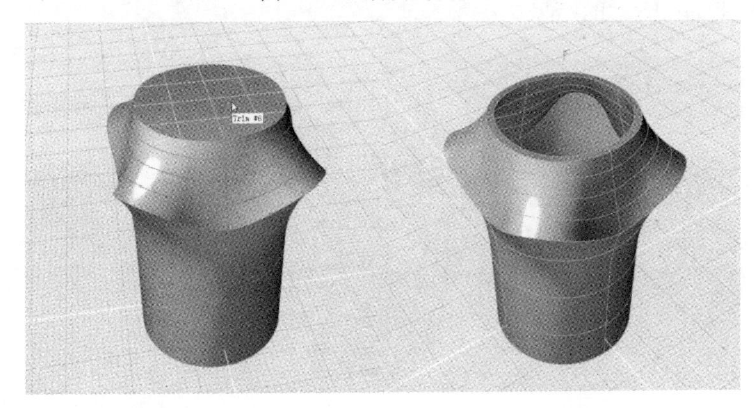

图 4-111　选中顶部曲面（左），获得抽壳结果（右）

3）在控制面板中，调整“全局厚度”参数的值为“2cm”，此时所有面的抽壳厚度同时增加。

4）保持对象处于选中状态，切换至“编辑参数”模式，此时可见所有抽壳面上都出现了一个亮蓝色控制杆，如图 4-112 所示。

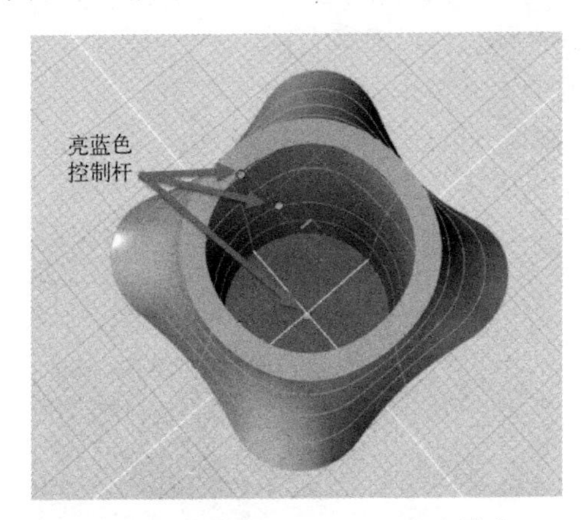

图 4-112　切换至“编辑参数”模式

5）选中位于底部面上的控制杆并向上拖动，可单独调整该面上的抽壳厚度，如图 4-113 所示。

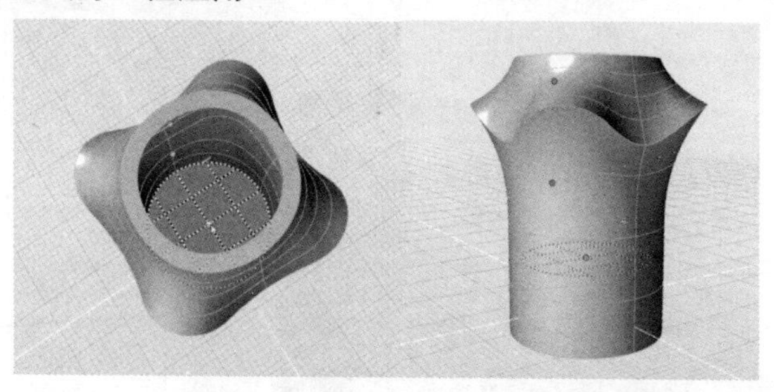

图 4-113　选中底部亮蓝色控制点（左）并向 Z 轴正向拖动（右）

6）也可以激活其他任意控制杆，在控制面板中输入自定义厚度值，也可达到单独控制某一抽壳面厚度的效果。例如，将侧壁上的控制杆激活，将“自定义厚度”参数值修改为“4cm”，获得图 4-114 所示的结果。

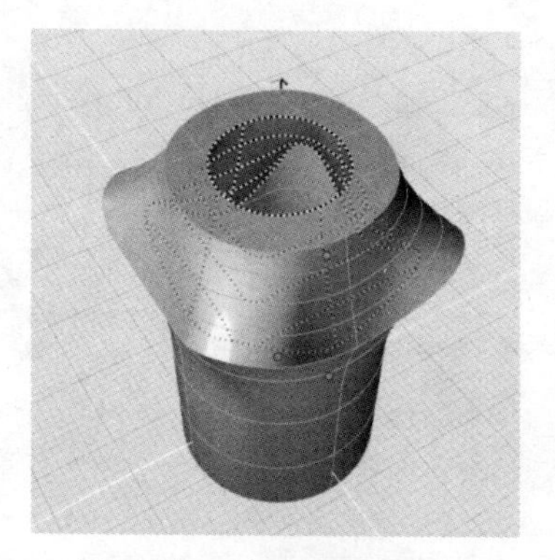

图 4-114　自定义侧壁厚度

4.4.5 修剪

使用“修剪”工具可通过曲线轮廓投影，移除曲面或实体的一部分。轮廓曲线可为一条或多条，被修剪的曲面或实体也可以为多个。

【练习（4.4.5_1)】修剪曲面或实体，步骤如下:

1）打开素材文件夹“练习（4.4.5_1）”中的 Evolve 文件，该文件中包含一条矩形曲线和一个实体模型，如图 4-115 所示。

图 4-115　打开练习文件

2）激活“修剪”工具，当控制台提示“拾取修剪曲线和需要修剪的曲面”时，依次选择矩形曲线和实体，按〈Enter〉键或空格键确认，获得图 4-116 所示的结果。

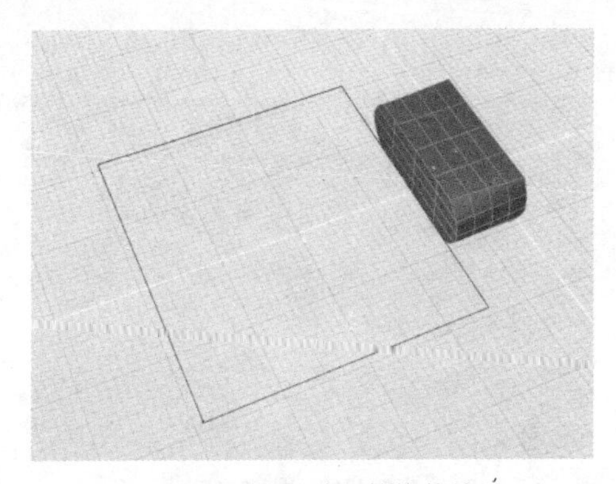

图 4-116　获得默认的修剪结果

3）在控制面板中，尝试勾选不同参数的复选框，获得以下 3 种不同的结果：

- 在“结果类型”参数中，选中“曲面”单选按钮，获得结果为一个修剪曲面，如图 4-117 所示。

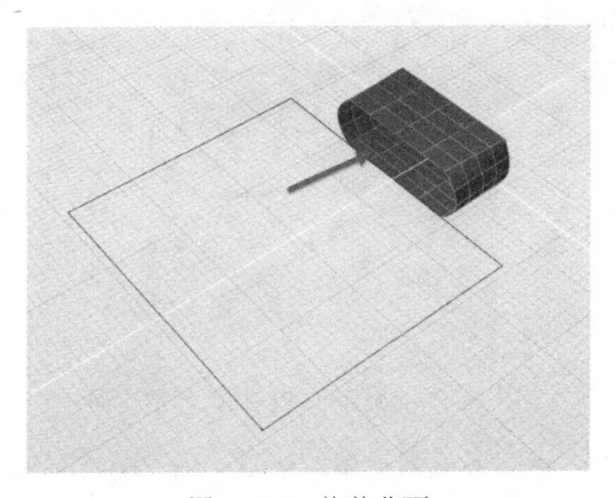

图 4-117　修剪曲面

- 在“修剪类型”参数中，选中“保留二者”单选按钮，获得结果为两个独立曲面，如图 4-118 所示。

图 4-118　保留两者

● 在“修剪类型”参数中，选中“保留内部”单选按钮，获得结果为另一侧的修剪曲面，如图 4-119 所示。

图 4-119　保留内部

4）在控制面板中，默认情况下，“修剪方向”参数设置为“曲线法线”。

● 读者可尝试旋转矩形曲线，获得结果如图 4-120 所示。

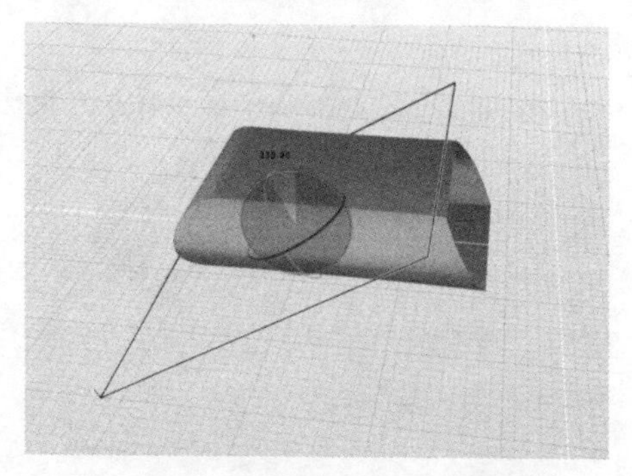

图 4-120　旋转曲线以修改修剪方向

● 也可以在此时激活“自定义方向”单选按钮，在“编辑参数”模式下手动调整修剪方向，如图 4-121 所示。

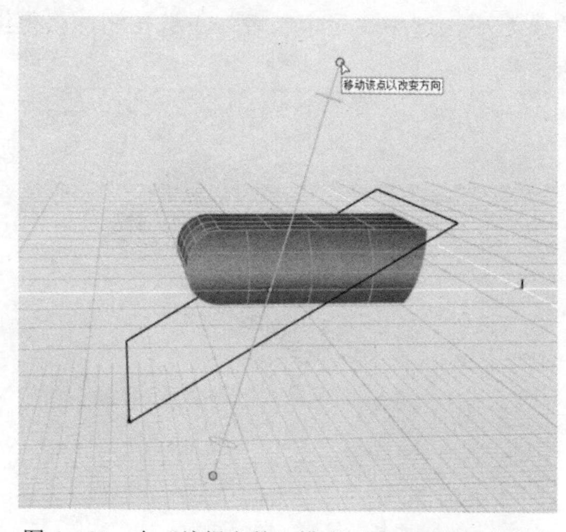

图 4-121　在“编辑参数”模式下手动调整修剪方向

● 如果在激活“自定义方向”单选按钮的状态下，激活“设置当前视图”按钮，如图 4-122 所示，则按照当前被激活的视图视角进行修剪。

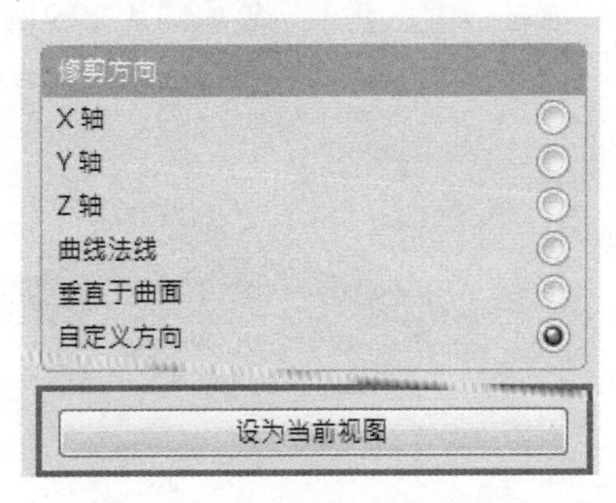

图 4-122　设定当前激活视图为修剪方向

【练习（4.4.5_2）】设定修剪距离，步骤如下：

1）打开素材文件夹“练习（4.4.5_2）”中的 Evolve 文件，该文件中包含一条矩形曲线和一个实体，如图 4-123 所示。

图 4-123　打开练习文件

2）激活“修剪”工具，当控制台提示“拾取修剪曲线和要修剪的曲面”时，依次选择矩形曲线和实体，按〈Enter〉键或空格键确认，获得结果如图 4-124 所示。

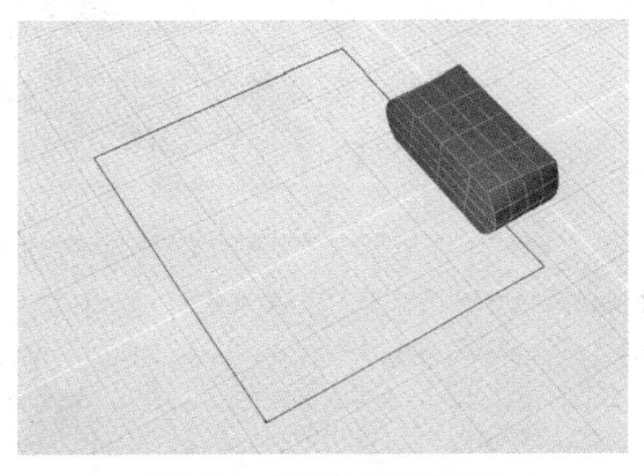

图 4-124　获得默认的修剪结果

3）在控制面板中，“修剪范围”参数的默认设置为“完整双边”，可尝试调整该组参数。

- 当选中“曲线法线”单选按钮时，获得结果如图 4-125 所示。

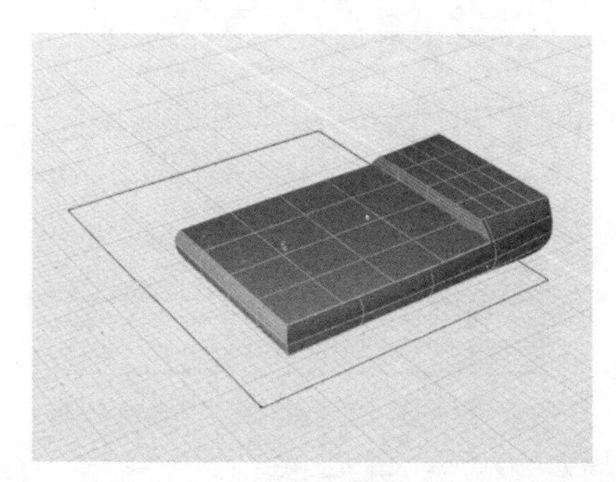

图 4-125　修剪范围为“曲线法线”

- 当选中“反转曲线法线”单选按钮时，获得结果如图 4-126 所示。

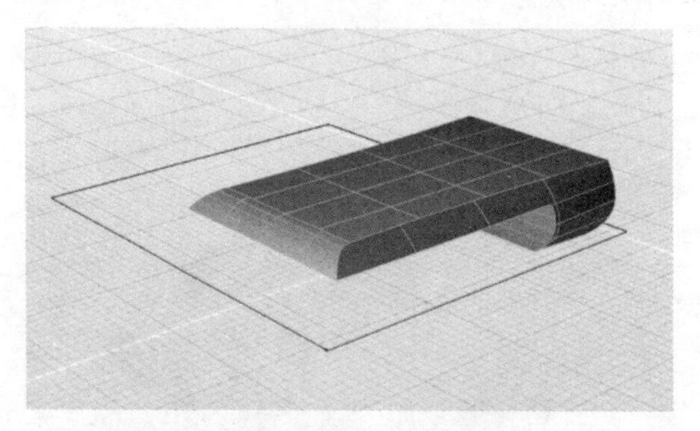

图 4-126　修剪范围为“反转曲线法线”

- 当选中“自定义距离”单选按钮，并将“起始距离”参数修改为“-2cm”时，可获得结果如图 4-127 所示。

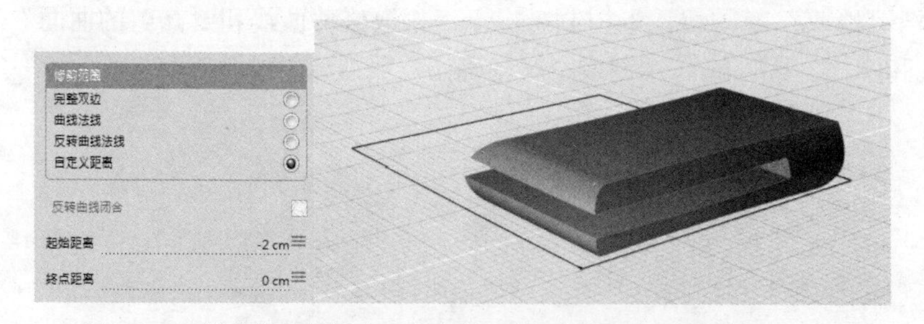

图 4-127　设定修剪范围为“自定义距离”（左）以获得结果（右）

【练习（4.4.5_3）】曲线垂直于曲面修剪，步骤如下：

在修剪控制面板中，“修剪方向”参数下有一个“垂直于曲面”单选按钮，如图 4-128 所示，此选项常用于以“曲面上的曲线”修剪曲面。例如，在第 3 章的练习（3.4.10）中，使用“轮廓”工具获得了产品的分模线，随后需要进行两部分切分，这时就可以利用本练习中的设置获得切分结果。

1）打开素材文件夹“练习（4.4.5_3）”中的 Evolve 文件，该模型已经提取了分模线，需要对模型进行切分，如图 4-129 所示。

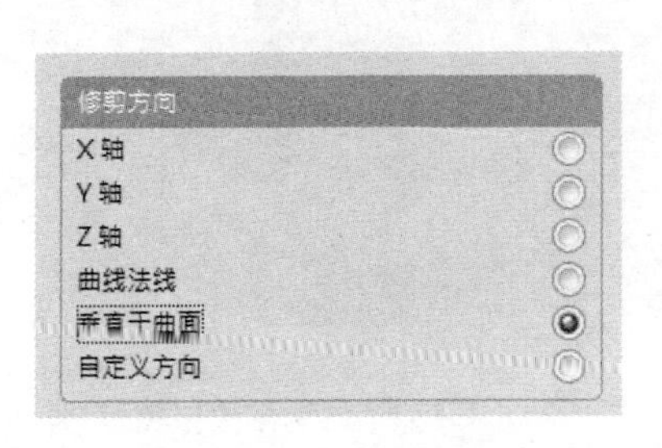

图 4-128 “垂直于曲面”选项

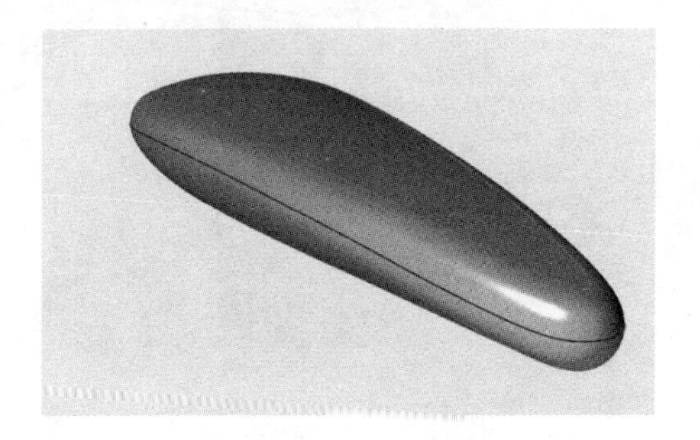

图 4-129 打开练习文件

2）激活“修剪”工具，依次选择分模线（轮廓曲线）以及曲面。修剪结束后，获得结果并非我们所期望。

3）在控制面板中，选中“修剪方向”参数下的“垂直于曲面”单选按钮，获得正确的修剪结果，如图 4-130 所示。

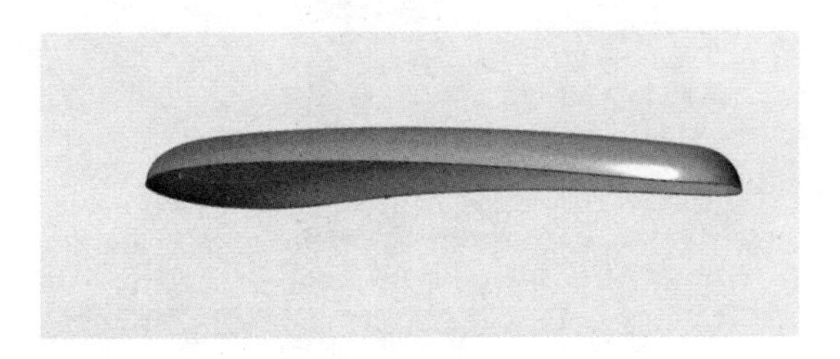

图 4-130 修剪“垂直于曲面”获得结果

✧ 注：在第 3 章中学习的绘制“曲面上曲线”，以及一组“提取曲线”的工具，都可以与修剪工具组合应用，用以切分三维曲面。“垂直于曲面”设置并非要求曲线一定在曲面上，如图 4-131 所示的应用情景。

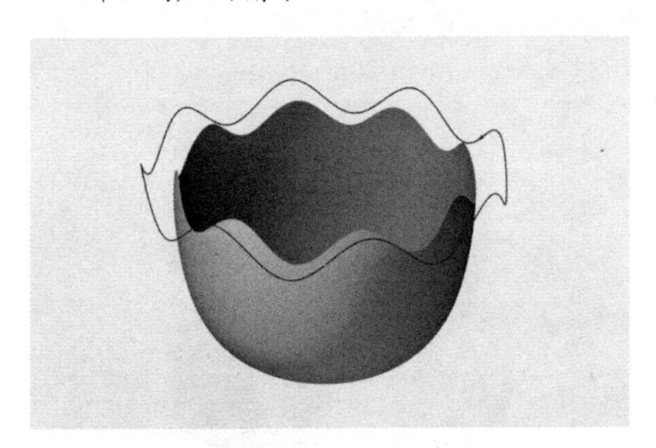

图 4-131 非曲面上的曲线进行垂直修剪

【练习（4.4.5_4）】修剪曲面常见错误介绍：

1）打开素材文件夹“练习（4.4.5_4）”中的 Evolve 文件，该文件中包含一个曲面及一条曲线，如图 4-132 所示。

2）使用曲线修剪曲面。默认修剪结果如图 4-133 所示，出现红色区域显示错误。

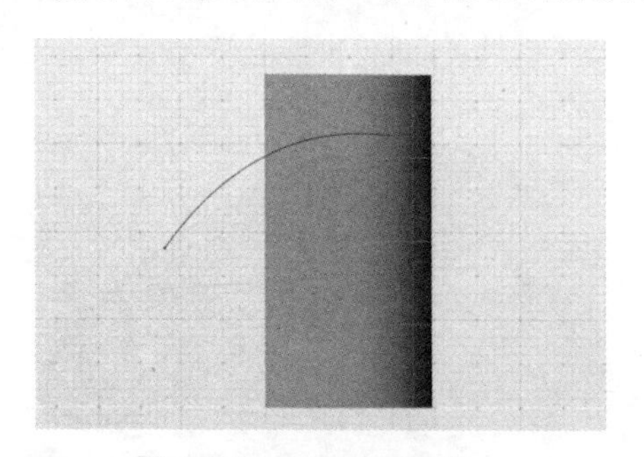

图 4-132　打开练习文件

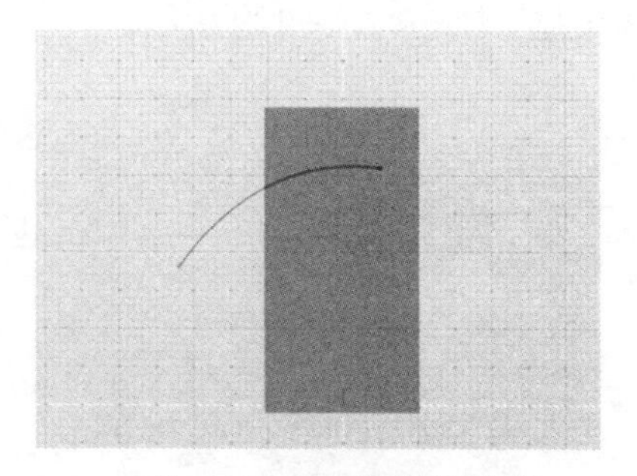

图 4-133　修剪结果报错

✧ 注：修剪曲线的首尾必须位于修剪曲面包围框的外部，否则会出现报错，只有调整了曲线位置或形状，修剪结果才能正确更新，如图 4-134 所示。

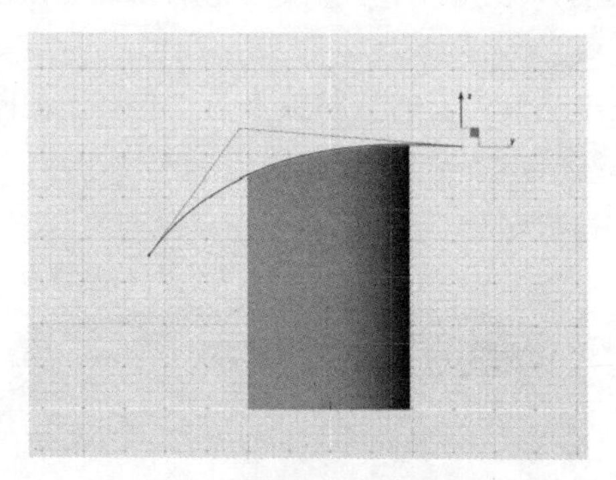

图 4-134　调整曲线后的修剪结果

4.4.6　交切

“交切”工具施加于至少两个相交曲面之间，可沿曲面交线分割曲面。

【练习（4.4.6）】构建曲面交切，步骤如下：

1）打开素材文件夹“练习（4.4.6）”中的 Evolve 文件，该文件包含两个相交曲面，如图 4-135 所示。

图 4-135　打开练习文件

2）激活“交切”工具，当控制台提示“拾取要交切的对象”时，依次选择两个曲面，按〈Enter〉键或空格键确认。此时两个曲面上所有等参线均呈现亮蓝色，等待编辑。

3）保持上一步交切操作仍处于激活状态，当控制台提示“选择要移除的面”时，单击需要移除的面，按〈Enter〉键或空格键确认，如图 4-136 所示。

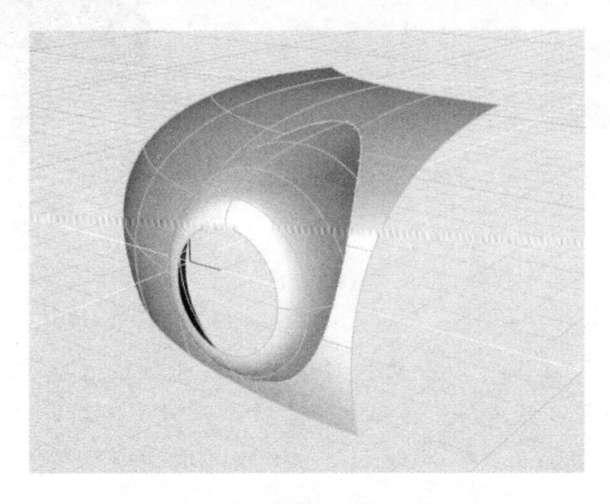

图 4-136　选择需要移除的面

4）如果出现误选或者需要调整，可随时选中交切对象，并切换至“编辑参数”模式，再次选择或取消选择某一曲面即可，如图 4-137 所示。

图 4-137　重新选择或取消选择交切面

✧ 注：在交切面数较多时，可通过框选进行选择或取消操作，以提高效率。

4.4.7 创建多面体

使用“创建多面体”工具可通过多个相交曲面形成一个封闭实体，并自动移除外部多余的面。

【练习（4.4.7_1）】创建多面体，步骤如下：

1）打开素材文件夹“练习（4.4.7_1）”中的 Evolve 文件，该文件中包含 3 条曲线，如图 4-138 所示。

2）使用“挤出”工具，分别对3条曲线进行操作，获得3个独立的挤出曲面，如图4-139所示。

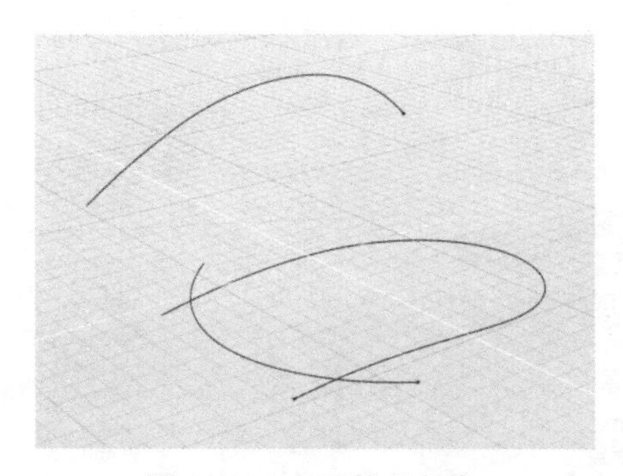

图4-138　打开练习文件

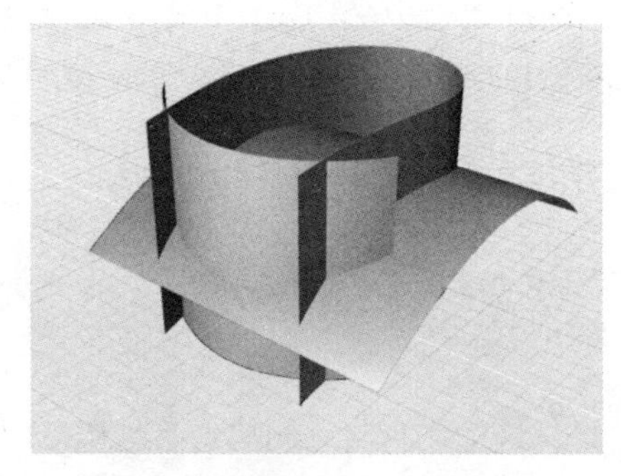

图4-139　创建3个独立的挤出曲面

✧ 注：虽然“挤出”工具可以一次性对多条曲线进行挤出操作，但是挤出结果会成为一个对象，无法再单独进行参数调整。在这个练习中请避免。

3）使用“平面”工具绘制一个平面，如图4-140所示，该平面必须大于最底部的曲线，且与之前绘制的3个曲面构成一个封闭空间。

4）激活“创建多面体”工具，当控制台提示“拾取对象”时，依次选择所有刚刚创建的4个曲面，按〈Enter〉键或空格键确认，获得结果如图4-141所示。

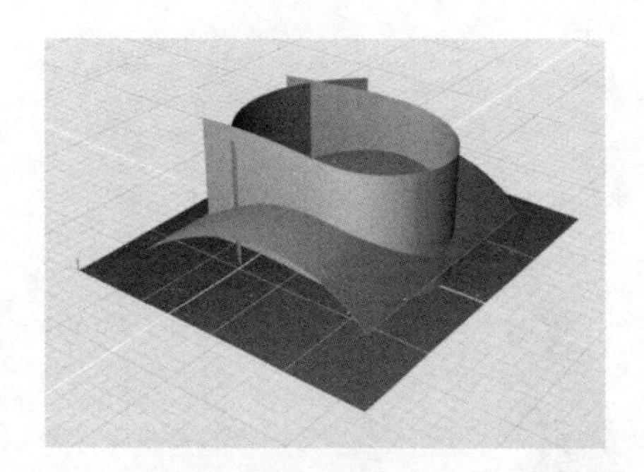

图4-140　绘制一个平面

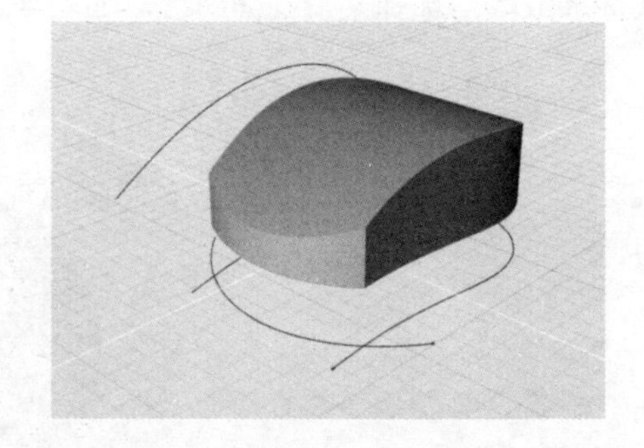

图4-141　获得创建多面体结果

【练习（4.4.7_2）】调整创建多面体，步骤如下：

1）使用练习（4.4.7_1）中构建的模型，在全局浏览器中选择图4-142所示的挤出曲面。

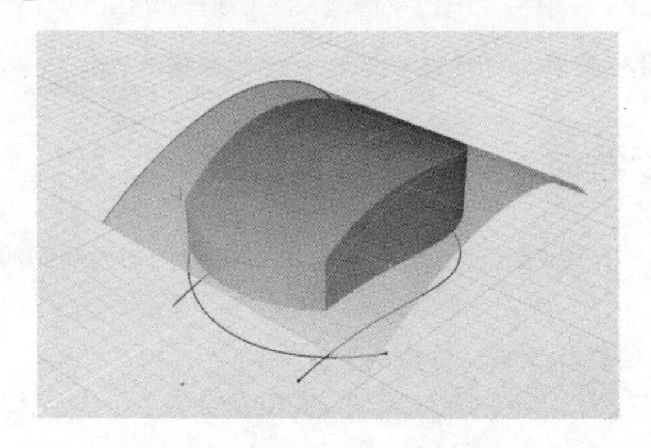

图4-142　找到创建多面体的源对象曲面

2）在控制面板中，调整该曲面的参数，设置截面数量为 3、V 向阶数为 3。

3）保持选中该曲面，切换到“编辑点”模式，框选中间一排控制点，并向上拖动控制点位置。退出“编辑点模式”，可获得顶部呈弧面的形态，如图 4-143 所示。

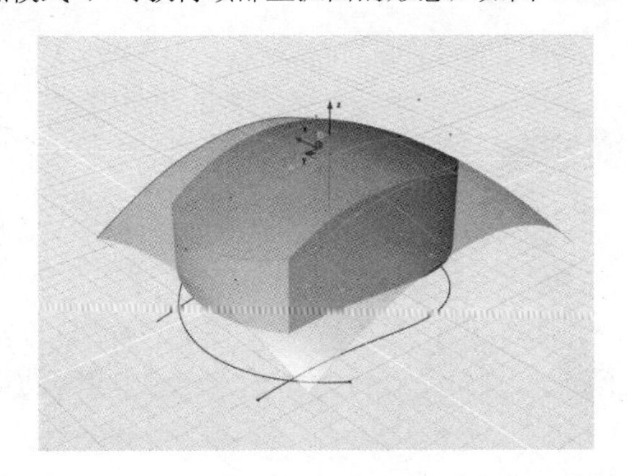

图 4-143　调整顶部形态

✧ 注：对比“交切”工具及“创建多面体”工具，两者有相似之处，都是通过多个曲面相交操作，获得最终的结果。但是相比较而言，“交切”工具适用的情况更广泛，不受曲面是否封闭的影响，还可以手动移除曲面。另外，最终获得的结果也不同，由“交切”工具获得的可以是曲面或实体，而“创建多面体”工具获得的一定是实体。

4.4.8 布尔运算

布尔运算是通过对两个以上的物体进行并集、差集、交集的运算。在 Evolve 中，所有的布尔运算都是针对实体的操作。具体包含的工具有“布尔差集运算”工具、“布尔并集运算”工具和“布尔交集运算”工具。

【练习（4.4.8_1）】创建布尔差集运算，步骤如下：

1）打开素材文件夹“练习（4.4.8_1）”中的 Evolve 文件，该文件中包含 3 个独立球体，如图 4-144 所示。

图 4-144　打开练习文件

2）激活“布尔差集运算”工具，当控制台提示“拾取第一个对象集”时，选择其中任意两个球体，按〈Enter〉键或空格键确认；当控制台提示“拾取第二个对象集”时，选择第 3 个球体，按〈Enter〉键或空格键确认，获得结果如图 4-145 所示。

3）返回全局浏览器，尝试调整任意一个源对象球体的半径参数，获得更新结果如图 4-146 所示。

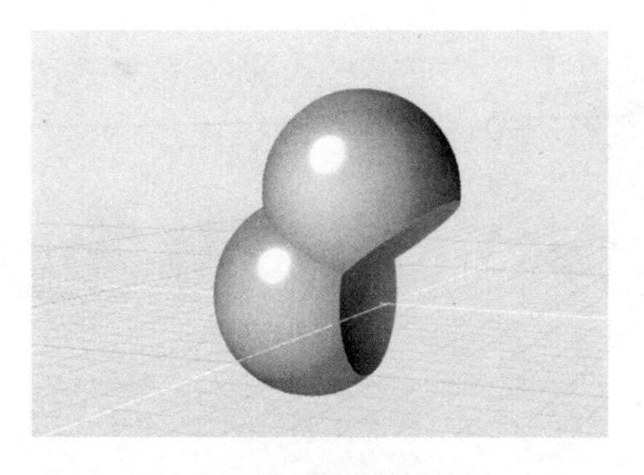

图 4-145 创建布尔差集运算

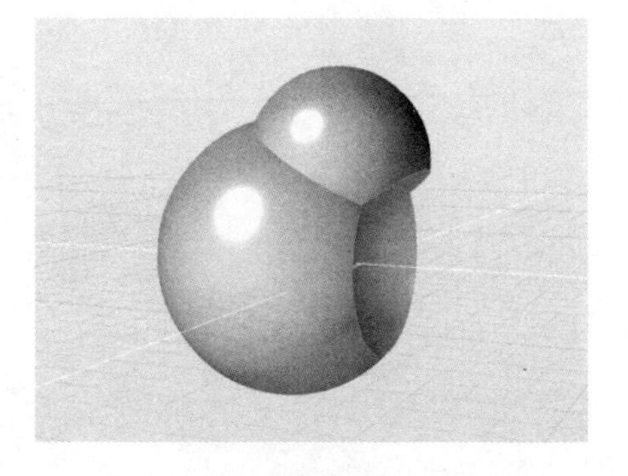

图 4-146 调整源对象球体的半径

【练习（4.4.8_2）】对比“布尔并集运算”工具与“合并”工具，步骤如下：

1）打开素材文件夹“练习（4.4.8_2）”中的 Evolve 文件，包含两组球体，如图 4-147 所示。在本练习中，将对比两个较容易混淆的工具——“布尔并集运算”工具和“合并”工具。

图 4-147 打开练习文件

2）针对第 1 组球体将使用布尔并集运算。激活“布尔并集运算”工具，当控制台提示“拾取要连接的对象”时，依次选择第 1 组中的所有球体，如图 4-148 所示，获得一个组合后的对象。

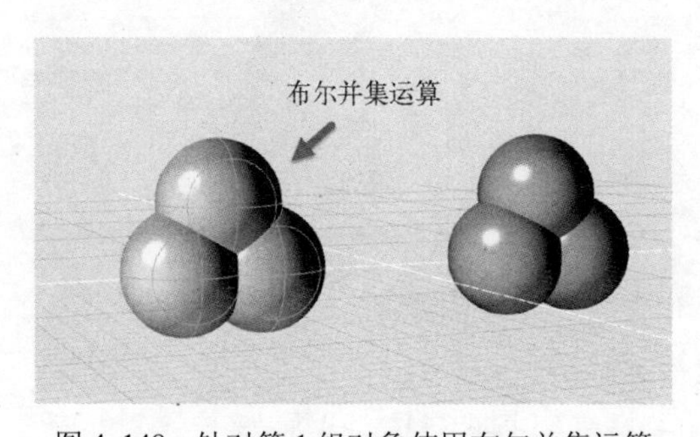

图 4-148 针对第 1 组对象使用布尔并集运算

3）激活“倒圆角”工具，当控制台提示“选择对象”时，选择刚刚创建的“布尔运算并集”对象，此时在该对象上出现亮蓝色的交界线，表示该位置可以插入倒角。随后控制台提示“单击要插入半径的边线”，框选整个“布尔并集运算”对象，为所有亮蓝色边线位置插入半径值。随后按〈Enter〉键或空格键，接受所有控制台提示的其他默认设置，获得倒圆角结果，如图 4-149 所示。

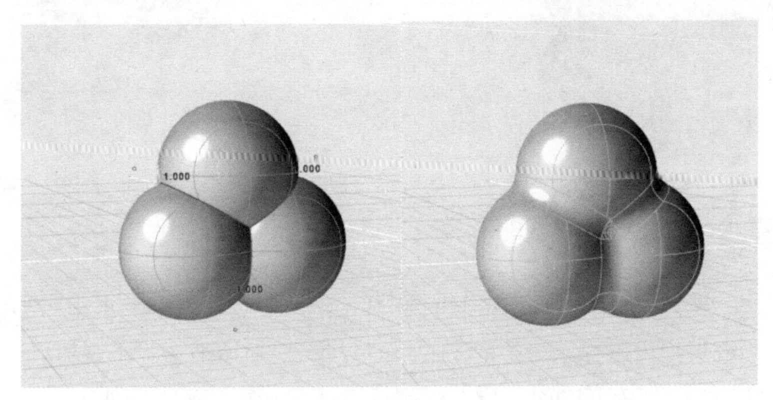

图 4-149　为所有边线位置插入倒圆角（左）以获得结果（右）

4）针对第 2 组球体，激活“合并”工具，将 3 个独立球体合并成一组对象，如图 4-150 所示。

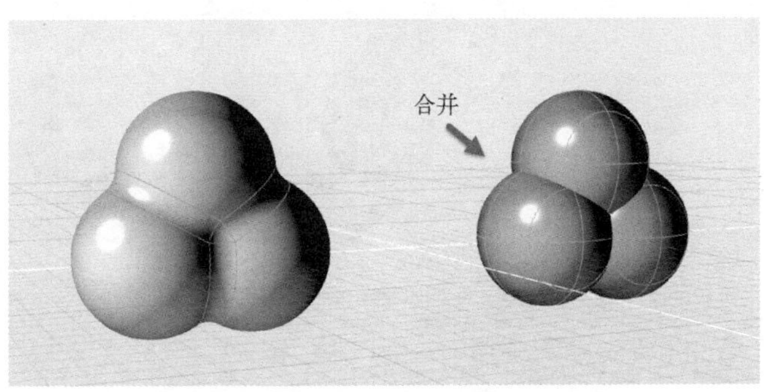

图 4-150　合并第 2 组球体

5）尝试对合并对象使用“倒角”工具，选中该合并对象，当控制台提示“单击要插入对象的边线”时，发现对象中并无亮蓝色边线出现，因此，无法对该组对象输入倒角。

✧ 注：通过以上练习可知，“布尔并集运算”工具与“合并”工具的区别在于，前者操作后会生成一个新的实体，后者操作会创建一个集合，其中包含的仍然是 3 个相对独立的对象。

【练习（4.4.8_3）】布尔交集操作，步骤如下：

1）打开素材文件夹“练习（4.4.8_3）”中的 Evolve 文件，该文件中包含 4 个独立球体，如图 4-151 所示。

2）激活“布尔交集运算”工具，该工具的操作过程与“布尔差集运算”非常类似。当控制台提示“拾取第一个对象集”时，选择最大的球体（球体 01），按〈Enter〉键或空格键确认；当控制台提示“拾取第二个对象集”时，依次选择另外两个较小的球体（球体 02 和球体 03），按〈Enter〉键或空格键确认，获得结果如图 4-152 所示。

图 4-151　打开练习文件

图 4-152　对 3 个球体使用布尔交集运算

3）保持对象处于选中状态，在控制面板中，在“对象 2”列表框中，勾选“插入”复选框。此时控制台再次出现提示“拾取第二个对象集”，单击最后一个球体（球体 04），将其插入到“对象 2”组中，按〈Enter〉键或空格键确认，获得结果如图 4-153 所示。

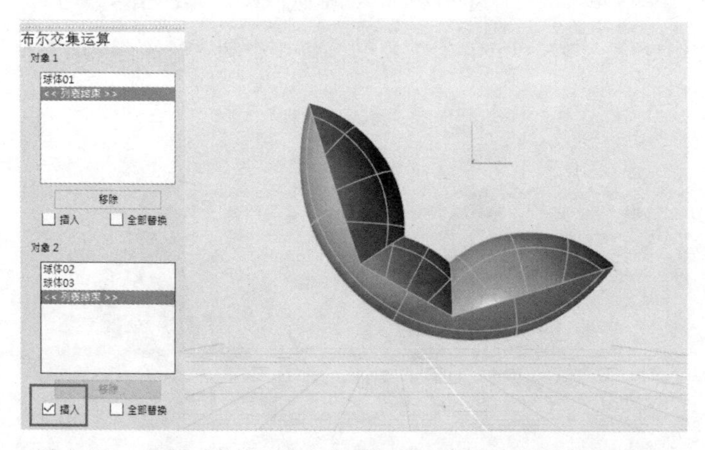

图 4-153　将新对象插入布尔交集运算（左）以获得结果（右）

4.4.9 倒圆角

“倒圆角”工具可为曲面上的选中边线创建固定半径或可变半径的倒圆角。此工具还可创建等半径倒角。

【练习（4.4.9_1）】倒圆角基础操作，步骤如下：

1）打开素材文件夹“练习（4.4.9_1）”中的 Evolve 文件，该文件中包含一个立方体。

2）激活“倒圆角”工具，当控制台提示“选择对象”时，选择立方体对象，所有边线上呈现亮蓝色，表示该位置可插入半径值。随后控制台提示“单击要插入对象的边线”，此时可框选整个立方体，将所有边线一次性插入半径值，按〈Enter〉键或空格键确认。当控制台提示“半径”时，可手动输入新的半径值“3cm”。当控制台提示“执行操作（是，否）？”时，按〈Enter〉键接受默认设置（Y 即 Yes，表示执行操作），获得结果如图 4-154 所示。

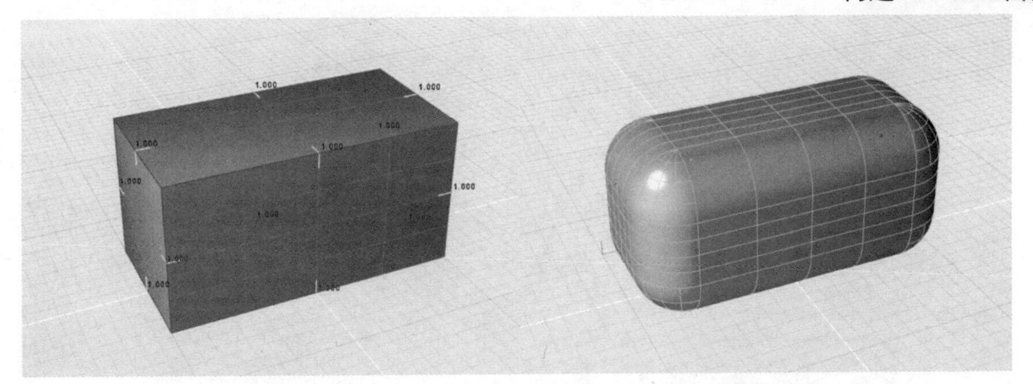

图 4-154　为所有边线插入倒圆角（左）并设置新的半径值以获得倒圆角结果（右）

3）保持对象处于选中状态，在控制面板中，还可以继续修改倒圆角半径。将“半径”参数调整为“2cm”，此时选中对象并不会即时更新，需要单击控制面板上的“运行（Alt+G）”按钮，才能执行刚才的参数设定，如图 4-155 所示。

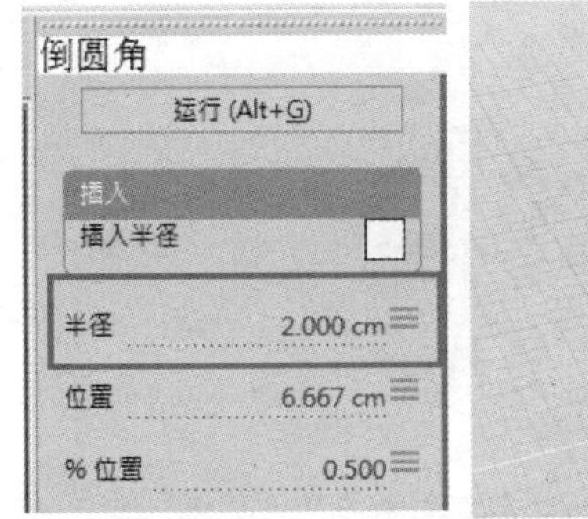

图 4-155　更改半径值（左），单击“运行（Alt+G）”按钮获得新的倒角半径结果（右）

4）保持对象处于选中状态，切换到“编辑参数”模式，可见插入所有倒圆角的插入位置，如图 4-156 所示。

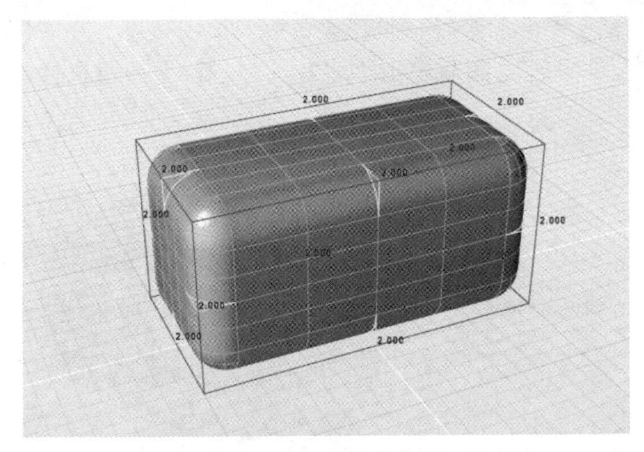

图 4-156　切换至“编辑参数”模式

5）在控制面板中，勾选“插入半径”复选框，单击亮蓝色边线进行插入，如图 4-157 所示，插入两个新的半径位置。新插入的半径值由“默认半径”参数决定。

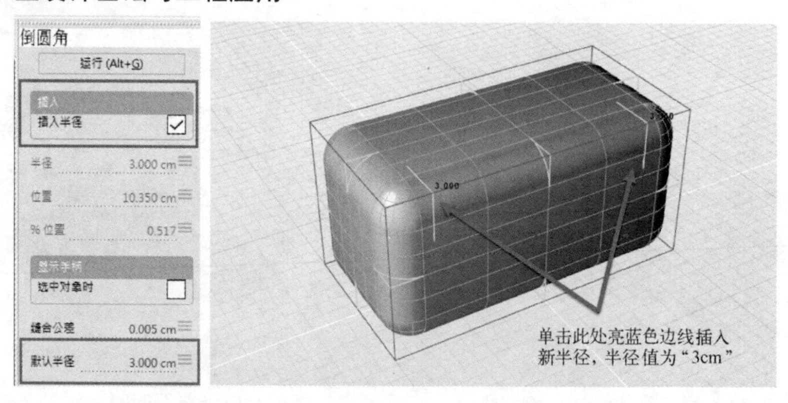

图 4-157　插入新的半径位置及半径值

6）插入完毕，再次单击控制面板上的“运行（Alt+G）”按钮，执行此操作，获得结果如图 4-158 所示。此时该边上的倒圆角呈可变半径。

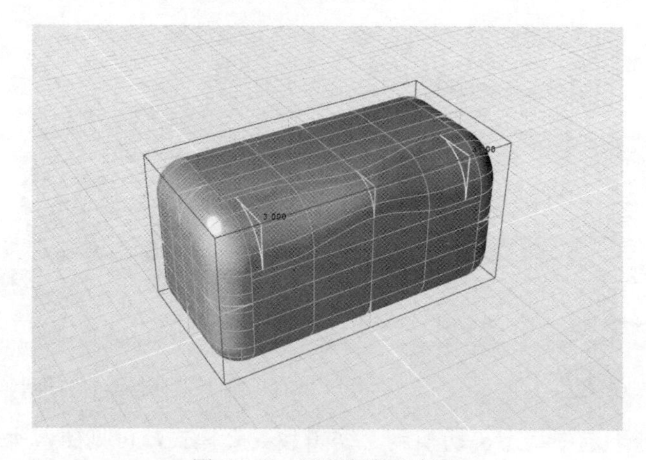

图 4-158　运行新的半径值

7）点选该边上位于中部的半径，呈现亮黄色为选中状态。在右侧的控制面板中，将“%位置”参数设置为“0.7”。随后单击“运行（Alt+G）”按钮执行此操作，获得结果如图 4-159 所示。

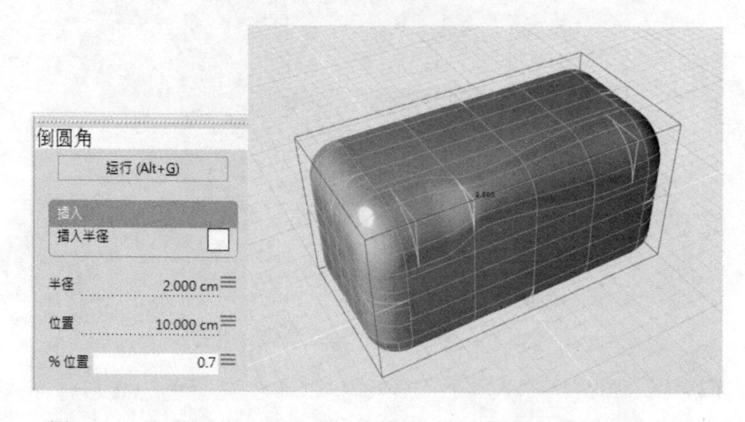

图 4-159　调整半径插入位置（左），运行后获得半径结果（右）

✧ 注：通过以上操作可知，半径位置通过“%位置”参数控制，半径在一个边线上的活动范围以“0～1”区间表示。例如，半径位置处于边线中部，则该参数值设定为 0.5；如果半径位置处于边线的 3/4 处，则该参数值设定为 0.25 或 0.75。

【练习（4.4.9_2）】设置缩进角，步骤如下：

1）打开素材文件夹“练习（4.4.9_2）”中的 Evolve 文件，该文件中包含一个立方体。

2）激活“倒圆角”工具，为所有边线施加半径为 1cm 的倒圆角，如图 4-160 所示。

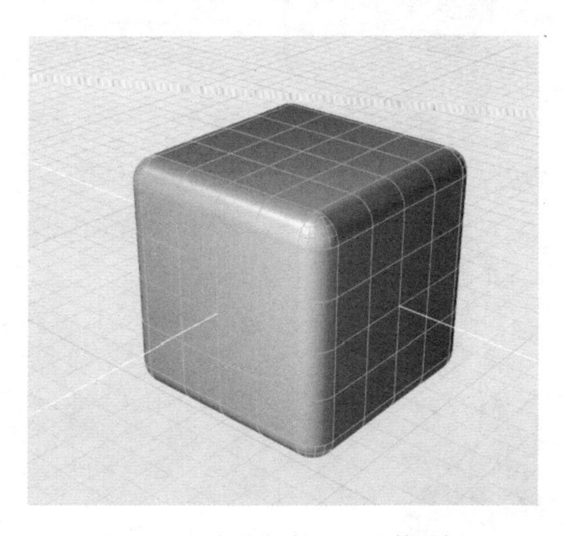

图 4-160　倒半径为“1cm”的圆角

3）保持对象处于选中状态，在控制面板中，在“形状控件”参数下勾选“缩进角”复选框，随后单击“运行（Alt+G）”按钮执行此操作，获得效果如图 4-161 所示。

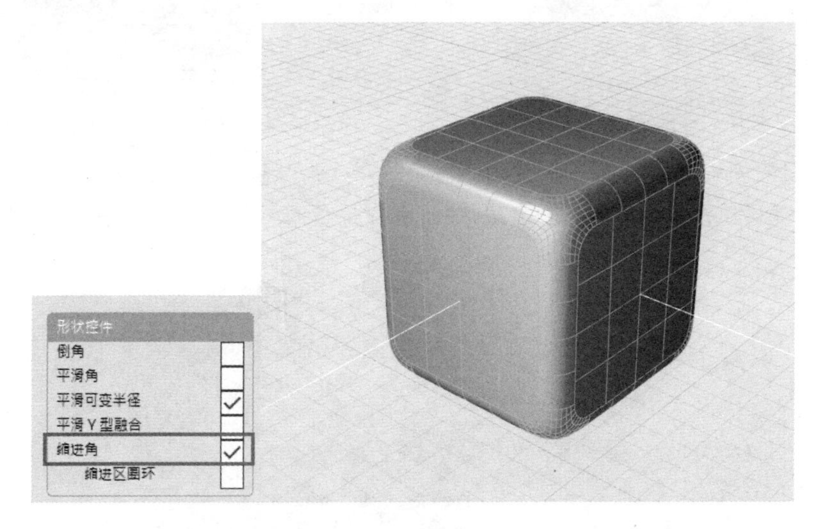

图 4-161　设置缩进角（左）以获得运行结果（右）

✧ 注：对比执行缩进角前后效果，可发现执行缩进角后，倒圆角部分的曲面分面与周围保持更好的连续性，如图 4-162 所示。

图 4-162　缩进角设置后获得更好的连续性

【练习（4.4.9_3）】设置平滑 Y 型融合，步骤如下：

1）打开素材文件夹“练习（4.4.9_3）”中的 Evolve 文件，该文件中包含一个实体对象，如图 4-163 所示。

2）激活“倒圆角”工具，为图 4-164 中的边施加半径为“2cm”的圆角。

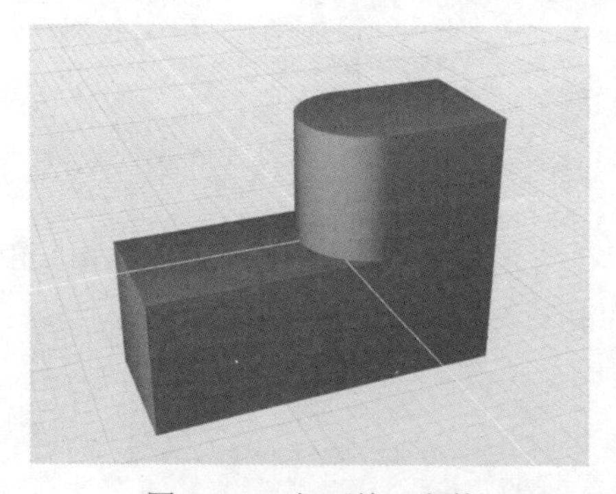

图 4-163　打开练习文件

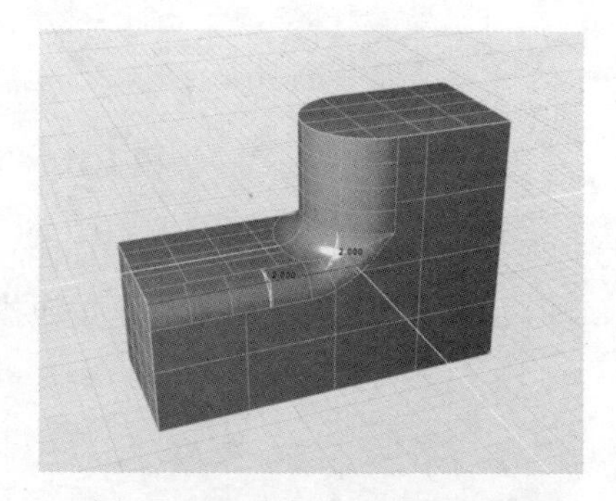

图 4-164　为相交两边施加倒圆角

3）保持对象处于选中状态，在控制面板中，在“形状控件”参数下勾选“平滑 Y 型融合”复选框，随后单击“运行（Alt+G）”按钮执行此操作，获得效果如图 4-165 所示。

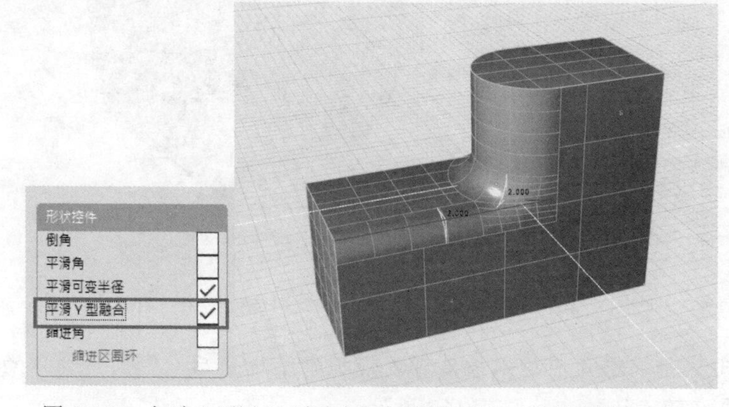

图 4-165　勾选“平滑 Y 型融合”复选框（左）及运行结果（右）

✧ 注：对比执行“平滑 Y 型融合”前后效果，可发现执行后，两个倒圆角边交界处有更好的连续性，如图 4-166 所示。

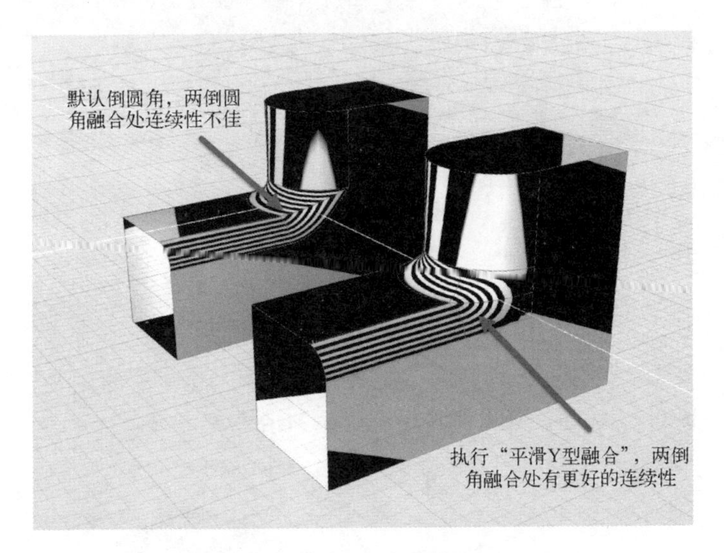

图 4-166 “平滑 Y 型融合”设置后获得更好的连续性

【练习（4.4.9_4）】保持重叠特征，步骤如下：

1）打开素材文件夹“练习（4.4.9_4）”中的 Evolve 文件，该文件中包含一个实体对象，如图 4-167 所示。

图 4-167 打开练习文件

2）激活“倒圆角”工具，仅选中图 4-168 中的边施加倒圆角，设定倒圆角半径为“10cm”。

3）运行该倒圆角，读者将发现该倒圆角操作无法正常完成，这是因为倒圆角区域与顶部的立方体区域互相干涉。

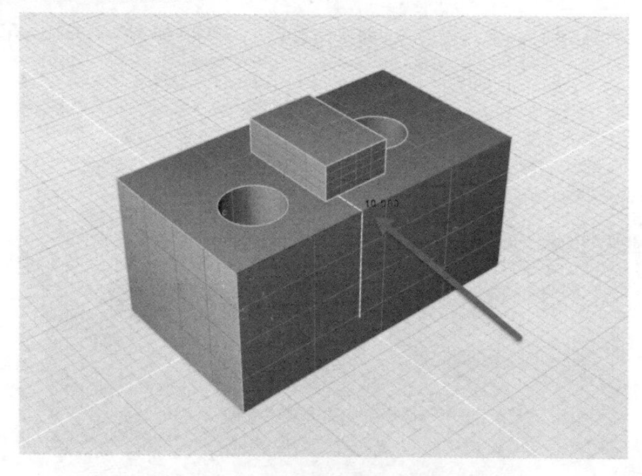

图 4-168 设定倒圆角的边及半径

4）在倒圆角步骤的控制面板中，在“重叠”参数下勾选“保留重叠特征”复选框。随后单击“运行（Alt+G）”按钮，获得图 4-169 所示的结果。

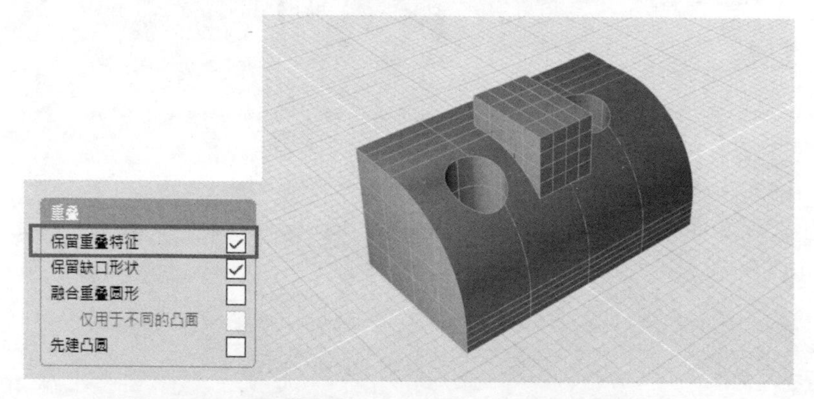

图 4-169 保留重叠特征（左）以获得倒圆角结果（右）

【练习（4.4.9_5)】融合重叠圆角，步骤如下：

1）打开素材文件夹“练习（4.4.9_5)”中的 Evolve 文件，该文件中包含一个实体对象，如图 4-170 所示。

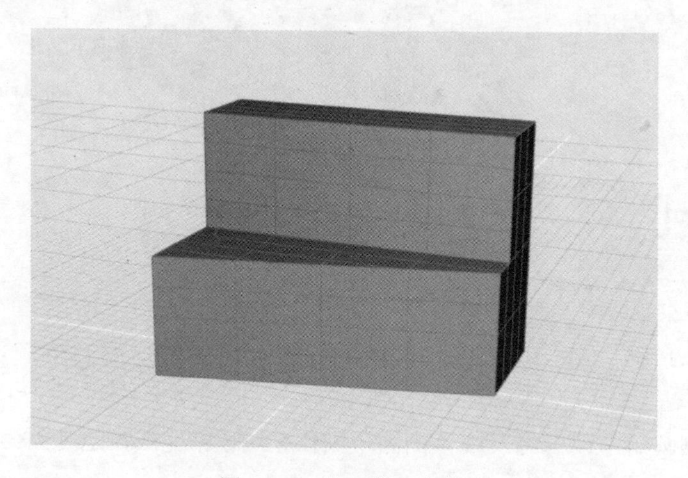

图 4-170 打开练习文件

2）使用“倒圆角”工具，在图 4-171 中的两边上施加倒圆角，并设定倒圆角半径为“2cm”。如图 4-171 所示。

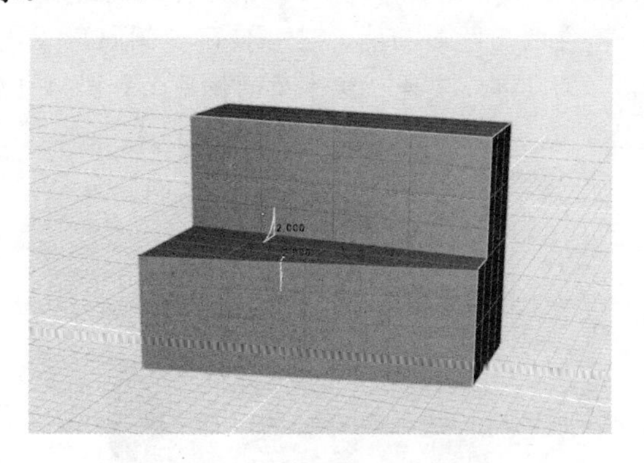

图 4-171　设定倒圆角的边及半径

3）运行该倒圆角，读者将发现该倒圆角操作无法正常完成，这是因为两个倒圆角重叠导致干涉。

4）在倒圆角步骤的控制面板中，在“重叠”参数下勾选“融合重叠圆形”复选框，随后单击“运行（Alt+G）”按钮，获得更新结果，如图 4-172 所示。

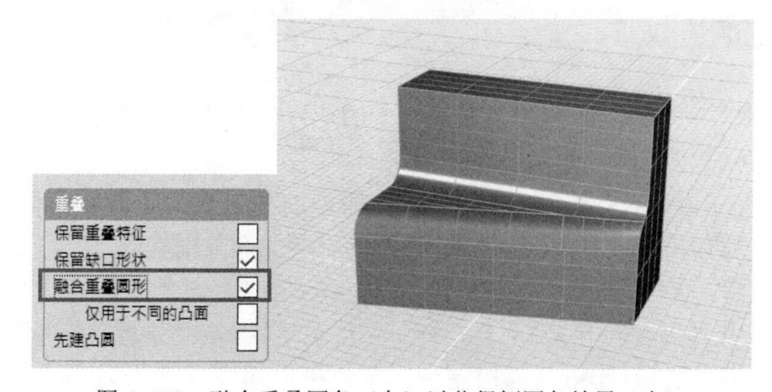

图 4-172　融合重叠圆角（左）以获得倒圆角结果（右）

5）当勾选“先建凸圆”复选框时，再次运行倒圆角，则可获得图 4-173 所示的结果。

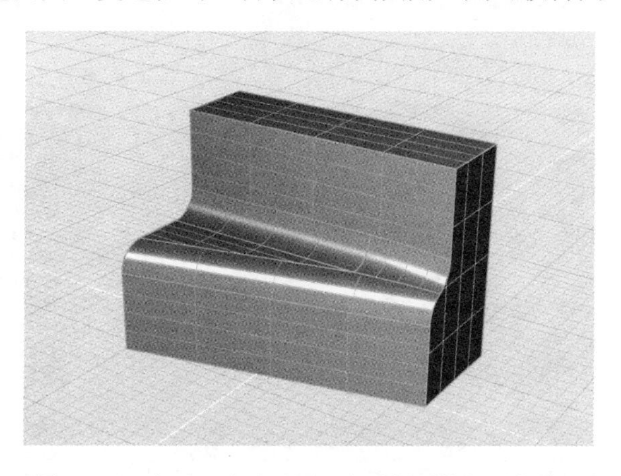

图 4-173　勾选“先建凸圆”复选框后的倒圆角结果

✧ 注：在“倒圆角”工具的旁边还有一个极为类似的工具，即“倒圆角 8.0”工具，两个工具大部分功能类似，但各有所长。例如，“倒圆角”工具可以实现上述“保留重叠特征”“融合重叠圆角”等功能，这些使用“倒圆角 8.0”工具将无法实现；而使用“倒圆角 8.0”工具可以实现可变半角的倒角，如图 4-174 所示，这个功能“倒圆角”工具则无法实现。

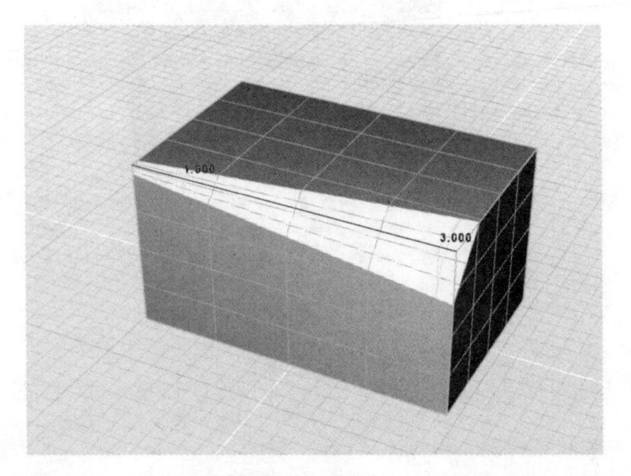

图 4-174 使用“倒圆角 8.0”工具实现可变半径倒角

4.4.10 面提取

使用“面提取”工具可以提取整个模型上的一片或多片曲面作为独立编辑对象。

【练习（4.4.10）】面提取及应用，步骤如下：

通常，当设计完成进入到渲染环节时，一个模型的不同位置可能会被赋予不同的材质，此时就可以使用“面提取”工具，将需要赋予不同材质的面分别提取。

1）打开素材文件夹“练习（4.4.10）”中的 Evolve 文件，该文件中包含一个实体对象，如图 4-175 所示，在全局浏览器中观察可知，该对象是通过多个球体进行布尔并集运算获得的。

2）激活“面提取”工具，当控制台提示“拾取对象的面”时，点选小熊的两只眼睛，按〈Enter〉键或空格键确认。此时，在全局浏览器中出现一个新建对象组“面提取 #1”，里面包含两个独立的提取面，如图 4-176 所示。

图 4-175 打开练习文件

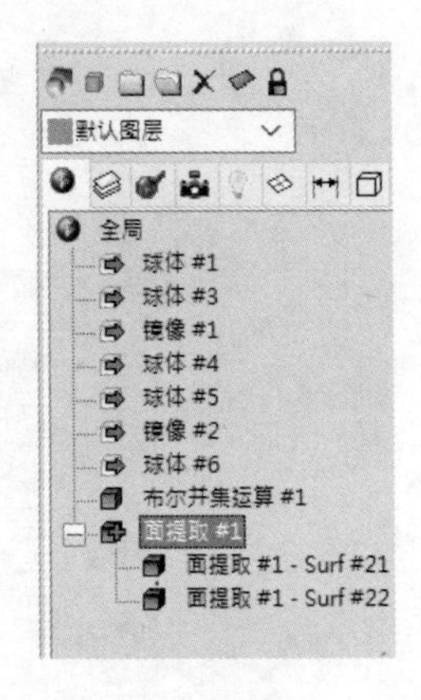

图 4-176 “面提取#1”对象组

3）保持该对象组仍处于选中状态。在控制面板中，勾选“反向选择”复选框，可见“面提取#1”对象组中更换为其余所有面，并且都可单独被选中，如图 4-177 所示。

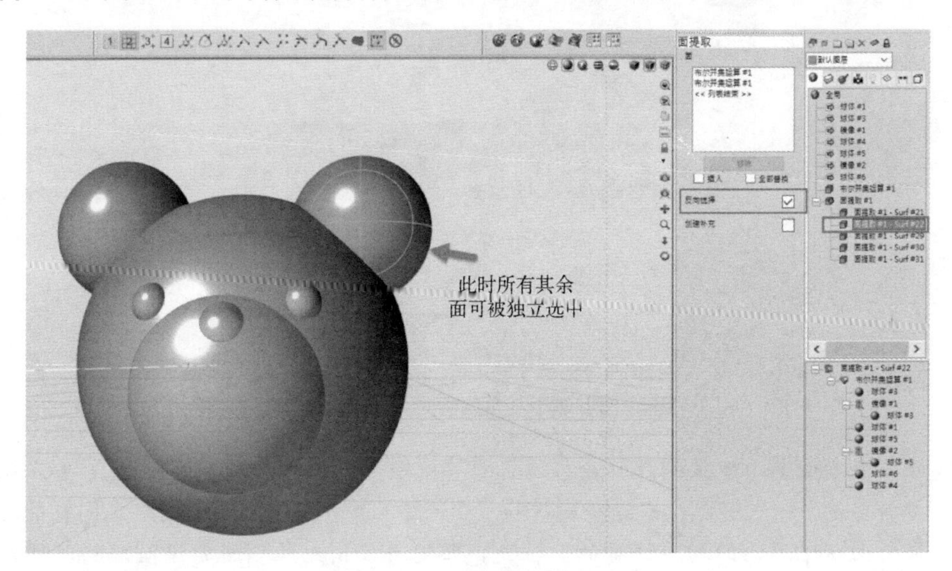

图 4-177　反向选择提取面

4）此时，勾选控制面板中的“创建补充”复选框，可进一步获得所有提取面，并且每一个面都可被独立选中（之前提取的小熊眼睛的两个面作为一个整体），如图 4-178 所示。

图 4-178　勾选“创建补充”复选框

5）在后续的渲染环节中，可以为每个独立面单独赋予材质。本练习中先以模型颜色来区分不同的部分，操作方法为：选中一个面，在全局浏览器的左上角激活“视觉属性”图标 。随后可在控制面板中设置选中面的视觉属性：取消勾选“随层”复选框并给定其他颜色，如图 4-179 所示。

图 4-179　可单独选中面并赋予视觉属性（左）以获得不同的颜色（右）

✧ 注：在前面章节中提到过“分离独立面”操作（Ctrl+“分离”工具），如果不再需要调整造型，也可以损毁结构树（按〈C〉键）并分离独立面，这样也同样能达到为每个面赋予不同的材质的目的。但是，不能再使用结构树进行造型编辑，所以请慎重使用此操作。因此，提取面方式通常是更好的选择。

4.4.11　连接曲面

使用“连接曲面”工具可在设定的距离公差范围内，将两个曲面连接为一个曲面。

通常这个工具可用于将对称对象的两侧曲面进行匹配，形成光顺的连接。请参见本节练习。

【练习（4.4.11）】创建连接曲面，步骤如下：

1）打开素材文件夹“练习（4.4.11）”中的 Evolve 文件，该文件中包含两个曲面，观察两个曲面可发现对接处曲率明显不连续，如图 4-180 所示。

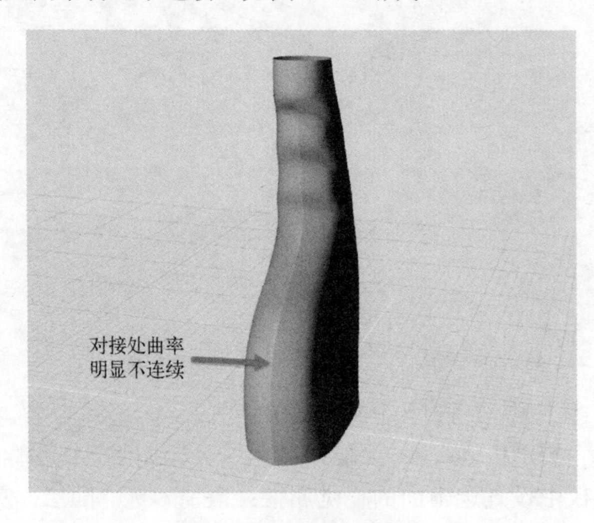

图 4-180　打开练习文件

2）激活“连接曲面”工具，当控制台提示“拾取曲面”时，依次选择两个曲面，获得结果如图 4-181 所示，连接处曲率依然不连续。

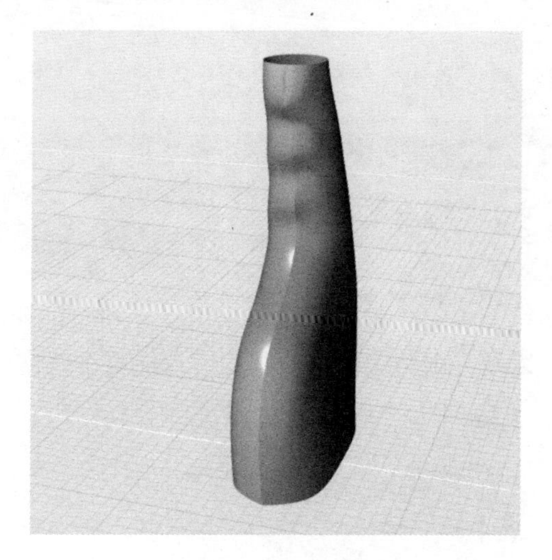

图 4-181　创建连接曲面

3）在控制面板中，在“折痕”参数下选中“近似”单选按钮，该选项将优先控制两曲面进行曲率匹配，但曲面形状变化较大。随后调整“U 向控制顶点”参数的值为“30”，获得结果如图 4-182 所示。

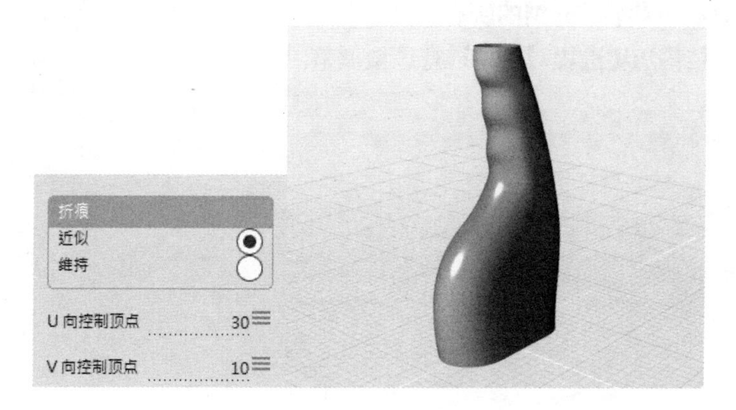

图 4-182　调整参数（左）以获得光顺的近似结果（右）

本章小结

读者需要熟练掌握本章节提及的所有曲面建模工具，并且熟悉这些工具的常用用法。在下一章中，我们将把这些工具组合使用。

第 5 章

NURBS 曲面综合练习

本章为 NURBS 曲面综合练习，覆盖第 3 章和第 4 章讲解的曲线及曲面工具，将重点强调这些工具的组合用法，以及突出结构树历史结构进程在整个建模过程中的重要意义。

本章学习要点：

- **巩固前面 4 个章节中介绍的所有工具。**
- **掌握通过结构历史进程对模型进行造型调整。**

5.1 边桌建模

本练习侧重于通过曲面工具构建实体模型，具体将巩固以下功能：

- 基于NURBS基元创建立方体、柱体、圆和椭圆。
- 平移、旋转、缩放。
- 复制和粘贴对象。
- 使用“关联复制”“镜像”和“复制”工具。
- 使用“倒圆角”工具。
- 设置栅格。
- 使用“挤出”工具。
- 使用“修剪曲面”工具。

图5-1 带镜子的边桌

1．创建一侧桌板

1）打开Evolve，创建一个新文件，将该文件保存并命名为“边桌.evo”。

✧ 注：强烈建议读者每次在创建一个新模型之前都进行保存，则Evolve会在该文件的基础上自动保存。例如，本练习中，默认每间隔5min将在已命名文件的文件夹中自动生成一个名为“边桌.autosave.evo”的文件。一旦发生不可预见的退出状况，用户可打开自动保存的文件进行恢复。如果文件之前未保存，则无法生成自动保存文件。

2）激活“栅格#2”图标（或使用快捷键〈Alt+2〉）。

3）激活曲面基元构建工具：“立方体”工具，首先接受所有默认设置，随后在控制面板中输入立方体参数：长为20cm、宽为15cm、高为1cm，如图5-2所示。

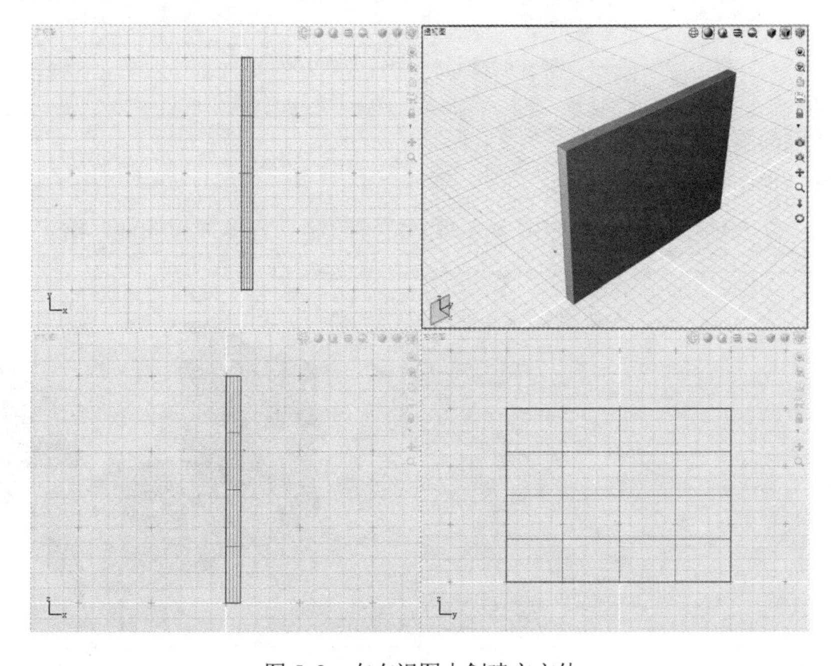

图5-2 在右视图中创建立方体

2．创建另一侧桌板

1）激活顶视图，选中图 5-2 中构建的立方体，激活“平移”工具，将立方体向左侧（Z 轴负方向）移动 10cm，如图 5-3 所示，单击鼠标右键退出该工具。

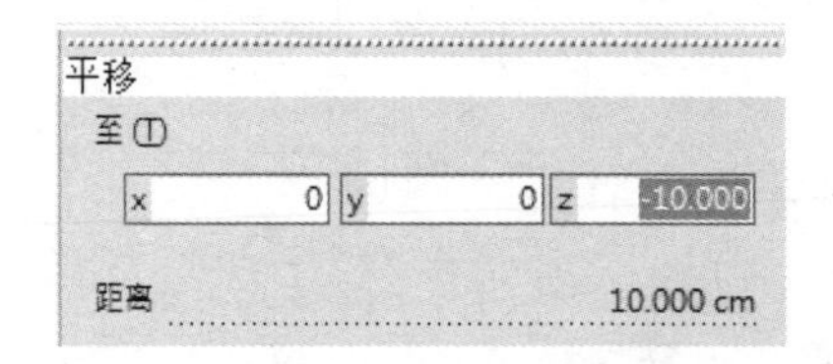

图 5-3 将立方体向 Z 轴负方向移动 10cm

2）激活“镜像”工具，设定 Y 轴上两点，让立方体基于 Y 轴对称，如图 5-4 所示。

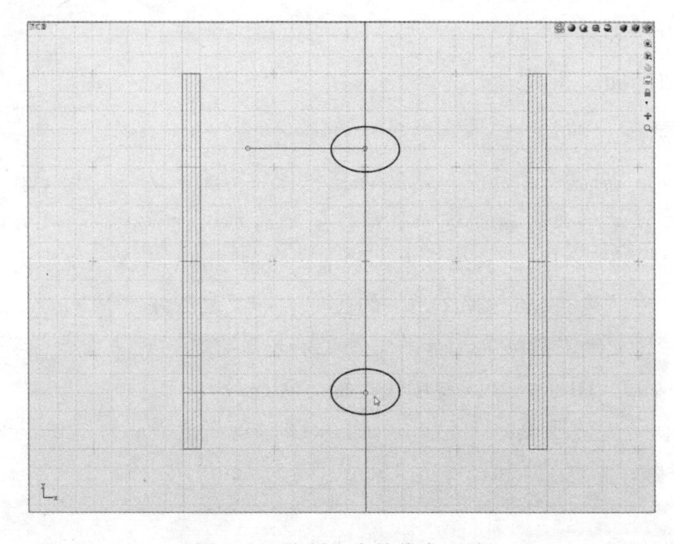

图 5-4 绘制一个镜像立方体

3．创建底部隔板

1）保持顶视图仍处于激活状态。

2）激活“立方体”工具，按照图 5-5 所示位置绘制立方体顶视图面，给定高度 1cm。

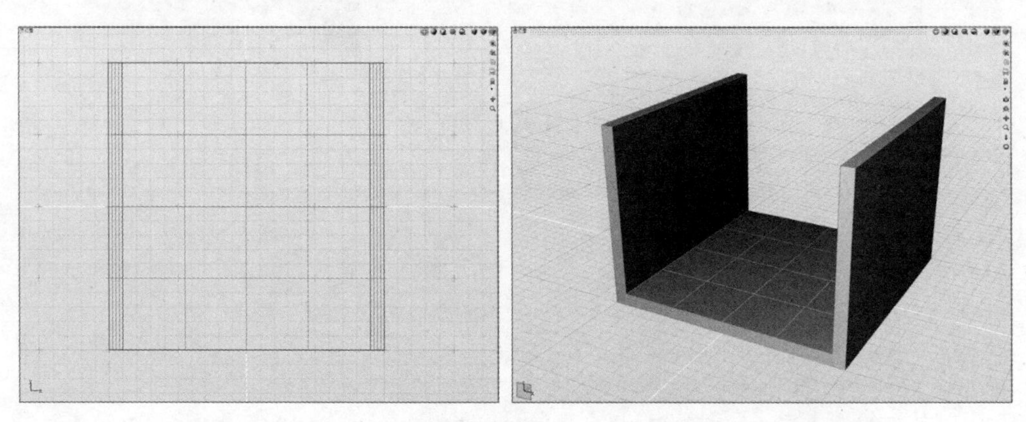

图 5-5 在顶视图中创建底部隔板（左），给定高度为 1cm（右）

3）保持该对象处于选中状态，激活“平移”工具，向 Z 轴正方向平移 1cm，如图 5-6 所示。

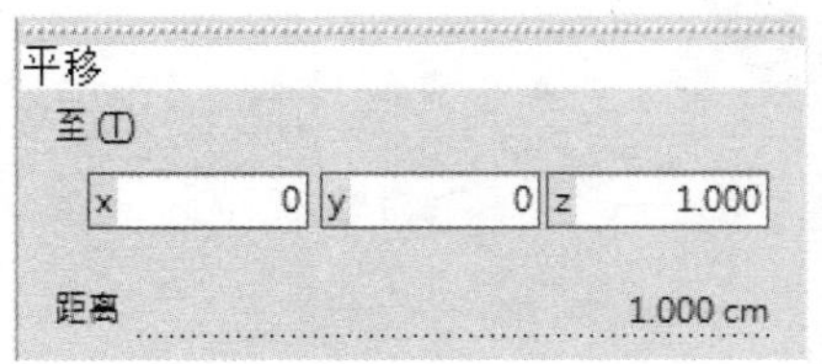

图 5-6　将隔板向 Z 轴正方向平移 1cm

4．创建顶部隔板

1）激活透视图，保证图 5-5 中创建的底部隔板处于选中状态。

2）按〈Ctrl+C〉快捷键，对选中的隔板进行复制操作。

3）按〈Ctrl+V〉快捷键，则在相同位置创建出一个新隔板，与此同时，“平移”工具被激活。

4）将该复制对象向 Z 轴正方向移动 10cm，如图 5-7 所示。

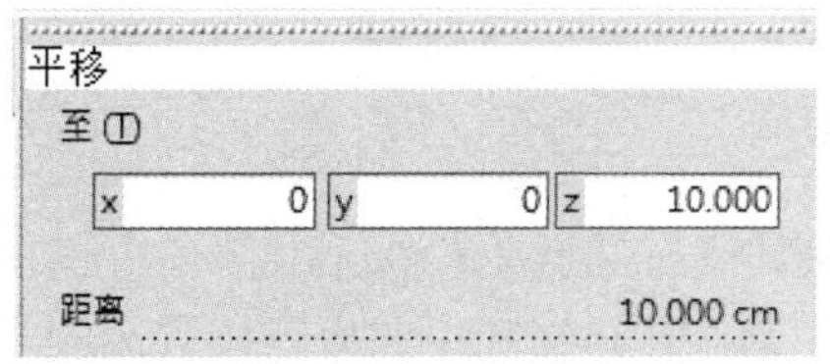

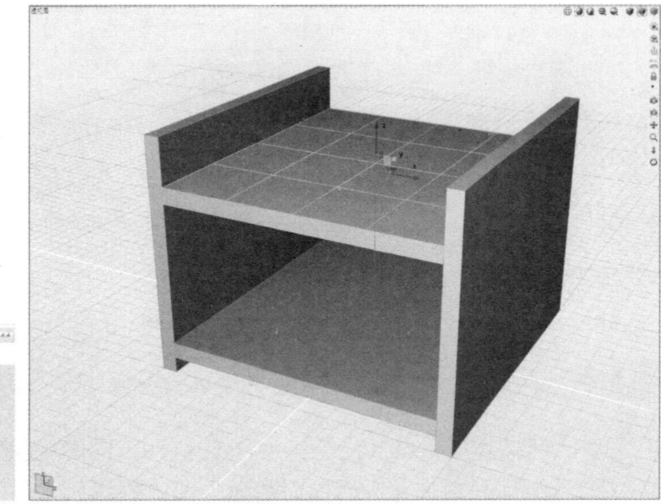

图 5-7　将复制隔板向 Z 轴正方向移动 10cm

5）保持该复制对象仍处于选中状态，并切换至“编辑参数”模式，在控制面板中，调整该立方体高度为 3cm，如图 5-8 所示。

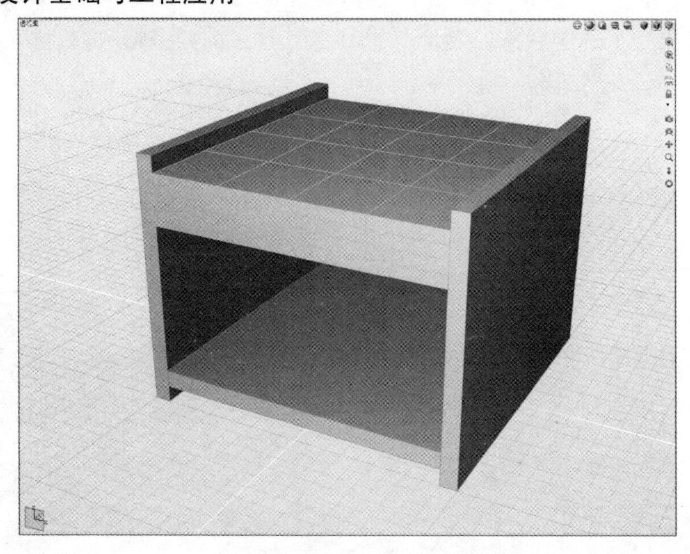

图 5-8　调整立方体高度

5．创建桌腿

1）在菜单栏中执行“编辑”→“栅格设置”命令，打开“栅格设置”对话框。

2）选择“栅格#1”选项卡，设置间距为“0.5cm”“0.5cm”“0.5cm”，如图 5-9 所示，随后退出“栅格设置”对话框。

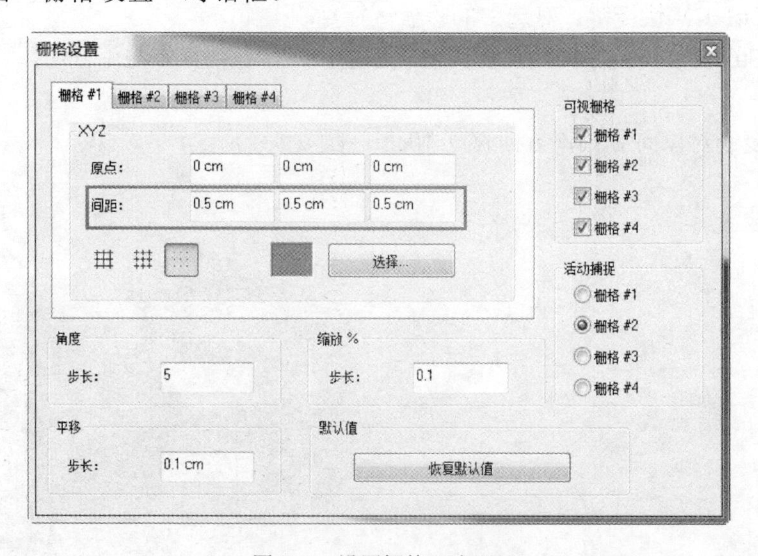

图 5-9　设置栅格#1 间距

3）激活捕捉栅格#1（快捷键为〈Alt+1〉），同时确保其他捕捉工具未激活。

4）激活顶视图，并激活曲面基元中的“柱状”工具，在顶视图中的原点位置绘制一个圆柱，设定其顶半径、底半径及高度均为 0.5cm，如图 5-10 所示。

5）激活“关联复制”工具，选择上一步构建的柱体作为复制对象。新的关联复制对象构建后，“平移”工具将自动激活。

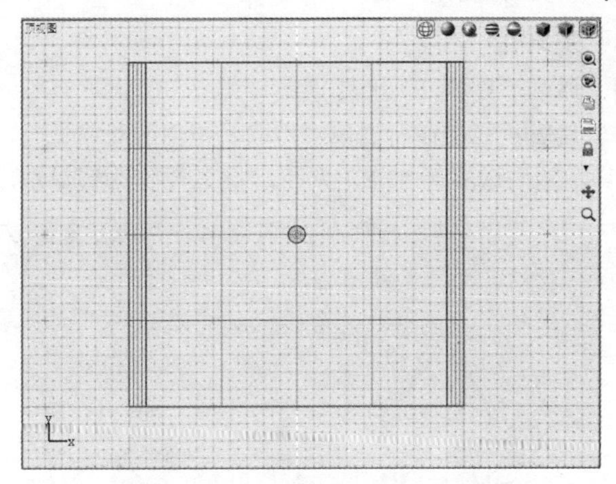

图 5-10　在顶视图中绘制一个圆柱

6）按照“平移”工具上的蓝色方块（即 x-y 平面）拖动关联复制柱体，移动至边桌左上角，如图 5-11 所示。当新的关联复制对象移走后，可见源对象呈现绿色（绿色在 Evolve 中代表源对象）。

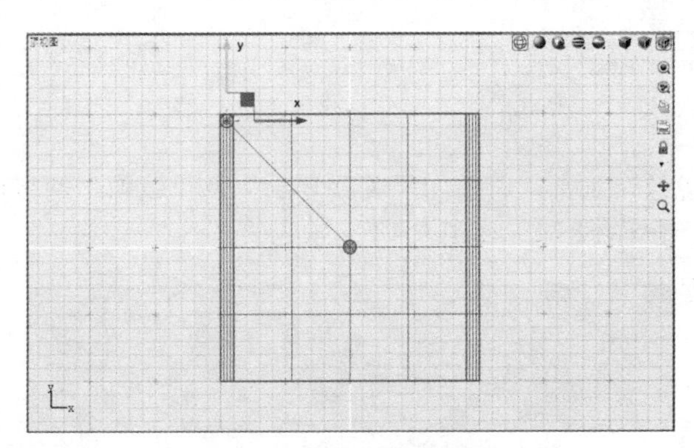

图 5-11　移动关联复制对象

7）选择位于中心的柱体源对象，切换到“编辑参数”模式，在控制面板中将高度值调整为-2cm，获得结果如图 5-12 所示。

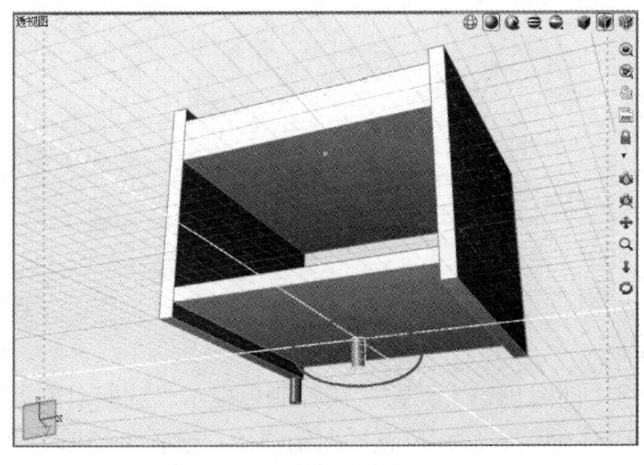

图 5-12　调整柱体高度为-2cm

6．使用镜像绘制其余桌腿

1）切换至顶视图，激活“栅格 2”工具。

2）激活“镜像”工具，当控制台提示“拾取要镜像的对象”时，选择前面创建的关联复制柱体（关联复制#1），随后选取 X 轴上的两点，将 X 轴作为镜像轴，如图 5-13 所示。

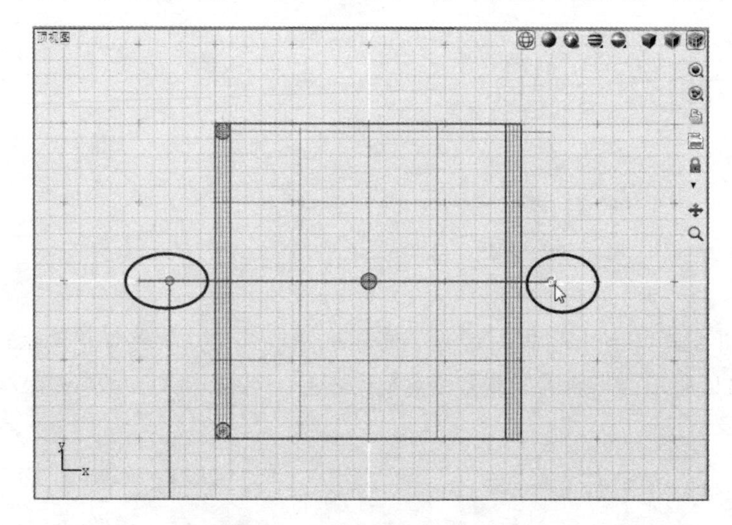

图 5-13 基于 X 轴镜像关联复制柱体

3）再次利用“镜像”工具，将前面“关联复制”及“镜像”两步操作获得的两个桌腿再基于 Y 轴镜像，获得全部桌腿，如图 5-14 所示。

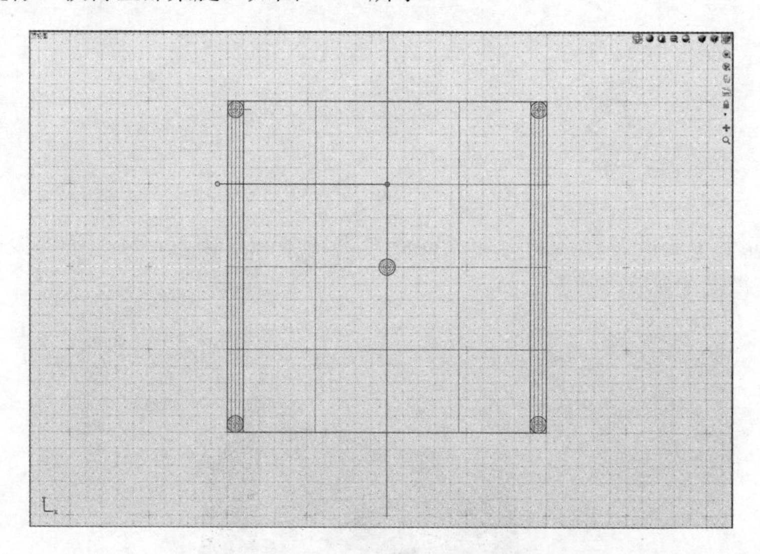

图 5-14 基于 Y 轴镜像另一侧的两个柱体

7．调整桌板造型

在透视图中，激活“倒圆角”工具，当控制台提示“选取对象”时，选择透视图中一侧的桌板，并在图 5-15 中的两个边线位置插入倒圆角。设置半径值为 0.5cm，并运行该倒角操作。

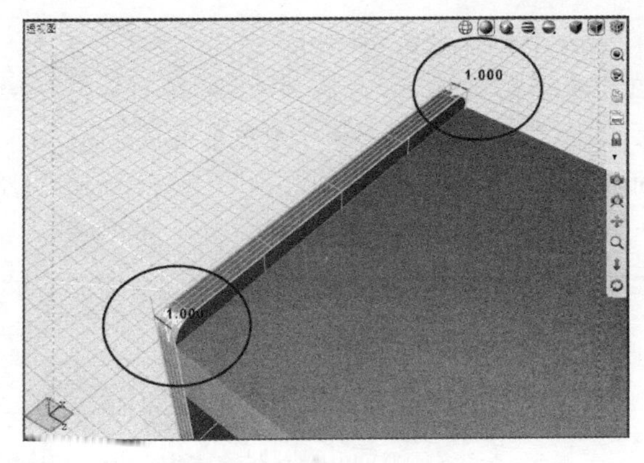

图 5-15　为桌板插入倒圆角

8．在全局浏览器中调整源对象

目前已经手动更改了一侧的桌板，但另外一侧的桌板并没有自动跟随变化，因此需要在镜像操作步骤中进行更新。

1）在全局浏览器中观察最初创建的“立方体#1”，这个对象图标表示该对象为源对象，并处于隐藏状态，如图 5-16 的示。此时，需要将其镜像对象“镜像#1”替换为刚创建的“倒圆角#1”。

2）在全局浏览器中，选择当前的第二个侧桌板，即“镜像#1”，如图 5-17 所示。

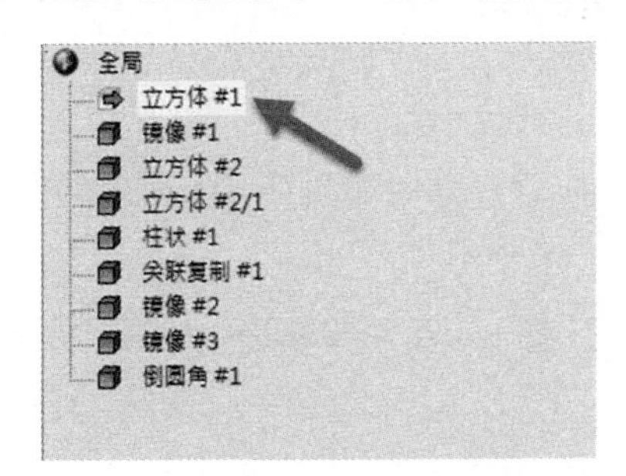

图 5-16　在全局浏览其中找到桌板源对象

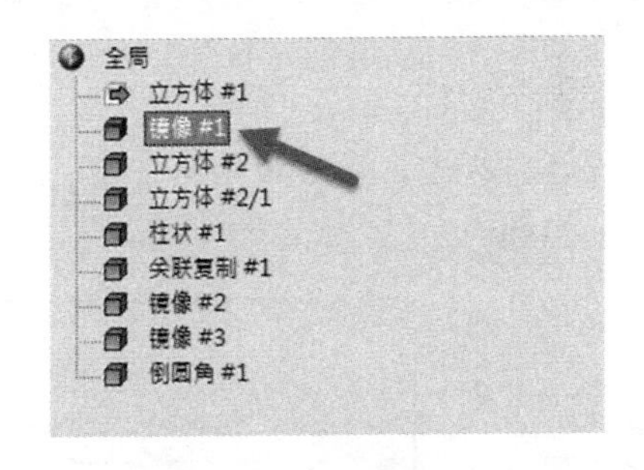

图 5-17　找到桌板镜像对象

3）在其控制面板中，勾选“全部替换”复选框，如图 5-18 所示。此操作将清除原有对象。

图 5-18　勾选“全部替换”复选框

4）在建模环境中，原有的第 2 块侧面桌板将呈现红色，表示目前该步操作需要修正。

另外注意观察镜像平面位置仍保持不变。

✧ 注：此时可见在全局浏览器中，源对象“镜像#1”图标变成，该提示在这里表示镜像操作目前无选中对象，需要选择一个新对象用以镜像。

5）与此同时，控制台提示“拾取要镜像的对象”，则在全局浏览器中选择“倒圆角#1”作为新的镜像源对象，如图 5-19 所示。

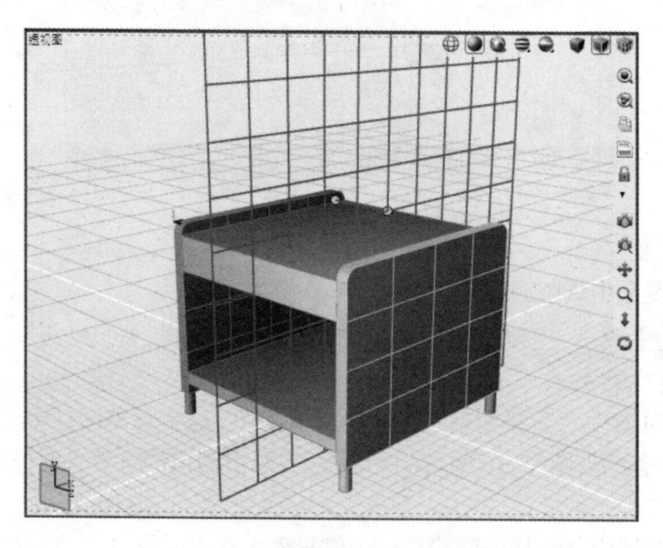

图 5-19 插入新的镜像源对象

9. 绘制支持杆

1）激活顶视图，并激活“圆（圆心，半径）”工具，绘制如图 5-20 所示的圆，使用给定半径“1cm”。

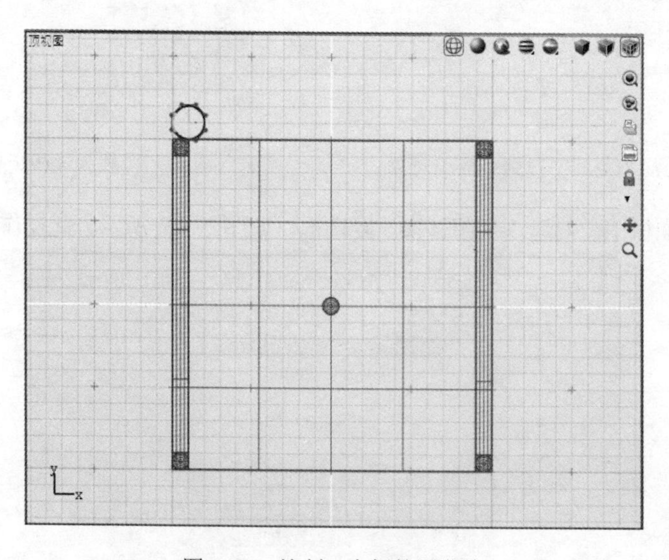

图 5-20 绘制一个新的圆曲线

2）选择“挤出”工具，当控制台提示“拾取曲面边线”时，选择刚创建的圆。当控制台提示“沿方向 1 的距离”时，输入数值“50”，可从透视图中观察结果，如图 5-21 所示。

图 5-21　挤出圆曲线，距离为 50

3）在控制面板中，勾选“封口”复选框，并为“封口 1”设定“圆形封口”，可在透视图中观察圆形封口结果，如图 5-22 所示。

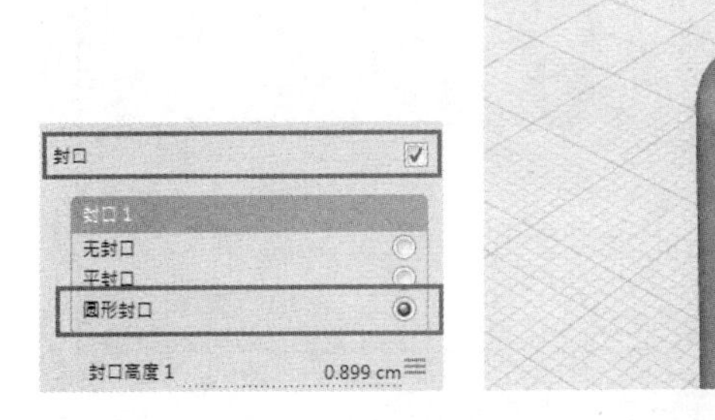

图 5-22　设定圆形封口（左）以获得结果（右）

4）在顶视图中，使用“镜像”工具，基于 Y 轴镜像获得另一侧的支撑杆，如图 5-23 所示。

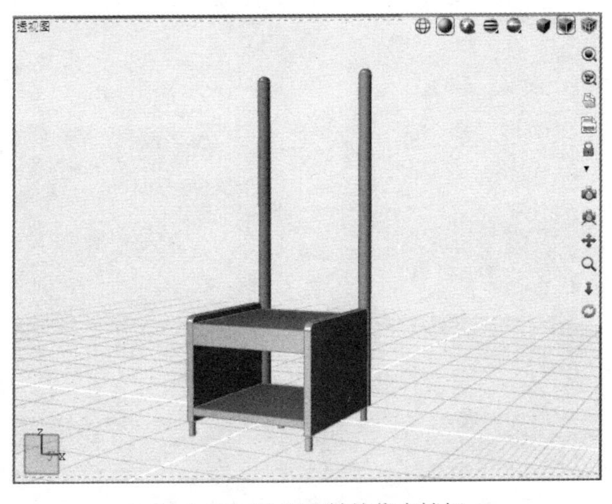

图 5-23　基于 Y 轴镜像支撑杆

10．创建边桌镜子

1）激活前视图，找到“椭圆”工具：椭圆（圆心，轴 1，轴 2），如图 5-24 所示。

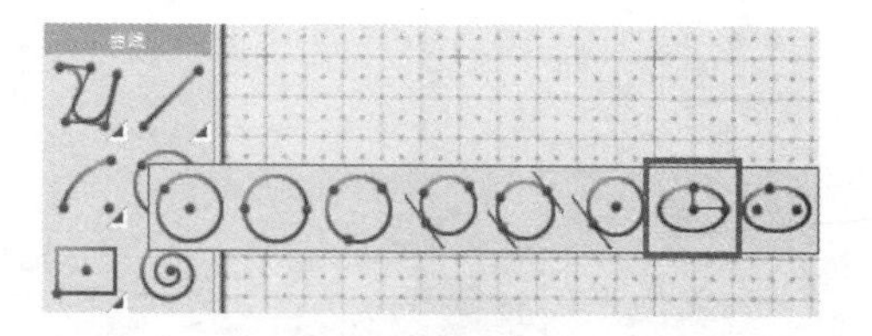

图 5-24 “椭圆”工具

2）当控制台提示“圆心”时，单击图 5-25 中所示的位置设置圆心。

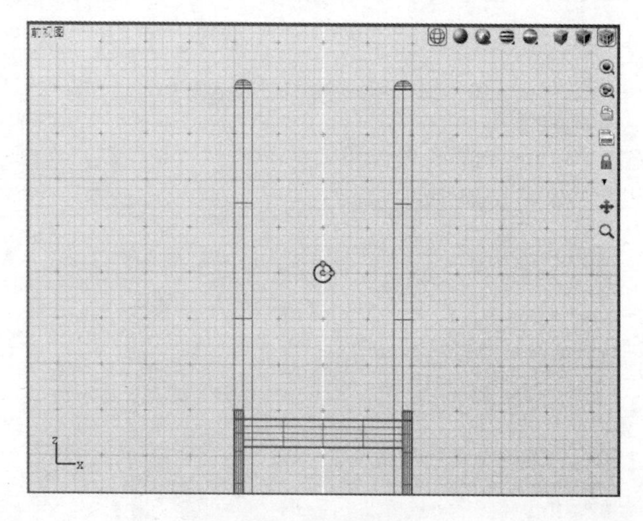

图 5-25 设置椭圆圆心

3）当控制台提示“轴端点#1”时，如图 5-26 所示，单击第 1 个端点位置。

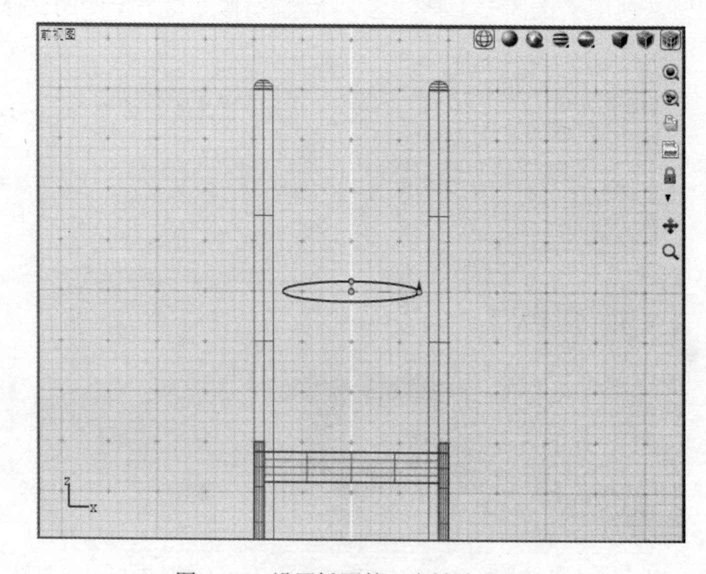

图 5-26 设置椭圆第 1 个轴端点位置

4）当控制台提示“轴端点#2”时，如图 5-27 所示，单击第 2 个端点位置，结束椭圆绘制。

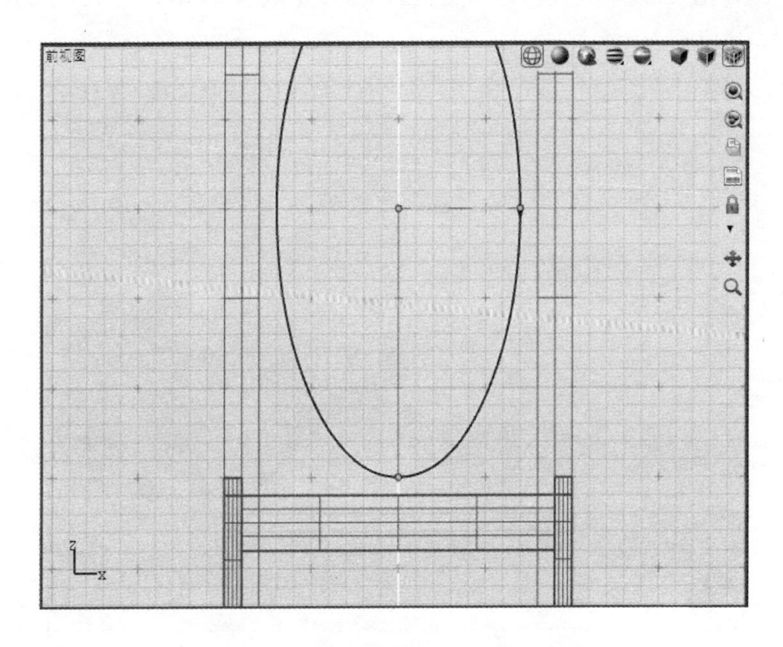

图 5-27　设置椭圆第 2 个轴端点位置

5）保持该椭圆仍处于选中状态，并切换至顶视图。按〈W〉键激活“平移”工具。在控制面板中，调整椭圆在 Z 轴方向移动-11cm，如图 5-28 所示。

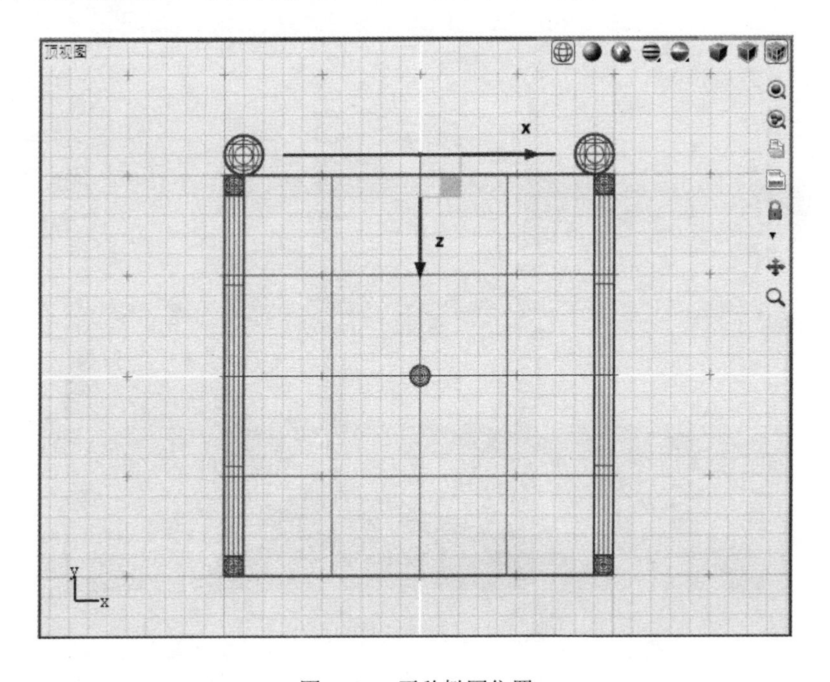

图 5-28　平移椭圆位置

11．创建装饰物

1）在任意位置创建一个柱体，设置其顶部和底部的半径值为 0.25cm，高度为 10cm，如图 5-29 所示。

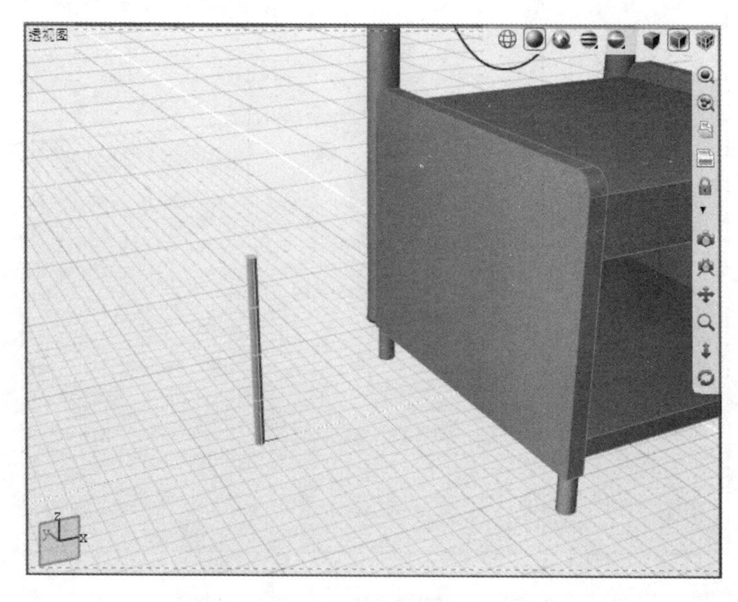

图 5-29　创建柱体

2）激活“复制”工具，该工具可理解为沿曲线/面阵列。选择刚刚创建的柱体作为复制对象，以椭圆作为复制路径，获得结果如图 5-30 所示，默认复制数量为 3 个。

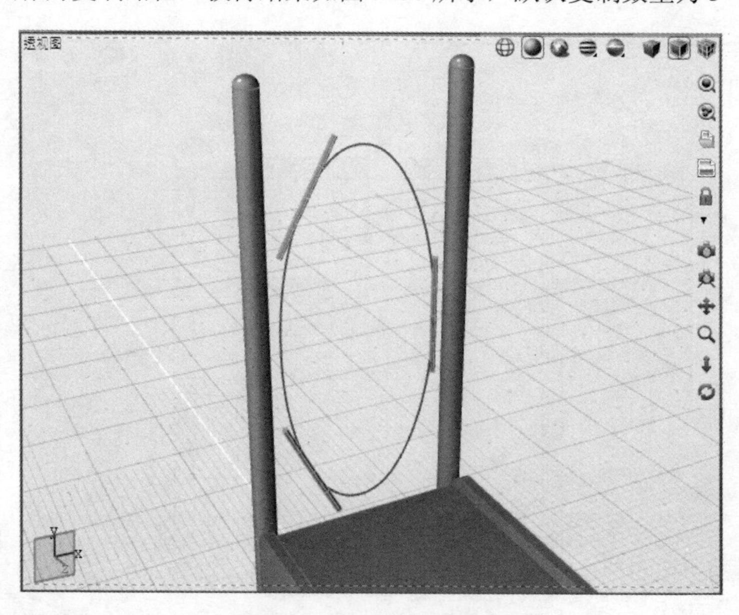

图 5-30　沿椭圆复制圆柱

3）选择复制对象，切换至“编辑参数”模式，此时可以观察到两个亮蓝色的编辑点，一个位于源对象上，另一个位于复制对象上，如图 5-31 所示。

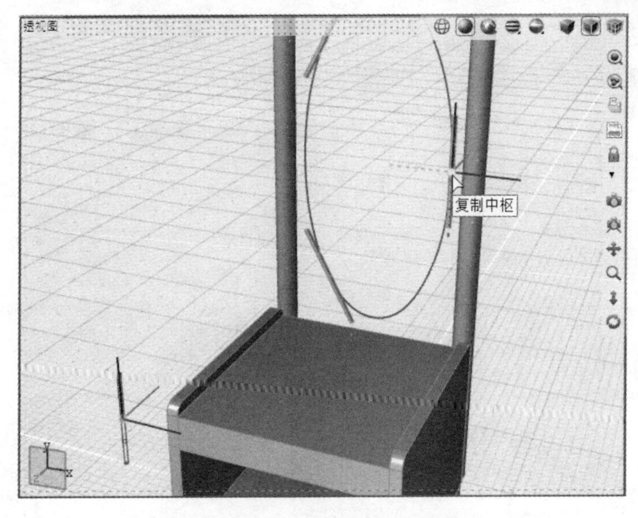

图 5-31　找到亮蓝色编辑点（复制中枢）

4）选中位于复制对象上的编辑点（即复制中枢），按〈E〉键激活“旋转”工具，如图 5-32 所示。

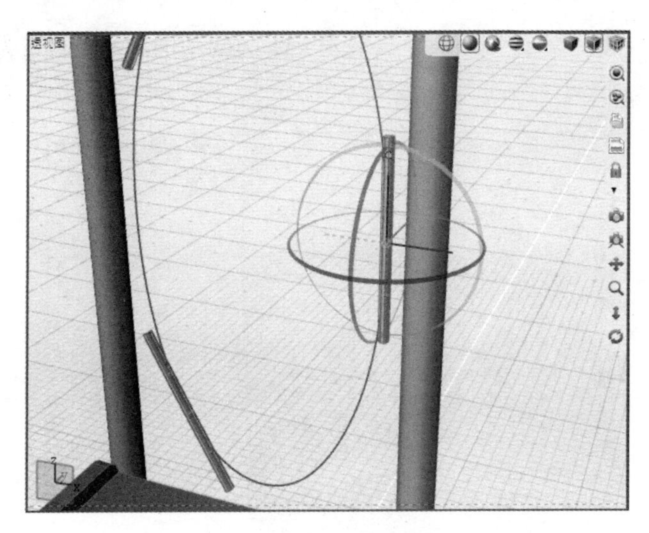

图 5-32　对复制中枢进行旋转操作

5）在控制面板中调整旋转参数，在 Y 轴方向上旋转 90°。如图 5-33 所示。

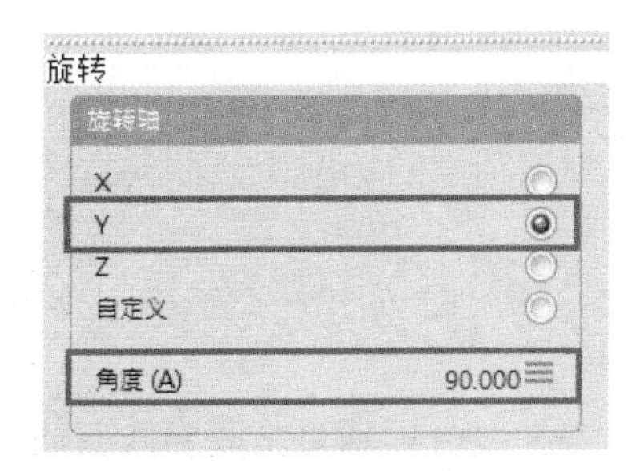

图 5-33　设定“复制中枢”沿 Y 轴旋转 90°

6）确保“捕捉栅格#2”处于激活状态。按〈W〉键激活“平移”工具，平移复制中枢，直至该柱体一侧边界与椭圆对齐，如图 5-34 所示。

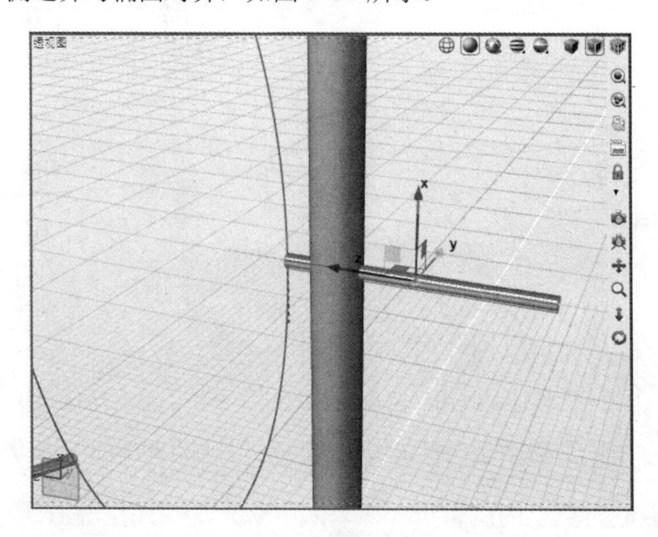

图 5-34　平移复制中枢

7）选中该复制对象，在控制面板中，输入“U 方向上的副本”数量为“50”，获得结果如图 5-35 所示。

图 5-35　设定副本数量为“50”

12．创建镜框

1）激活前视图，并双击前视图顶部的标题栏，使其放大至整个工作区域。这样操作使后续点选时显示更加清晰。

2）使用“矩形（角、角）”工具，创建一个矩形，该矩形两个对角点位置如图 5-36 所示。

3）激活“修剪”工具，当控制台提示“拾取要修剪曲线和要修剪的面”时，依次选择椭圆，以及上一步复制的对象，获得修剪结果如图 5-37 所示。

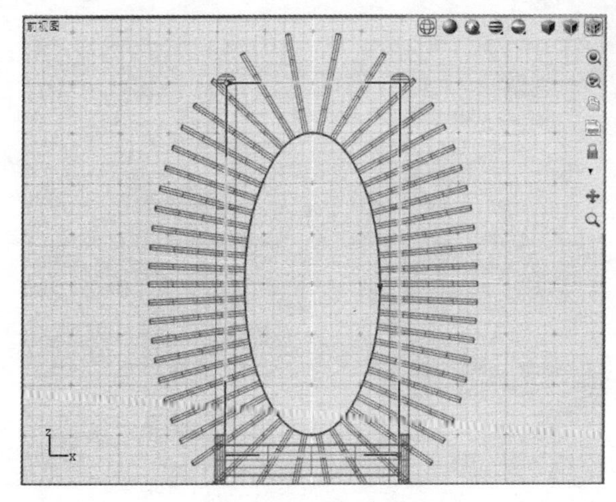

图 5-36　绘制矩形结果

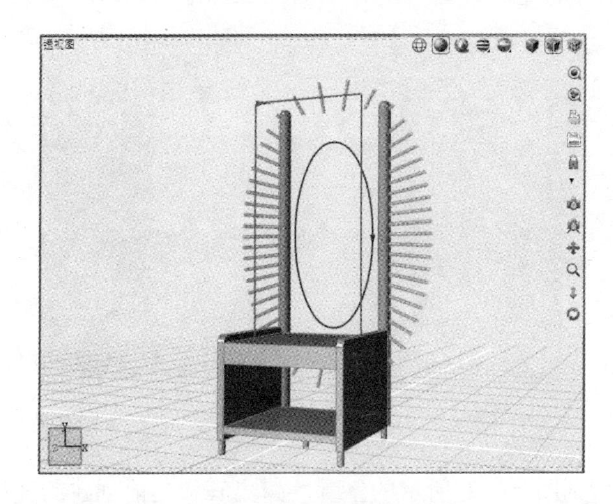

图 5-37　以矩形修剪复制对象

4）保持修剪对象处于选中状态，将修剪类型调整为“保留内部”，结果如图 5-38 所示。

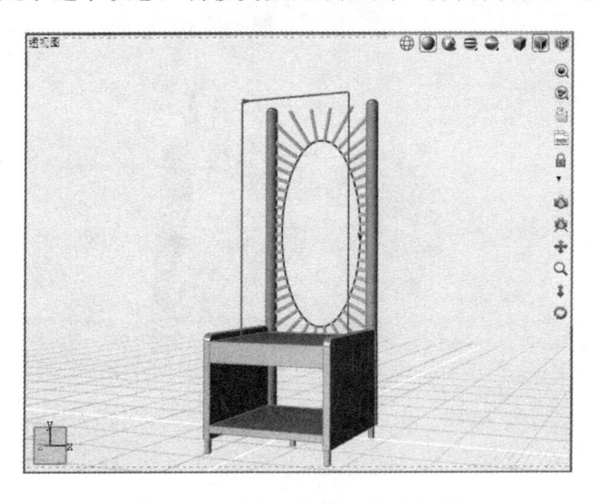

图 5-38　“保留内部”修剪结果

13．创建镜子

1）使用“挤出”工具，针对中间的椭圆进行挤出，挤出距离设定为“1cm”，如图 5-39 所示。

图 5-39　基于椭圆绘制挤出曲面

2）在挤出对象的控制面板中，勾选“封口”复选框，获得结果如图 5-40 所示。

3）激活“倒圆角”工具，为图 5-41 中所示的边添加倒圆角，给定半径值为“0.5”。

图 5-40　为挤出曲面封口

图 5-41　插入半径值为“0.5”的倒圆角

14．整理模型

1）将透视图旋转到图 5-42 所示的位置，露出底部之前创建的柱体。然后，按〈H〉键将其隐藏。

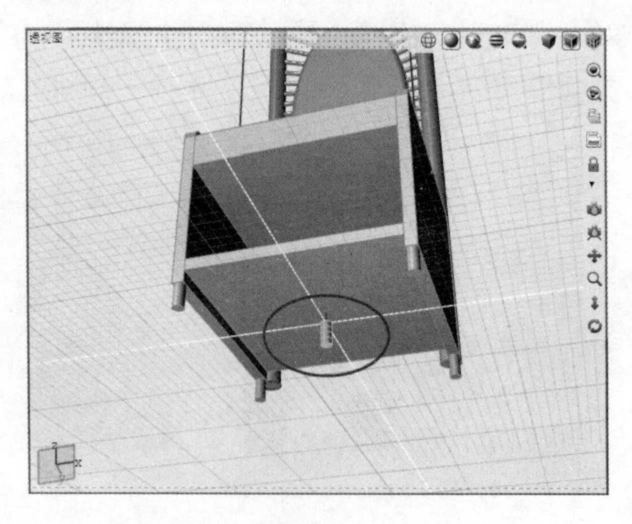

图 5-42　选中底部柱体并隐藏

2）在应用工具栏中，激活“隐藏/取消隐藏所有曲线”图标，视图中所有曲线都被隐藏，如图 5-43 所示，此时读者可以更好地观察模型。

图 5-43　边桌建模结果

3）保存文件“边桌.evo”。

5.2　构建茶壶

本练习侧重巩固以曲线构建曲面工具，创建的茶壶效果如图 5-44 所示，读者具体将巩固以下功能：

- 栅格捕捉。
- 创建 NURBS 曲线。
- 基于曲线创建曲面工具，包括旋转、管道、双轨道、放样 8.5 以及蒙皮。
- “交切”工具。
- “编辑参数”模式和“编辑点”模式。

图 5-44　茶壶

1．新文件设置

1）打开 Evolve，创建一个新文件，将该文件保存并命名为“茶壶.evo”。

2）在菜单栏中执行“编辑”→“栅格设置”命令，打开“栅格设置”对话框。在“栅格#1”选项卡下设定间距全部为“0.5cm”，其他保持默认设置，如图 5-45 所示。

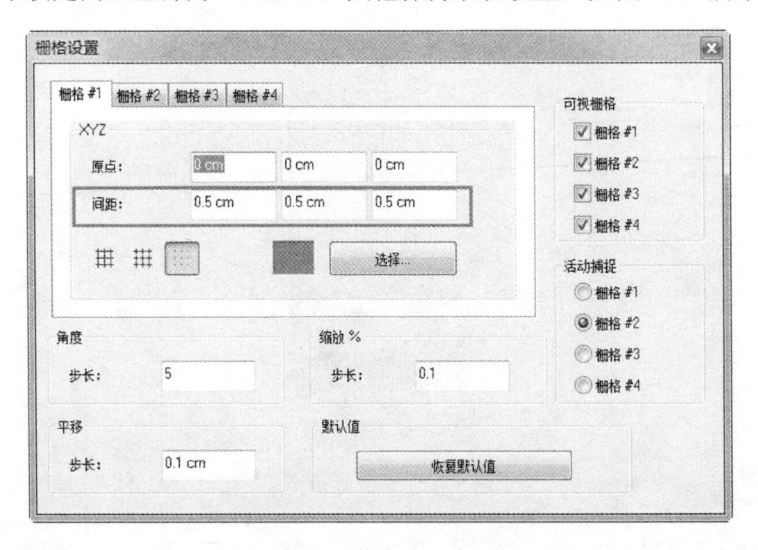

图 5-45　设置栅格#1 间距

3）关闭“栅格设置”对话框。

2．创建壶身

1）激活“捕捉栅格#1”，随后激活 NURBS 曲线工具。在前视图中，创建图 5-46 所示的 NURBS 曲线。注意，绘制第 1 个 NURBS 曲线点时，要位于全局坐标系的原点。第 2 个 NURBS 曲线点要与第一个控制点的 Z 轴坐标一致。

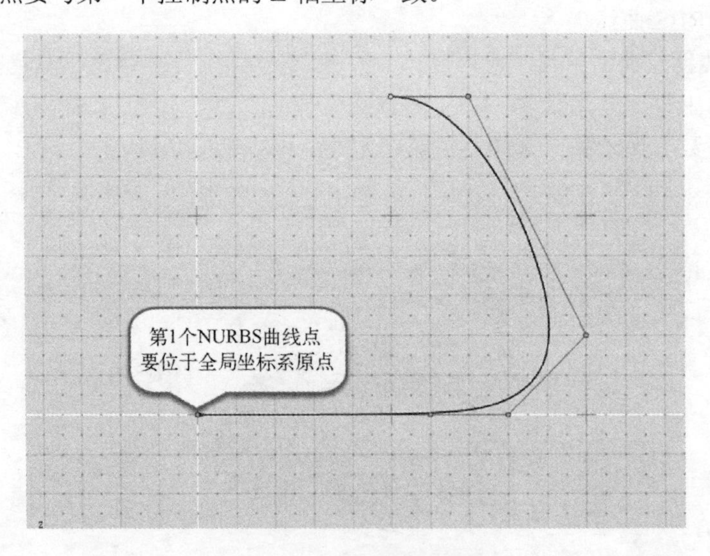

图 5-46　创建 NURBS 曲线

2）激活“旋转”工具，当控制台提示“拾取剖面曲线”时，选择刚刚创建的 NURBS 曲线。随后控制台提示设置“回转轴开始”以及“回转轴方向”，此处接受默认设置即可。此时应获得的结果如图 5-47 所示。

图 5-47　获得旋转曲面

✧ 注：如果获得的结果与图 5-47 不同，则在控制面板中调整回转轴方向为“Z 轴”。默认情况下，旋转轴的设定与用户当前激活的视图息息相关。

3. 创建壶嘴

1）激活前视图，绘制两条 NURBS 曲线，每条曲线都按照从左至右的顺序进行绘制，如图 5-48 所示。

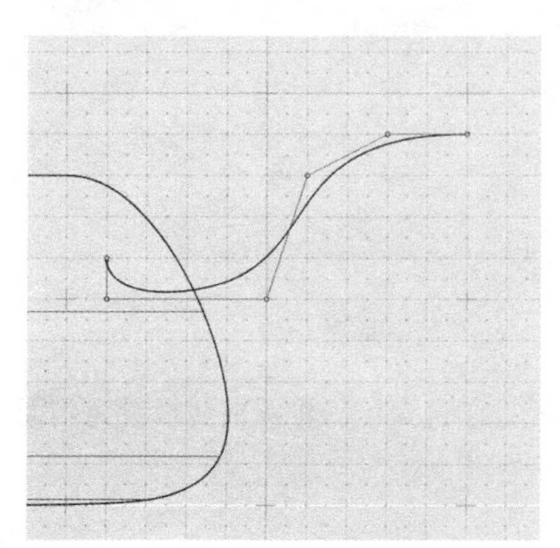

图 5-48　绘制两条 NURBS 曲线

2）在前视图中的任意位置，绘制一条圆曲线，作为双轨道曲面的截面。

✧ 注：用户无须为圆曲线设定特定的参数值，双轨道结果仅与曲线形状有关。

3）在建模工具栏中，选择“双轨道”工具，根据控制台提示分别选取：圆曲线作为剖面曲线；两条 NURBS 曲线作为轨道曲线，获得结果如图 5-49 所示。

✧ 注：在选取两条轨道曲线时，请在曲线的同一侧位置选取，以避免出现曲面扭曲的现象。如果已出现扭曲现象，可在双轨道控制面板中尝试勾选“反转轨道”复选框。

4. 创建壶把

1）激活前视图，在壶身的另外一侧，创建一条 NURBS 曲线，如图 5-50 所示。

图 5-49　绘制双轨道曲面

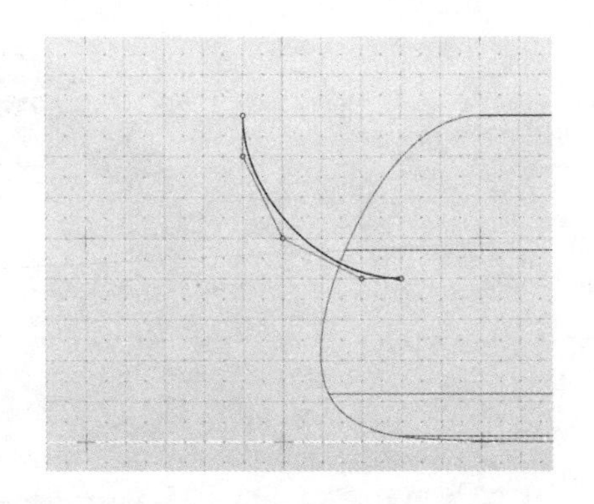

图 5-50　创建一条 NURBS 曲线

2）再次创建一条圆曲线，给定圆曲线的半径值为“1cm”，如图 5-51 所示。该圆可位于建模视图中的任意位置。

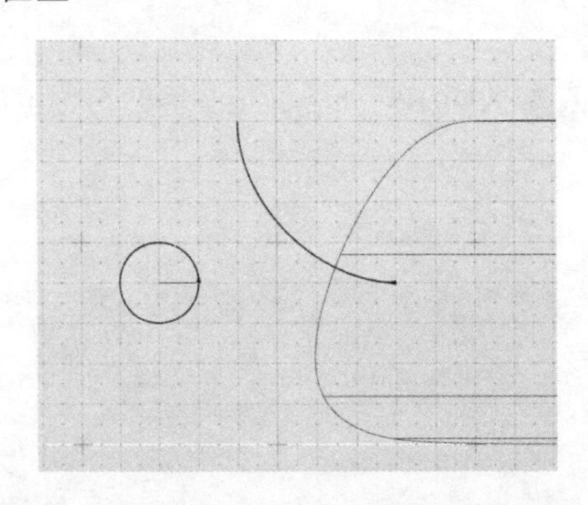

图 5-51　创建半径值为“1cm”的圆曲线

3）使用“管道”工具创建管道曲面，按照控制台提示，将圆曲线设置为剖面曲线，将开放的 NURBS 曲线作为轨道，获得结果如图 5-52 所示。

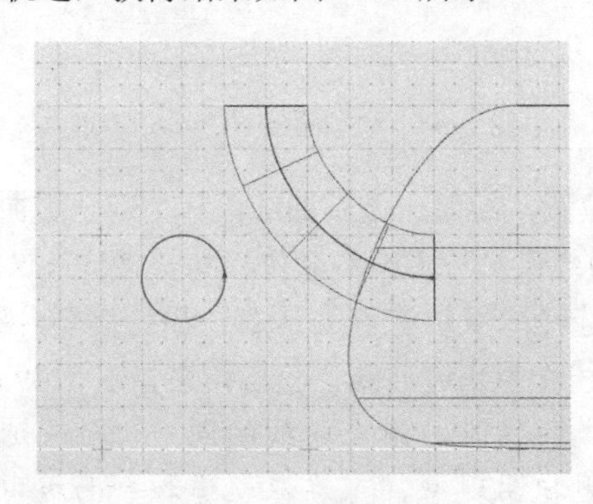

图 5-52　创建管道曲面

4）保持新创建的壶把处于选中状态，在控制面板中，勾选“选项”参数下的“起始封口”和“结束封口”两个复选框，获得结果如图 5-53 所示。

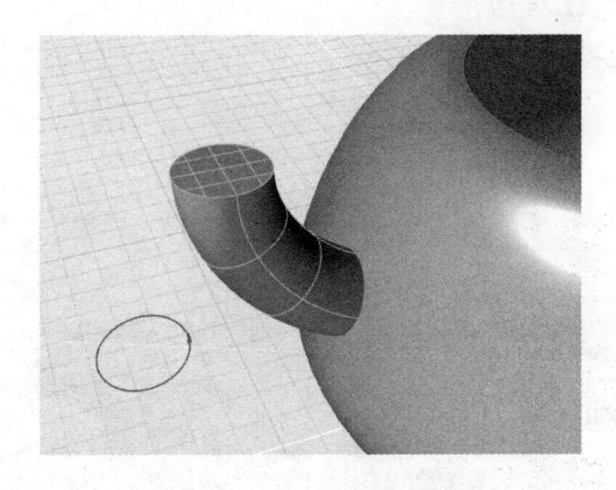

图 5-53　为管道曲面创建封口

5．融合壶身

1）选择建模工具中的“交切”工具，当控制台提示“拾取要交切的对象”时，依次选取目前视图中已构建的 3 个曲面：旋转曲面（壶身）→双轨道曲面（壶嘴）→管道曲面（壶把），按空格键确认后，所有选中曲面都被覆盖以亮蓝色的等参线，如图 5-54 所示。

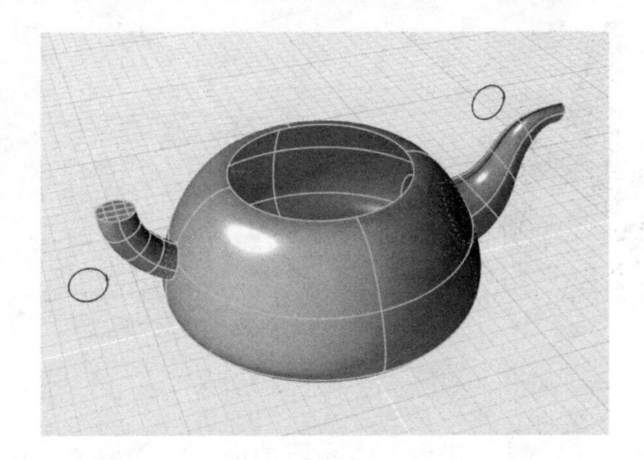

图 5-54　将壶身 3 部分曲面囊括入“交切”操作中

2）在前视图中，点选并移除壶嘴和壶把插入壶身的部分，如图 5-55 所示。

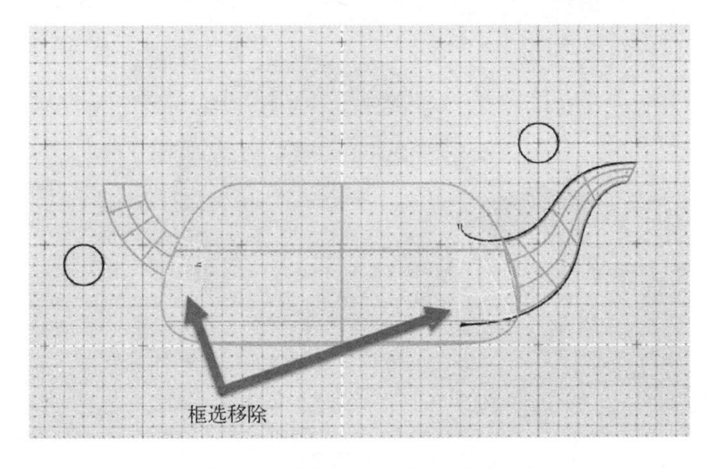

图 5-55　移除壶嘴和壶把插入壶身的部分

3）在透视图中，依次点选移除曲面相交时，切割出的圆形面片。全部移除后按空格键确认，如图 5-56 所示。

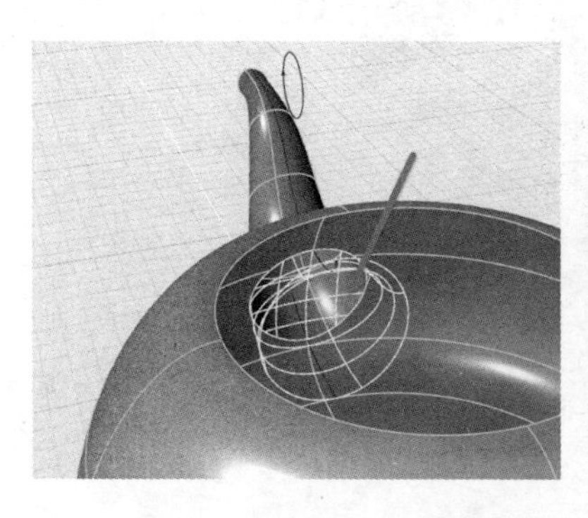
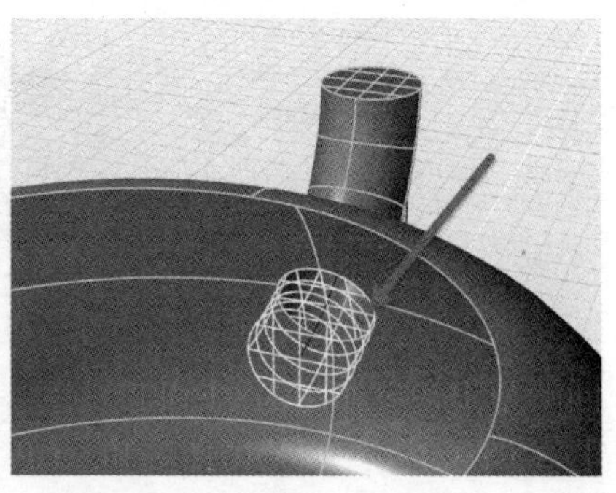

图 5-56　移除曲面相交切割出的圆形面片

然后，合并为一个曲面，如图 5-57 所示。

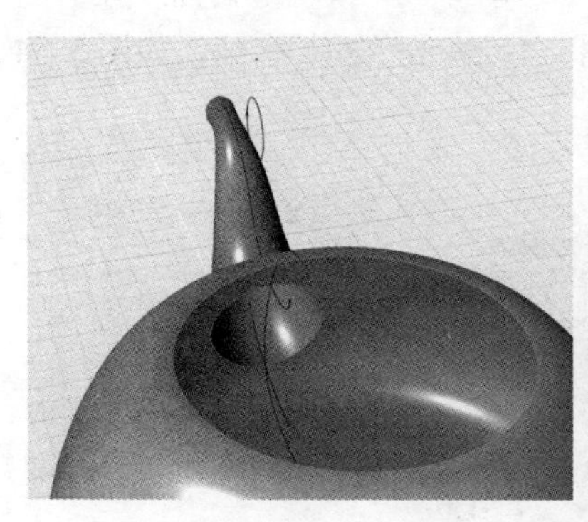

图 5-57　获得交切结果

4）使用“倒圆角”工具，施加于该交切曲面上，为两侧曲面衔接处施加以半径为“1cm”的倒圆角，如图 5-58 所示。

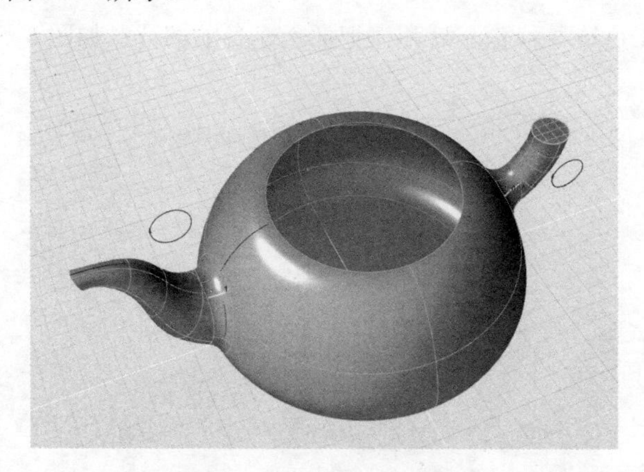

图 5-58　为壶身添加倒圆角

6．绘制壶盖

1）在透视图中，激活“提取曲线”工具，选择壶身顶部曲线并将其提取出来，如图 5-59 所示。

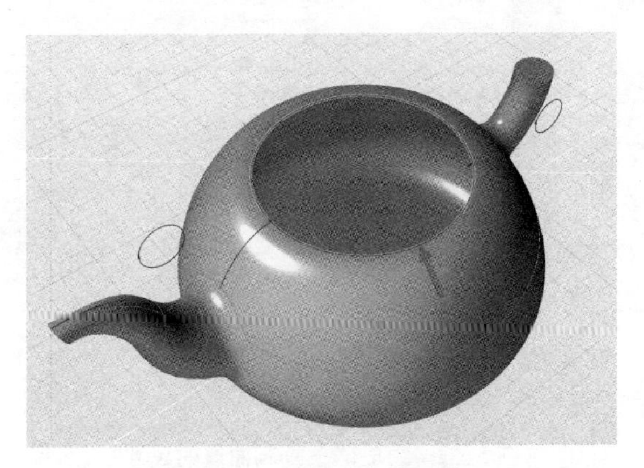

图 5-59 提取壶身顶部曲线

2）在透视图中选中该提取曲线，如图 5-60 所示。如果选择不便，则可借助线框模式。

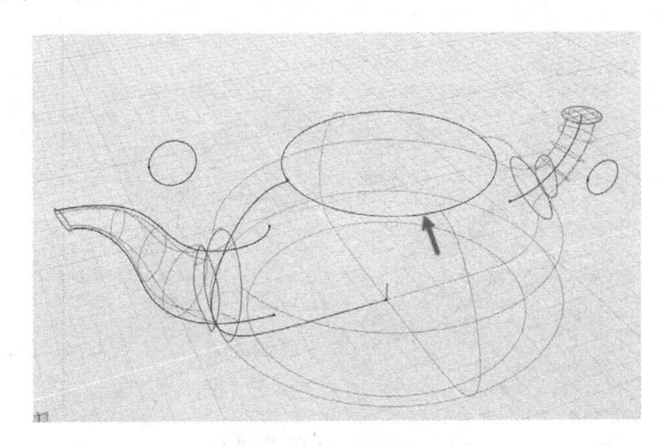

图 5-60 选中提取曲线

3）利用〈Ctrl+C〉（复制）快捷键和〈Ctrl+V〉（粘贴）快捷键，复制出另外 3 条曲线，每条曲线间间隔为 1cm，如图 5-61 所示。

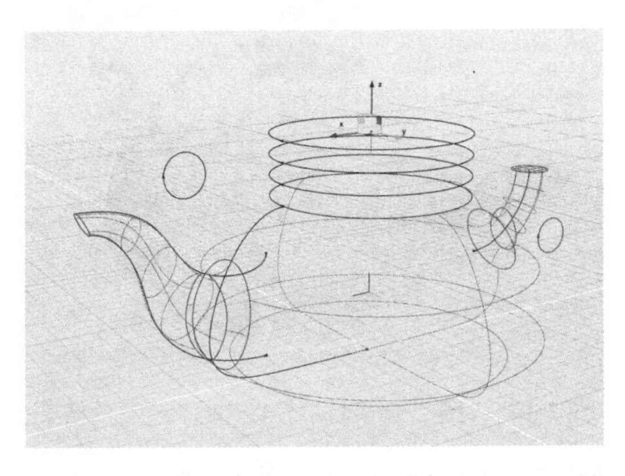

图 5-61 复制提取曲线

4）利用“缩放”工具（或按快捷键〈R〉）调整第 2 条及第 3 条复制曲线的尺寸，第 2 条曲线缩放 0.2 倍，第 3 条曲线缩放 0.3 倍，如图 5-62 所示。

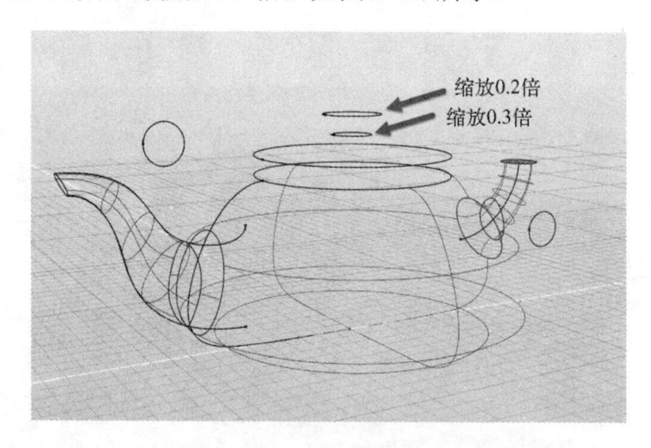

图 5-62　缩放两条复制曲线的尺寸

5）激活“蒙皮”工具，依次选择提取曲线#1，以及 3 条复制曲线，获得蒙皮结果如图 5-63 所示。

图 5-63　创建蒙皮曲面

6）随后在控制面板中勾选“结束封口”复选框，获得结果如图 5-64 所示。

图 5-64　勾选“结束封口”复选框后获得的结果

7）为壶盖顶部施加倒圆角，设定半径值为“0.5cm”，如图 5-65 所示。

图 5-65　为壶盖顶部施加倒圆角

7. 绘制茶壶提手

1）激活前视图，使用 NURBS 曲线工具，绘制一条与图 5-66 所示类似的曲线。

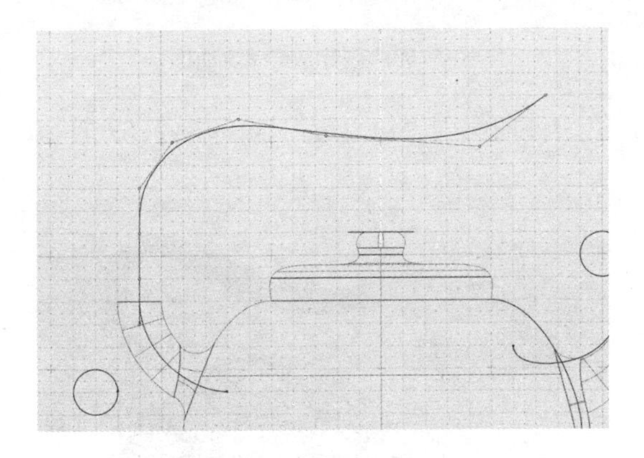

图 5-66　绘制 NURBS 曲线

2）在前视图中的任意位置绘制一个半径为 0.5 的曲线圆，以及另外一个椭圆，轴 1 长度为 0.5cm，轴 2 长度为 1cm，如图 5-67 所示。

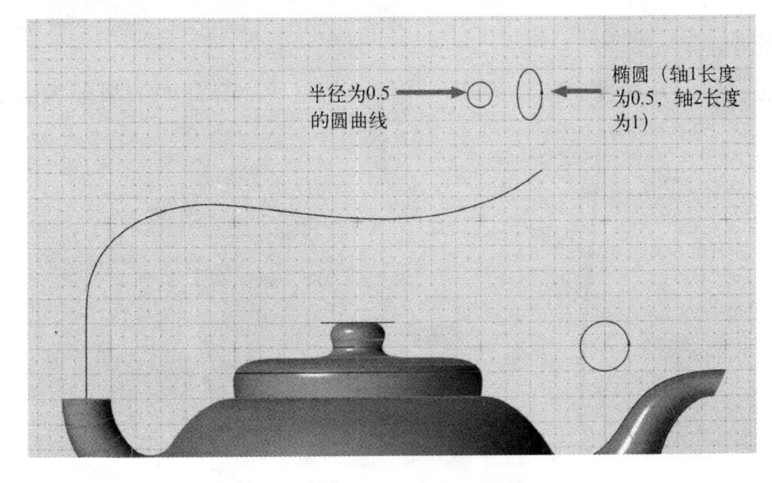

图 5-67　绘制两条新曲线

3）激活“放样 8.5”工具。当控制台提示“拾取剖面曲线”时，按以下顺序选择：上一步创建的曲线圆→再次选择上一步创建的曲线圆→上一步创建的椭圆，按空格键确认。

4）当控制台提示“拾取挤出路径曲线”时，选择前面创建的开放 NURBS 曲线，获得结果如图 5-68 所示。

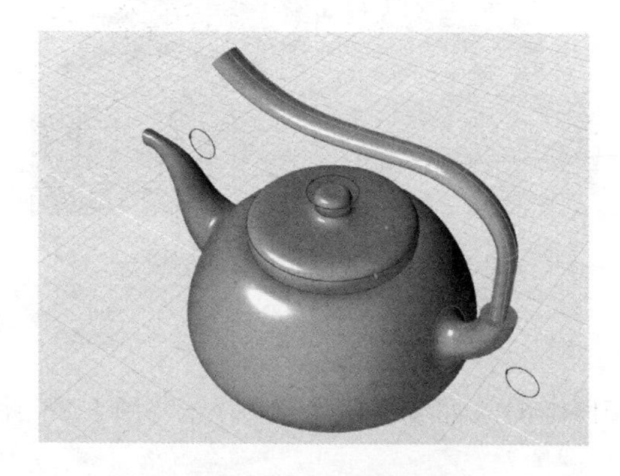

图 5-68　创建放样 8.5 曲面

5）在控制面板中，给予该曲面以“结束封口”，如图 5-69 所示。

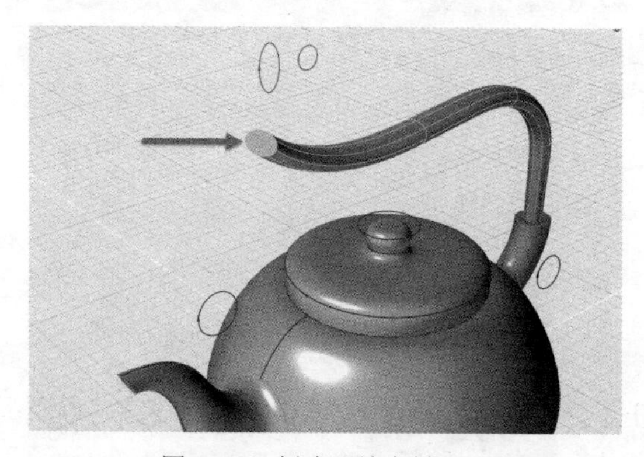

图 5-69　创建“结束封口”

8．造型微调

1）激活前视图，并切换至线框模式，找到最初创建壶身曲面的那条 NURBS 曲线，如图 5-70 所示。

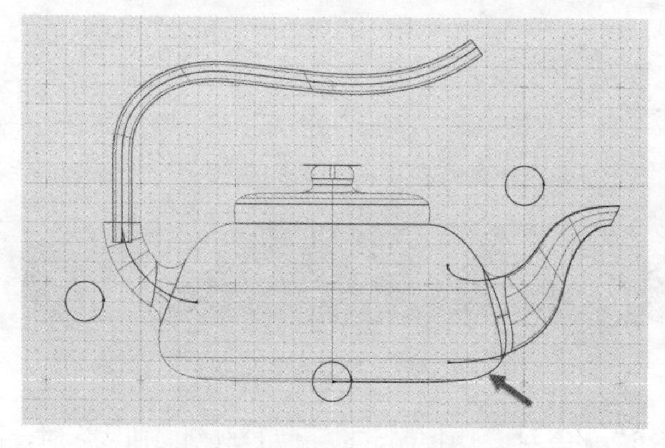

图 5-70　找到壶身 NURBS 曲线

2）切换至“编辑参数”模式，框选末端的两个控制点，如图 5-71 所示。

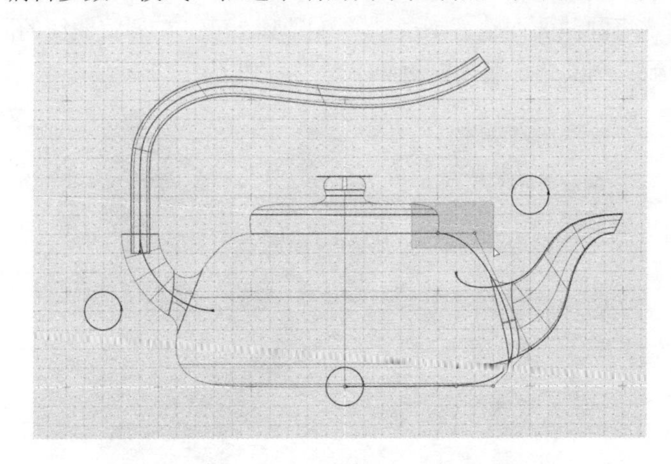

图 5-71　选中 NURBS 曲线上的两个控制点

3）将两个选中点向 X 轴正方向平移 1cm，如图 5-72 所示。

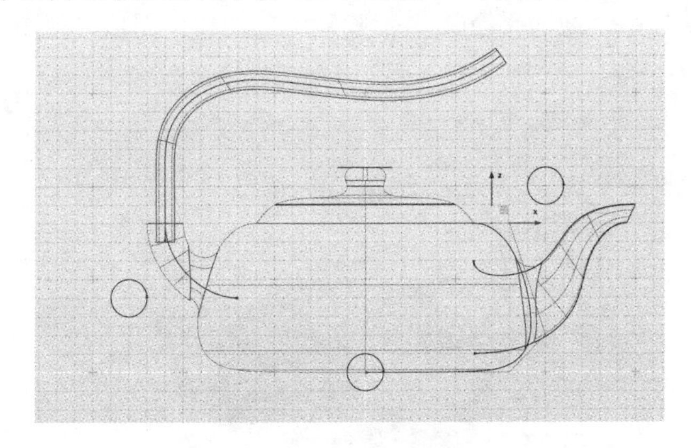

图 5-72　将选中控制点平移

从透视图中可见，所有与该曲线相关联的曲面，包括壶身、壶嘴、壶把及壶盖，都随着这条曲线的改变更新了造型，如图 5-73 所示。

图 5-73　茶壶造型有所更新

4）随后选中作为壶把截面的曲线圆。切换至“编辑点”模式，并选中上部两个曲线点向曲线圆外侧移动，将圆截面调整为不规则的椭圆形。可见在调整曲线的同时，与其相关的曲面，包括壶把和壶身倒圆角，都即时更新了造型，如图 5-74 所示。

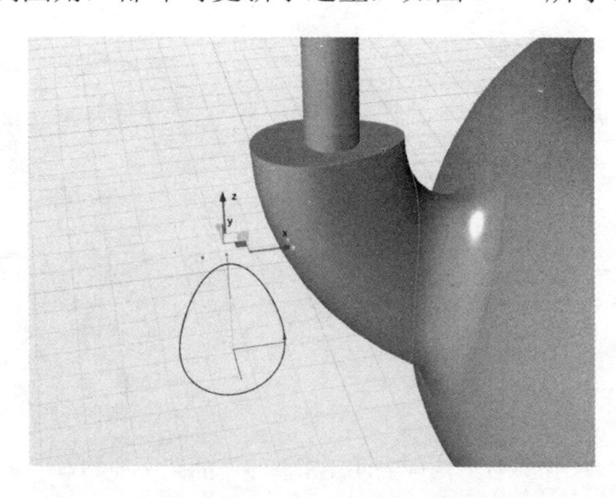

图 5-74　调整截面造型

5）在应用工具栏中，激活“隐藏/取消隐藏所有曲线”图标，视图中所有曲线都被隐藏，如图 5-75 所示。

图 5-75　茶壶建模结果

6）至此，本练习完成，保存文件“茶壶.evo”。

5.3　构建座椅

本练习特别强调通过曲线和曲面工具构建合理的结构历史进程，创建的座椅效果如图 5-76 所示，读者具体将巩固以下功能：

- 栅格捕捉。
- 创建 NURBS 曲线。
- 从曲线挤出曲面。
- 创建融合曲面。
- 修剪曲面。
- 通过结构树重塑模型。

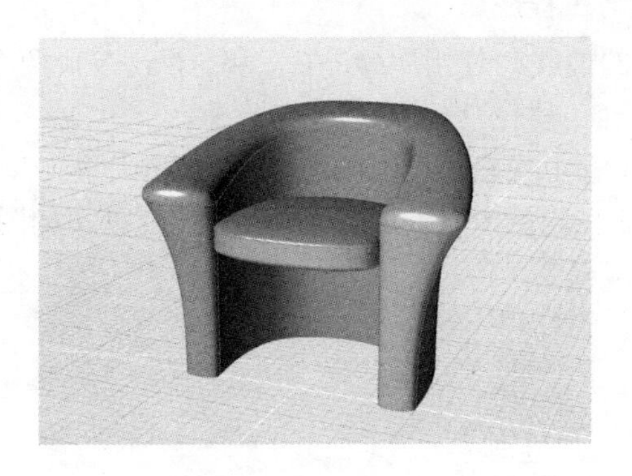

图 5-76　座椅

1．新文件设置

1）在 Evolve 中新建一个文件，由于上一个练习设置了自定义栅格，因此，先打开“栅格设置”对话框，单击“恢复默认值”按钮，并退出此对话框。

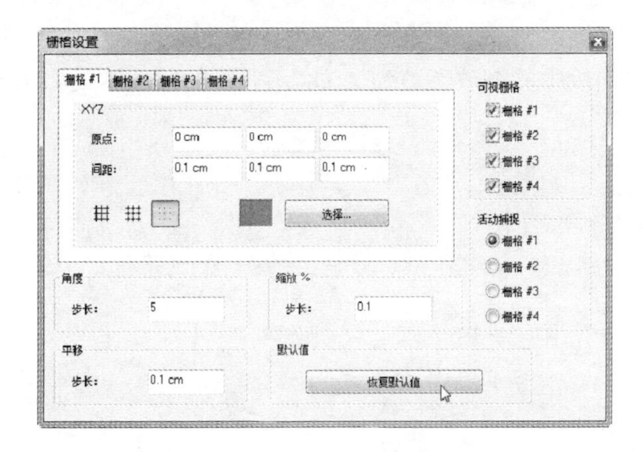

图 5-77　恢复栅格默认设置

2）按〈Alt+3〉快捷键，激活“捕捉栅格#3”图标。

2．绘制座椅椅背曲线

1）激活顶视图，使用 NURBS 曲线工具，绘制图 5-78 所示的曲线。

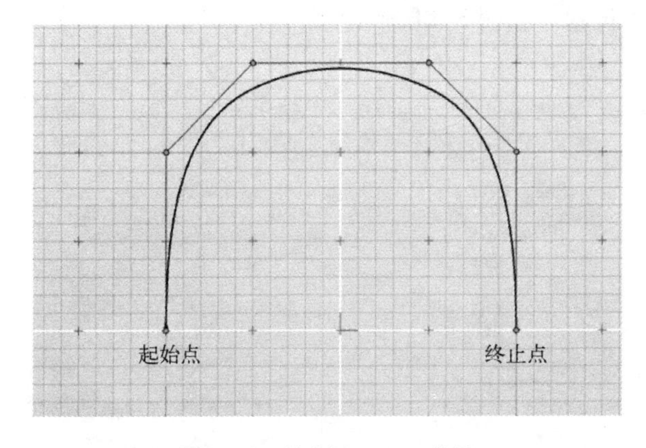

图 5-78　绘制 NURBS 曲线

2）选中上一步绘制的曲线，使用〈Ctrl+C〉和〈Ctrl+V〉两个快捷键，复制一条新曲线。复制结束后，“平移”工具将被自动激活。

3）保持复制曲线处于选中状态，按快捷键〈R〉启动“缩放”工具。

4）将“缩放”工具的亮蓝色中枢点移动至坐标轴原点处，如图 5-79 所示。

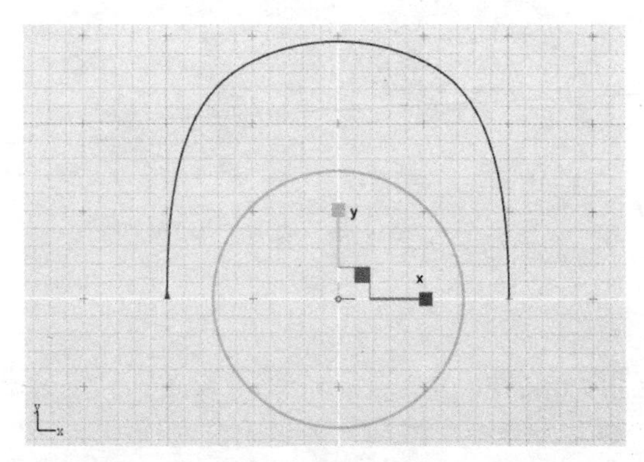

图 5-79　移动缩放中枢点

5）同时修改控制面板中的缩放参数为“0.8”，获得的缩放结果如图 5-80 所示。

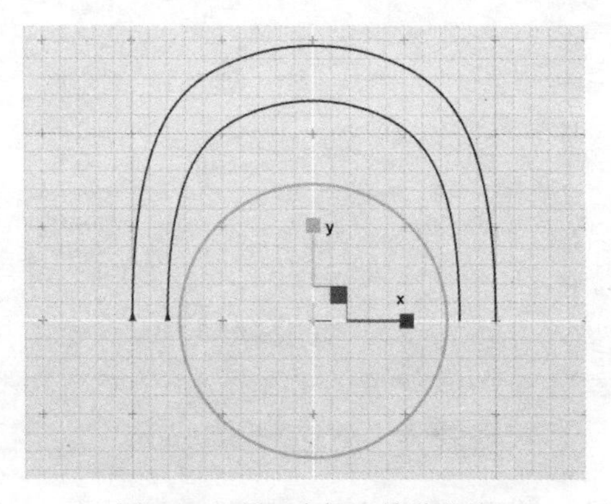

图 5-80　基于中枢点缩放曲线

6）将栅格捕捉切换至“栅格捕捉#2”。

7）仍然保持该曲线处于选中状态，切换至“编辑参数”模式，使用“平移”工具，分别调整曲线的首末端点位置，如图 5-81 所示。

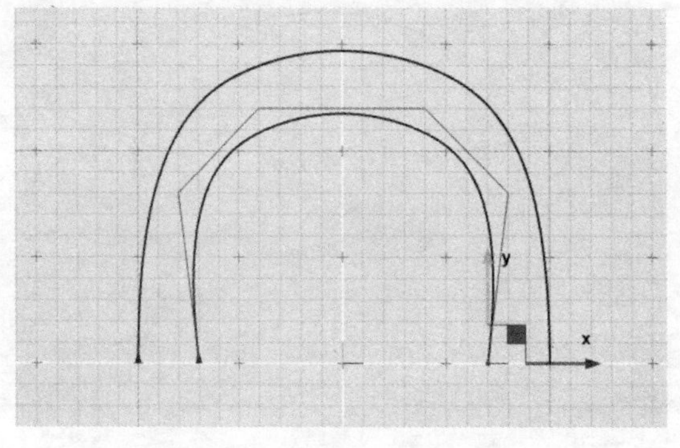

图 5-81　调整曲线首末端点的位置

8）按空格键切换回选择对象模式。

3．绘制椅背曲面

1）选择“挤出”工具，针对内部曲线进行挤出操作，设定沿 Z 轴正向、挤出距离为22cm，如图 5-82 所示。

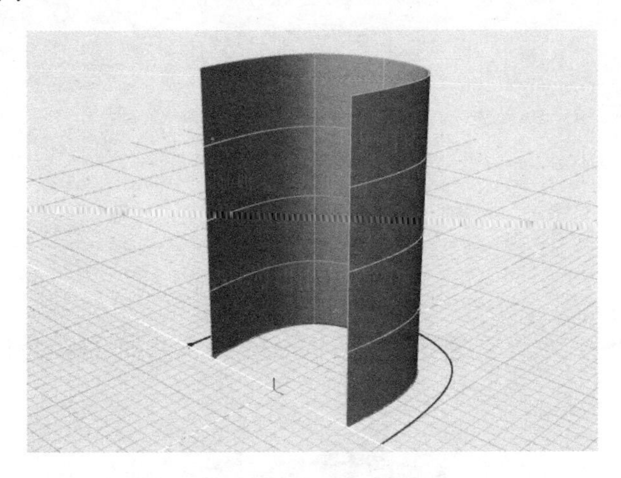

图 5-82　将内部曲线挤出曲面

2）重复挤出操作，这次针对外部曲线，同样设定沿 Z 轴正向、挤出距离 22cm，如图 5-83 所示。

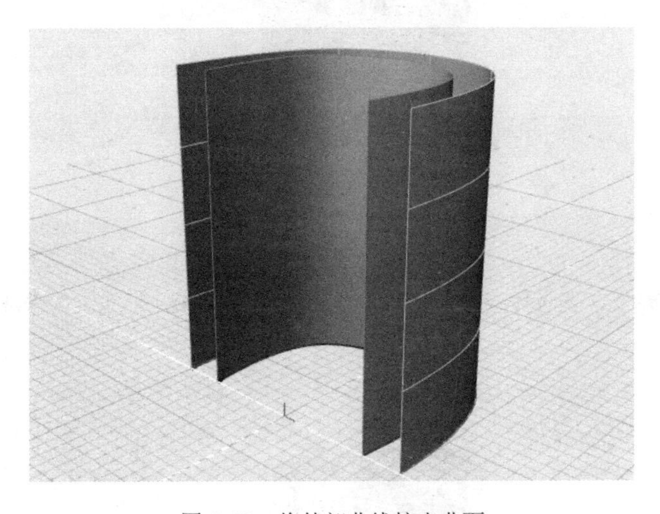

图 5-83　将外部曲线挤出曲面

✧ 注：在此环节中，请勿一次性挤出两条曲线。单独进行挤出操作是为了保持两个曲面的独立性，以在后面建模过程中有更大的调整空间。

4．修剪曲面造型

1）激活右视图，绘制一条曲线，其大体形状如图 5-84 所示。注意，曲线最顶端不要超过曲面高度，最好能留有一定的距离用于调整造型。

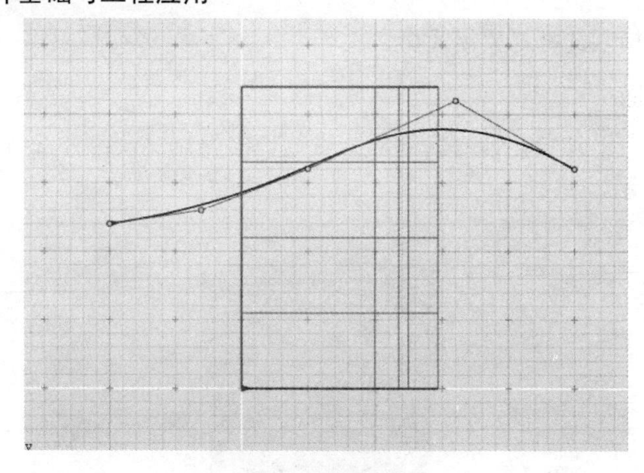

图 5-84　绘制顶部曲线

2）为了观察便利，激活透视图，使用“平移”工具将曲线移动到曲面外，如图 5-85 所示。

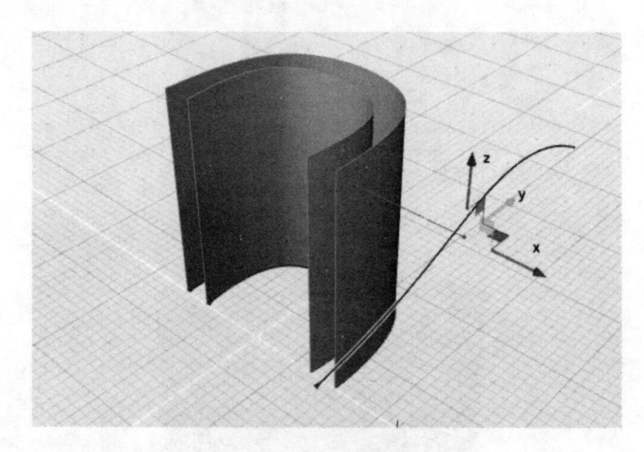

图 5-85　平移曲线至模型外部

3）激活“修剪”工具，使用上一步绘制的 NURBS 曲线，修剪椅背外侧曲面，如图 5-86 所示。

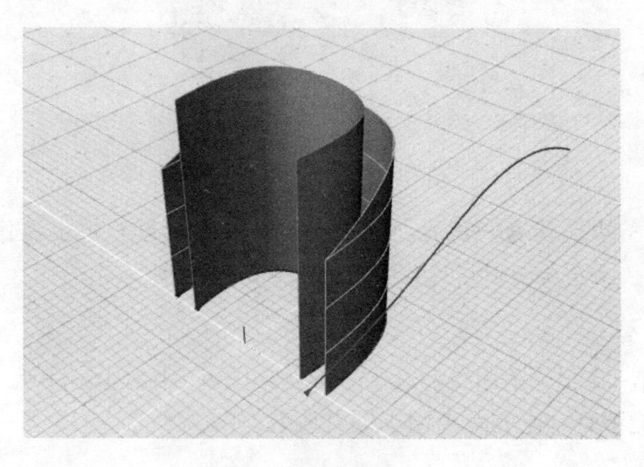

图 5-86　修剪外侧曲面

4）再次使用“修剪”工具，使用同一条 NURBS 曲线，修剪椅背内侧曲面，如图 5-87 所示。

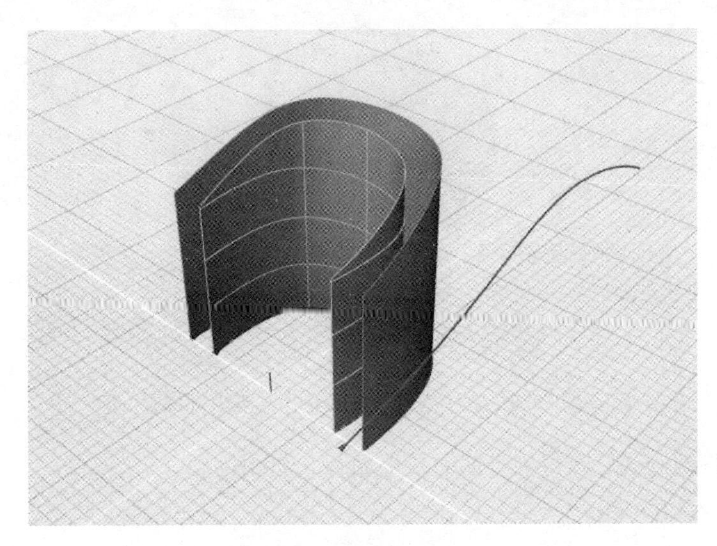

图 5-87　修剪内侧曲面

✧ 注：在此环节中，请勿在一次修剪操作中同时选中两个曲面。这样操作是为了保持两个曲面的独立性，以在后面建模过程中有更大的调整空间。

5．融合内部及外部曲面

1）激活建模工具栏中的“融合曲面”工具，当控制台提示“拾取曲面#1”时，单击椅背外部修剪曲面，当控制台提示“拾取曲面#1 起点附近的边线”时，拾取该选中曲面的顶部边线，注意选取位置需在图 5-88 中箭头指向位置的附近。

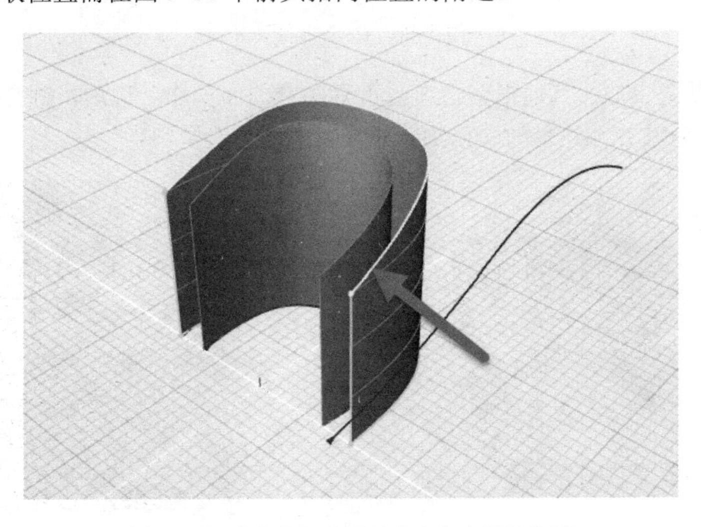

图 5-88　选中外部曲面并单击起点附近位置

2）当控制台提示“拾取曲面#2”时，单击椅背内部修剪曲面，当控制台提示“拾取曲面#2 起点附近的边线”时，拾取该选中曲面的顶部边线，注意选取位置需在图 5-89 中箭头指向位置的附近。

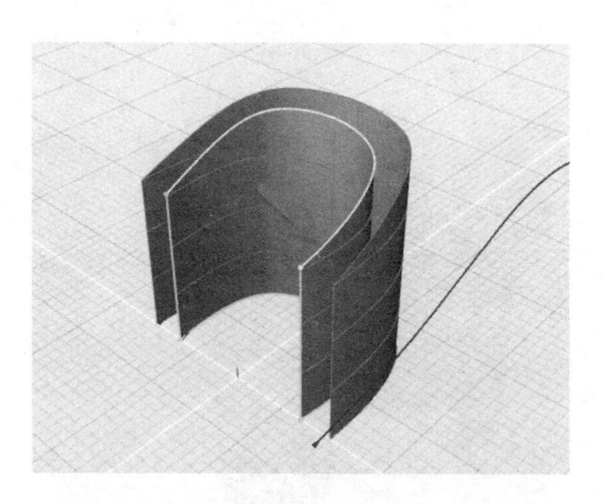

图 5-89　选中内部曲面并单击起点附近位置

3）当按空格键确认后获得融合曲面效果如图 5-90 所示。

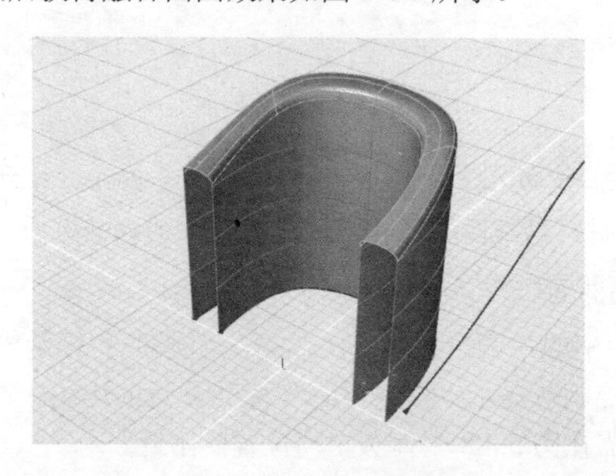

图 5-90　融合曲面效果

4）针对内外两个曲面其他未融合边线重复融合曲面操作。最后，融合座椅扶手位置的两个缺口，如图 5-91 所示。此时，已构建好椅背的基本造型。

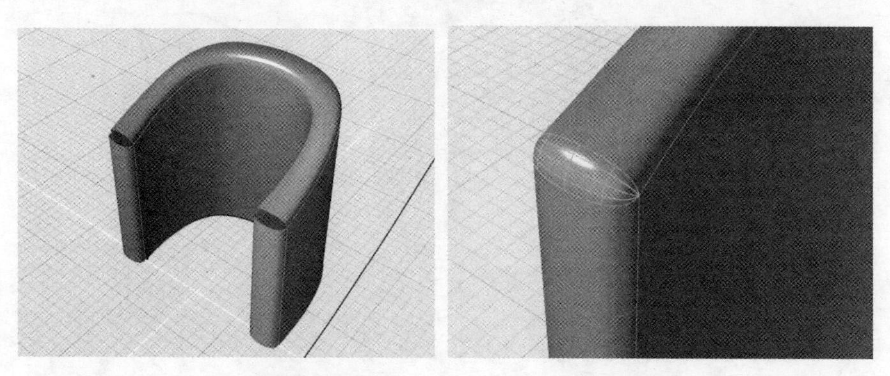

图 5-91　针对侧面曲面进行融合（左），以及扶手位置的两个缺口（右）

6．绘制坐垫

1）将透视图调整为“线框模式”。

2）在建模工具栏中，选择“单一直线”工具 。

3）切换至右视图，在图 5-92 中所示的位置绘制一条直线。

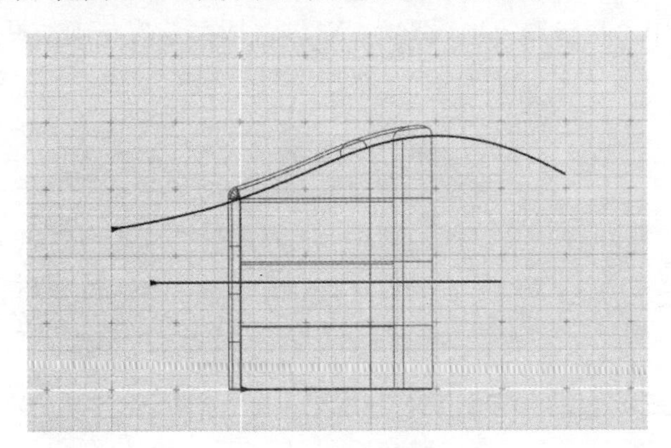

图 5-92　绘制一条直线

4）为了观察方便，使用“平移”工具将其移动到曲面外部，如图 5-93 所示。

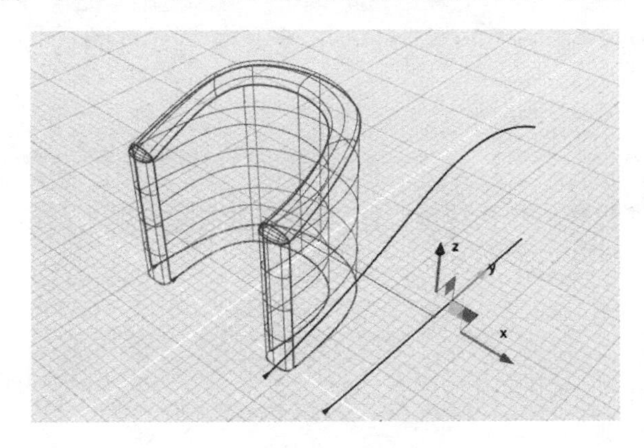

图 5-93　平移曲线至模型外

5）激活“曲线投影”工具 ，当控制台提示“拾取曲线”时，选择上一步创建的直线；当控制台提示“拾取曲面”时，点选座椅椅背内侧的曲面，如图 5-94 所示。

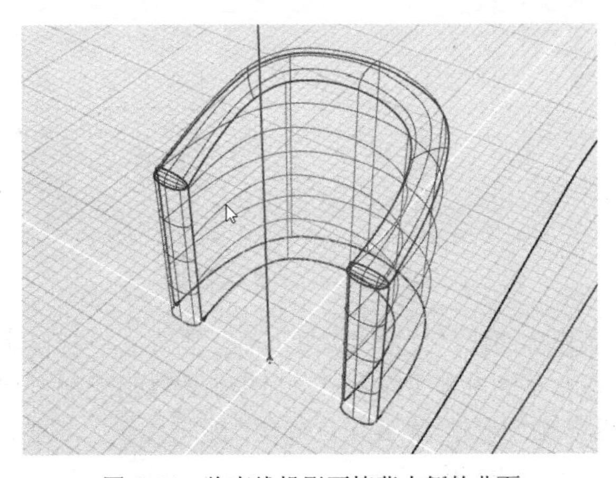

图 5-94　将直线投影至椅背内侧的曲面

6）当按空格键确认后，并未形成投影曲线。同时，在全局浏览器中可见该步骤出现错误提示，如图 5-59 所示。这是由于直线的默认投影方向与我们期望的投影方向不一致。

7）在控制面板中，将投影方向设置为 X 轴，即可获得正确的投影结果，如图 5-96 所示。

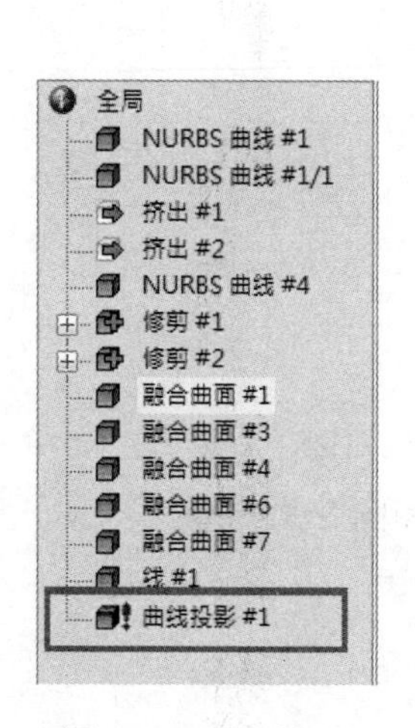

图 5-95　错误提示

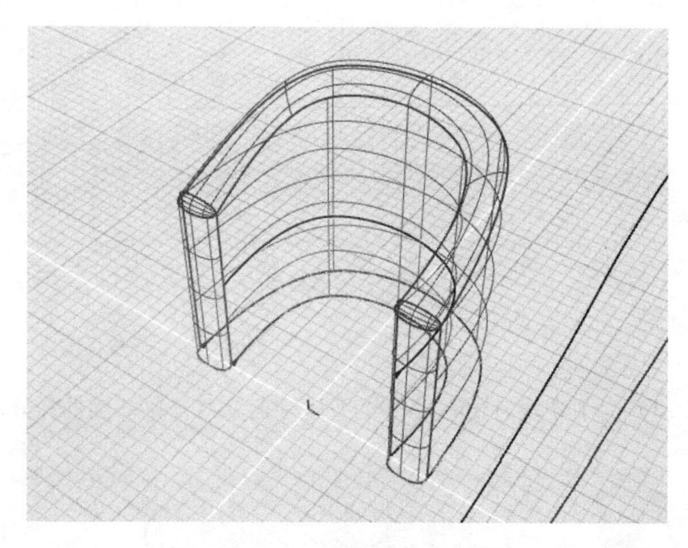

图 5-96　调整投影方向

8）选中新的投影曲线，按快捷键〈I〉将这条曲线单独隔离；或在应用工具栏中激活“隔离模式”图标，如图 5-97 所示。

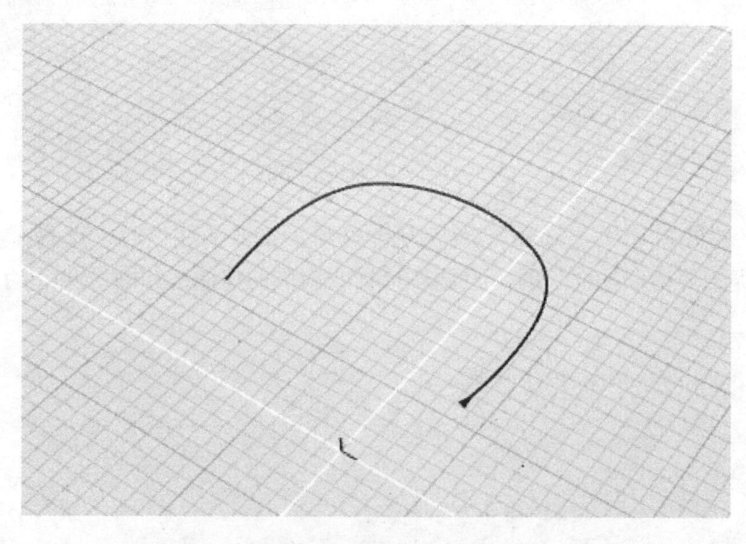

图 5-97　将投影曲线隔离

9）接下来针对这条投影曲线，使用“曲线融合”工具将其首尾融合，当控制台提示“点#1”时，将鼠标光标移动到投影曲线附近，当投影曲线出现预先高亮（黄色虚线）时，表示此时点选曲线可将控制点锁定于曲线上。因此，点选曲线上一点并确保将该点位置拖动到曲线一侧的端点上，如图 5-98 所示。

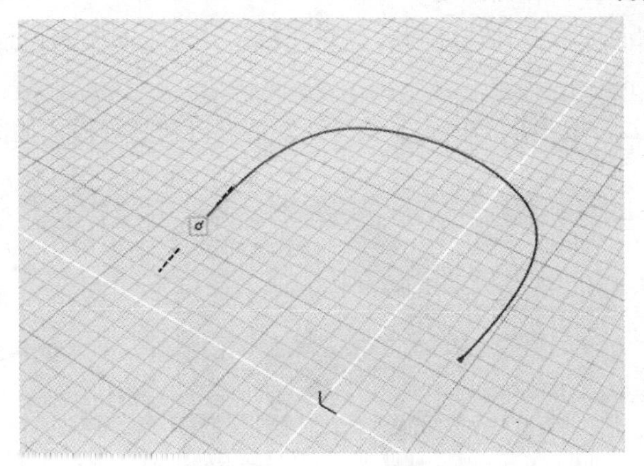

图 5-98　将融合曲线的第 1 个控制点锁定至投影曲线端点

10）随后当控制台提示“点#2”时，可做类似操作，在曲线另一侧的端点上绘制融合曲线的另外一点，按空格键退出绘制，如图 5-99 所示。

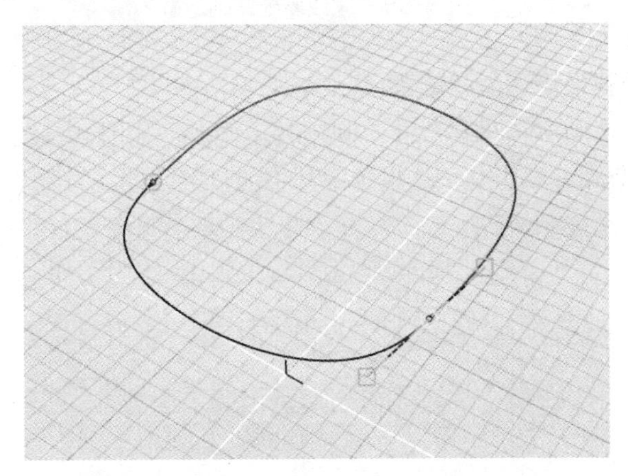

图 5-99　将融合曲线的第 2 个控制点锁定至投影曲线另一侧的端点

11）使用“合并”工具，将投影曲线与融合曲线合并。

L2）激活“挤出”工具，针对合并曲线进行挤出，沿 Z 轴正方向挤出 1.5cm，如图 5-100 所示。

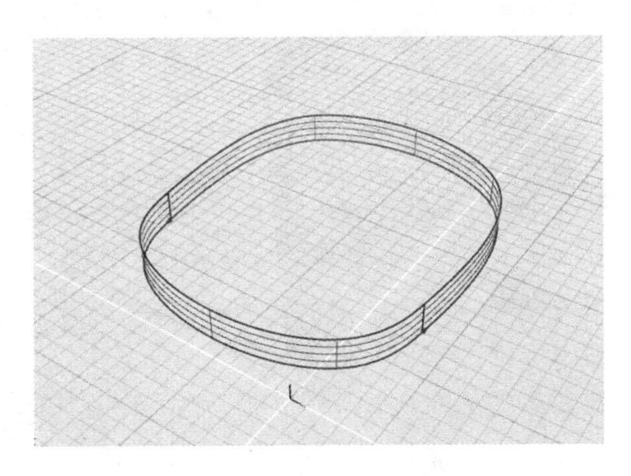

图 5-100　挤出合并曲线

13）随后在控制面板中，勾选“封口”复选框，并设定两个封口均为“圆形封口”，且设定封口高度均为 1cm。

14）按快捷键〈I〉，取消隔离模式，此时沙发造型已初具规模，如图 5-101 所示。

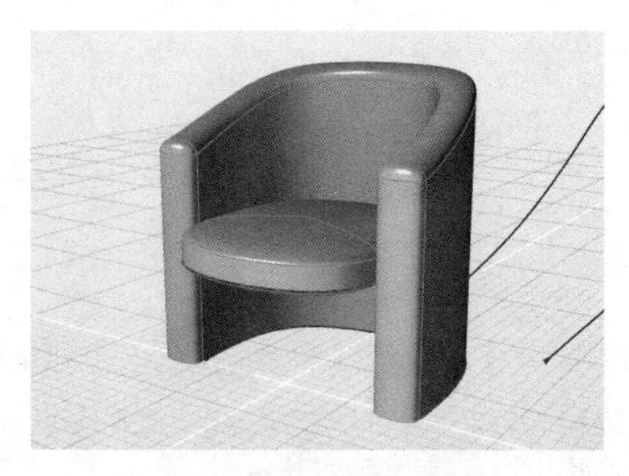

图 5-101　完成座椅基础造型

7．利用结构树调整坐垫造型和位置

1）在透视图中，选中座椅坐垫部分，观察其结构树，如图 5-102 所示。从结构树中可以看出，该对象受多个源对象影响。这里选中其中的“融合曲线#1”。

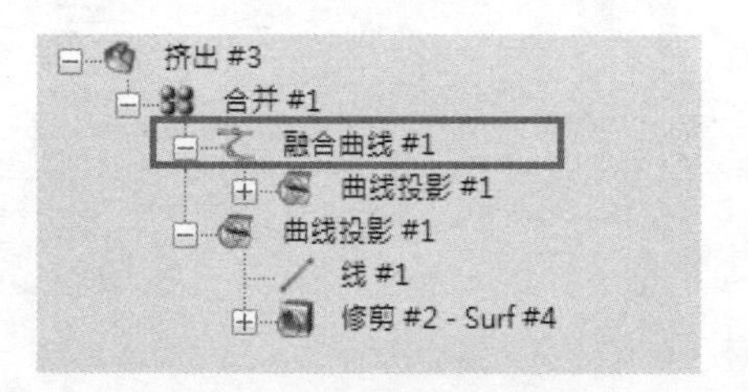

图 5-102　观察坐垫结构树

2）切换至“编辑参数”模式，框选融合曲线首尾两个控制点。在控制面板中，将 “切线等级”参数调整为“0.6”。可见坐垫造型即时更新，按空格键退出。

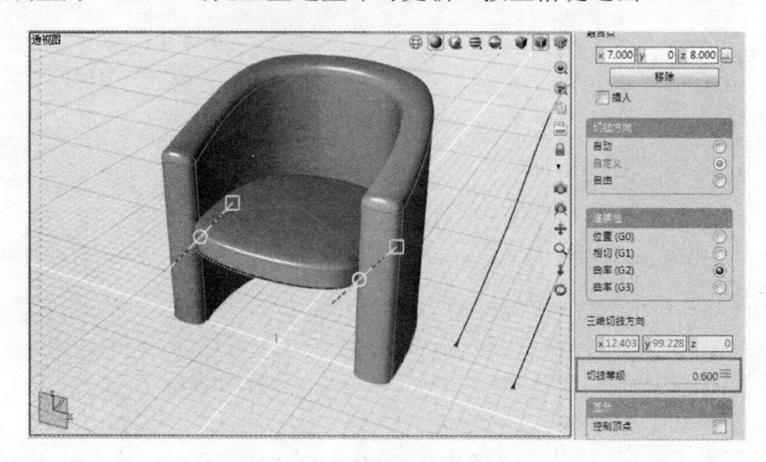

图 5-103　调整“切线等级”参数

3）在透视图中，选中之前创建的单一直线。使用“平移”工具将其向 Z 轴正方向移动 2cm。可见坐垫位置也随着直线的移动而移动，如图 5-104 所示。

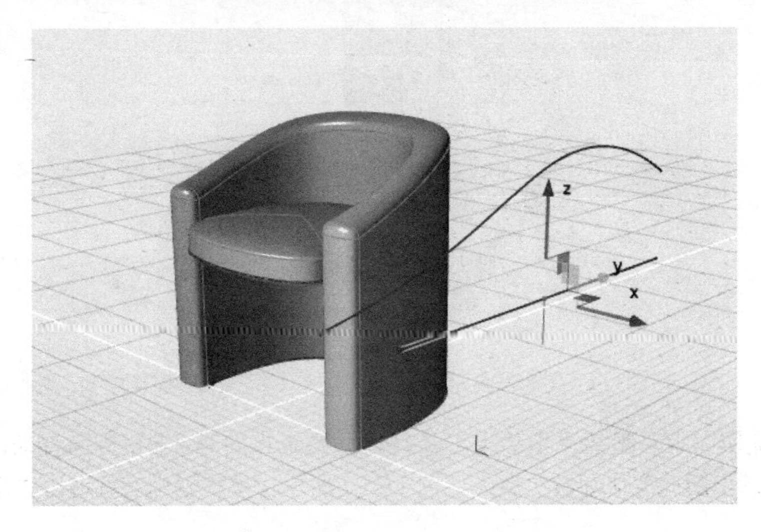

图 5-104　将直线向 Z 轴正方向平移

8．利用点编辑调整靠背造型

1）在全局浏览器中，选择座椅靠背外侧的源曲面（挤出曲面），如图 5-105 所示。

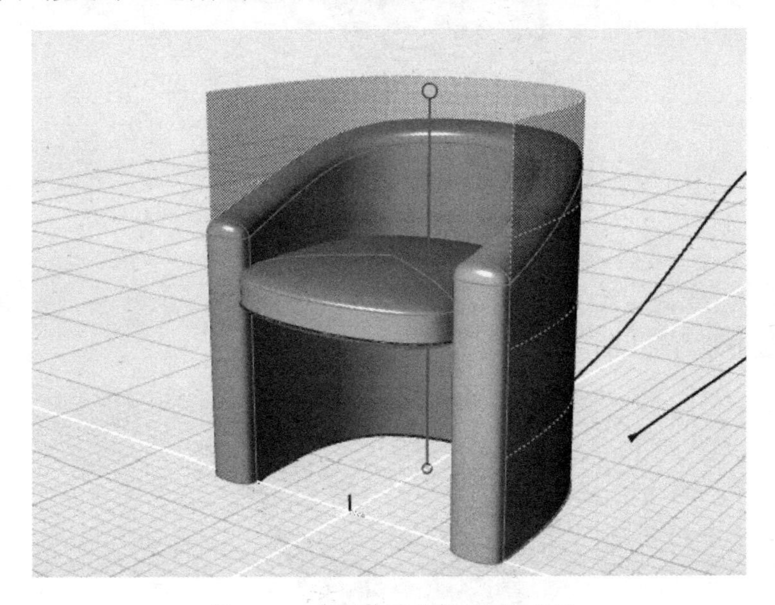

图 5-105　找到座椅靠背背部源曲面

2）在控制面板中，调整该挤出曲面的参数，将“截面数量”和“V 向阶数”两个参数分别调整为“4”。“截面数量”参数控制曲面上控制点的数量，“V 向阶数”参数控制曲面在控制点位置的光顺程度。

3）在应用工具栏中，切换至“编辑点”模式，框选图 5-106 中所示的两个控制点。

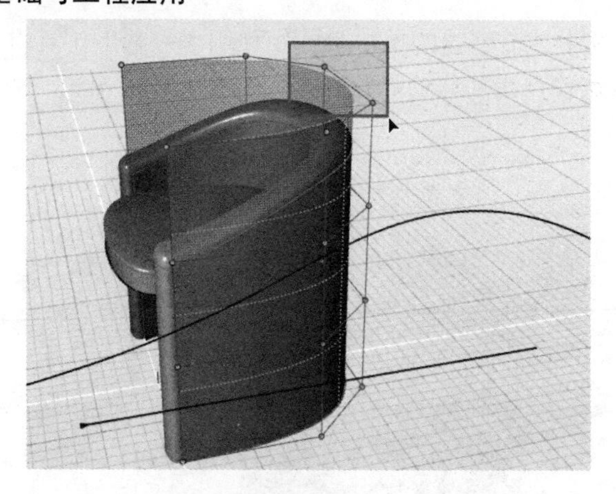

图 5-106　框选曲面上的两个控制点

4）按快捷键〈W〉激活“平移”工具，将这两个点向 Y 轴正方向移动。当松开鼠标后，可见沙发造型随此变化即时更新，如图 5-107 所示。单击鼠标右键退出“平移”工具。

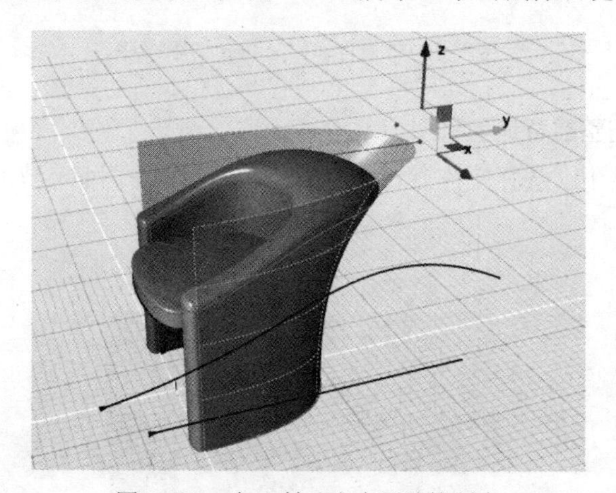

图 5-107　向 Y 轴正方向平移控制点

5）再次选中源曲面上的两个控制点，如图 5-108 所示。

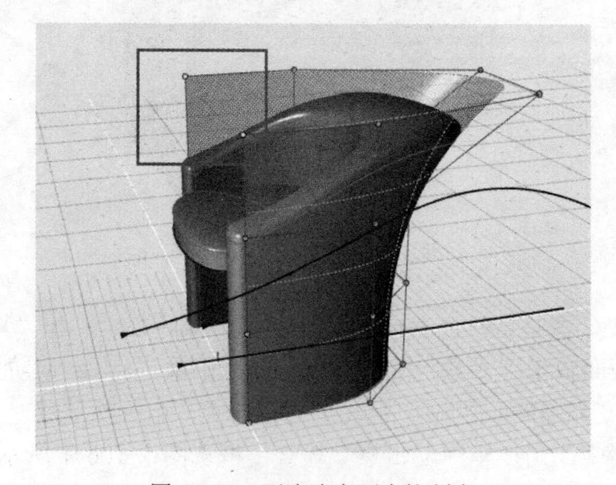

图 5-108　再次选中两个控制点

6）按快捷键〈R〉激活“缩放”工具，单独控制 X 方向操纵杆，使曲面沿 X 轴缩放，如图 5-109 所示。此操作可控制座椅扶手部分的造型重塑，随后退出缩放操作。

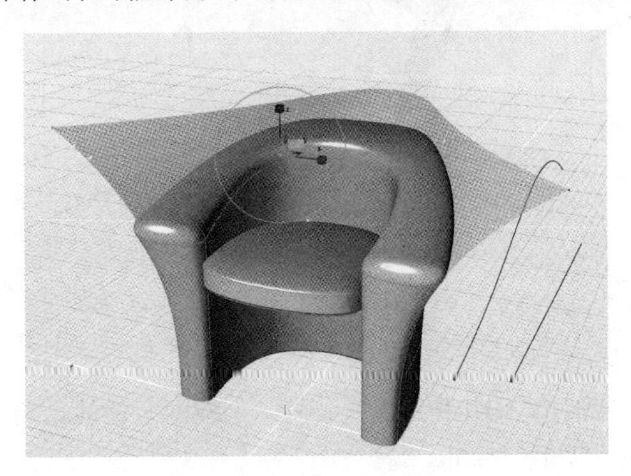

图 5-109　沿 X 轴缩放两个控制点

9．整理模型

1）在应用工具栏中，激活“隐藏/取消隐藏所有曲线”图标，视图中所有曲线都被隐藏，建模结果如图 5-110 所示。

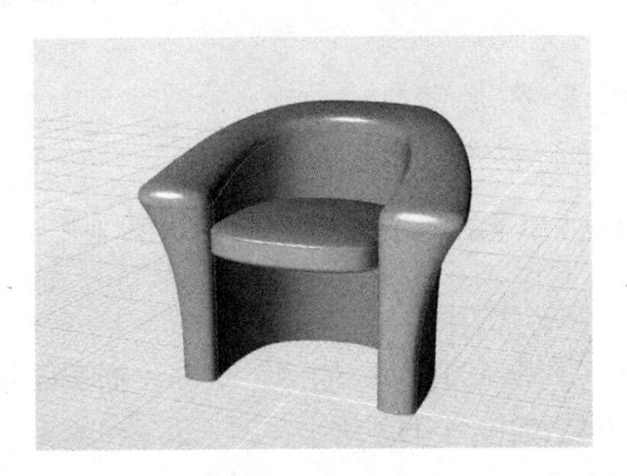

图 5-110　座椅建模结果

2）保存文件并将其命名为“座椅.evo”。

5.4　构建自行车架

本练习特别强调以曲线搭建曲面工具的使用，创建的自行车架效果如图 5-111 所示，读者具体将巩固以下功能：

- 以曲线搭建曲面：“扫略”工具、“管道”工具和“放样”工具。
- 使用“修剪”工具为放样操作创建剖面。
- 使用“融合曲线”工具为放样创建轨道。
- 使用“补块”工具。
- 利用结构树调整模型。

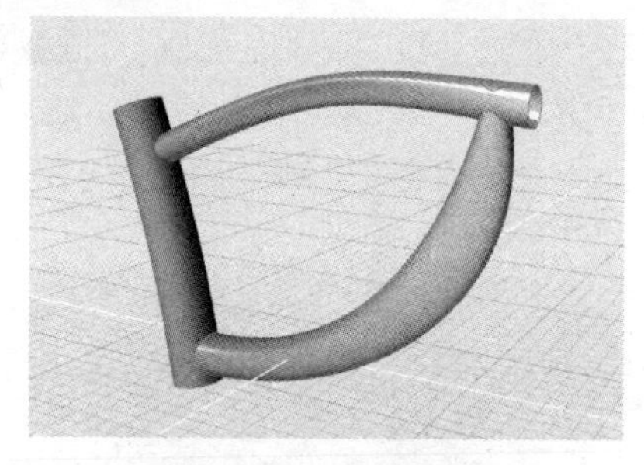

图 5-111　自行车架

1．绘制路径曲线

1）打开 Evolve，创建一个新文件。

2）激活右视图，并使用 NURBS 曲线工具，创建两条曲线，与图 5-112 所示类似即可。整体车架尺寸约为 25cm×18cm。

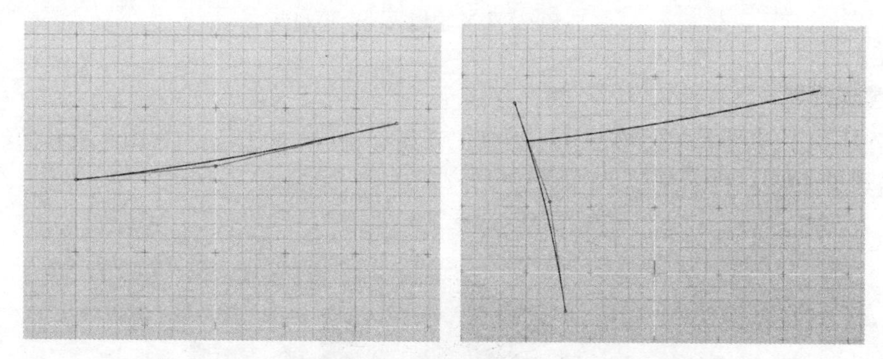

图 5-112　NURBS 曲线#1（左）和 NURBS 曲线#2（右）

2．创建扫略曲面

1）在前视图中，绘制一个半径为 1cm 的圆。借助“捕捉栅格”工具，确保圆心点一定在 Y 轴上（即 X 轴坐标为 0），如图 5-113 所示。

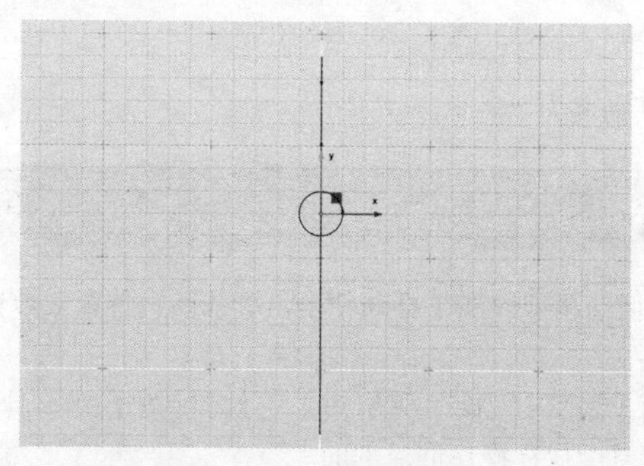

图 5-113　绘制曲线圆

2）在捕捉工具栏中，取消所有捕捉栅格选项，激活“捕捉端点”工具。

3）切换至右视图中，按快捷键〈W〉激活“平移”工具。将圆曲线圆心捕捉到 NURBS 曲线#1 的端点上，如图 5-114 所示。

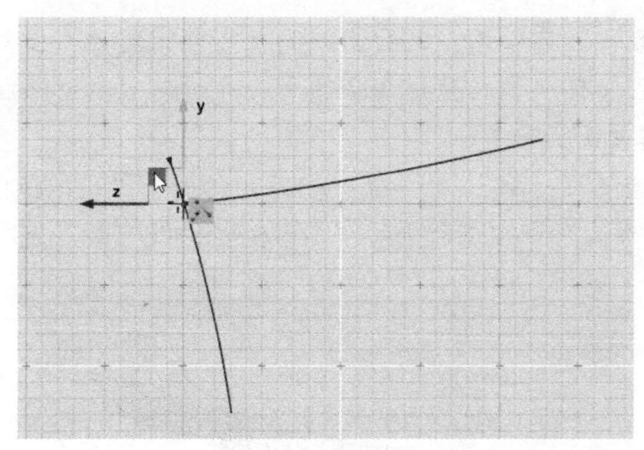

图 5-114　将圆曲线平移至 NURBS 曲线#1 端点

4）保持圆曲线仍处于选中状态，利用〈Ctrl+C〉和〈Ctrl+V〉两个快捷键，复制一条新的圆曲线，并将新复制的圆曲线放置到 NURBS 曲线#1 的另一个端点上，如图 5-115 所示。

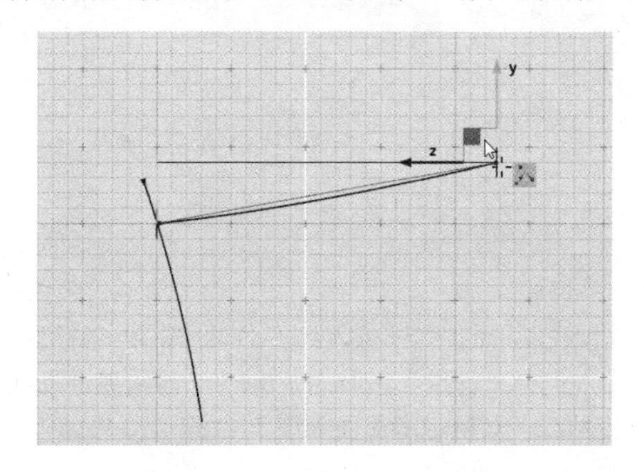

图 5-115　将圆曲线平移至 NURBS 曲线#1 的另一个端点

5）再次利用〈Ctrl+C〉和〈Ctrl+V〉两个快捷键，复制现有圆曲线。激活“捕捉中点”工具，使其捕捉至 NURBS 曲线#1 的中点位置，如图 5-116 所示。

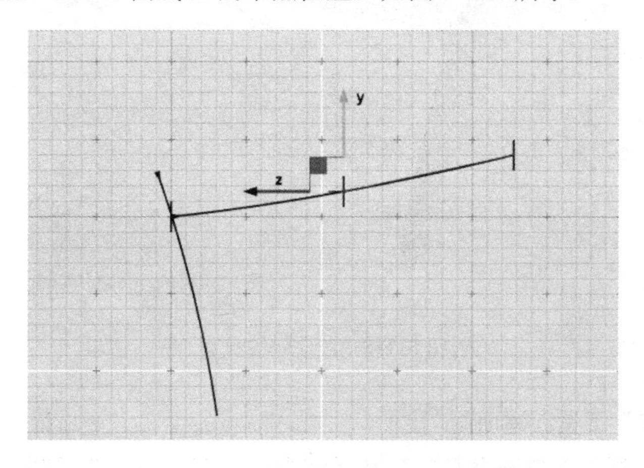

图 5-116　复制另一条圆曲线并放置在 NURBS 曲线#1 的中点位置

✧ 注：对于“扫略”工具来说，剖面曲线的位置非常重要。虽然并不需要剖面曲线与路径相交，但至少有一个剖面曲线必须十分靠近路径的起始位置，且所有剖面曲线位置决定了扫略曲面的位置。

6）在透视图中，激活“扫略”工具。当控制台提示“拾取剖面边界”时，依次选取3条圆曲线，按空格键确认。当控制台提示“拾取路径曲线”时，选取NURBS曲线#1，获得扫略曲面，如图5-117所示。

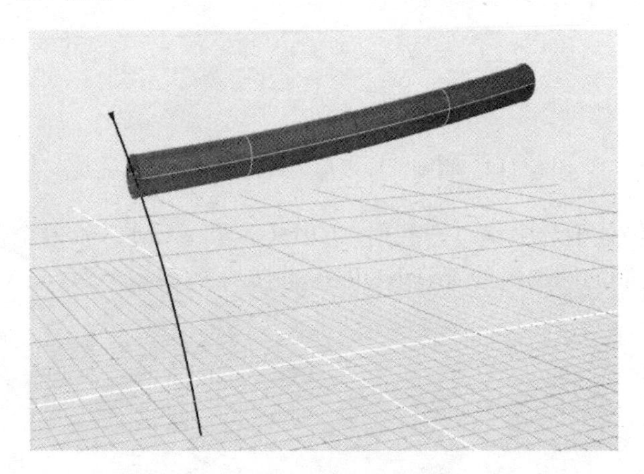

图5-117　绘制扫略曲面

3．创建管道曲面

1）激活顶视图，在顶视图中的任意位置创建一个曲线圆，半径设定为1.5cm。

2）在建模工具栏中，选择“管道”工具，以上一步绘制的曲线圆作为剖面曲线，将NURBS曲线#2作为路径曲线，获得管道曲面如图5-118所示。

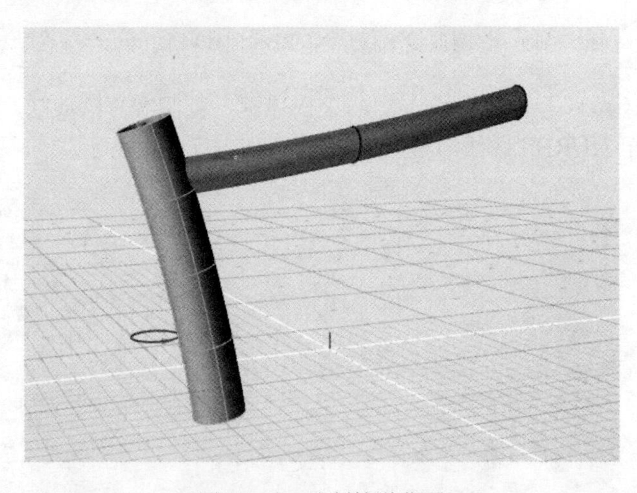

图5-118　绘制管道曲面

4．使用“放样”工具创建曲面

1）在自行车坐杆上创建一个开口。激活前视图，创建一个曲线圆，该曲线圆边界必须小于管道曲面的宽度（即半径小于1.5cm），如图5-119所示。

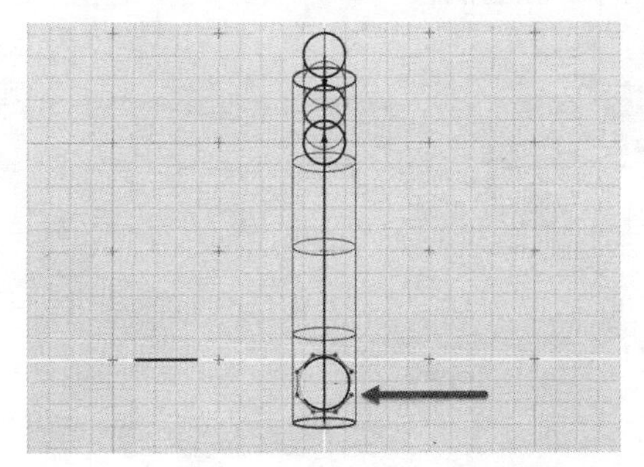

图5-119　绘制一个新的曲线圆

2）选择“修剪”工具，以上一步创建的曲线圆对管道曲面进行修剪，如图5-120所示。

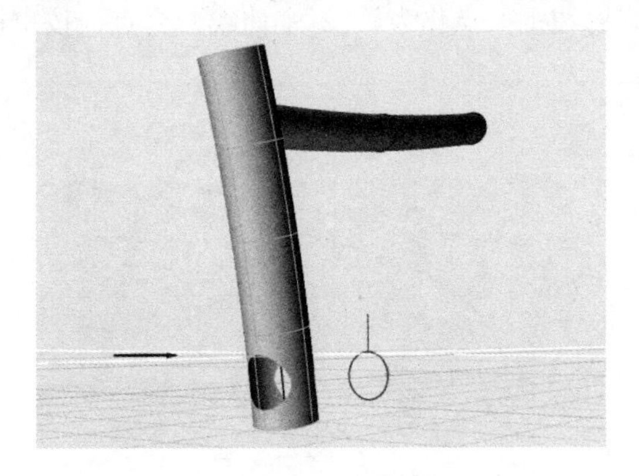

图5-120　以曲线圆修剪管道曲面

3）激活顶视图，创建一个曲线圆，并以类似前面操作的方法，对扫略曲面进行修剪，如图5-121所示。

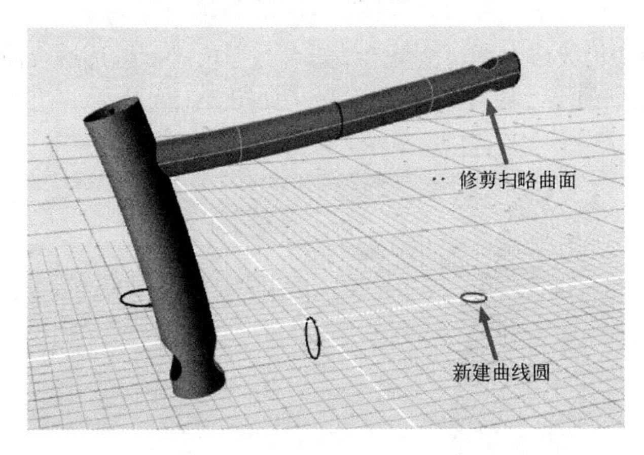

图5-121　对扫略曲面进行修剪

4）激活右视图，在建模工具栏中激活“融合曲线”工具，以自行车坐杆曲面修剪边作为第1个曲线融合位置，如图5-122所示。

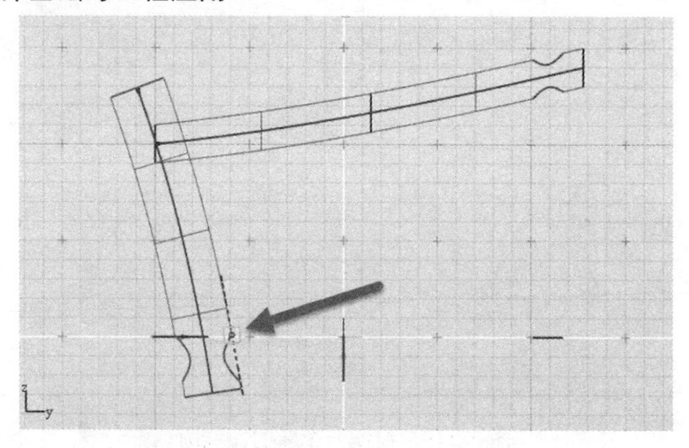

图 5-122　绘制融合曲线第 1 个控制点

5）以扫略曲面的修剪边上一点作为第 2 个曲线融合点，按空格键确认，如图 5-123 所示。

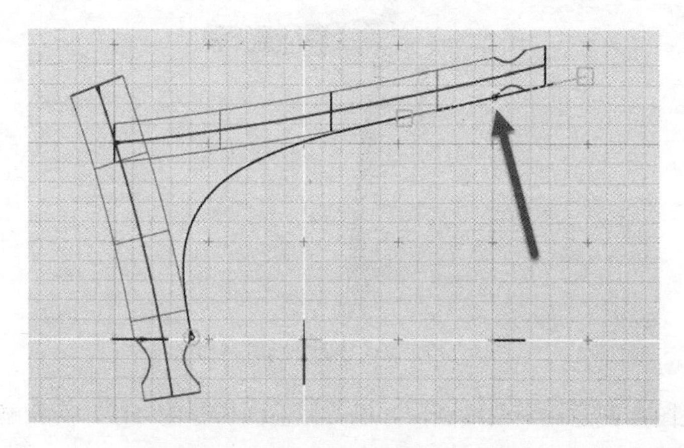

图 5-123　绘制融合曲线第 2 个控制点

6）保持融合曲线仍被选中，切换至“编辑参数”模式，框选融合曲线的首尾两点，在控制面板中，调整它们的连续性为 G0 连续，效果如图 5-124 所示。

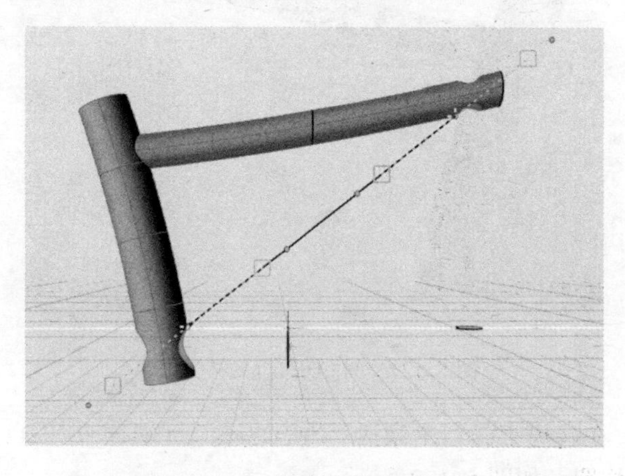

图 5-124　调整两个控制点的连续性为 G0 连续

7）随后分别手动调整融合曲线首尾两点的三维切线方向，如图 5-125 所示。

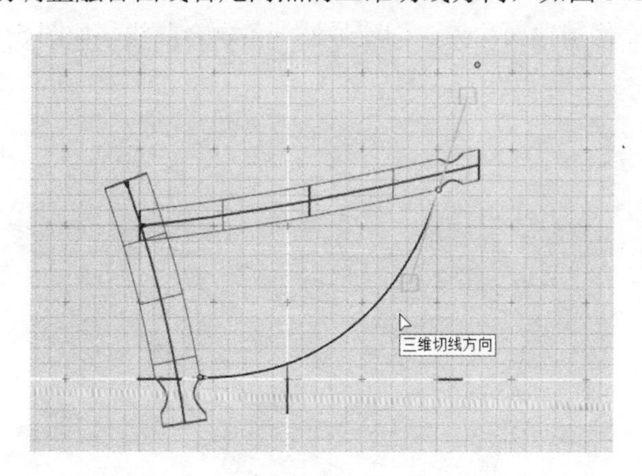

图 5-125　手动调整控制点的三维切线方向

8）激活“放样”工具，首选两个曲面上的修剪边作为放样剖面曲线，按空格键确认，如图 5-126 所示。

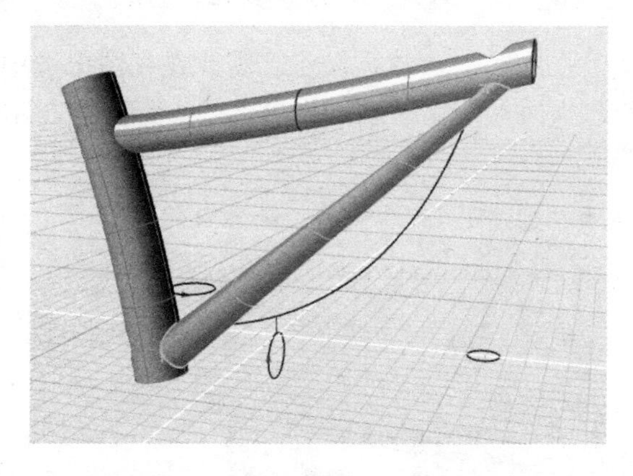

图 5-126　将修剪边作为放样剖面曲线

9）随后，选取上一步创建的融合曲线作为轨道，获得放样结果，如图 5-127 所示。

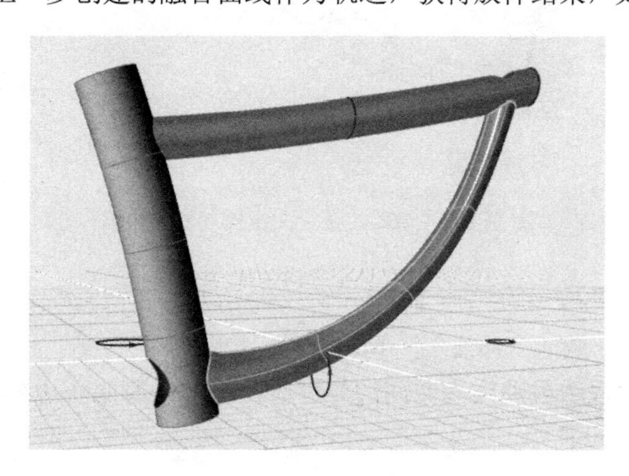

图 5-127　将融合曲线作为放样轨道

10）此时的放样形态还不够美观，于是可以考虑再增加一条轨迹曲线。再次利用“融合曲线”工具，针对两个修剪曲面边界，创建另外一条融合曲线，如图 5-128 所示。

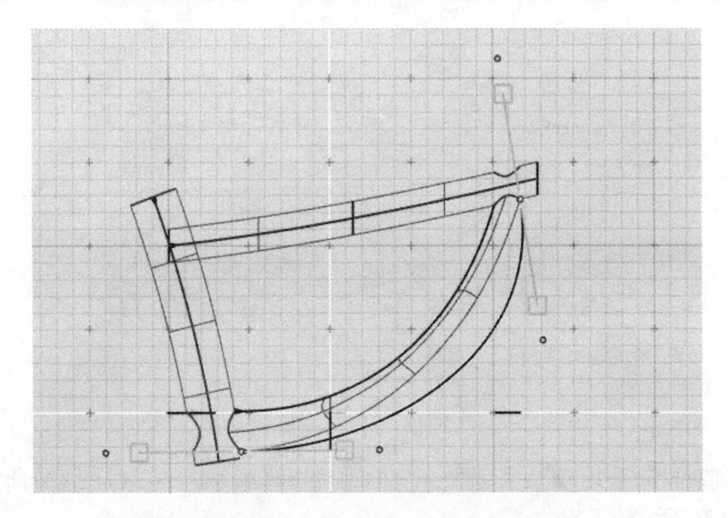

图 5-128　创建另外一条融合曲线

11）此时需要将该融合曲线引入放样操作。因此在视图中选中已创建的“放样#1”曲面。在控制面板中勾选“插入”复选框，并选择上一步创建的新的“融合曲线#2”，如图 5-129 所示。

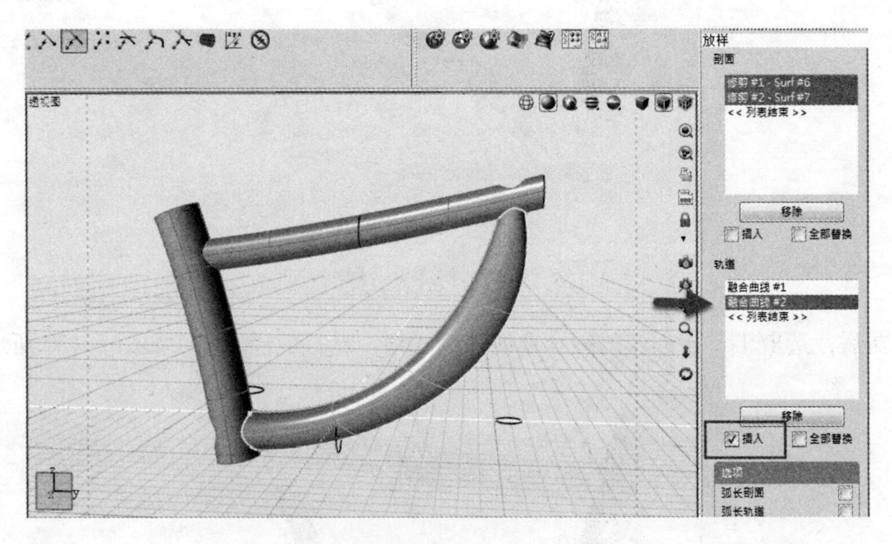

图 5-129　将新的融合曲线插入放样曲面

5. 使用“补块”工具

1）在建模工具中，激活“补块”工具。

2）控制台提示“取边界曲线或曲面边界”时，单击修剪曲面边界附近，该工具可自动将曲面补齐，如图 5-130 所示。

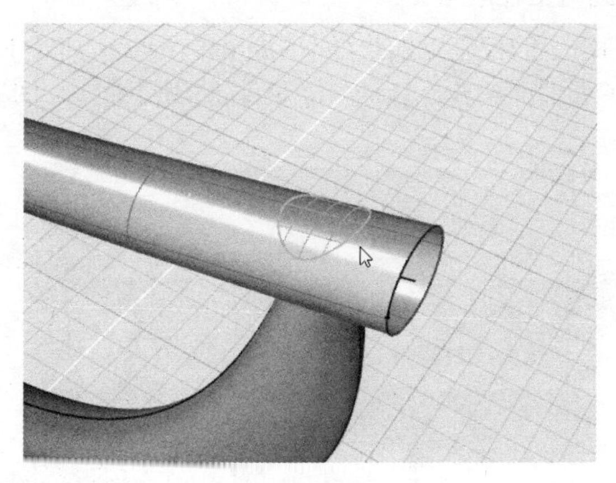

图 5-130　将修剪曲面补齐

3）同理，可将另一管道曲面上的开口补齐，如图 5-131 所示。

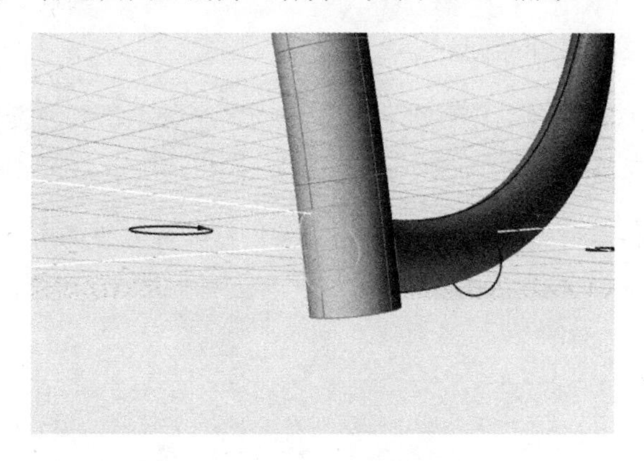

图 5-131　将另一修剪曲面补齐

6．重新定义扫略曲面造型

1）读者可尝试调整扫略曲面的剖面曲线，以获得不同的造型。例如，调整中间剖面曲线的位置，如图 5-132 所示。

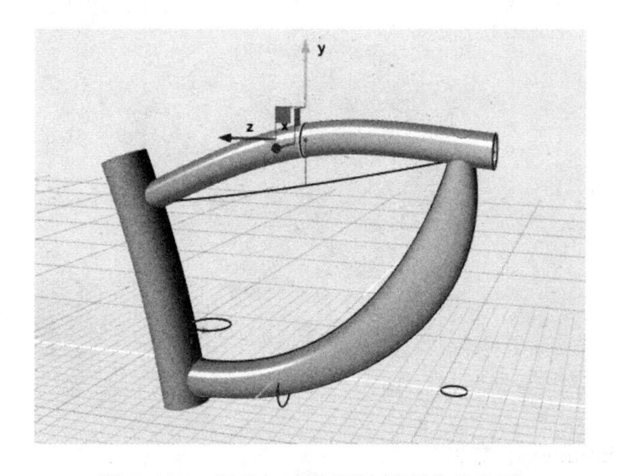

图 5-132　调整扫略曲面的剖面曲线位置

2）或者通过调整曲线上的控制点来获得不同的剖面形状，如 5-133 所示。

3）至此，已完成车架曲面构建，激活“隐藏/取消隐藏曲线”图标，将曲线隐藏，可见建模结果如图 5-134 所示。

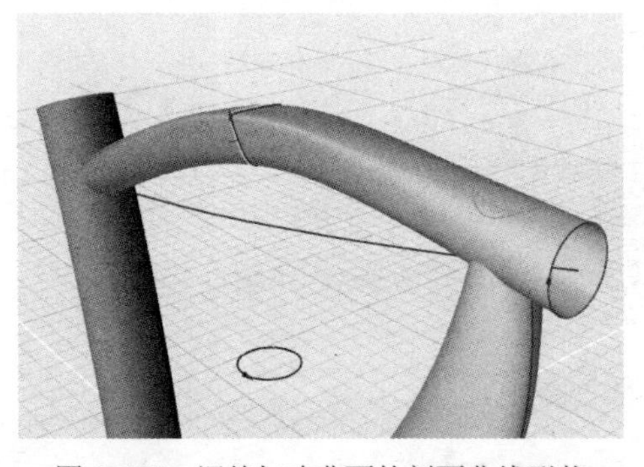

图 5-133　调整扫略曲面的剖面曲线形状

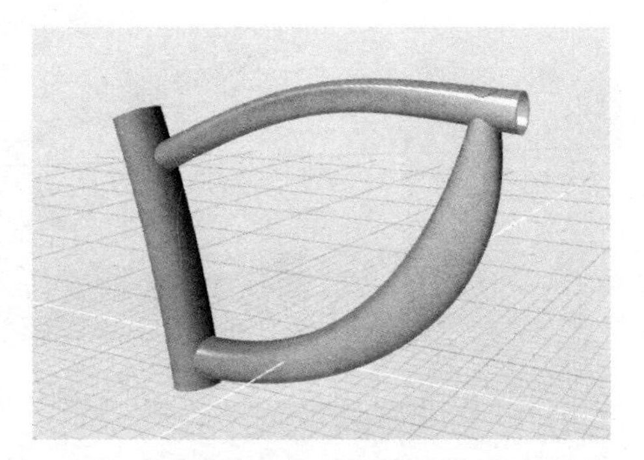

图 5-134　车架建模结果

4）保存文件并命名为“车架.evo”。

5.5　构建沙拉盘

本练习侧重于讨论 2D 导入文件的处理，创建的沙拉盘效果如图 5-135 所示，读者具体将巩固以下功能：

- AI 文件导入。
- “连接曲线实体”工具。
- “放样”工具。
- “连接曲面”工具。
- 曲面挤出。
- 生成快照。
- 绘制尺寸图。

图 5-135　沙拉盘

1．导入 Adobe Illustrator 文件

1）新建一个 Evolve 文件。

2）在菜单栏中执行“文件”→“打开”命令，选择打开“沙拉盘.ai”文件。导入后的对象均转换为 NURBS 曲线，可直接进行曲线及曲面等建模操作，如图 5-136 所示。

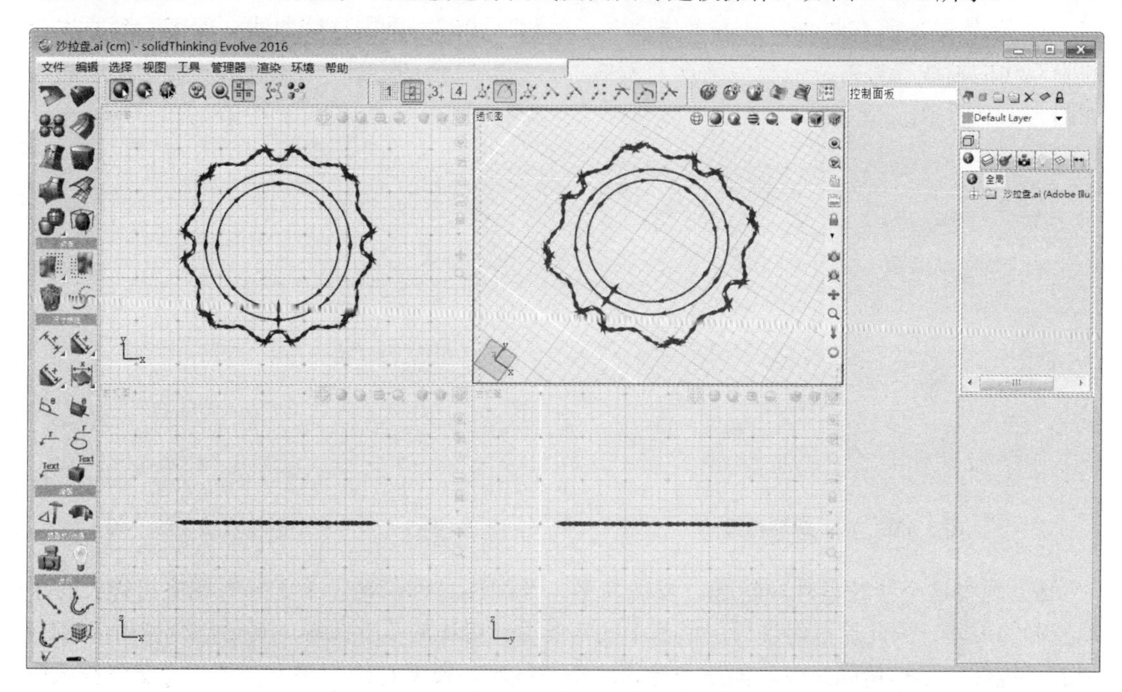

图 5-136　导入 AI 文件

✧ 注：Evolve 可以直接打开“.ai”格式的文件，读入文档为曲线。但需要在 Illustrator 中将文件保存为低版本（即 Illustrator 8）。

3）观察导入图案为对称图形，所以要考虑将其放置于建模环境的原点，以便在未来进行镜像操作。在顶视图中框选所有曲线，借助“捕捉栅格”工具，将沙拉盘顶视图的曲线平移至原点，如图 5-137 所示。

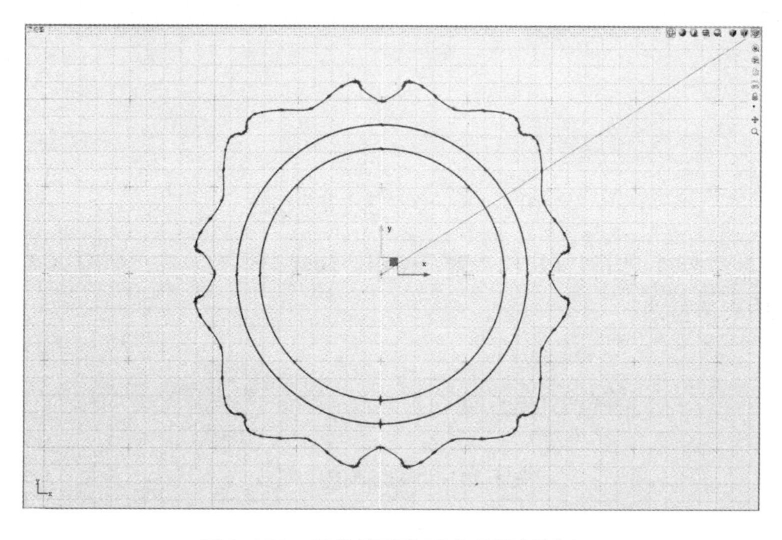

图 5-137　将曲线平移至全局坐标原点

4）放缩视图，观察导入的曲线，可见这些曲线均为多段曲线合并而成，且均为双线，如图 5-138 所示。所以要对这些导入曲线进行处理才可以使用。

5）仍然框选所有曲线，单击“分离”工具，此时再单击这些曲线，即可看到原本合并为双线的曲线已被拆分，然后将所有双线的内侧曲线全部通过按〈Delete〉键手动删除，如图 5-139 所示。

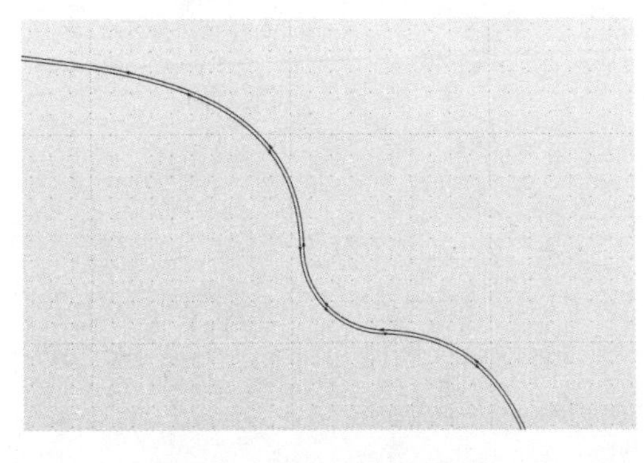

图 5-138　放大观察曲线

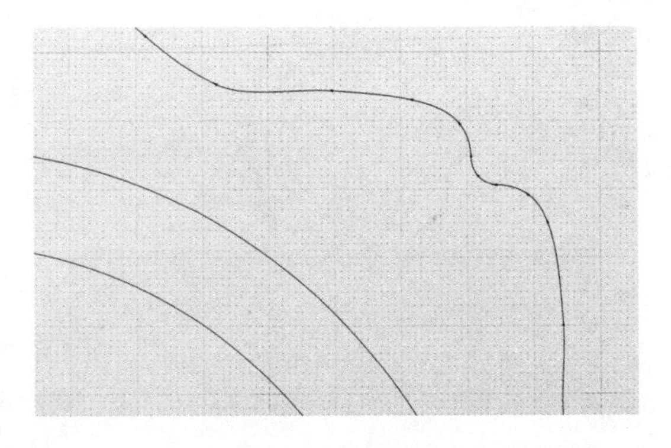

图 5-139　手动删除双线中的一条

6）观察这个沙拉盘外环轮廓，发现其是一个循环对称图案。由于导入图案可能会有手动绘制的偏差，因此这里建议只保留其中的需要循环对称的基础图形，其余部分使用 Evolve 中的“镜像”工具精确完成。但是当选择这条曲线时，发现它仍合并为一体，无法单独选中其中的某些曲线段进行删除。此时，保持这条曲线组合处于选中状态，按住〈Ctrl〉键并单击“分离”工具，即可将曲线组合拆分，如图 5-140 所示。

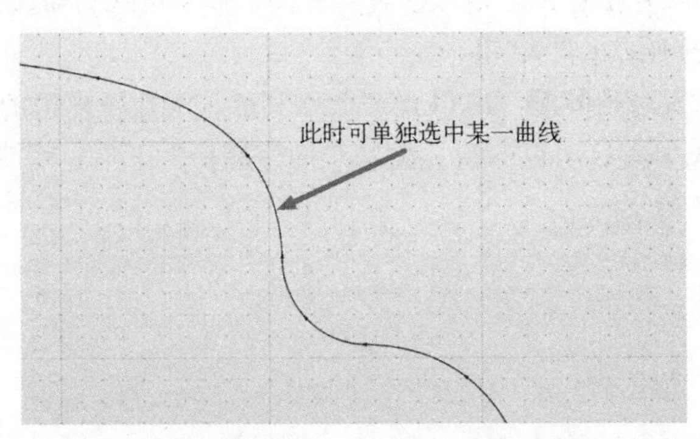

图 5-140　单独选中某段曲线

7）构建一条参考线，以找到对称位置。使用“两线夹角”工具，如图 5-141 所示，构建图 5-142 所示的夹角直线。

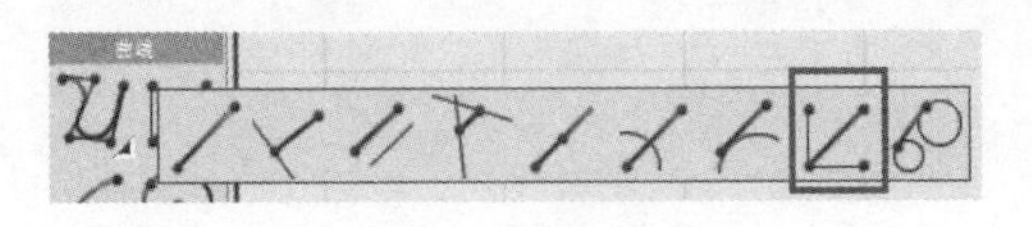

图 5-141　“两线夹角”工具

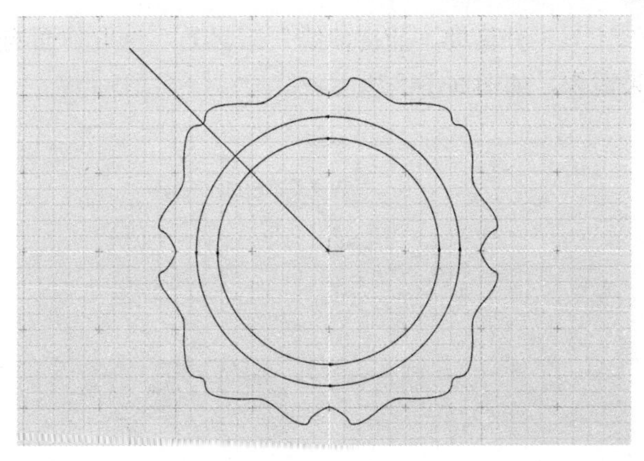

图 5-142　基于全局坐标系的 X 轴与 Y 轴，绘制一条夹角直线

8）按照参考线的位置删除部分曲线，仅保留基础图案，如图 5-143 所示。

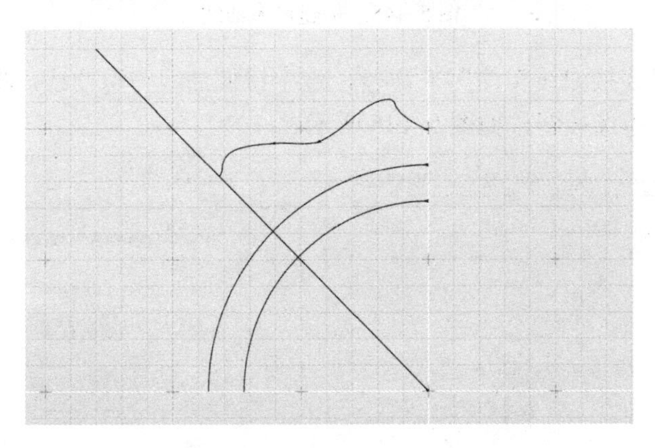

图 5-143　删除部分曲线，仅保留基础图案

9）使用“连接曲线实体”工具，当控制台提示“拾取曲线”时，依次选择外圈轮廓的保留曲线段，按空格键结束。然后在控制面板中，选中“近似”单选按钮。此时所有外圈曲线段形成一条光顺的 NURBS 曲线，如图 5-144 所示。

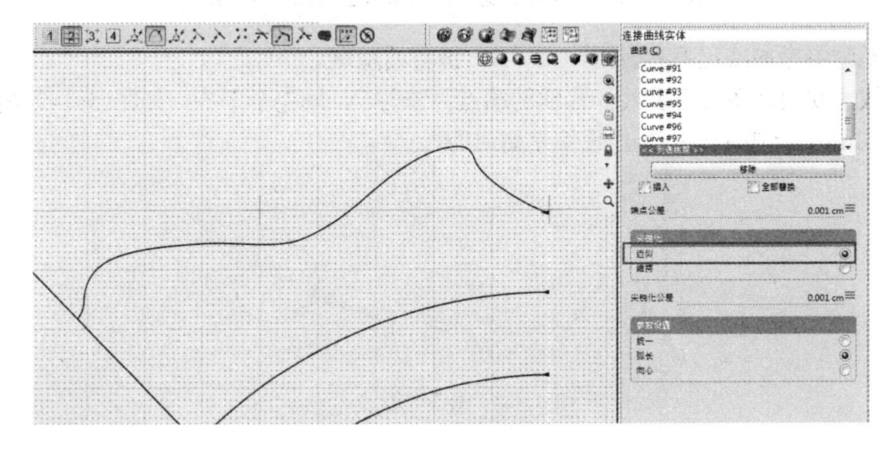

图 5-144　构建连接曲线实体

10）激活“镜像”工具，并借助“捕捉曲线”工具，选取前面构建的参考直线作为镜像面，将上一步的结果镜像，如图 5-145 所示。

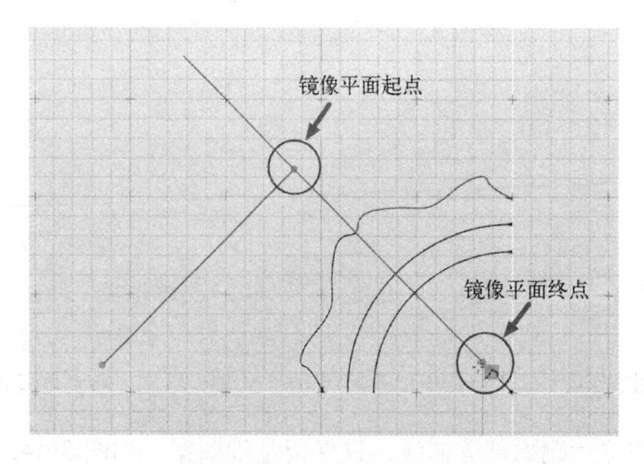

图 5-145　构建镜像曲线

11）再次使用“连接曲线实体”工具，选中镜像曲线与源曲线，将二者连接并在控制面板中选中“近似”单选按钮，如图 5-146 所示。

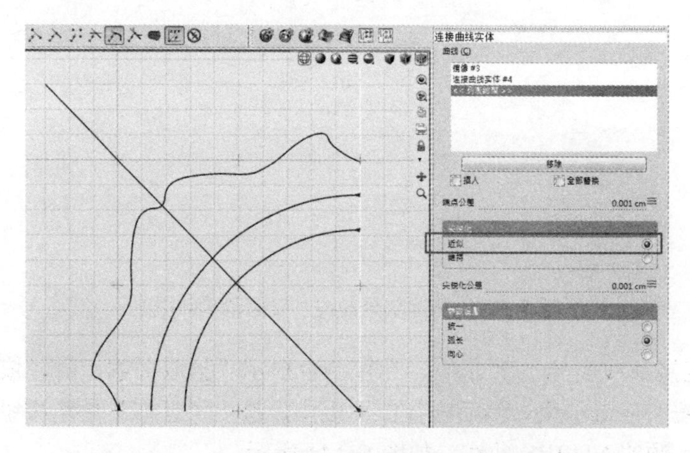

图 5-146　将镜像曲线与源曲线构建连接曲线实体

12）此时参考曲线已不再有用，按〈H〉键将其隐藏。

13）放大观察两条环形曲线，曲线的端点并未与 X 轴完全平齐，如图 5-147 所示，这是因为在 Illustrator 中手动绘制出现偏差造成的。

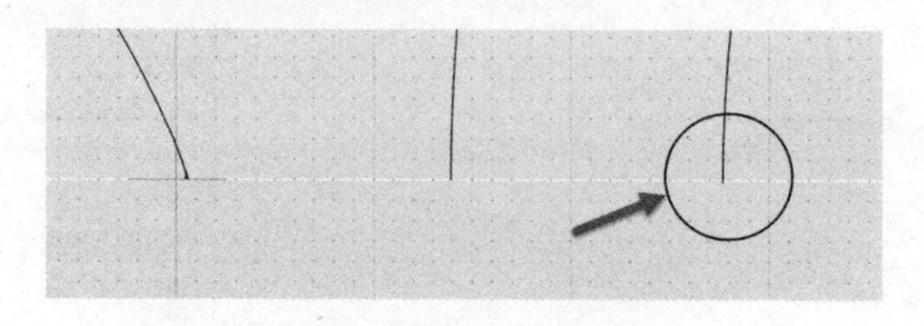

图 5-147　观察曲线端点

14）因此建议借助“捕捉”工具，重绘两条圆曲线，以与原来的两条曲线半径一致，如

图 5-148 所示。

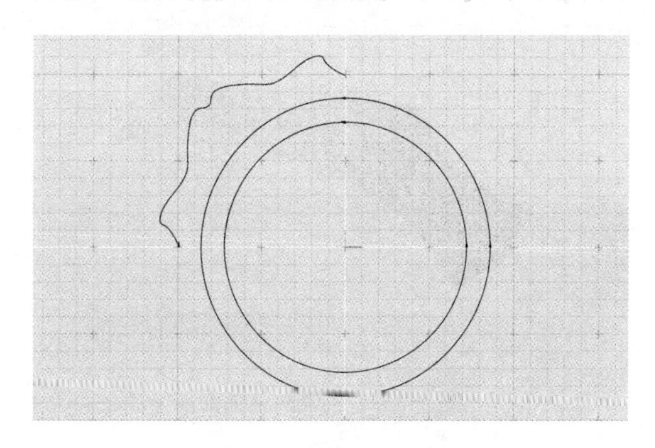

图 5-148　重绘两条圆曲线

15）在控制面板中，修改两条曲线的“起始角度”及“端点角度”，如图 5-149 所示。

16）这样就得到两条标准的 1/4 曲线，如图 5-150 所示。随后在全局浏览器中找到原始的两条导入曲线，将它们删除。

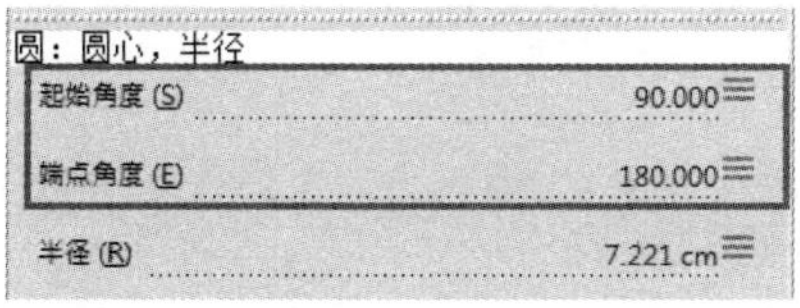

圆：圆心，半径
起始角度 (S) 90.000
端点角度 (E) 180.000
半径 (R) 7.221 cm

图 5-149　修改两条圆曲线的“起始角度”参数和“端点角度”参数

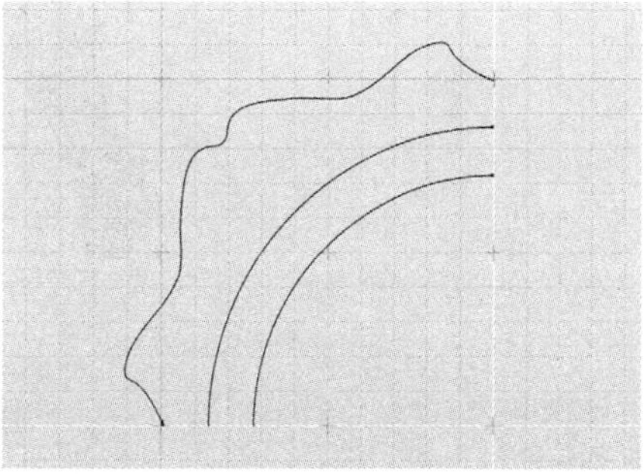

图 5-150　两条标准的 1/4 曲线

2．构建曲面

1）选中内部的第 1 条圆曲线，将其向 Z 轴负方向移动 1cm；再选中第 2 条圆曲线，将其向 Z 轴负方向移动 2cm，如图 5-151 所示。

向Z轴负方向移动1cm
向Z轴负方向移动2cm

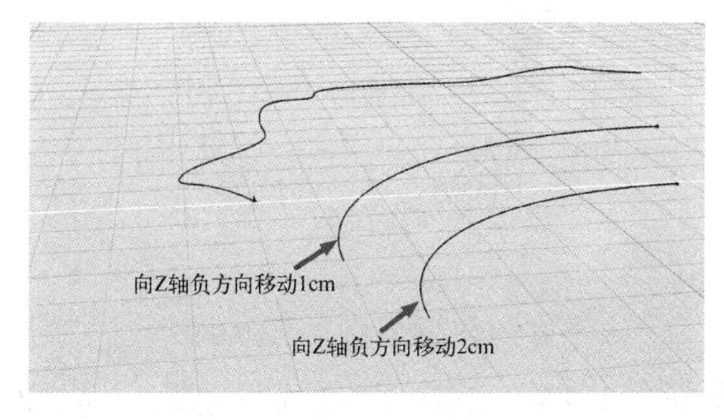

图 5-151　向 Z 轴负方向平移两条圆曲线

2）激活“放样”工具，针对外圈轮廓及第1条圆曲线进行放样，如图5-152所示。

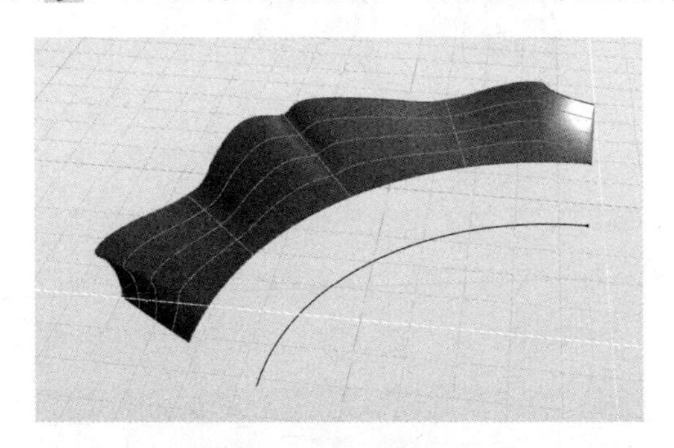

图5-152　绘制放样曲面

3）使用“镜像”工具，将上一步构建的放样曲面根据Y轴进行对称，如图5-153所示。

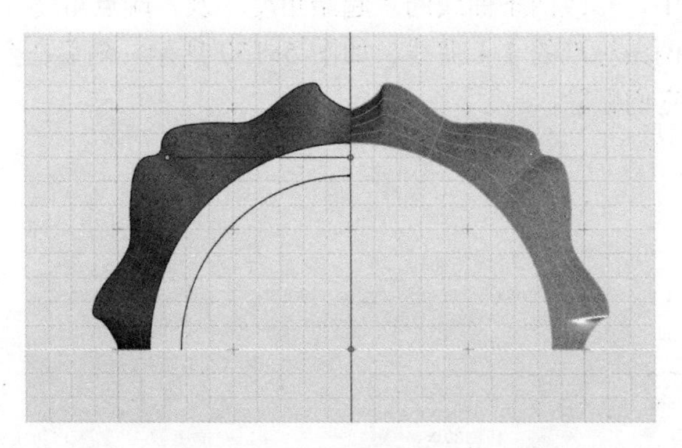

图5-153　镜像放样曲面

4）随后将这两个面关于X轴对称，获得结果如图5-154所示。

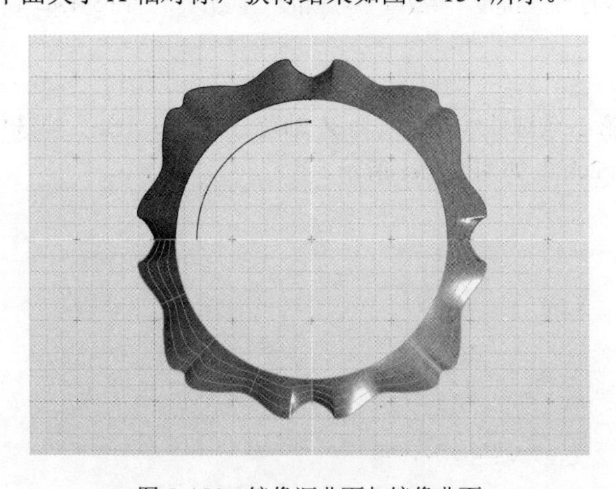

图5-154　镜像源曲面与镜像曲面

5）激活“连接曲面”工具，选中目前构建的所有曲面，将它们连接整合。在控制面板中选中“近似”单选按钮，获得结果如图5-155所示。

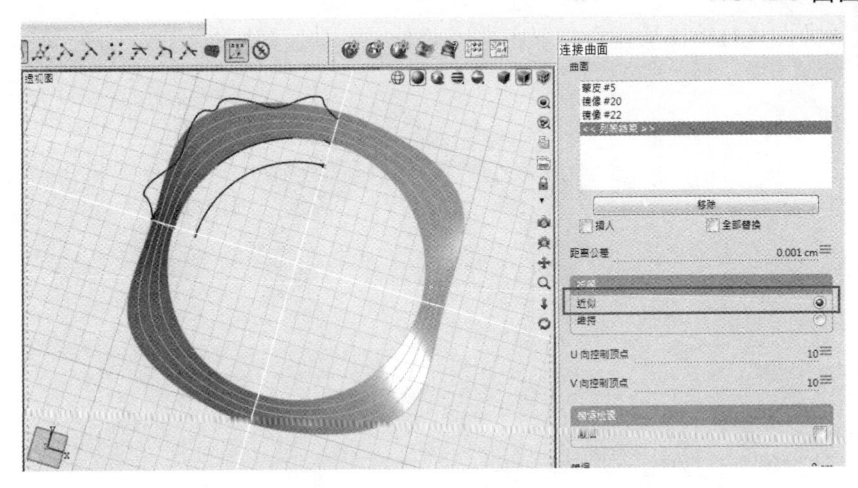

图 5-155　连接整合结果

✧ 注：选中“近似”单选按钮的目的在于更好地控制曲面衔接处的连续性。因此选中该项后，曲面间的连续性成为优先考虑的要素，整个曲面非常光顺。但是却与原始造型相距过大。此时可调整“U 向控制顶点”或“V 向控制顶点”参数的值来调整造型。

6）将“V 向控制顶点”参数的值调整为“300”，获得结果如图 5-156 所示。

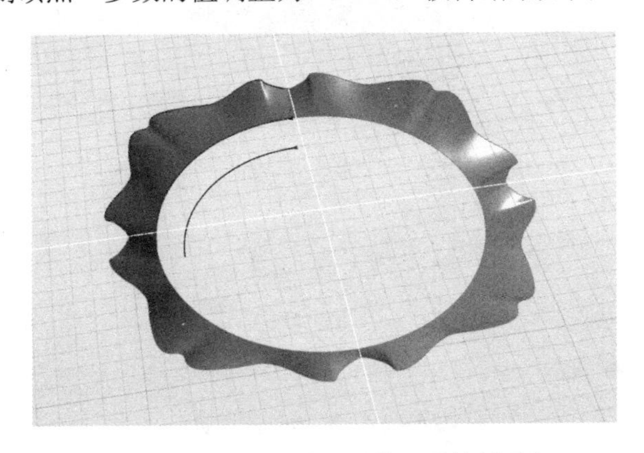

图 5-156　调整连接曲面的 V 向控制顶点

7）再次激活“放样”工具，创建两个 1/4 圆曲线间的放样曲面，如图 5-157 所示。

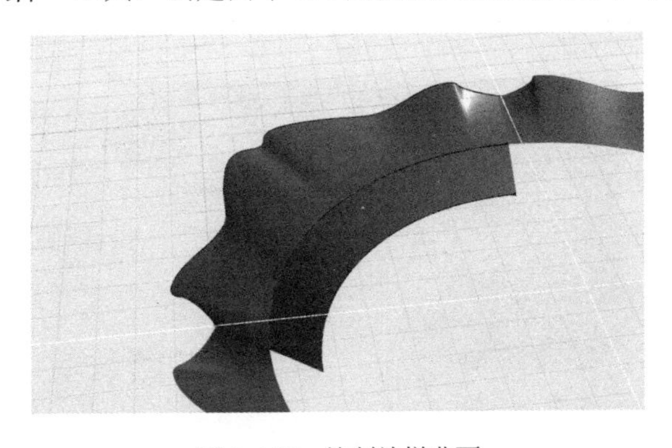

图 5-157　绘制放样曲面

8）对该曲面进行镜像操作，获取完整环形面，如图 5-158 所示。

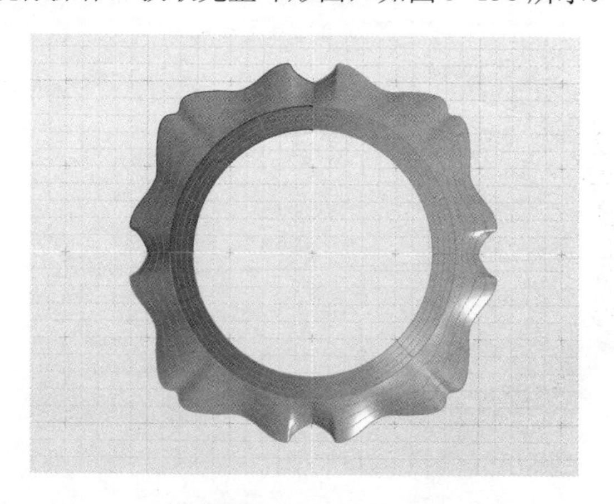

图 5-158　对放样曲面进行镜像操作

9）激活“补块”工具，依次点取环形面靠内部的边线，创建补面，绘制沙拉盘的底部，如图 5-159 所示。

图 5-159　绘制沙拉盘底

10）使用“合并”工具，合并所有可见曲面。

11）激活“挤出”工具，将上一步的合并曲面沿 Z 轴正方向挤出 0.2cm，如图 5-160 所示，此时沙拉盘为实体几何。

图 5-160　挤出曲面

12）此时已完成沙拉盘的建模部分，可以在透视图中生成一张快照留作备用。在透视图中将沙拉盘调整到合适的角度，并在透视图右侧的工具栏中单击“快照”按钮，如图 5-161 所示。

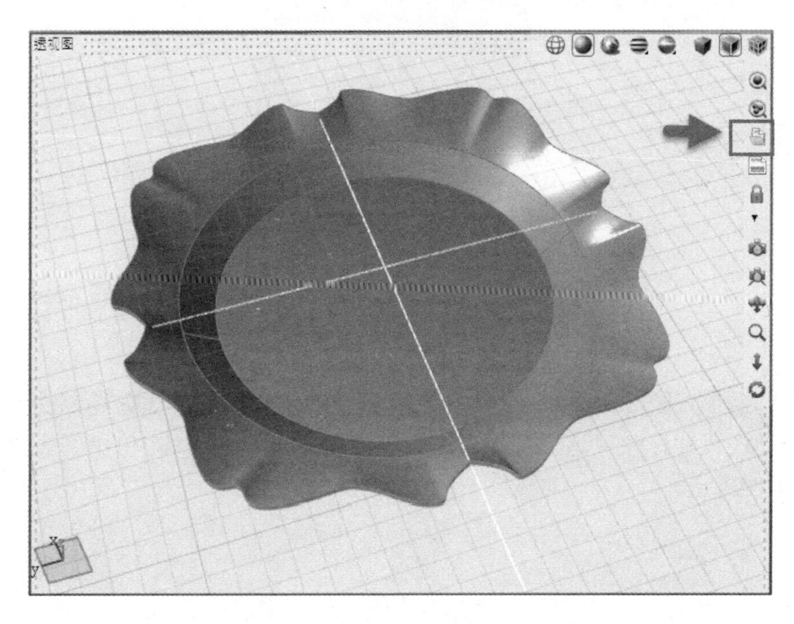

图 5-161　单击“快照”按钮

13）单击控制面板中的“生成快照”按钮，并打开“图像浏览器”窗口。

14）在图像浏览器中保存这张快照图片，将其放置于计算机本地留作备用，如图 5-162 所示。随后关闭“图像浏览器”窗口。

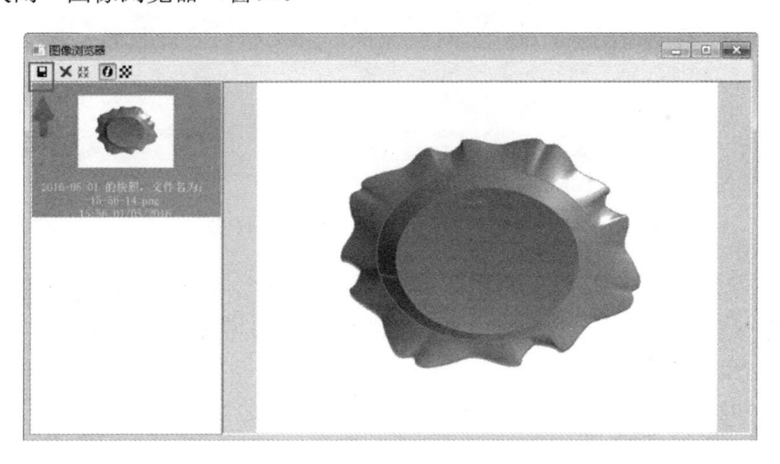

图 5-162　在图像浏览器中保存快照

3．绘制尺寸图

1）激活顶视图。在建模工具栏中的“尺寸标注”卷展栏下，选择 “边界框：水平”工具，选择沙拉盘模型。此时，视图中自动绘制出沙拉盘水平方向的尺寸。用户可以手动拖动尺寸标注到模型外侧，如图 5-163 所示。

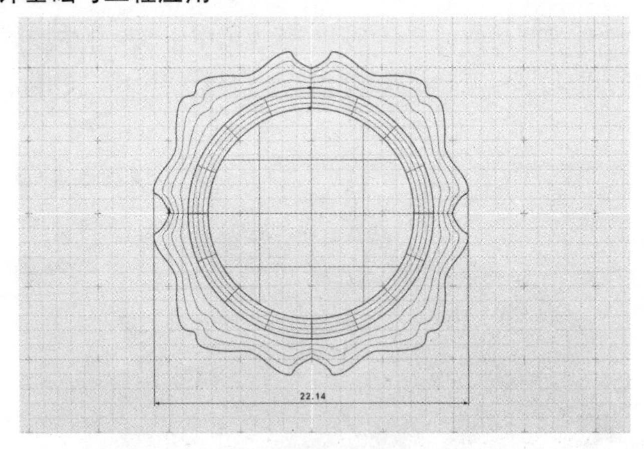

图 5-163　标注沙拉盘水平尺寸

2）选择“半径/直径（关联）”工具，随后分别单击视图中之前绘制的两个 1/4 圆曲线，设置两个半径尺寸标注（这样操作是因为圆曲线与沙拉盘实体中的两个边界半径尺寸一致），如图 5-164 所示。

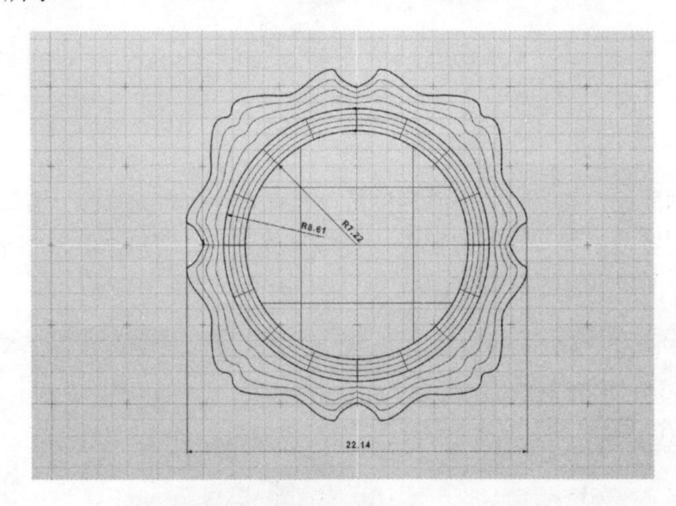

图 5-164　标注沙拉盘底的半径尺寸

3）激活前视图。在建模工具栏中的“尺寸标注”卷展栏下选择 “边界框：垂直”工具，选择“边界框：垂直”工具，为沙拉盘垂直方向增加一个尺寸标注，如图 5-165 所示。

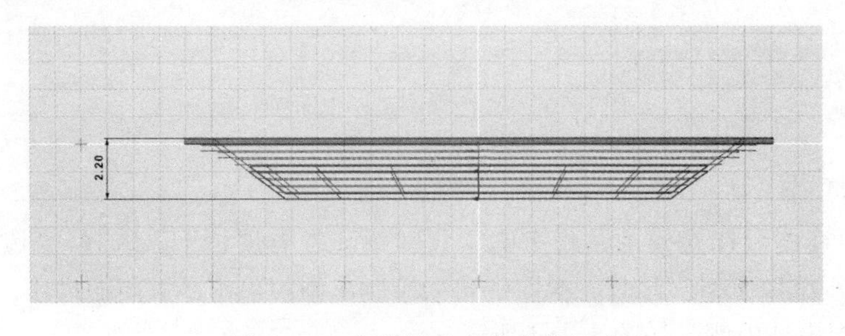

图 5-165　标注沙拉盘的高度尺寸

4）在菜单栏中执行“环境”→“制图”命令，切换至制图环境。

5）在制图环境中，单击左侧工具栏中的“多视图”工具，如图 5-166 所示。

图 5-166　单击“多视图”工具

6）单击空白工作区域的任意位置，弹出“多视图”对话框。该对话框显示了整个尺寸图中多视图的布局状况。当前仅有一个视图显示。用户可以单击第 1 个灰色的小方格，对这个视图进行进一步的详细设置，如图 5-167 所示。

7）打开第 1 个视图进行详细设置，按照图 5-168 所示调整参数。

- 将视图显示修改为“顶视图”。
- 调整缩放比例为“1:2”。
- 取消勾选“外部框架”和“比例信息”两个复选框。

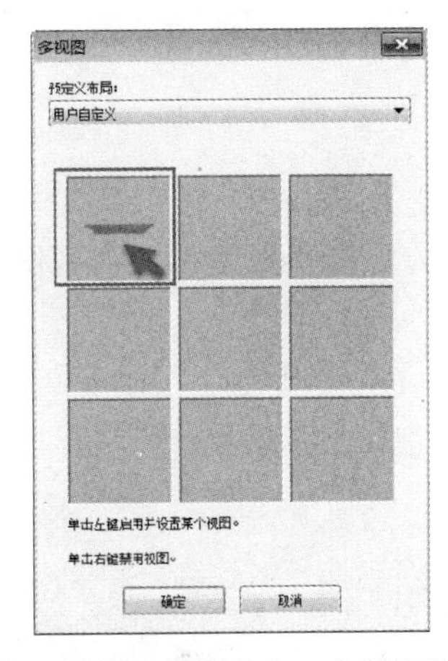

图 5-167　选择多视图的中一个进行详细设置

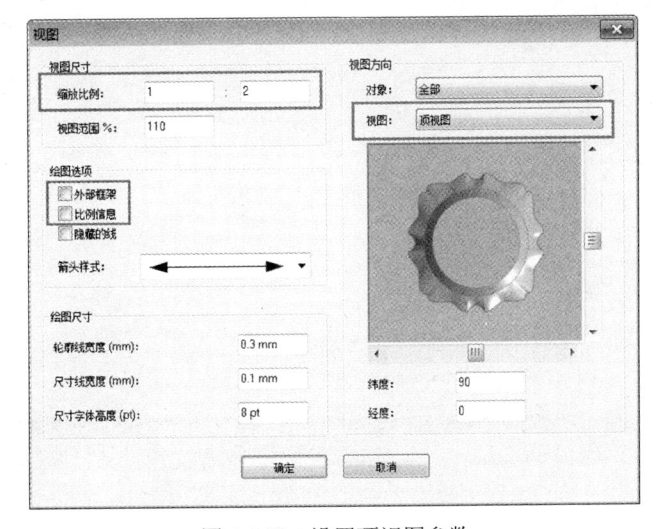

图 5-168　设置顶视图参数

8）单击“确定”按钮返回“多视图”对话框。激活第 1 个小方格下方的另外一个小方格，如图 5-169 所示。

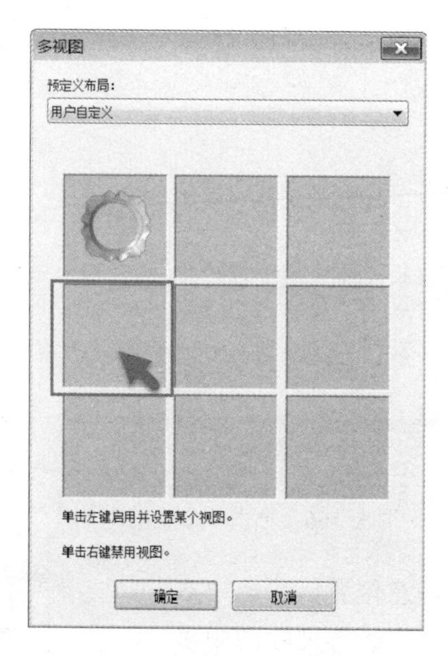

图 5-169　激活另一个视图

9）为这个小方格设置前视图。其他设置跟随上一步的参数设置已经调整完毕，不用再修改。

10）单击“确定”按钮返回“多视图”对话框。单击“多视图”对话框中的“确定”按钮，此时制图环境的工作区域里出现沙拉盘的尺寸图，可以将其移至合适的位置，如图 5-170 所示。

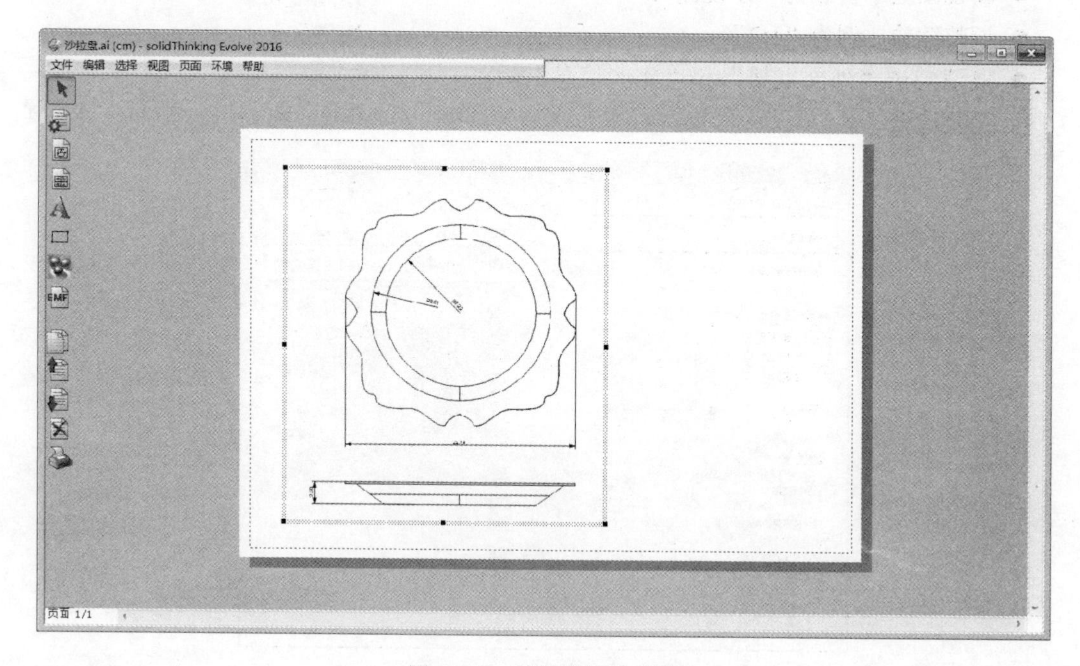

图 5-170　沙拉盘的尺寸图

11）单击制图环境左侧工具栏中的“位图参考”工具，这个工具可在尺寸图中插入位图。在工作区域靠右侧位置的空白处单击，弹出位图参考窗口，单击“浏览”按钮，从计算机中找到之前保存的沙拉盘透视图快照图片并插入。

12）插入快照图片后，可进一步调整图片的大小和位置，如图 5-171 所示。

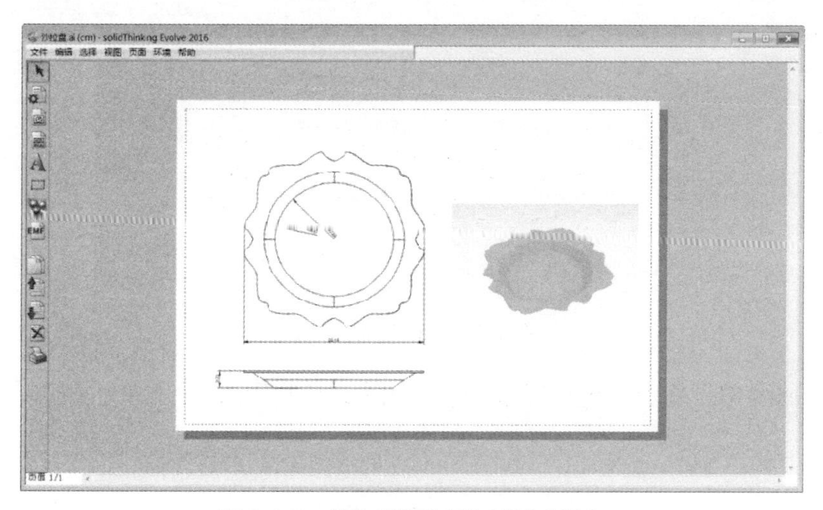

图 5-171　将快照图片插入到尺寸图中

13）该尺寸图可直接进行打印输出或生成 PDF 文档，只需单击“打印”按钮即可。

14）最后，保存此文件。

5.6　构建鼠标

本练习将深入讨论 Evolve 曲面建模及结构历史进程间的关系，创建的鼠标效果如图 5-172 所示，读者具体将巩固以下功能：

- “矩形”工具与“修剪”工具的组合使用。
- “融合曲线”工具的高级应用。
- 使用□放样”工具构建连续曲面。
- 构建渐消曲面。

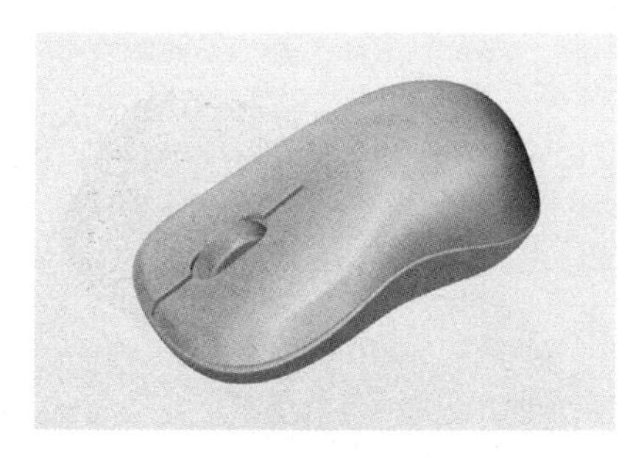

图 5-172　鼠标

1．绘制鼠标上壳体曲面

1）在素材文件夹中打开练习（5.6），其中包含 4 条曲线（即曲线 01、曲线 02、曲线

03、曲线 04），如图 5-173 所示。本练习将从这 4 条曲线开始构建。由于目前用不到“曲线 03”和“曲线 04”，因此在全局浏览器中将它们选中，按〈H〉键暂时将它们隐藏。

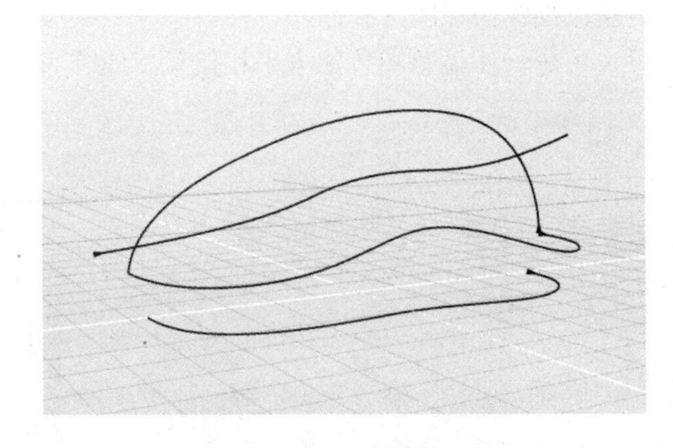

图 5-173　打开练习文件

2）将“曲线 01”基于 X 轴做镜像操作，如图 5-174 所示。

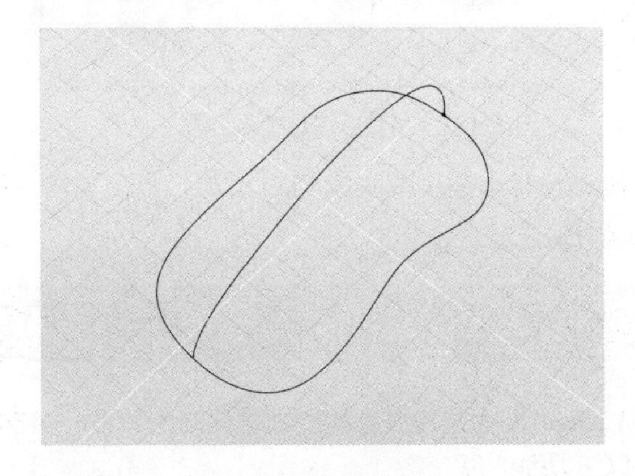

图 5-174　镜像曲线 01

3）使用“放样”工具对这 4 条曲线做放样曲面。观察放样结果，如图 5-175 所示，曲面造型并不饱满，与期望中的鼠标造型相差甚远。因此，考虑增加剖面/轨迹曲线，以调整放样曲面。

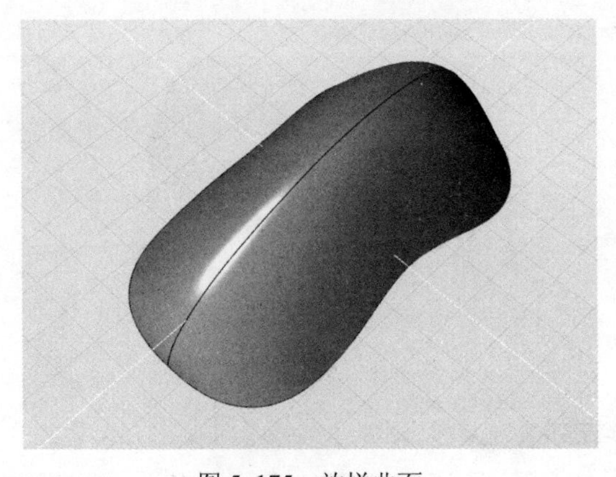

图 5-175　放样曲面

4）绘制一条矩形曲线，并命名为“矩形 01”，对上一步的放样曲面使用“修剪”工具进行修剪，保留其中的任意一侧，如图 5-176 所示。

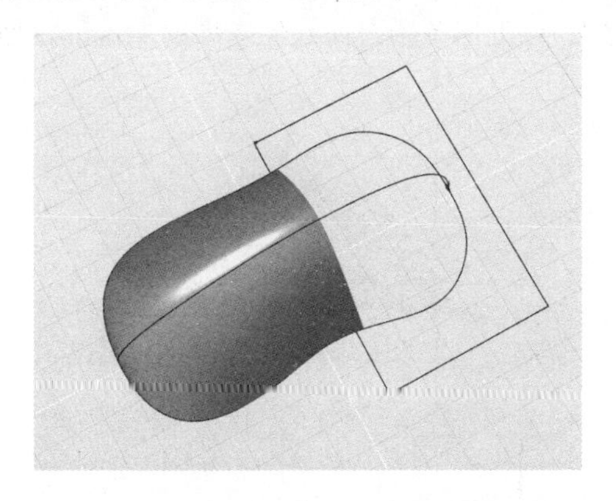

图 5-176　以“矩形 01”修剪放样曲面

5）基于这个修剪曲面，绘制一条融合曲线。注意，融合曲线要锁定于修剪曲面的边线上，如图 5-177 所示。

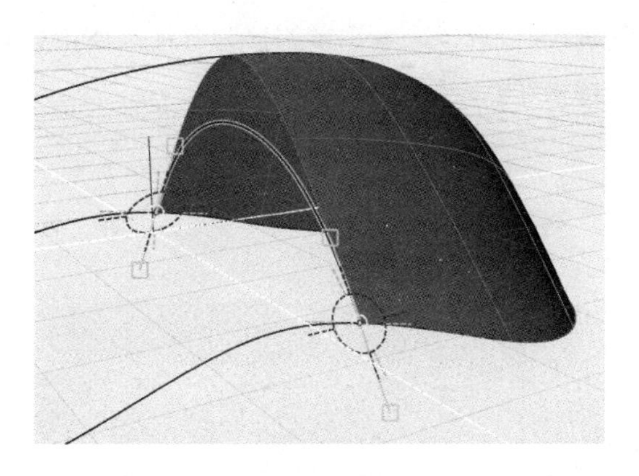

图 5-177　绘制融合曲线

6）保持“编辑参数”模式，将这两个锁定点框选，在控制面板中勾选“插入”复选框，在两点间插入一个新的控制点。同时，按住〈Ctrl〉键，将这个新插入的控制点锁定到“曲线 02”上，如图 5-178 所示。

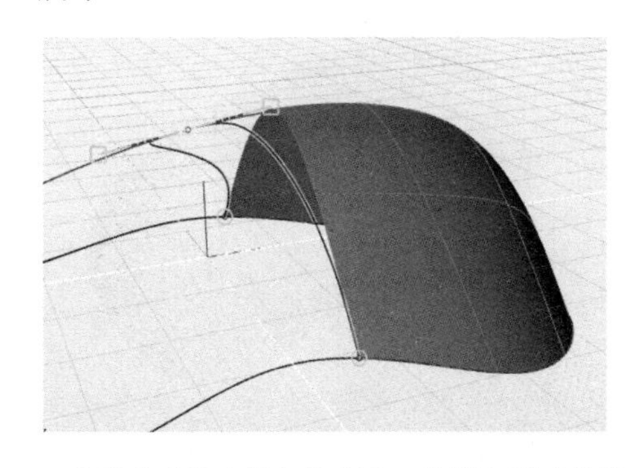

图 5-178　在融合曲线上插入控制点，并锁定到“曲线 02”上

7）保持“编辑参数”模式，框选 3 个融合曲线上的控制点。在控制面板中，设置“连续性”参数为“G0 连续”（默认为“G2 连续”）。随后仅选中中间的控制点，将“切线等级”参数的值调整为“1.5”。可见这条融合曲线的造型更加饱满，如图 5-179 所示。

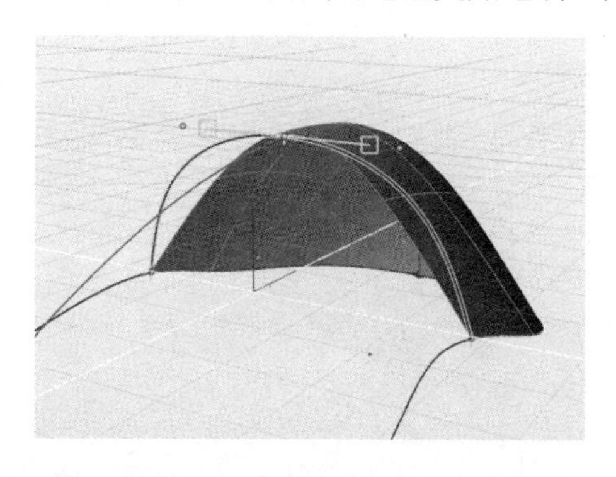

图 5-179　基于参数调整融合曲线的造型

8）将修剪曲面隐藏。虽然这个曲面被隐藏，但由于上一步绘制的融合曲线是基于这个曲面构建的，因此融合曲线与修剪曲面的源对象“矩形”是有关联的。例如，此时如果适当地调整矩形的位置，则融合曲线应该随着矩形的位置变化而做出更新。调整结束后，请将“矩形 01”隐藏，如图 5-180 所示。

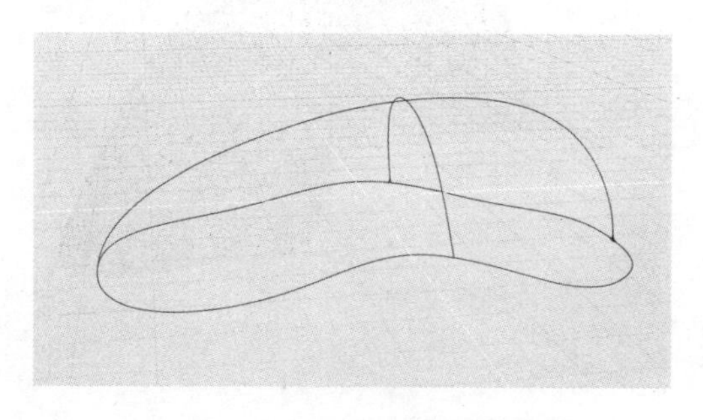

图 5-180　调整矩形位置观察其变化

9）基于图 5-180 中的 4 条曲线构建新的放样曲面。新的放样曲面比之前绘制的曲面造型更加饱满，如图 5-181 所示。

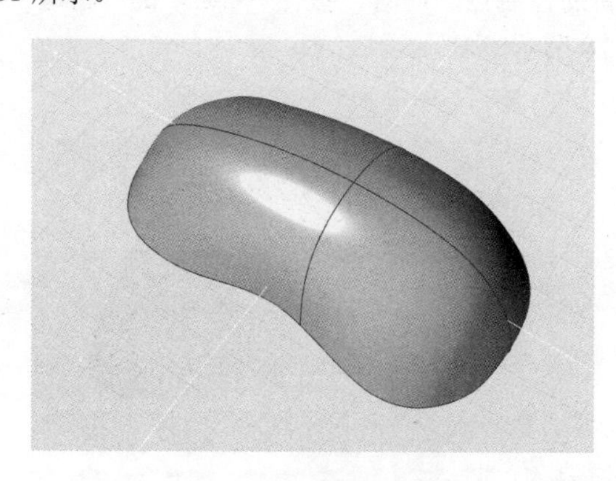

图 5-181　新的放样曲面

10）在放样曲面造型确认后，选中所有曲线（可使用过滤选择，即在菜单栏中执行“选择”→“拾取曲线”命令），按〈H〉键，或在全局浏览器中使用“隐藏”工具，将所有曲线全部隐藏。

✧ 注：此处不要使用应用工具栏中的“隐藏/取消隐藏所有曲线”工具。

11）重新绘制一个新的矩形，将其命名为“矩形 02”。对新的放样曲面进行修剪，修剪后让两部分全部保留（此处以颜色稍作区分），如图 5-182 所示。创建这个矩形的目的在于定义渐消面的消失位置。操作完毕后可暂时将“矩形 02”隐藏。

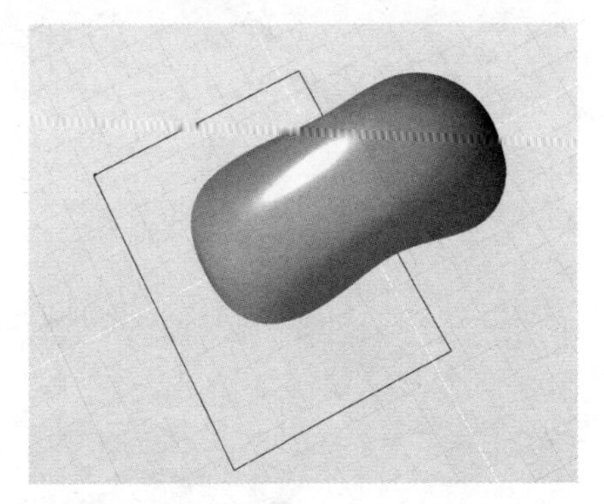

图 5-182　修剪曲面，并选择“保留二者”

12）将隐藏的“曲线 03”从全局浏览器中显示出来，对上一步中获得的两个面分别进行修剪，保留部分如图 5-183 所示。随后可再次隐藏“曲线 03”。

图 5-183　以“曲线 03”修剪曲面

13）绘制第 3 个矩形，在顶视图中绘制，该矩形需有一边与 X 轴重合，如图 5-184 所示，将其命名为“矩形 03”。

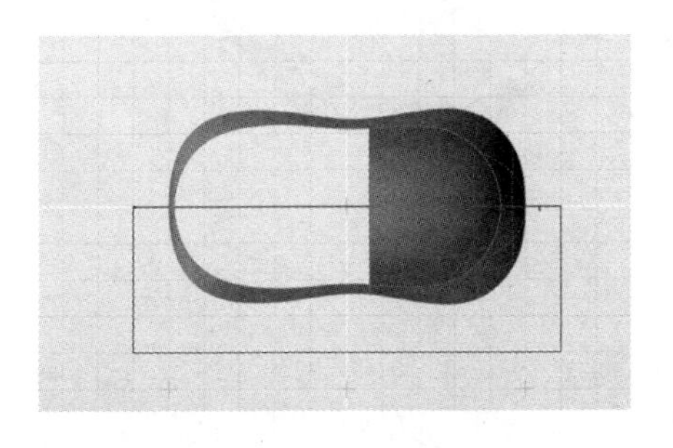

图 5-184　绘制“矩形 03”

14）使用“矩形 03”修剪当前模型中的两个曲面，并分别设定修建类型为“保留二者”。图 5-185 所示为修剪后的效果，以颜色区分。随后可将“矩形 03”暂时隐藏。

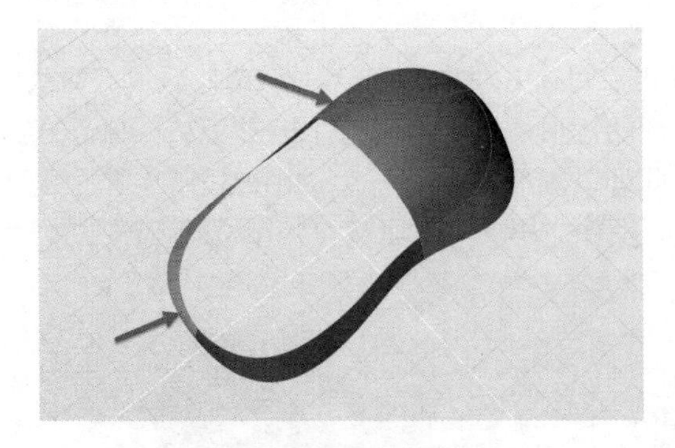

图 5-185　再次修剪曲面

15）使用“融合曲线”工具绘制一条融合曲线，必须将其两端锁定于图 5-186 中所示的两个曲面的边线上。

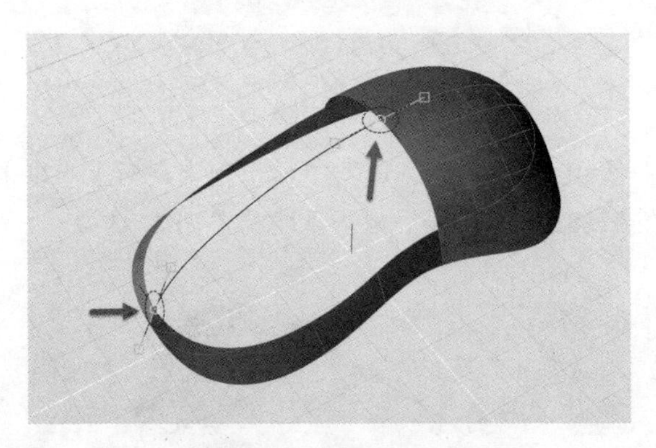

图 5-186　绘制融合曲线

16）将融合曲线的其中一端更改为 G0 连续，如图 5-187 所示。

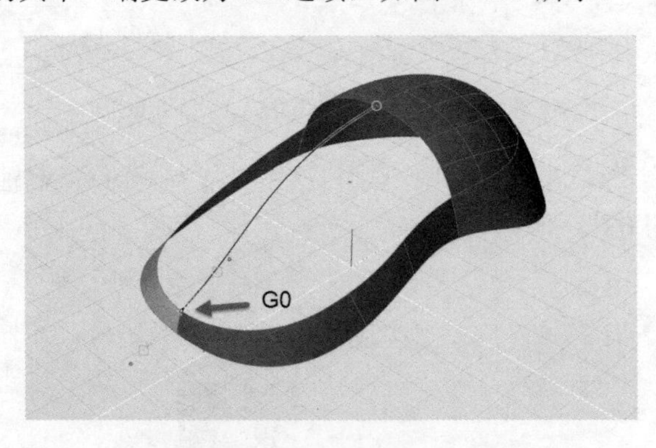

图 5-187　更改一端为 G0 连续

17）另外一端仍然保持 G2 连续，但将“切线等级”参数调整为“0.5”。

18）使用“合并”工具，将最顶部的两个曲面重新合并，如图 5-188 所示。

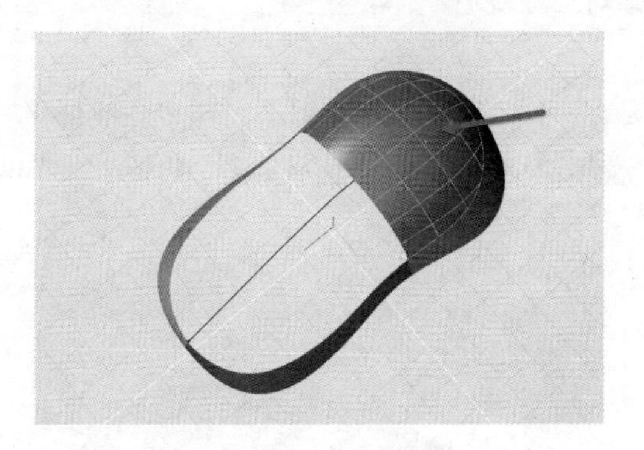

图 5-188　重新合并曲面

19）使用“放样”工具，将中间区域补齐，并设置边与相邻曲面的连续性为 G2 连续，如图 5-189 所示。绘制结束后，可将中间的融合曲线隐藏。

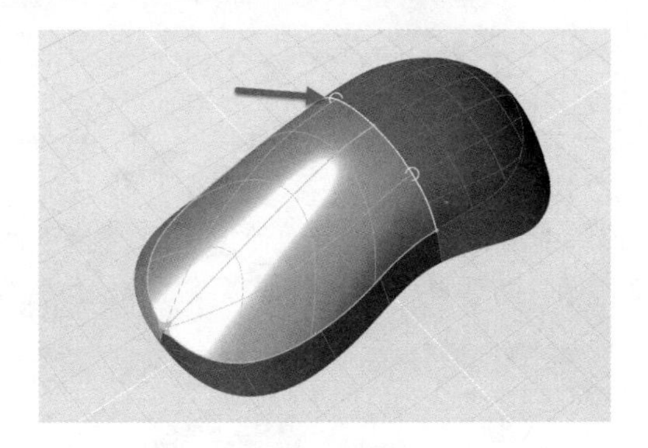

图 5-189　绘制放样曲面，并控制连续性为 G2 连续

20）使用“斑马条纹”工具验证曲面连续性。可见鼠标模型前段斑马条纹有折痕，这个折痕在中端处消失（即“矩形 02”的位置），而鼠标后段则非常光顺，如图 5-190 所示。

图 5-190　验证曲面连续性

✧ 注：“矩形”工具和“修剪”工具组合应用，是 Evolve 中构建辅助面和边等参考对象的常用方法。

✧ 注：渐消面在产品造型中非常常见。利用“放样”工具中的“约束”设置，是在 Evolve 中控制曲面连续性以获得渐消面的常用方法。

2．绘制圆角

1）将“曲线 03”从全局浏览器中取消隐藏。使用“曲线偏移”工具对该曲线进行偏移。这里需要进行两次偏移操作，一次设置偏移值为“0.1”，一次设置偏移值为“-0.1”，如图 5-191 所示。

图 5-191　构建两条偏移曲线

◇ 注：这里请勿仅做一次偏移并设置结果“对称”，因为后面要分别使用这两条偏移曲线对不同的曲面进行修剪。

2）使用位于上部的偏移曲线修剪所有靠上部的曲面；使用下部的偏移曲线修剪所有靠下部的曲面，如图 5-192 所示。随后将“曲线 03”以及两条偏移曲线隐藏。

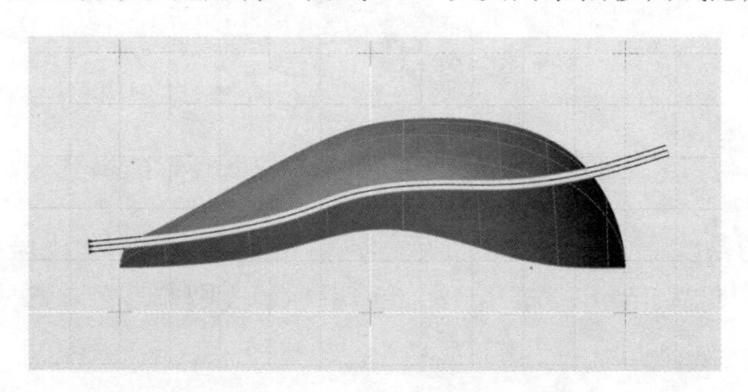

图 5-192　用偏移曲线对曲面做修剪

3）使用“曲面融合”工具，对上一步修剪的上下两部分进行曲面融合。融合时可分段进行，以保证匹配位置正确，如图 5-193 所示。

图 5-193　曲面融合

4）再次观察曲面连续性，如图 5-194 所示。此时，鼠标上壳体曲面构建基本结束。

图 5-194　再次观察曲面连续性

5）此时可对若干源对象进行调整以控制整体造型。在本练习中仅做一二提示，读者可以自由尝试。例如，将控制渐消线消失位置的“矩形 02”找到，调整其位置；或将位于顶部的“曲线 02”找到，调整其控制点。观察这些操作造成的造型变化，思考其中的关系。

3．绘制鼠标下壳体曲面

1）将隐藏的“曲线 04”显示出来，并基于 X 轴绘制对称。使用“合并”工具将两条曲线合并，如图 5-195 所示。

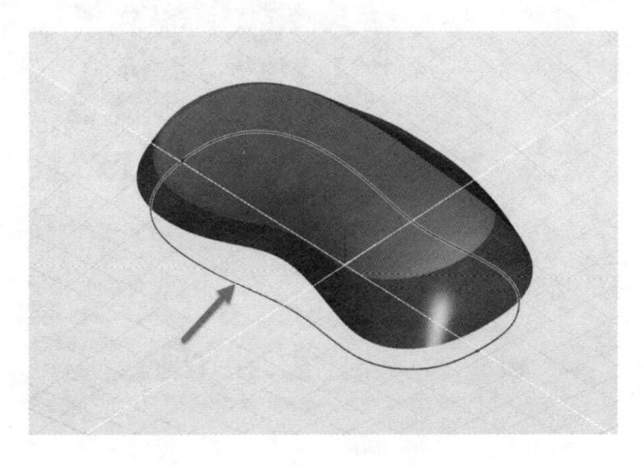

图 5-195　绘制对称曲线并合并

2）使用“填充路径”工具将底面填充，如图 5-196 所示。

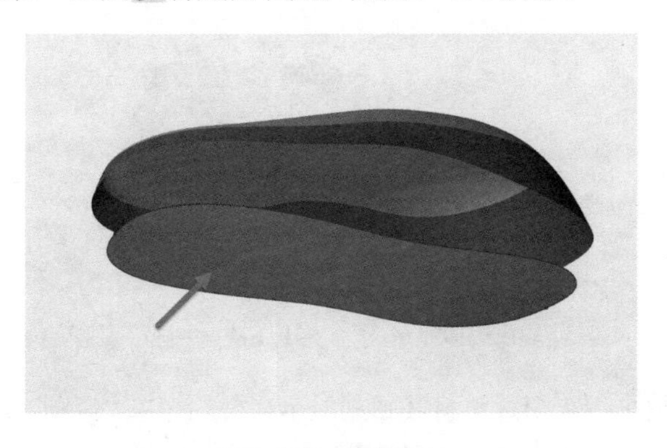

图 5-196　填充底面

3）在前视图中绘制两条融合曲线，融合鼠标上壳体曲面与上一步绘制的底面。确定融合曲线锁定于两侧曲面，并且释放所有融合点处的连续性（设定为 G0 连续），调整融合造型以与图 5-197 所示类似。

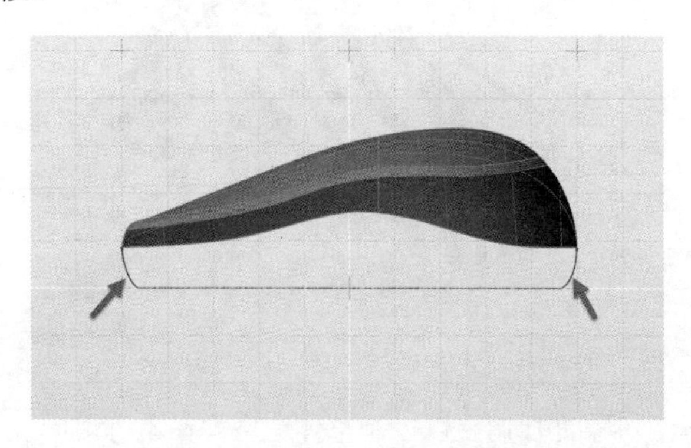

图 5-197 绘制两条融合曲线并调整融合造型

4）使用“放样”工具，对鼠标上壳体的最下缘、底部曲线以及上一步绘制的两条融合曲线进行放样曲面绘制，如图 5-198 所示。

图 5-198 绘制下壳体的放样曲面

4．细节绘制

1）使用“合并”工具分别合并上下壳体曲面，如图 5-199 所示，图中以颜色区分。

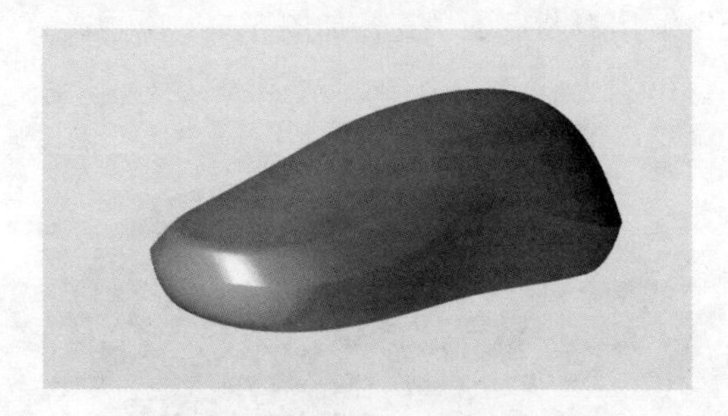

图 5-199 分别合并上下壳体曲面

2）选中下壳体曲面，按〈I〉键将其独立显示，使用“补块”工具将此曲面封口。然后将所有曲面合并，成为一个实体，如图 5-200 所示。

图 5-200　下壳体实体

3）使用“抽壳”工具，对下壳体实体抽壳。设定抽壳厚度为 0.2cm，获得结果如图 5-201 所示。

图 5-201　对下壳体抽壳

4）对上盖进行类似操作，获得上壳体抽壳结果，如图 5-202 所示。

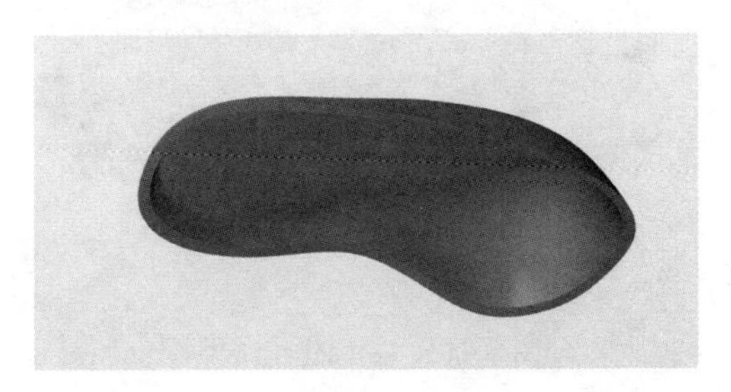

图 5-202　对上壳体抽壳

5）在顶视图中绘制与图 5-203 所示类似的两条曲线，这是鼠标滚轮的位置。

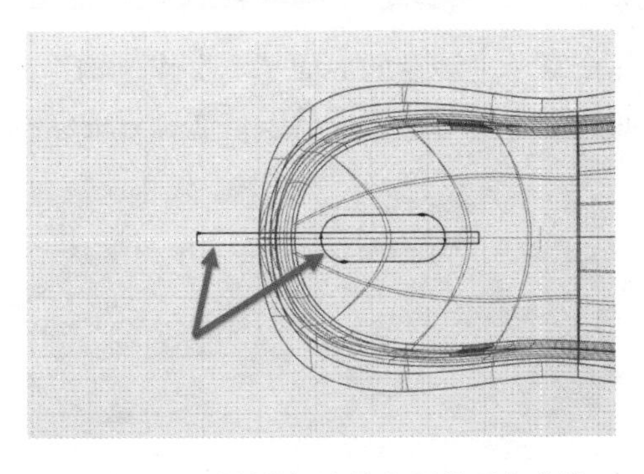

图 5-203　绘制鼠标滚轮位置的两条曲线

6）对鼠标上盖进行实体修剪，如图 5-204 所示。

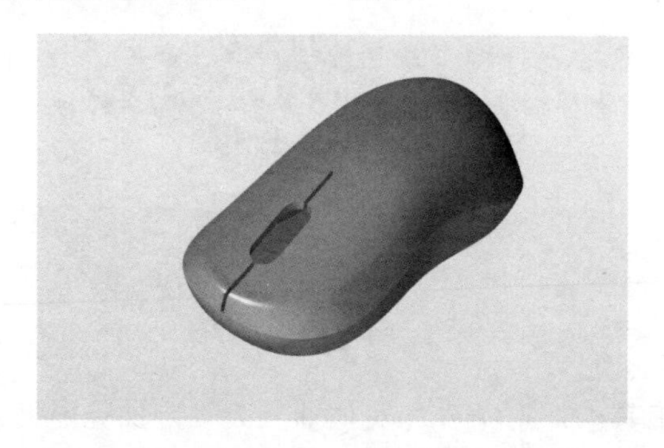

图 5-204　修剪实体

7）使用“倒圆角”工具为上盖和下盖分别倒圆角，设定所有边线的倒圆角半径为 0.05cm。

8）最后绘制一个滚轴，放置于图 5-205 所示的位置。至此，鼠标构建完毕，此时可切换至环境模式模拟环境反射效果。

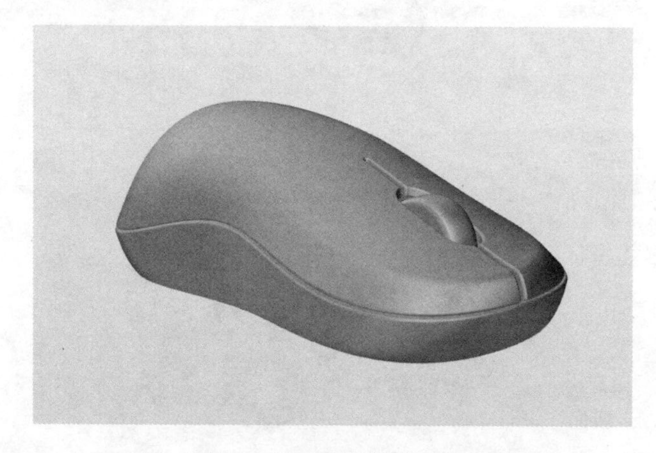

图 5-205　鼠标建模结果

本章小结

本章练习覆盖了前面几个章节中涉及的界面基本操作、构建曲线以及曲面工具。希望读者能通过这些练习，思考如何组合使用这些工具以构建良好的结构树，进而便于模型的调整和创意的衍生。

第 6 章

PolyNURBS 多边形建模

本章学习要点：

- **理解 PolyNURBS 建模方式。**
- **熟悉 PolyNURBS 建模工具。**
- **掌握编辑 PolyNURBS 模型的方法。**

6.1 编辑 PolyNURBS

Evolve 中的 PolyNURBS 建模工具位于建模工具栏中的“PolyNURBS”卷展栏下，如图 6-1 所示。

在学习 PolyNURBS 之前，首先要理解什么是 PolyNURBS。在第 2 章中已经提及，PolyNURBS 建模融合了 Polygon（多边形）建模的自由性，以及 NURBS 曲面建模的精确性。

读者可以这样理解，PolyNURBS 曲面就好像是一个 NURBS 曲面外围包裹了一个透明的、四边形的框架，如图 6-2 所示。PolyNURBS 的造型就经由这个外部框架来控制，那么用户可以编辑的内容就包括这个外部框架的顶点、边线以及面。当退出编辑 PolyNURBS 时，这个框架就会自动隐藏起来，只显示 PolyNURBS 曲面造型。

图 6-1 PolyNURBS 建模工具

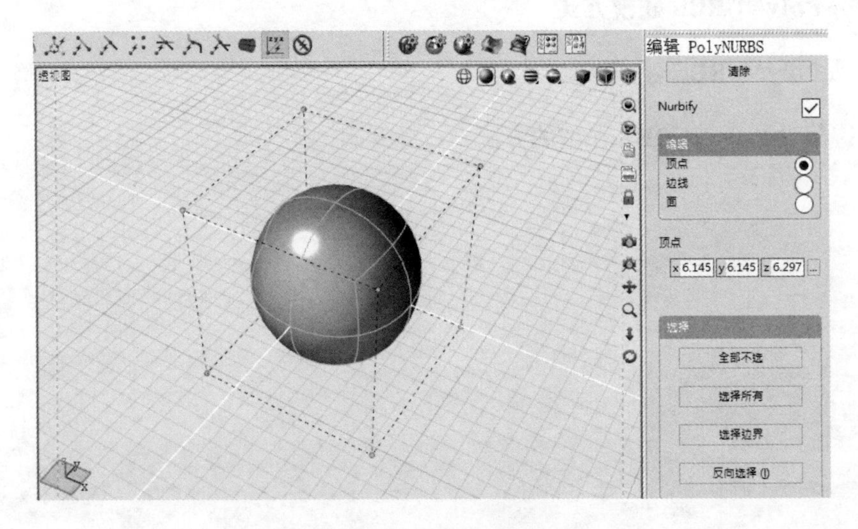

图 6-2 PolyNURBS 建模方式

6.1.1 PolyNURBS 编辑的基本操作

本节将详细介绍 PolyNURBS 曲面的顶点、边线以及面的编辑方法。

【练习（6.1.1_1）】转化多边形与曲面，步骤如下：

1）打开 Evolve，创建一个新文件。

2）激活“多边形立方体”工具，与构建 NURBS 几何体的方法类似，构建一个任意尺寸的多边形立方体，获得效果如图 6-3 所示。

图 6-3　构建多边形立方体

✧ 注：观察构建对象，形状并非立方体，而是与球体类似。这是因为 Evolve 默认将多边形（Polygon）对象自动转化为曲面（PolyNURBS）对象。

3）保持该多边形立方体处于选中状态，此时可见建模工具栏中的“编辑 PolyNURBS”工具被自动激活。

4）在控制面板中，取消勾选“Nurbify”复选框，获得结果如图 6-4 所示。

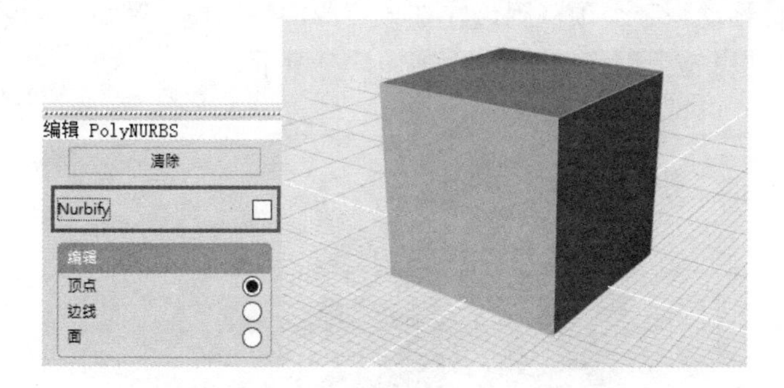

图 6-4　取消勾选“Nurbify”复选框（左）以获得结果（右）

✧ 注：关于“Nurbify”，读者可以将其理解为“将多边形对象曲面化”。因此，当取消曲面化功能时，该对象呈现为多边形。

【练习（6.1.1_2）】 顶点编辑模式应用，步骤如下：

在编辑 PolyNURBS 的过程中，与 NURBS 的编辑方法（编辑参数，编辑点）不同，我们有 3 种可操作的模式：顶点、边线和面。针对这 3 种模式有不同的操作方法。下面首先学习基于顶点的编辑，在控制面板中选中“顶点”单选按钮，如图 6-5 所示。

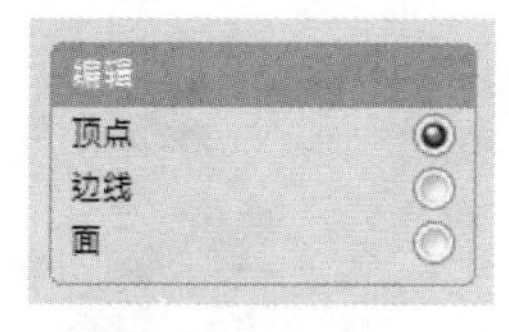

图 6-5　控制面板中选择编辑模式

1）继续使用【练习（6.1.1_1）】中构建的多边形立方体。

2）按快捷键〈A〉将编辑状态切换至“顶点”，此时在多边形立方体上出现多个亮蓝色可编辑的顶点，如图 6-6 所示。

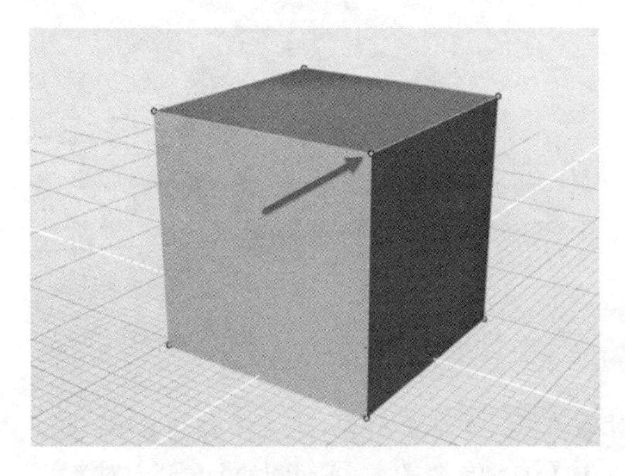

图 6-6　出现可编辑顶点

3）选中任意一个或多个顶点，可对它们实施平移、旋转、缩放等操作，右键单击任意空白处可退出转换操作。

4）将鼠标光标移动至某个顶点附近，在该点周围将出现一圈黄色虚线，此时出现提示"按住 SHIFT 键+单击并拖曳以斜切顶点"，如图 6-7 所示。

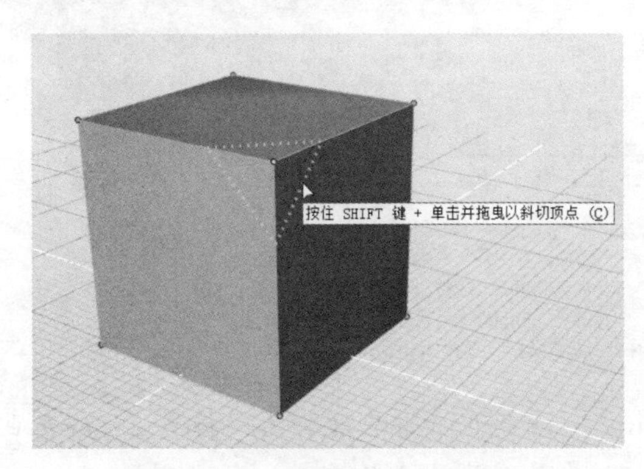

图 6-7　出现操作提示

5）按照提示操作，同时按住〈Shift〉键，并在虚线处拖曳，可在此顶点处划分出一个新的多边形面，如图 6-8 所示。

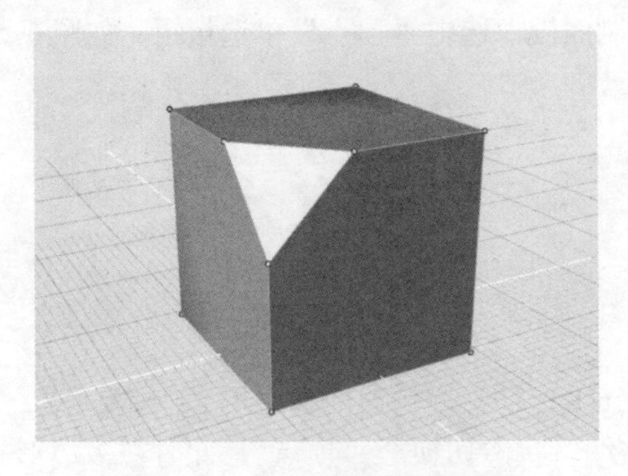

图 6-8　基于控制顶点构建新面

6）该操作也可针对多个选中顶点同时操作，如图 6-9 所示。

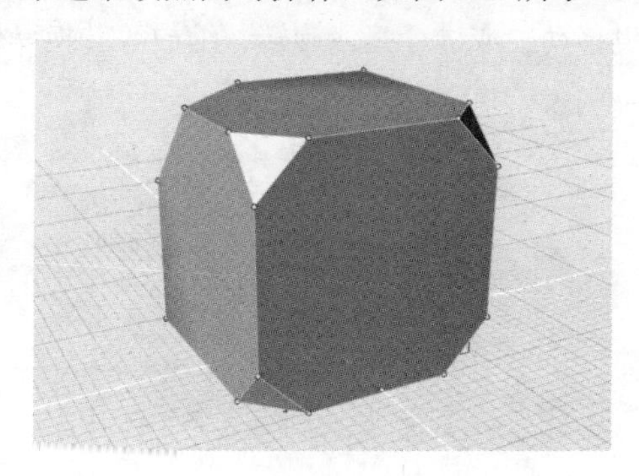

图 6-9　基于多个控制顶点构建新面

7）此时在控制面板中勾选“Nurbify”复选框，可观察多边形转化为曲面后的结果，如图 6-10 所示。

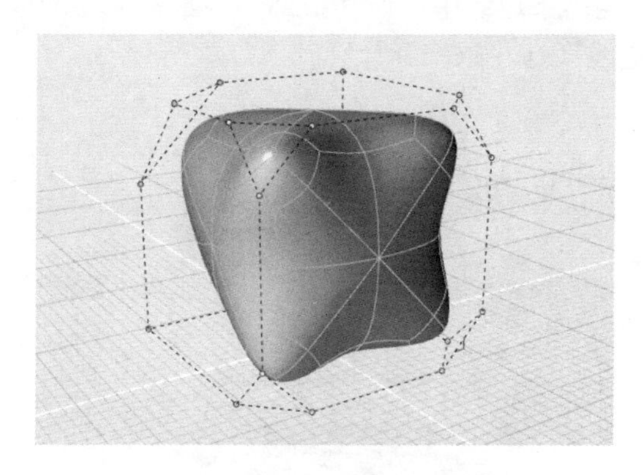

图 6-10　重新转化多边形为曲面

【练习（6.1.1_3）】 边线编辑模式应用，步骤如下：

1）创建一个新文件，并绘制一个新的任意尺寸的多边形立方体，并仍然切换到多边形状态下观察。

2）按快捷键〈S〉，将编辑状态切换至“边线”，此时多边形立方体的所有边线都呈现亮蓝色，表示可以对这些边线进行编辑，如图 6-11 所示。

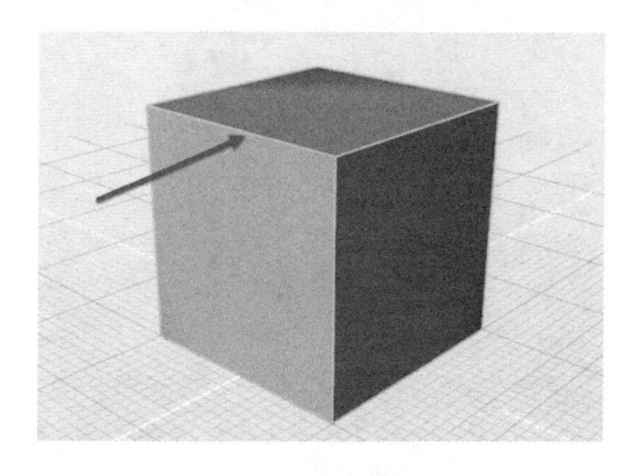

图 6-11　出现可编辑边线

3）将鼠标光标悬停至任意一条边线，出现提示“单击并拖曳以滑动边线”，此时可按住鼠标左键对该边线进行拖曳移动，或进行其他旋转、缩放等转换操作，如图 6-12 所示。

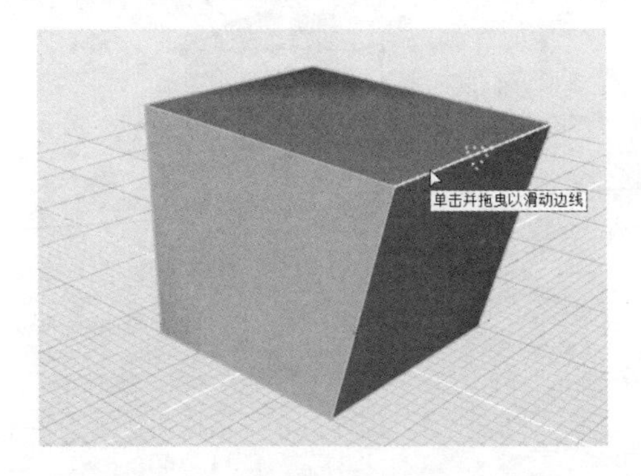

图 6-12　对可编辑边线进行转换操作

4）将鼠标光标悬停至一条边线中部，其中部的菱形标志会变成实心黄色，此时出现提示“单击并拖曳以斜切边线”，如图 6-13 所示。

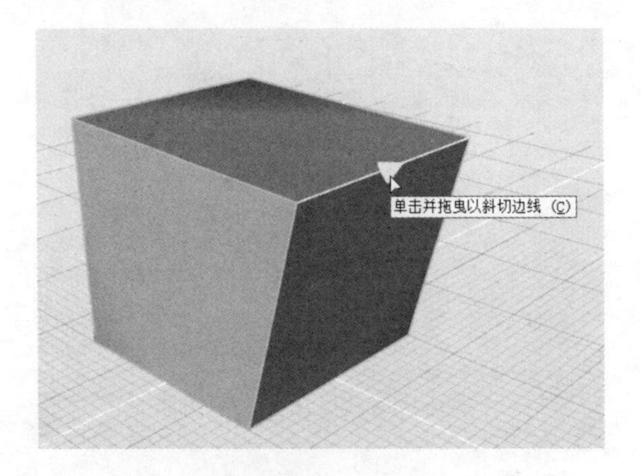

图 6-13　出现操作提示

5）按照提示使用鼠标拖曳此处，可获得结果如图 6-14 所示。

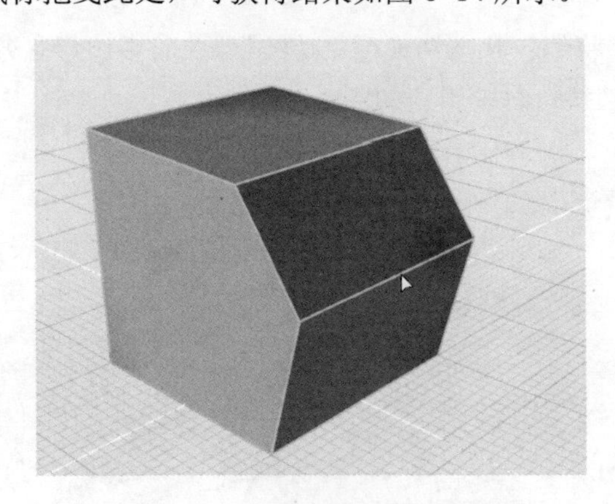

图 6-14　基于控制边线构建新面

6）此时勾选“Nurbify”复选框，可观察多边形转化为曲面后的结果，如图 6-15 所示。

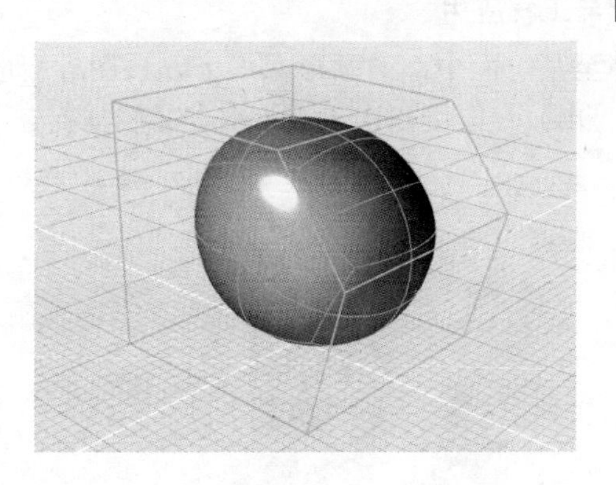

图 6-15　重新转化多边形为曲面

【练习（6.1.1_4）】 面编辑模式应用，步骤如下：

1）创建一个新文件，并绘制一个新的任意尺寸的多边形立方体，仍然在多边形状态下观察。

2）按快捷键〈D〉，将编辑状态切换至“面”。此时当鼠标光标悬停至某一个面上时，该面会呈现高亮，并出现提示“单击并拖曳以平移面”，如图 6-16 所示。

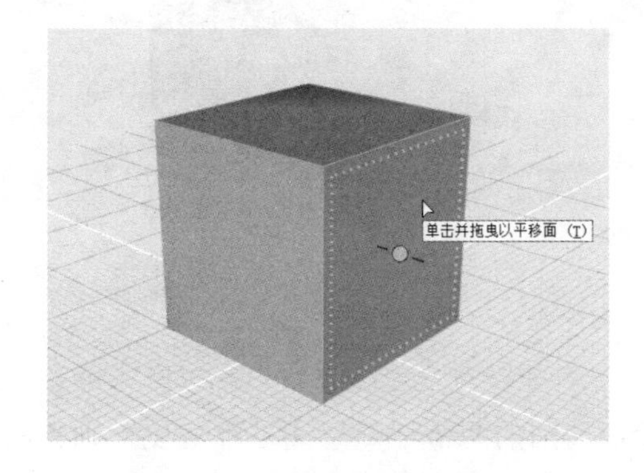

图 6-16　对可编辑面进行转换操作

3）按照提示，可以直接拖动，或使用“平移”“旋转”“缩放”工具对面进行操作。这里需要注意的是，针对某个多边形面进行转换操作（平移、旋转、缩放），默认基于该多边形面的局部坐标轴，如图 6-17 所示。

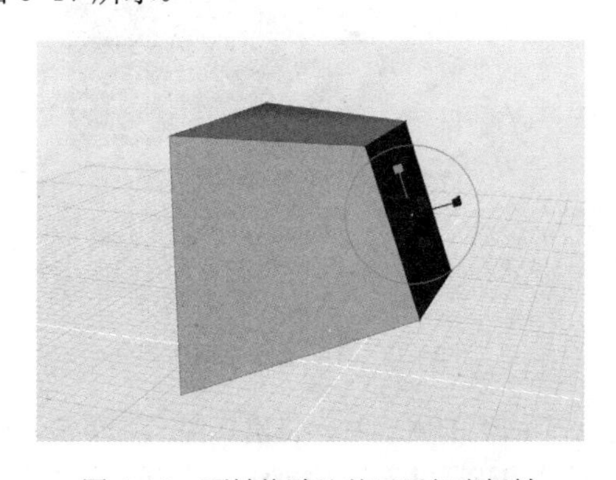

图 6-17　面转换默认基于局部坐标轴

4）将鼠标光标悬停至某个面中部的圆形标识上，该图标变成实心黄色，并出现提示“单击并拖曳以挤出面（自由）- 按住 SHIFT 键沿 X/Y/Z 轴捕捉”，如图 6-18 所示。

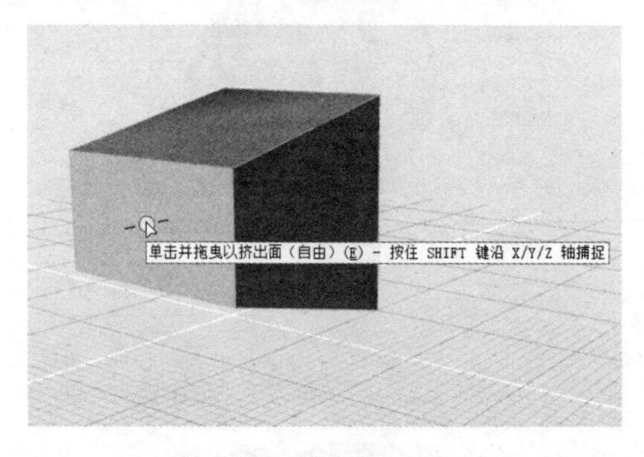

图 6-18　出现操作提示

5）此时按住黄色实心标识，向任意方向拖曳，可获得更多的多边形面，如图 6-19 所示。

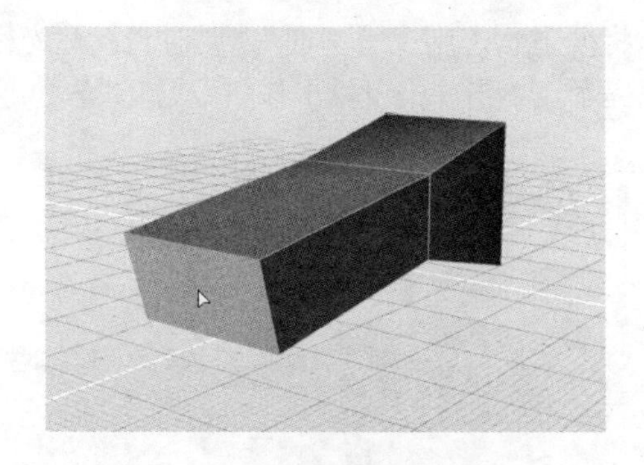

图 6-19　基于控制面构建新面

6）如果按住圆形标识周围的两个红色短线进行拖曳，则将沿选中面的法线方向挤出面，如图 6-20 所示。

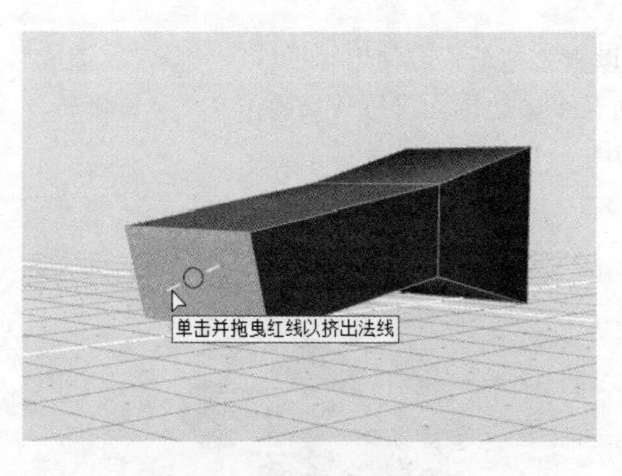

图 6-20　沿面法线方向挤出

7）当鼠标光标悬停至某个面上的虚线时，将出现提示“单击并拖曳以对单个面进行缩放-按住〈Shift〉键，然后单击并拖曳进行插入”。按照提示，可直接对单个面进行缩放，如图 6-21 所示。

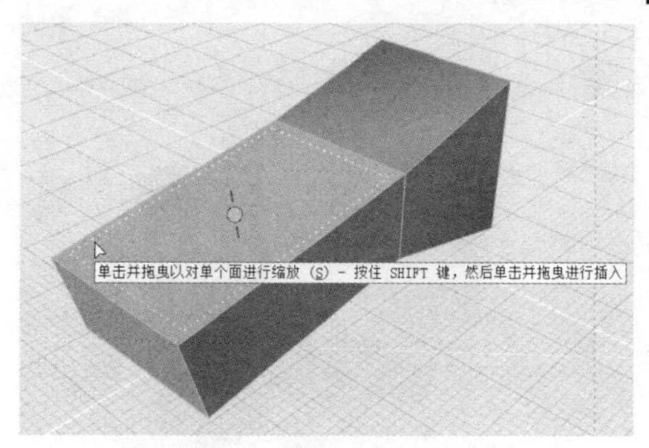

图 6-21　直接对面进行缩放

8）或按住〈Shift〉键，同时拖曳黄色虚线，在该面上插入新的多边形面，如图 6-22 所示。

图 6-22　在面上插入新面

9）此时勾选“Nurbify”复选框，可观察多边形转化为曲面后的结果，如图 6-23 所示。

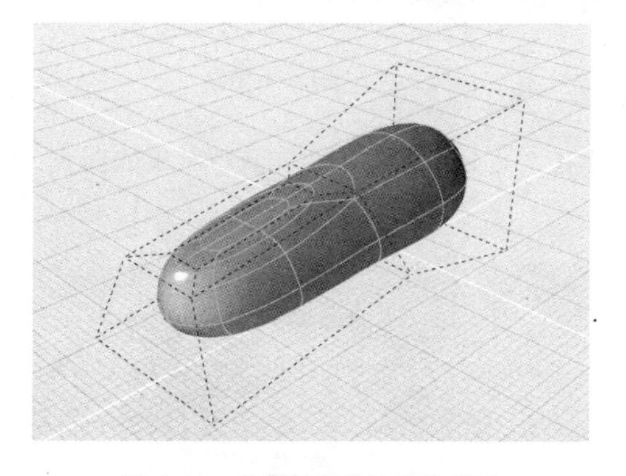

图 6-23　重新转化多边形为曲面

6.1.2　PolyNURBS 编辑的高级操作

【练习（6.1.2_1）】 边桥接，步骤如下：

1）打开素材文件夹“练习（6.1.2_1）”中的 Evolve 文件，该文件中包含多边形面，如

图 6-24 所示。

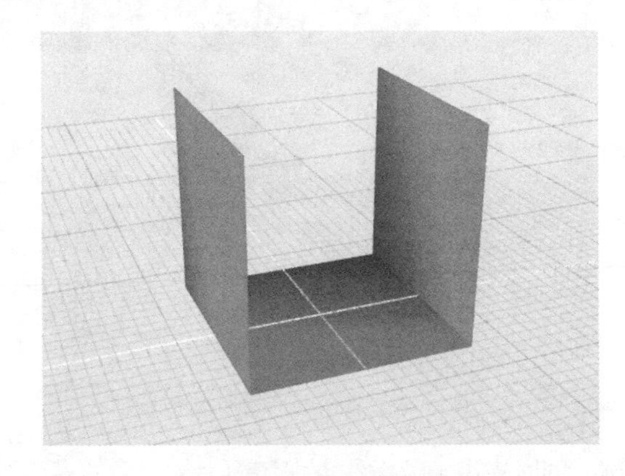

图 6-24　打开练习文件

2）选中对象，按快捷键〈S〉，切换编辑状态为“边线”。

3）按住〈Ctrl〉键进行多选，选择图 6-25 所示的两条边。

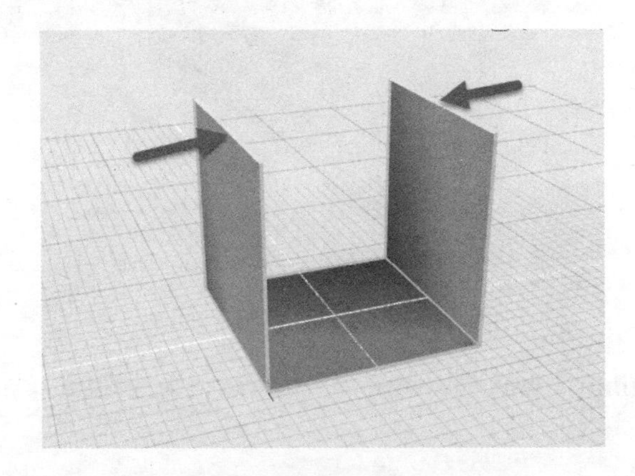

图 6-25　同时选中两条边线

4）在控制面板中，单击“创建桥体”按钮，获得结果如图 6-26 所示。

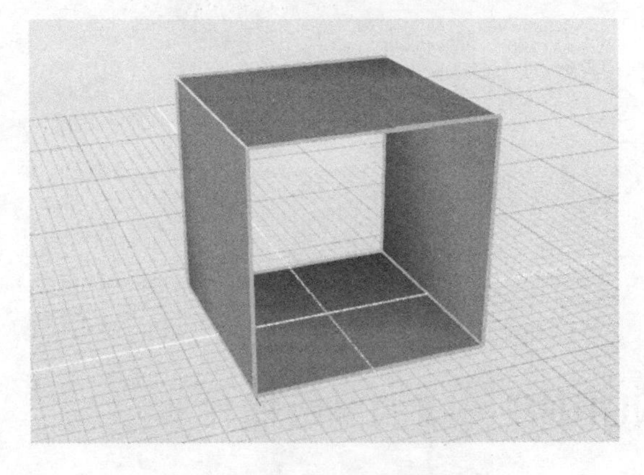

图 6-26　为两条边线创建桥体

5）勾选“Nurbify”复选框进行转换，结果如图 6-27 所示。

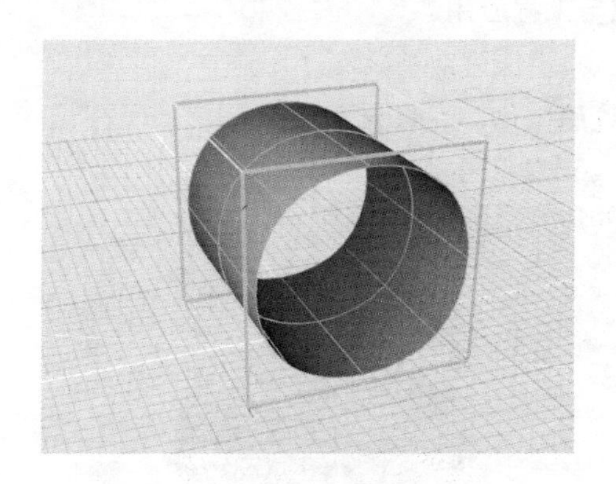

图 6-27　重新转化多边形为曲面

【练习（6.1.2_2）】 边的高级选择，步骤如下：

1）继续【练习（6.1.2_1）】中的结果。

2）按住〈Shift〉键，点选图 6-28 所示的边线（即开放边线），可链选一圈边线。随后单击视图中的任意空白区域取消选择。

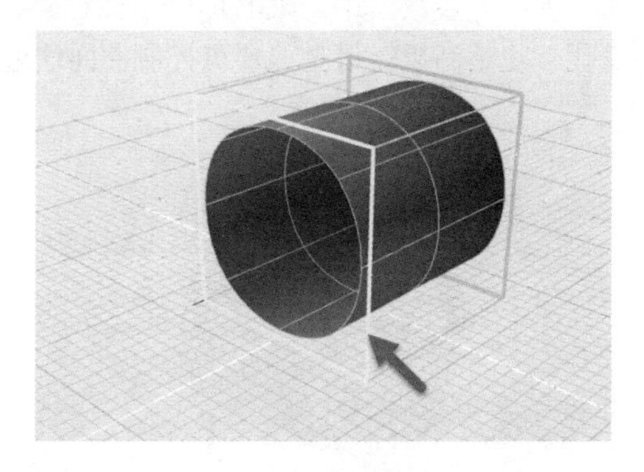

图 6-28　链选边线

3）以上操作也可以通过下面的步骤完成。在控制面板中，在“选择”参数下激活“高级模式”选项。

4）在模型上，将鼠标光标悬停于开放边线的边角处，此时出现提示“单击选择循环”，如图 6-29 所示，单击后可获得与前面操作相同的选择结果。

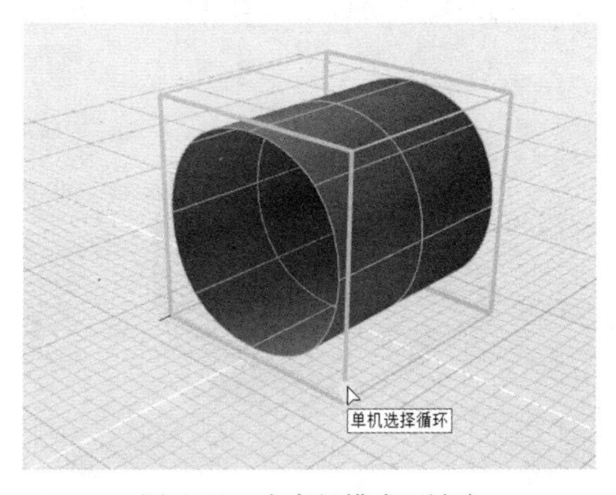

图 6-29　在高级模式下链选

5）单击视图中的任意空白区域取消选择。

【练习（6.1.2_3）】 边的锐化，步骤如下:

1）继续使用【练习（6.1.2_2）】中构建的模型。

2）选中一条非开放的边线，如图 6-30 所示。

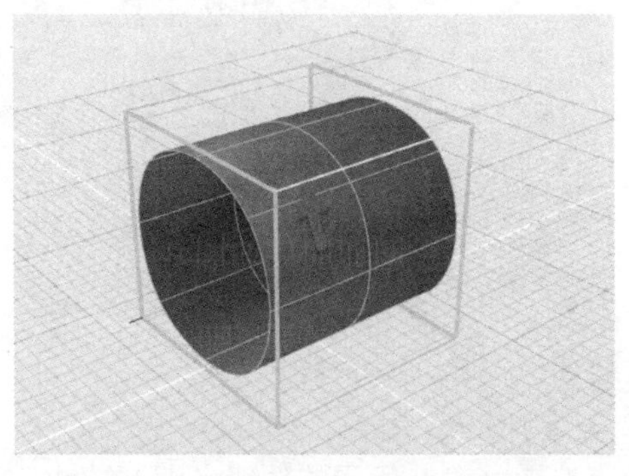

图 6-30 选中一条非开放的边线

3）在控制面板中找到“折痕”参数，单击最右侧的小图标，弹出滑轨。用户可直接拖动强度值在 0～1 之间变化，观察结果，可见该值可控制曲面逼近边线的趋势，如图 6-31 所示。

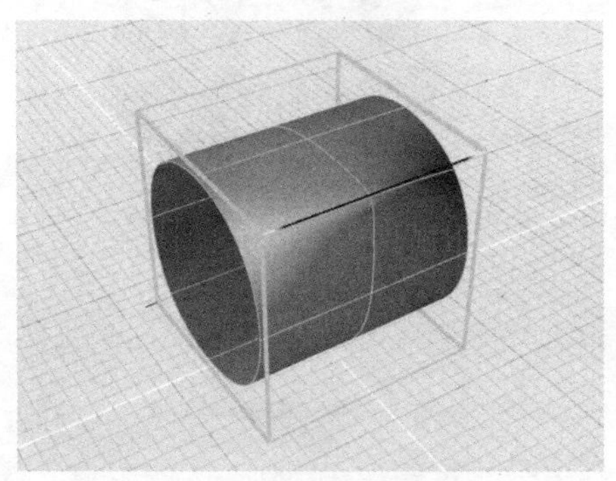

图 6-31 调整折痕强度

【练习（6.1.2_4）】 面的高级选择，步骤如下:

1）创建一个新文件，使用“多边球体”工具，创建一个任意半径的多边球体，如图 6-32 所示。在本练习中，我们的目的是选中所有间隔行，并进行面的挤出操作。

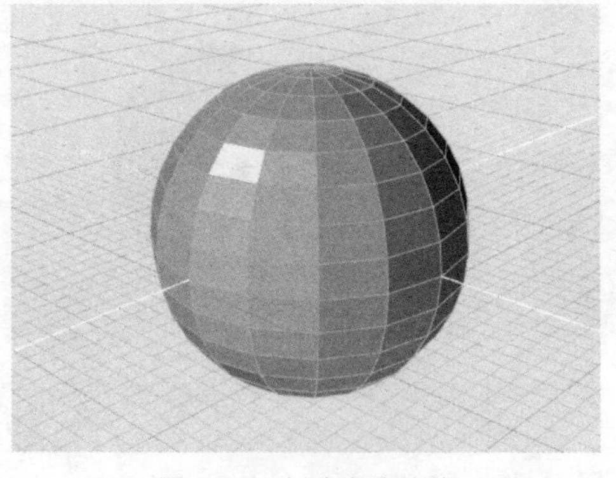

图 6-32 创建多边球体

2）选中多边球体并按快捷键〈D〉，将编辑状态切换至“面”。在控制面板中激活“选择”参数下的“高级模式”选项。

3）将鼠标光标移动到一个面上，该面呈现预选高亮，同时面上会显示 4 个方向的虚线箭头，如图 6-33 所示。

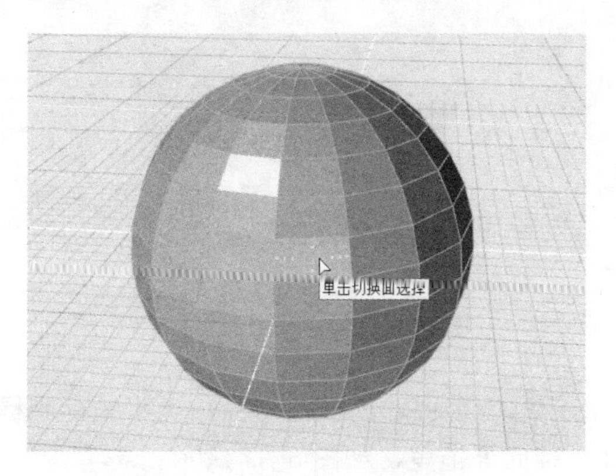

图 6-33　将鼠标光标移动到任意面上

4）选中一个方向的箭头，此时出现提示“单击选择循环”，如图 6-34 所示。

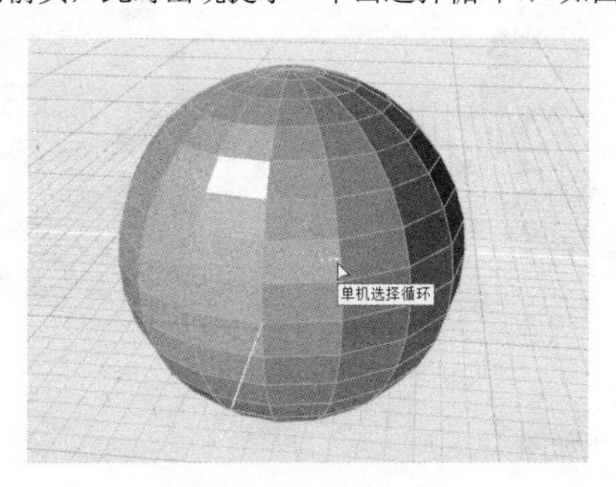

图 6-34　将鼠标光标移动到该面的某一个箭头上

5）此时单击箭头，将一次性链选一圈曲面，如图 6-35 所示。

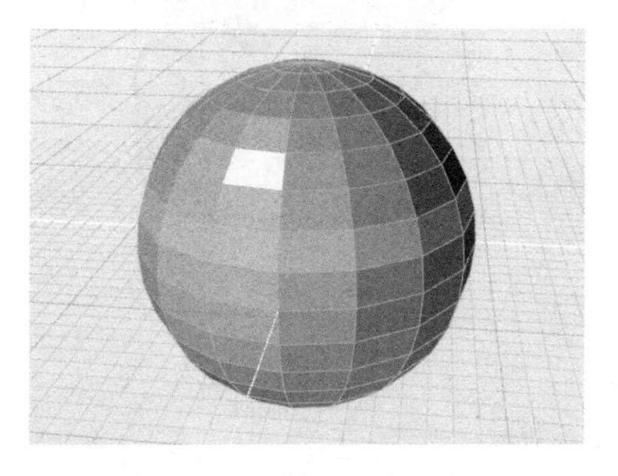

图 6-35　单击箭头，链选一圈曲面

6）用户可按此操作进行隔行链选，如图 6-36 所示。选择完毕后可按空格键退出高级选择。

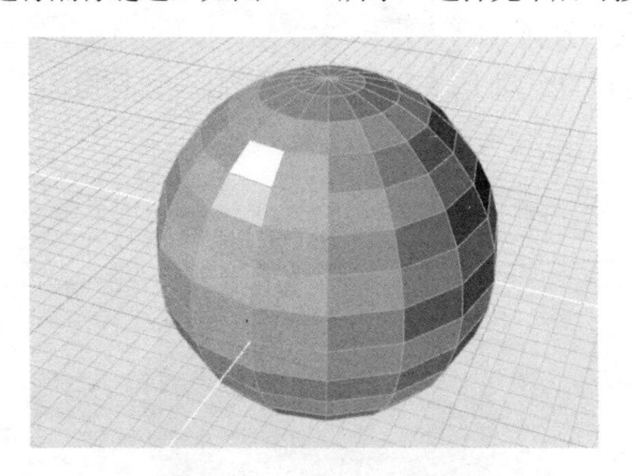

图 6-36　隔行链选多圈曲面

7）将鼠标光标移动到任意一个已选的多边形面，当将鼠标光标移动至圆形图标两侧的红色虚线处时，按住鼠标左键向外拖曳，如图 6-37 所示。

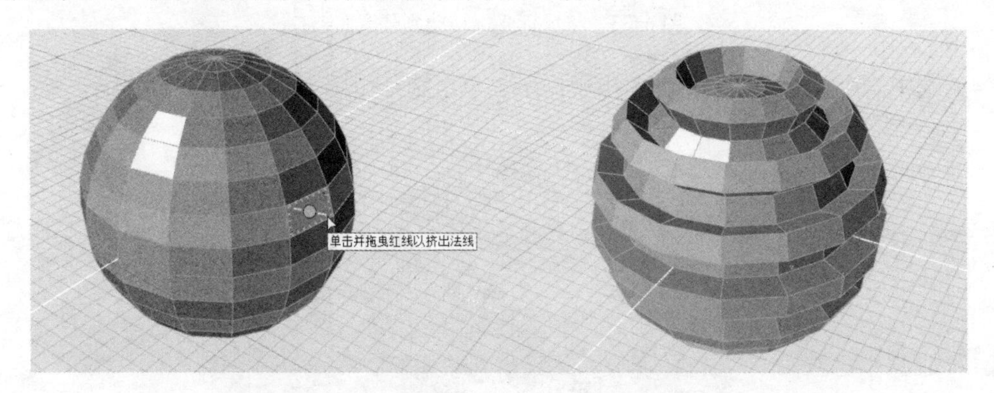

图 6-37　沿红线向外拖曳（左），获得挤出结果（右）

8）转换至曲面，效果如图 6-38 所示。

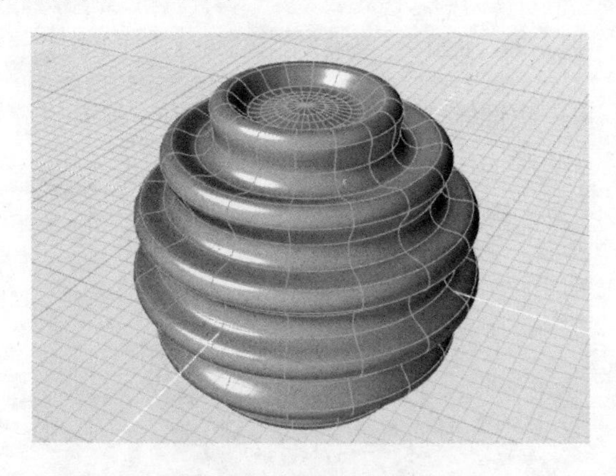

图 6-38　重新转化多边形为曲面

【练习（6.1.2_5）】 面的桥接，步骤如下：

1）打开素材文件夹“练习（6.1.2_5）”中的 Evolve 文件，如图 6-39 所示。本练习将学习如何把该多边形桥接成闭环。

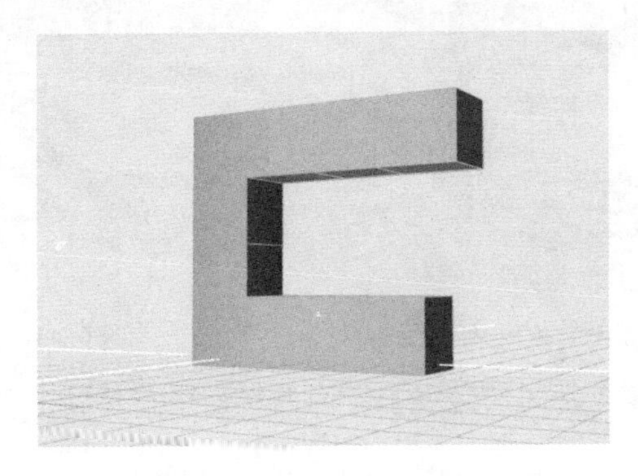

图 6-39　打开练习文件

2）选中该对象，按快捷键〈D〉，将编辑模式切换为“面”。

3）按住〈Ctrl〉键进行面的多选，选择图 6-40 所示的两个面。

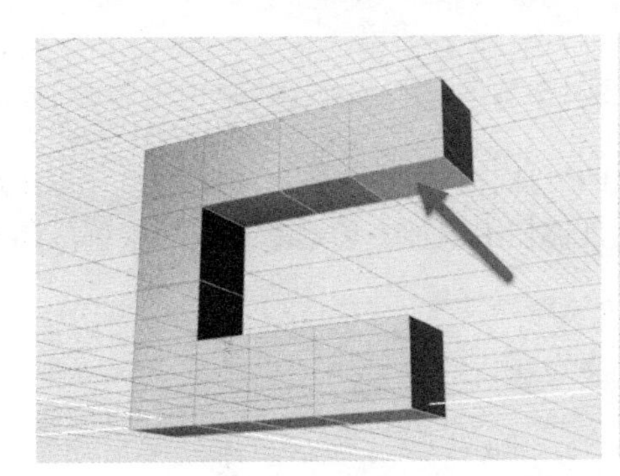
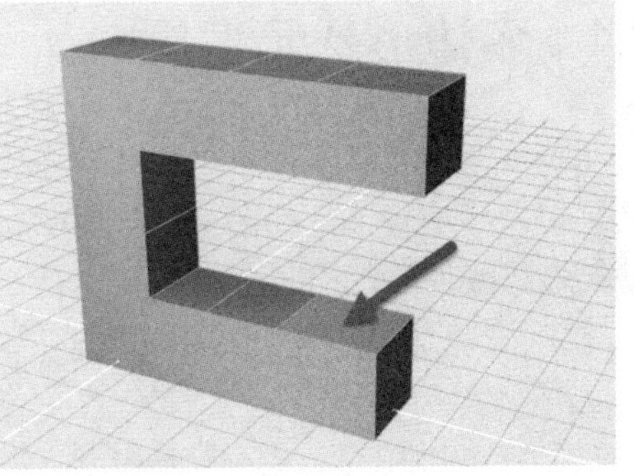

图 6-40　对对象上的两个面进行多选

4）在控制面板中，单击“创建桥体”按钮，获得结果如图 6-41 所示。

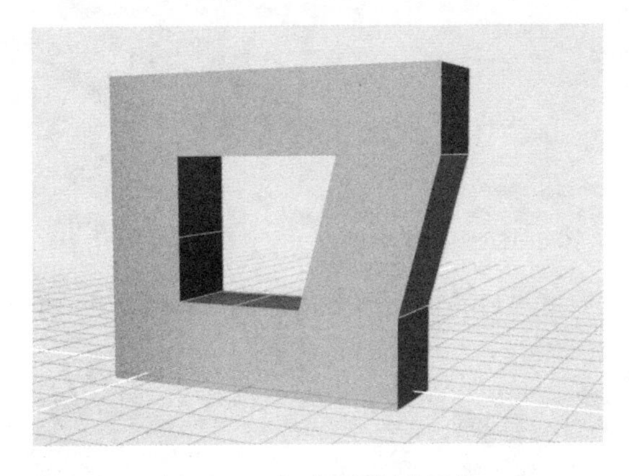

图 6-41　在两面间创建桥体

5）转化成曲面，结果如图 6-42 所示。

✧ 注：桥接结果的边是自动匹配，很有可能与用户期望不符，可以通过桥接工具的设置项进行调整，如图 6-43 所示，但必须在桥接操作完成之前设置。

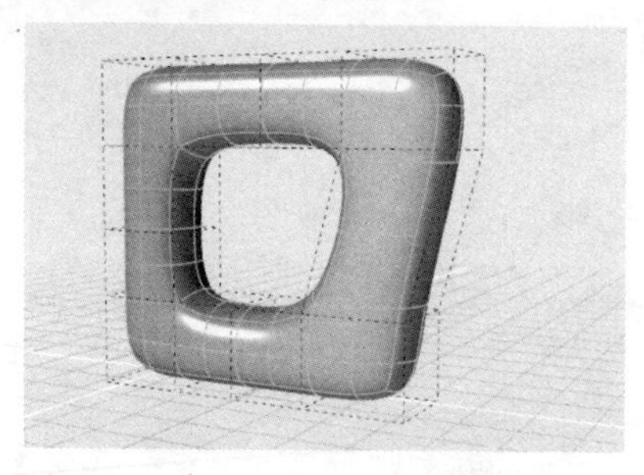

图 6-42　重新转化多边形为曲面

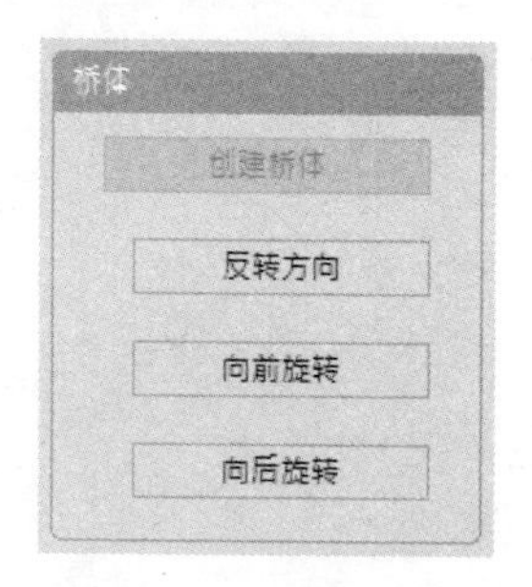

图 6-43　面桥接调整项

✧ 注：虽然桥接功能支持不同边线数量的两个面进行桥接，但因为可控性差，所以建议尽量避免使用。

6.2　创建多边形工具

6.2.1　多边形基元工具

多边形基元工具包括多边形立方体，多边四分球体，多边平面，多边圆盘，多边球体，多边圆环，以及多边柱体，如图 6-44 所示，具体使用哪种多边形基元，要根据产品的造型特点来决定。

图 6-44　多边形基元工具

例如，构建眼镜造型，开始时就可以考虑使用多边圆盘，如图 6-45 所示。

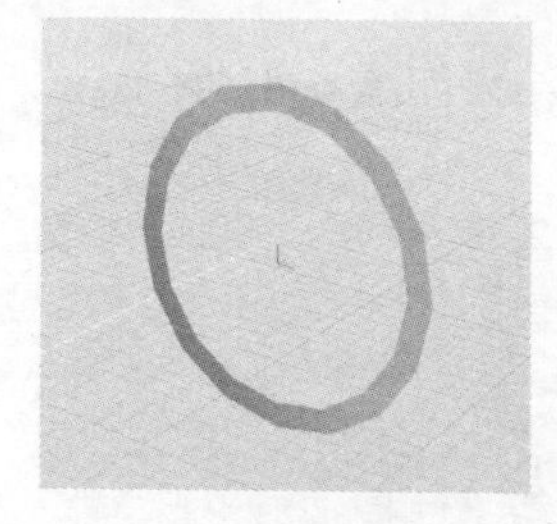

图 6-45　基于多边圆盘（左）构建眼镜（右）

构建茶壶造型，开始时就可以考虑使用多边柱体，如图 6-46 所示。

图 6-46　基于多边柱体（左）构建茶壶（右）

6.2.2 创建面工具——创建面与填充孔

“创建面”工具和“填充孔”工具，这两个工具都常用于补面，前者可以自由创建补面形状，后者自动识别孔进行填充。

【练习（6.2.2）】 补面操作，步骤如下:

1）打开素材文件夹“练习（6.2.2）”中的 Evolve 文件，该文件中有一个未封闭的多边形，如图 6-47 所示。

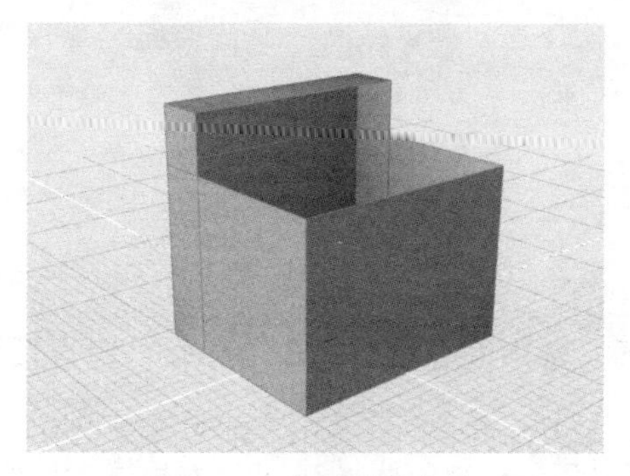

图 6-47　打开练习文件

2）激活“填充孔”工具，单击 PolyNURBS 对象，则未封闭处被自动识别，显示为亮蓝色，如图 6-48 所示。

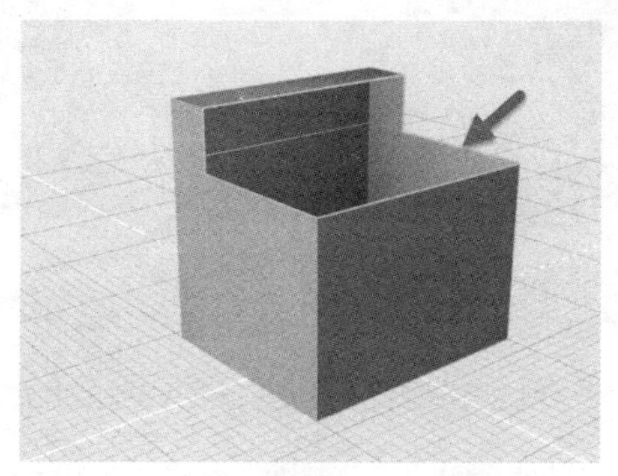

图 6-48　未封闭边可自动识别

3）单击亮蓝色边线，进行封闭，封闭结果如图 6-49 所示。

图 6-49　封闭亮蓝色边线

4）勾选“Nurbify”复选框转换成曲面结果。观察此结果，所有未封闭边均成为填充面的边线，如图 6-50 所示。

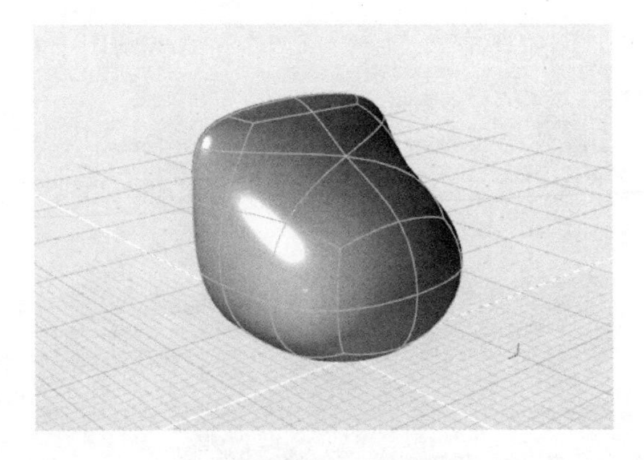

图 6-50　转化为曲面

5）在编辑面的状态下，选中新建面，按〈Delete〉键直接移除，恢复之前的未封闭状态。

6）保持该对象处于选中状态，激活“创建面”工具，此时“捕捉所有点”工具被自动激活。按图 6-51（左）所示的顺序依次单击 4 个端点，获得效果如图 6-51（右）所示。

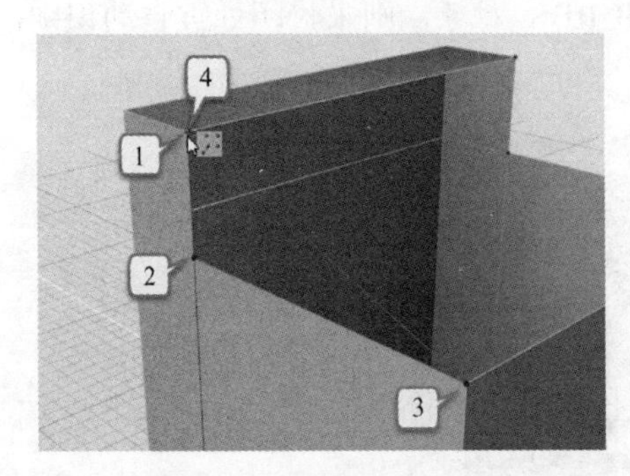

图 6-51　激活“创建面”工具并按顺序选点（左）以构建新面（右）

7）按照类似的方法绘制另外一侧的三角补面，如图 6-52 所示。

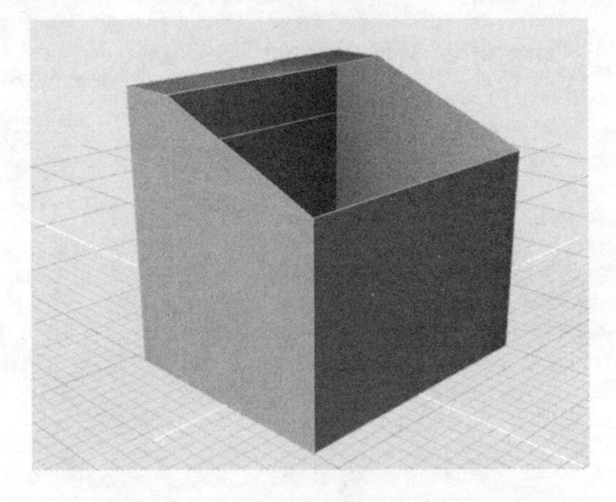

图 6-52　创建另一侧的三角补面

8）再次使用“创建面”工具，对开放的四边形进行补面，如图 6-53 所示。

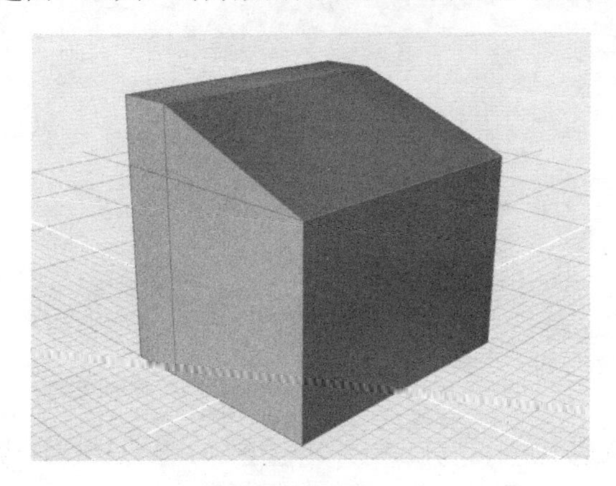

图 6-53 创建四边形补面

9）将多边形转化为曲面后的结果如图 6-54 所示。

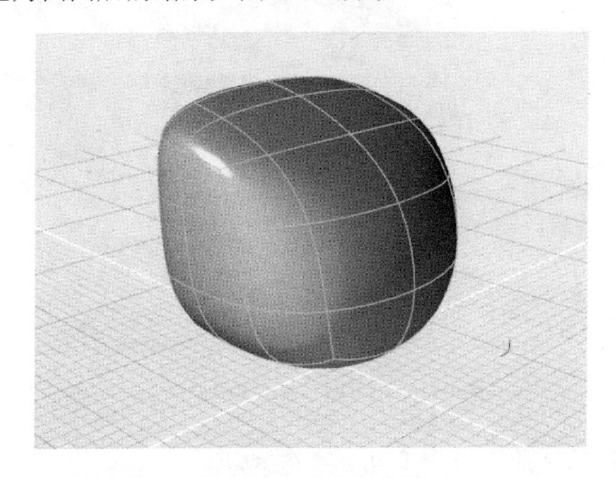

图 6-54 转化为曲面

✧ 注：通过本练习对比，使用“创建面”工具，可根据建模需要手动填补相应形状的面，操作更灵活。而使用“填充孔”工具，可自动识别需要补块的区域，更加智能。

6.2.3 分割工具——添加循环边、分割面、分割边线

“添加循环边”工具、“分割面”工具和“分割边线”工具，这 3 个工具分别可对多边形进行分割，以获得更多可编辑的元素。

【练习（6.2.3_1）】“添加循环边”工具应用，步骤如下：

1）创建一个新文件，并创建一个任意尺寸的多边形立方体，切换到多边形状态。

2）激活“添加循环边”工具，单击任意边线，可添加一个循环切分。如果按住鼠标左键在该边上移动，则可捕捉到中点位置进行切分，如图 6-55 所示，按空格键确认。

3）再次激活“添加循环边”工具，在控制面板中勾选“多重分割”复选框，并设置“细分捕捉”参数的值为“3”。

图 6-55　在一边中点位置进行循环边切分

4）在多边形的任意边上进行切分，可一次性绘制 3 条循环切割边，如图 6-56 所示，按空格键确认。

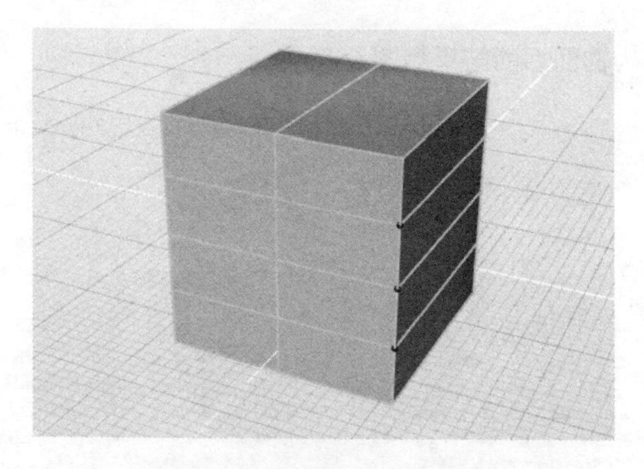

图 6-56　一次性切分 3 条循环边

【练习（6.2.3_2）】“分割面”工具应用，步骤如下：

1）创建一个新文件，并创建一个任意尺寸的多边形立方体。

2）激活“分割面”工具，依次单击图 6-57 所示的两个顶点，按空格键确认，可将该面分割成两个三角形面。

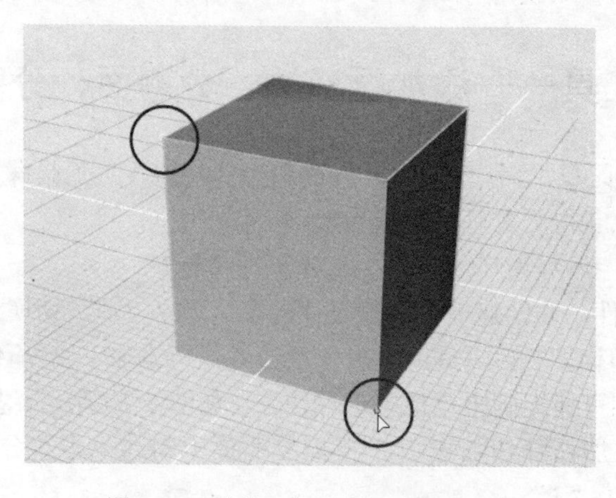

图 6-57　对某一个面进行对角线分割

3）再次激活“分割面”工具，依次单击图 6-58 所示的两个顶点，按空格键确认，可将其中一个三角面再次切分成两个三角面。

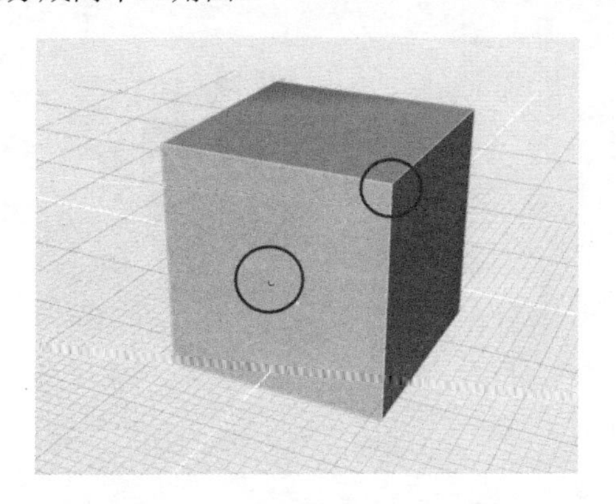

图 6-58　再次进行三角面切分

4）对于切分出的每一个面都可以进行单独操作，如挤出某一个切分面，如图 6-59 所示。

图 6-59　挤出其中一个切分面

【练习（6.2.3_3）】“分割边线”工具应用，步骤如下：

1）创建一个新文件，并创建一个任意尺寸的多边形立方体。

2）使用“分割边线”工具在图 6-60 所示的 4 个中点位置进行分割，按空格键确认。

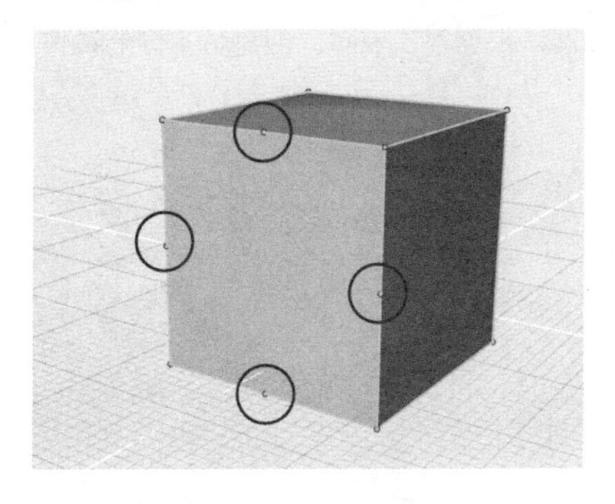

图 6-60　分割 4 条边线

3）确认后退出，看起来并未给多边形造成任何影响。但当选中该面进行挤出后，发现挤出部分拥有更多的切分面，如图 6-61 所示。

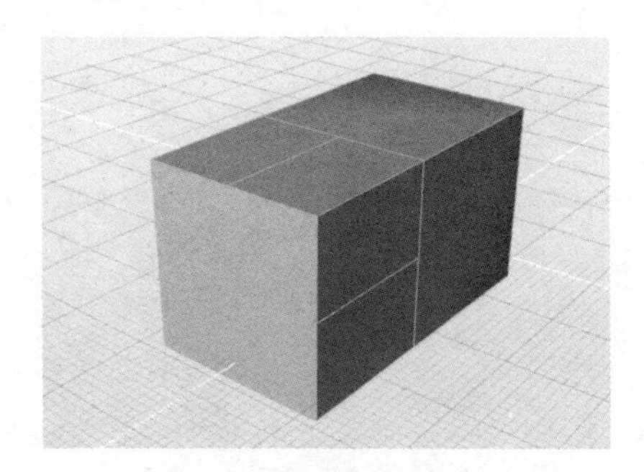

图 6-61　出现更多切分面

6.2.4 合并 PolyNURBS

“合并 PolyNURBS”工具用于在 PolyNURBS 对象间进行合并。

【练习（6.2.4_1）】 使用“合并 PolyNURBS”工具创建对称对象，步骤如下：

1）打开素材文件夹“练习（6.2.4_1）”中的 Evolve 文件，该文件中包含一个多边形对象，为眼镜的一半造型，如图 6-62 所示。

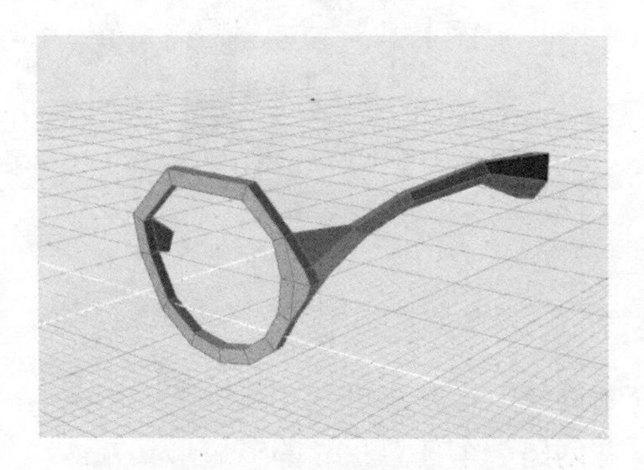

图 6-62　打开练习文件

2）使用“镜像”工具，根据 YZ 平面，创建另一侧的镜像，如图 6-63 所示。

图 6-63　创建眼镜另一侧镜像

✧ 注：接下来将使用编辑 PolyNURBS 中的“面桥接”功能，融合眼镜的两部分。但是，面桥接功能仅能施加于一个多边形对象的内部面之间，因此要先将左右两侧部分合并。

3）在建模工具栏中，激活“合并 PolyNURBS”工具，依次选择眼镜的左右两部分，随后按空格键确认。此时左右两侧合并为一个多边形对象，如图 6-64 所示。

图 6-64　合并眼镜左右两部分

✧ 注：当使用合并工具后，左右两侧不再具备镜像关联关系。因此，如果需要调整眼镜造型，尽量在合并操作之前完成。

4）选中眼镜，切换至编辑面状态。按住〈Ctrl〉键多选，选中图 6-65（左）所示的面，以及另一侧与它对称的面。在控制面板中，单击“创建桥体”按钮，获得桥接效果，如图 6-65（右）所示。

图 6-65　多选需要桥接的两个面（左），创建桥接（右）

5）使用“添加循环边”工具，在桥接面中部进行循环分割，如图 6-66 所示。

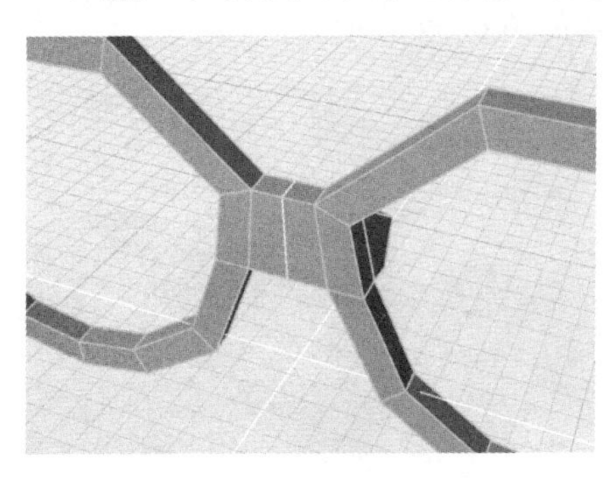

图 6-66　添加循环边

6）按住〈Shift〉键链选整个循环边，并向眼镜外侧移动（即 X 轴负方向），调整循环边位置，如图 6-67 所示。

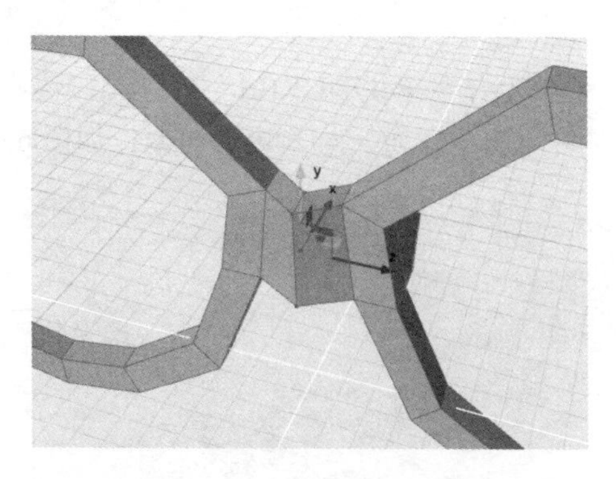

图 6-67　调整循环边位置

7）将调整后的多边形眼镜转化成曲面，获得眼镜效果如图 6-68 所示。

图 6-68　将多边形转化为曲面

✧ 注：这里要特别强调“合并 PolyNURBS”工具与“合并”工具的区别。虽然后者也可以将两个 PolyNURBS 合并成一个对象，但合并结果并非一个 PolyNURBS 对象，而是类似于将两个 PolyNURBS 放到了一个组合中。并且仅使用“合并”工具进行合并的两个 PolyNURBS，无法进行桥接操作。

【练习（6.2.4_2）】 直接合并 PolyNURBS 对象，

1）打开素材文件夹“练习（6.2.4_2）”中的 Evolve 文件，该文件中包含一个多边形对象，为卡通小鸟的一半造型，如图 6-69 所示。

图 6-69　打开练习文件

2）使用“镜像”工具，做出小鸟的另一半造型。观察此结果，发现左右两部分的中间接合处并不光顺，如图 6-70 所示。

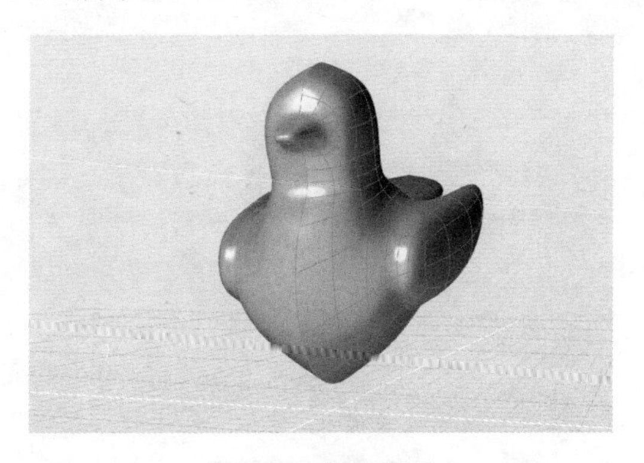

图 6-70　镜像造型

3）使用“合并 PolyNURBS”工具，合并小鸟的左右两部分，该合并工具可直接接合两侧形成光顺的过渡，如图 6-71 所示。

图 6-71　使用“合并 PolyNURBS”工具获得光顺过渡效果

【练习（6.2.4_3）】 修复合并 PolyNURBS，步骤如下：

1）打开素材文件夹“练习（6.2.4_3）”中的 Evolve 文件，该文件中包含一个多边形对象，为卡通小鸟的一半造型，与上一个练习非常类似。但如果切换至顶视图观察对象的控制顶点，可以发现小鸟模型中轴上的顶点很多都没有对齐至中轴，如图 6-72 所示。

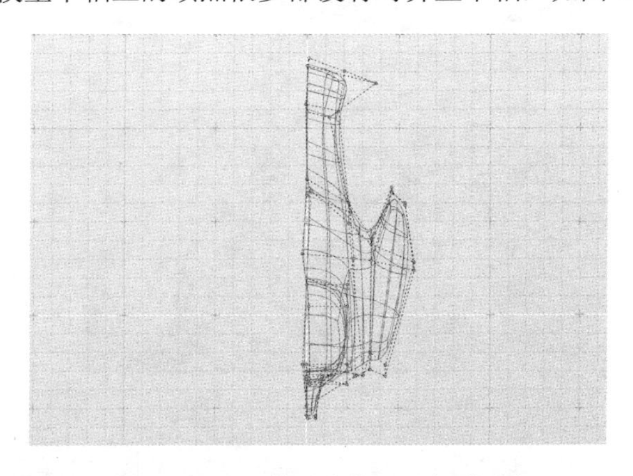

图 6-72　打开练习文件，观察顶视图

2）像【练习（6.2.4_2)】一样，创建“镜像”对象，可以进一步发现左右两侧无法很好地在中轴位置对齐，如图 6-73 所示。

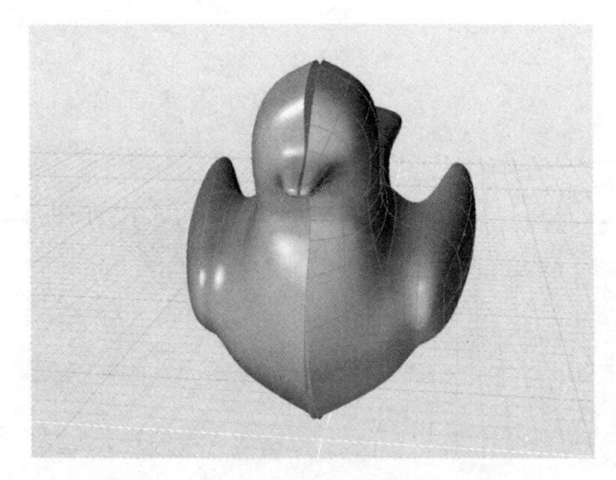

图 6-73　创建镜像

3）将左右两侧使用“合并 PolyNURBS”工具进行合并操作。观察结果，如图 6-74 所示，模型在多个位置都出现合并错误。这说明，进行合并 PolyNURBS 操作时，如果两个控制顶点在同一位置，则 Evolve 会将两点自动接合。如果未在同一位置，则无法自动接合，也无法形成光顺的过渡。

图 6-74　合并 PolyNURBS

4）既然无法自动合并，则就要通过手动修正。激活顶点编辑模式，手动选择对称轴左右未在同一位置的两个控制顶点，如图 6-75 所示。

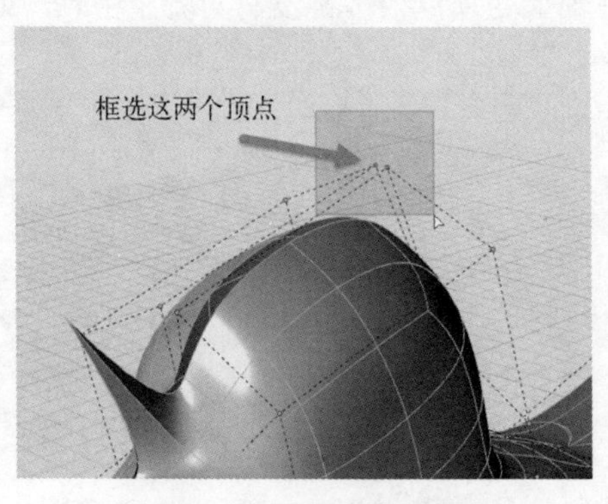

图 6-75　框选两个控制顶点

5）在顶点编辑模式下，在“接合边界”参数中勾选“接合所选”复选框，随后可见这两个顶点接合成同一控制点，如图 6-76 所示。

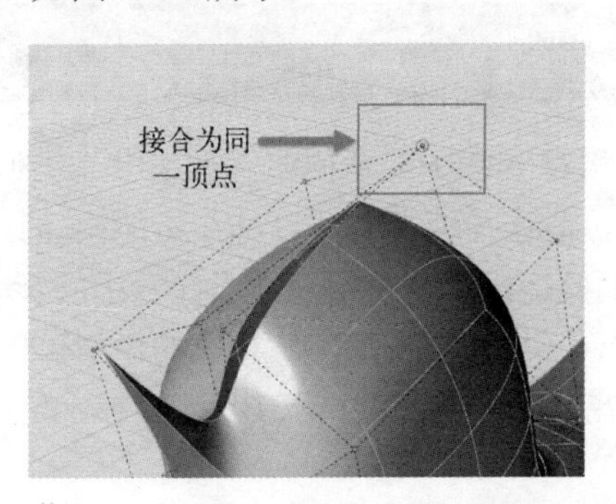

图 6-76　接合所选顶点为同一控制点

6）小鸟模型的整个对称轴上，有若干类似的未接合控制顶点。如果依次手动修改，则工作量非常大，这时使用“接合所选公差”是更快捷的方式。在顶视图中，将中轴线左右两侧的控制点一次性框选，如图 6-77 所示。

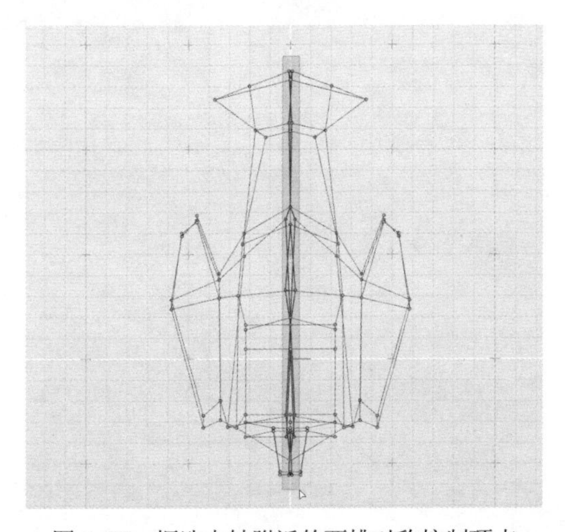

图 6-77　框选中轴附近的两排对称控制顶点

7）在顶点编辑状态下，调整“接合边界”参数下的“接合所选公差”参数，设置一个公差范围为 0.5cm，即表示在该距离范围内的控制顶点可以进行自动接合。随后单击“接合所选公差”按钮，获得光顺的接合面，如图 6-78 所示。

图 6-78　设置接合所选公差以获得光顺的接合面

本章小结

PolyNURBS 建模工具相对 NURBS 建模要直观很多，类似捏泥巴雕塑的过程，心中想象的形状可以快速实现出来。但这种编辑方法自身并不能构建结构历史进程，只能通过返回（快捷键为〈Ctrl+Z〉）进行调整，因此建议用户适当保存中间步骤。

值得一提的是，在 Evolve 中，PolyNURBS 构建的模型可以作为 NURBS 曲面建模结构历史进程中的一环，读者将在下一章的 PolyNURBS 建模综合练习中体会到这一点。

第 7 章

PolyNURBS 建模综合练习

本章为 PolyNURBS 综合练习，覆盖第 6 章所讲解的 PolyNURBS 工具，并且通过 PolyNURBS 与 NURBS 曲面综合建模案例，让读者感受 Evolve 高度融合的建模环境。

本章学习要点：

- **巩固 PolyNURBS 建模方式。**
- **理解 PolyNURBS 适合应用的领域。**

7.1 构建软包沙发

在前面的练习中，我们使用过 NURBS 建模工具来构建边桌以及座椅造型。但如果想表现软包家具那种柔软的布料效果，则 NURBS 工具的表现通常不如 PolyNURBS 多边形工具。例如，在沙发每个转角处，如使用 NURBS 倒圆角工具就比较生硬，而使用 PolyNURBS 在转角处过渡就显得柔和许多，效果对比如图 7-1 所示。

a)

b)

图 7-1　NURBS 与 PolyNURBS 效果对比

a) NURBS 曲面建模倒圆角效果　b) PolyNURBS 建模效果

并且值得一提的是，由于 PolyNURBS 导出的是几何实体或 NURBS 曲面，因此这些几何可以直接应用于后续工艺流程，例如，在软包家具设计中进行布料的展开，对提高工艺流程效率有着重要意义。

在本练习中读者将巩固以下知识点：

- 使用顶点、边线、面对 PolyNURBS 进行编辑。
- PolyNURBS 边线桥接操作。
- PolyNURBS 顶点接合操作。
- NURBS 构建工具（修剪，提取曲线，管道）的使用。

最终完成效果如图 7-2 所示。

图 7-2　沙发

1. 创建沙发底座

1）激活顶视图，按住〈Ctrl〉键，绘制多边形立方体，先接受所有控制台提示参数，随后在控制面板中按照图 7-3 所示设定参数，长度为 200cm，宽度为 150cm，高度为 30cm，L 方向细分为 6，W 方向细分为 4，H 方向细分为 1。

多边形立方体

长度 (L)	200.000 cm
宽度 (W)	150.000 cm
高度 (H)	30.000 cm
L 方向细分 (S)	6
W 方向细分 (S)	4
H 方向细分 (S)	1

图 7-3　创建多边形立方体并设置参数

✧ 注：当完成参数设置并退出多边形立方体的创建后，无法再返回此步进行参数设定，所以尽量一次性设置正确。

2）在控制面板中，取消勾选“Nurbify”复选框，获得结果切换为多边形模式，如图 7-4 所示。这种模式更利于观察。

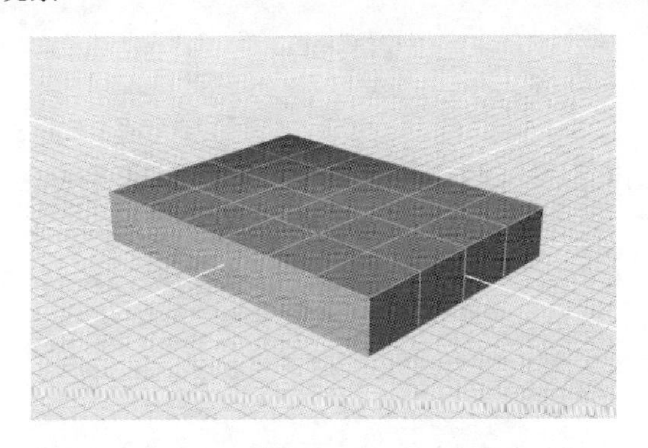

图 7-4　切换至多边形模式观察

3）按快捷键〈D〉，切换至编辑面状态。选中图 7-5 所示的面，向 Z 轴正方向挤出，在挤出过程中按空格键，可在控制台中输入挤出高度“80cm”。

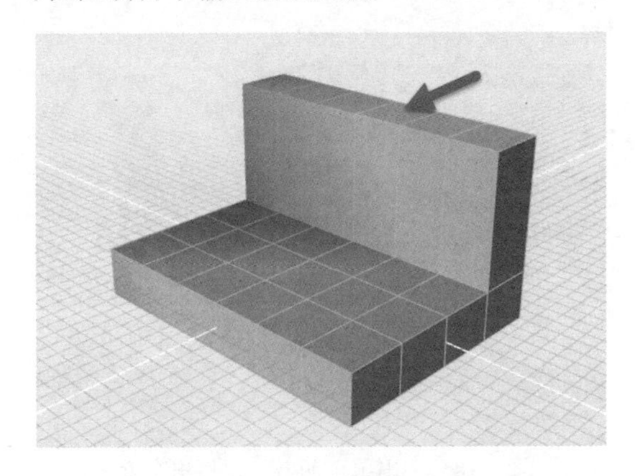

图 7-5　挤出并设置挤出高度

4）使用“添加循环边”工具，在边的中点位置添加一个循环边，如图 7-6 所示。

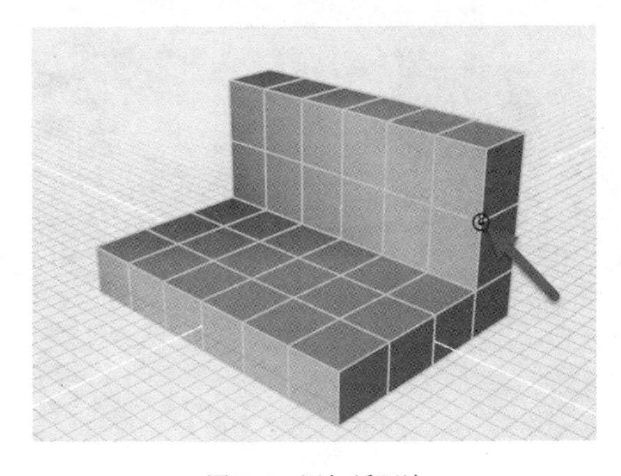

图 7-6　添加循环边

5）按住〈Ctrl〉键，链选图 7-7 所示的一圈循环边，按〈Delete〉键进行删除。

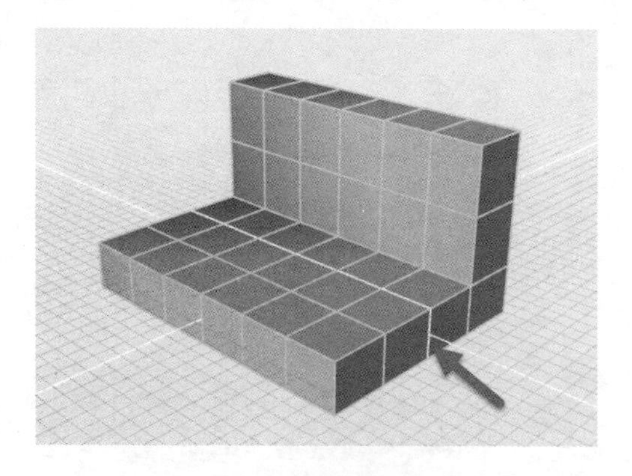

图 7-7　删除循环边

6）按快捷键〈D〉，切换至编辑面状态。选中图 7-8 所示的面，向 Z 轴正方向挤出高度“40cm”。

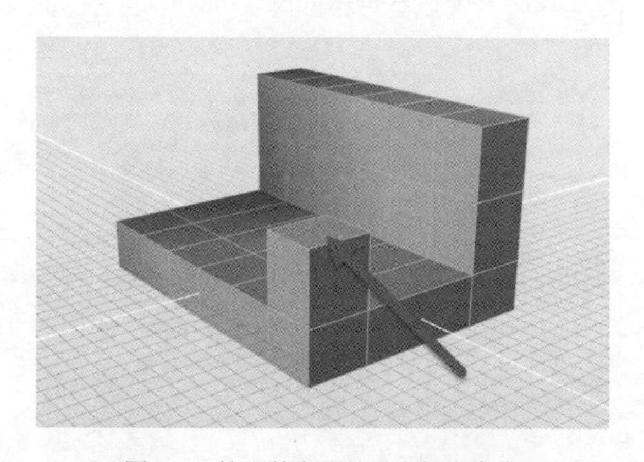

图 7-8　挤出单个面并设定挤出高度

7）删除图 7-9 所示的 3 个面。

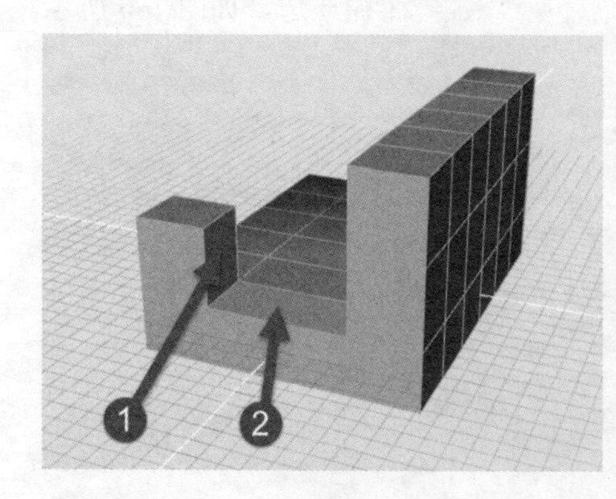

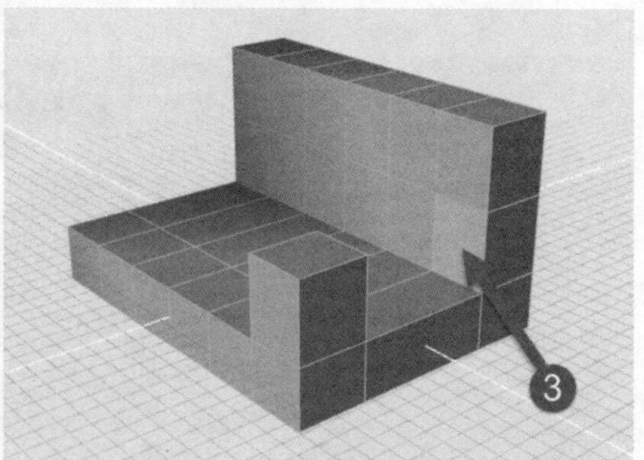

图 7-9　删除 3 个面

8）使用快捷键〈S〉切换到编辑边线状态。按〈Ctrl〉键多选图 7-10 所示的两个边。

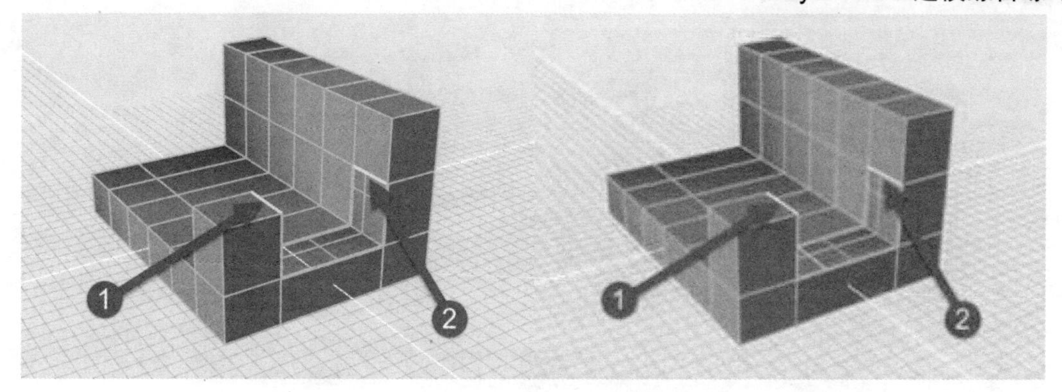

图 7-10　对两个边进行多选

9）随后单击控制面板中的“创建桥体”工具，获得结果如图 7-11 所示。

图 7-11　在两边之间创建桥接

10）激活“填充孔”工具，对目前对象上的两个开放孔进行封闭，获得结果如图 7-12 所示。

图 7-12　填充未封闭孔

11）针对另外一侧可做同样的操作，结果如图 7-13 所示。

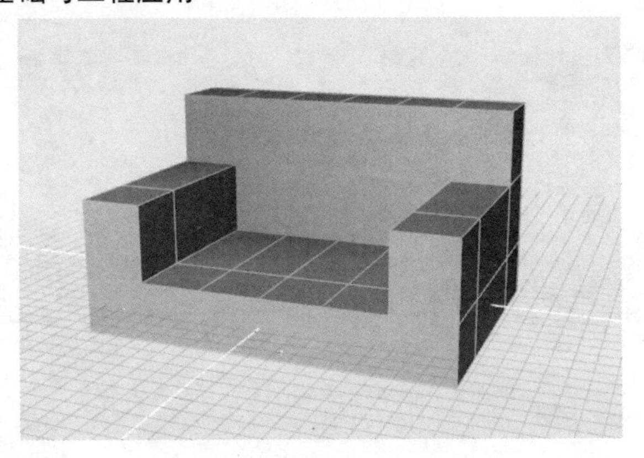

图 7-13　完成沙发另外一侧的扶手

12）勾选控制面板中的“Nurbify”复选框，查看此时的曲面造型，如图 7-14 所示。

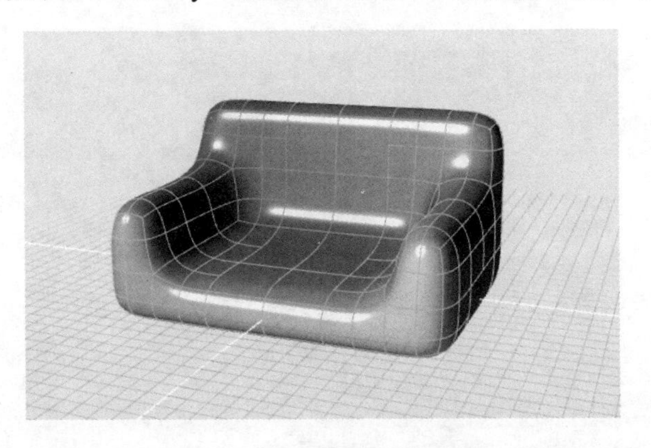

图 7-14　转换为曲面进行观察

13）仍然保持处于编辑边线模式，框选所有边。将鼠标光标悬停在任意一个边的中间位置，当出现提示“单击并拖曳以斜切边线”时，按照该提示操作，拖曳所有边线。注意，斜切倒角不要过大，获得类似效果如图 7-15 所示。

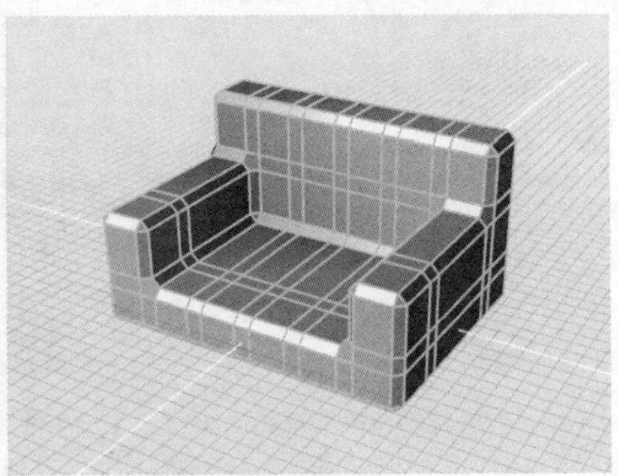

图 7-15　将所有边线同时斜切（左）以获得结果（右）

14）勾选“Nurbify”复选框，观察曲面效果，如图 7-16 所示。

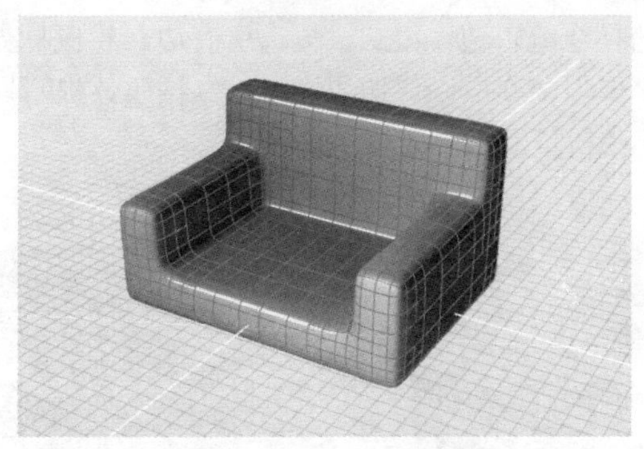

图 7-16　转换为曲面进行观察

✧ 在 PolyNURBS 建模过程中，用户可以使用“Nurbify”复选框随时切换并观察模型。两种模型各有用途，在多边形状态下，对编辑操作的观察更清晰；在 PolyNURBS 曲面状态下，更容易把控造型效果。

2．创建沙发垫

1）激活顶视图，按住〈Ctrl〉键，绘制多边形立方体，先接受所有控制台提示参数，随后在控制面板中按照图 7-17 所示设定参数，长度为 130cm，宽度为 110cm，高度为 20cm，L 方向细分为 1，W 方向细分为 1，H 方向细分为 1，如图 7-17 所示。

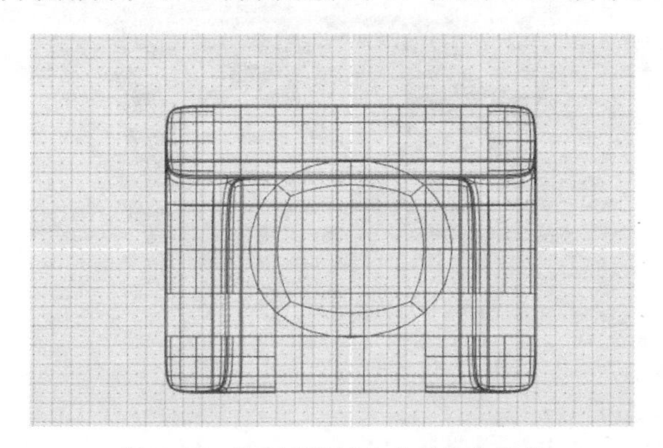

图 7-17　绘制多边形立方体作为坐垫

2）取消勾选“Nurbify”复选框，将坐垫更改为多边形模式，随后使用“平移”工具移动到合适位置，如图 7-18 所示。

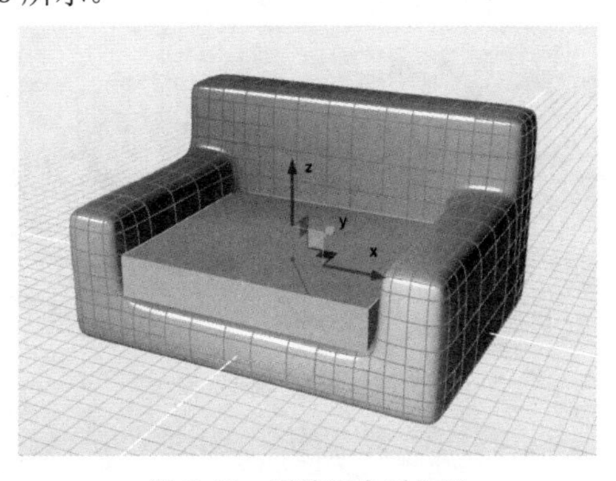

图 7-18　平移至合适位置

3）按快捷键〈S〉切换至编辑边线模式，框选所有边。将鼠标光标悬停在任意一个边的中间位置，当出现提示“单击并拖曳以斜切边线”时，按照该提示操作，拖曳所有边线。注意，斜切倒角不要过大，获得类似结果如图 7-19 所示。

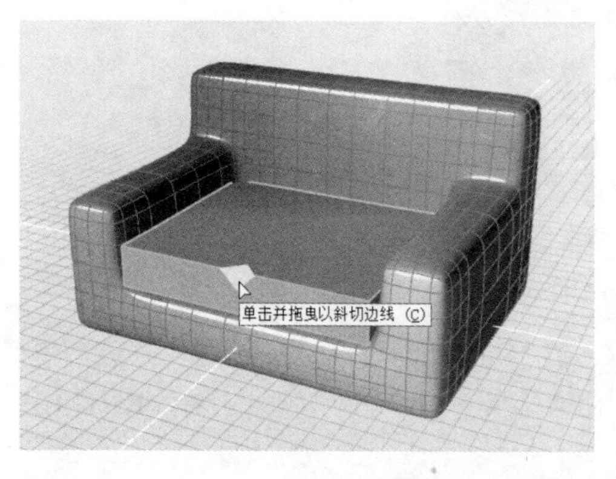

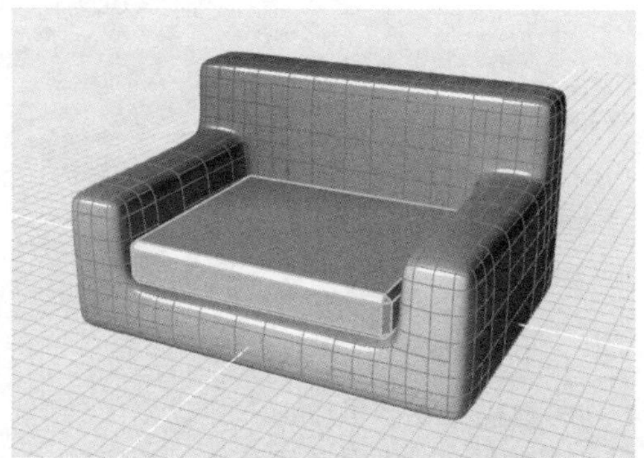

图 7-19　将所有边线同时斜切（左）以获得结果（右）

4）勾选“Nurbify”复选框，整体效果如图 7-20 所示。

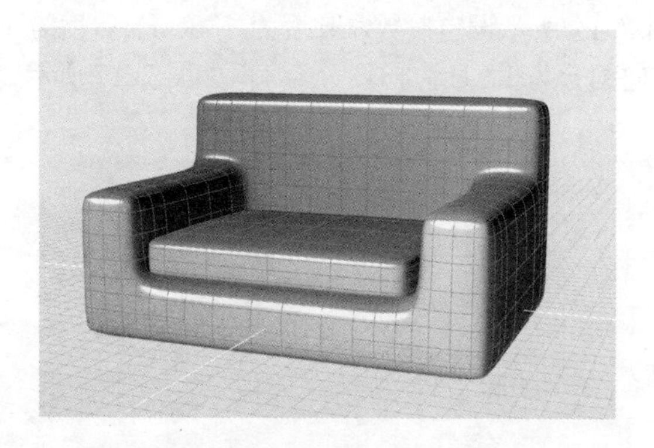

图 7-20　转化为 PolyNURBS 曲面进行观察

3．创建沙发细节——拉点

1）单击沙发坐垫，按〈I〉键将其独立出来，如图 7-21 所示，并切换至多边形状态。

图 7-21　将坐垫独立显示

2）借助“添加循环边”工具，在坐垫上增加一条循环边，如图 7-22 所示。

图 7-22　增加一条循环边

3）选中顶部切分出的两个面，将鼠标光标移动到任意一个面的虚线上，同时按住〈Shift〉键并拖动虚线，在已有面上分割出新的面，如图 7-23 所示。

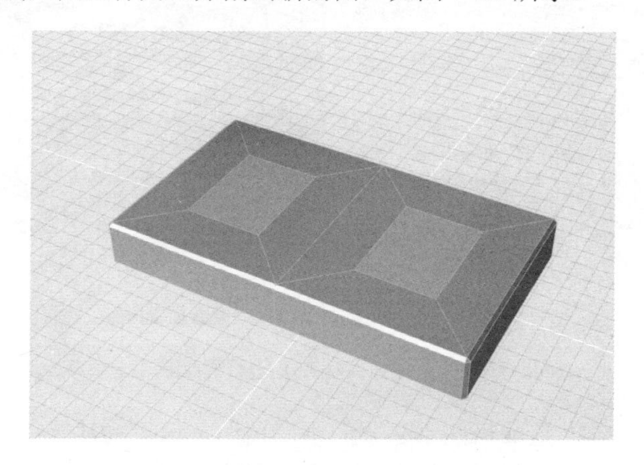

图 7-23　分割新面

4）使用“缩放”工具将这两个面调小一些，如图 7-24 所示。

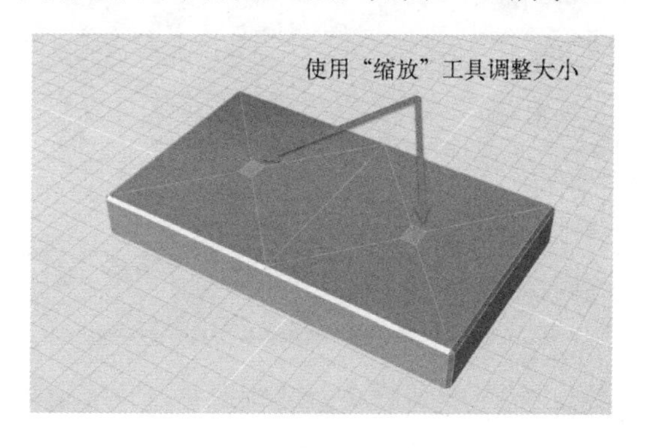

图 7-24　调整面大小

5）再创建两条循环边，如图 7-25 所示。

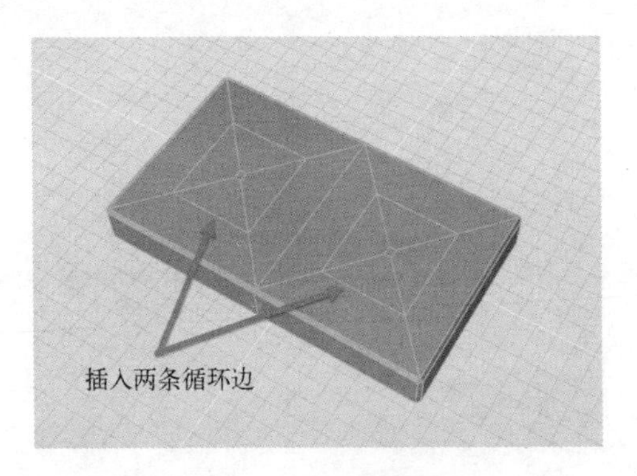

图 7-25　插入两条循环边

6）选中图 7-26（左）所示的边线进行斜切，如图 7-26（右）所示。

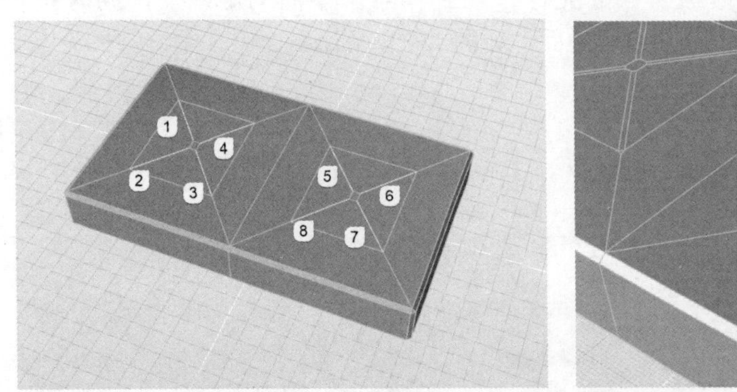

图 7-26　选中边线（左）进行斜切（右）

7）上一步斜切操作会造成一些不必要的小三角面，请手动移除这些三角面，并借助顶点编辑中的“接合”功能，重构分面，如图 7-27 所示。

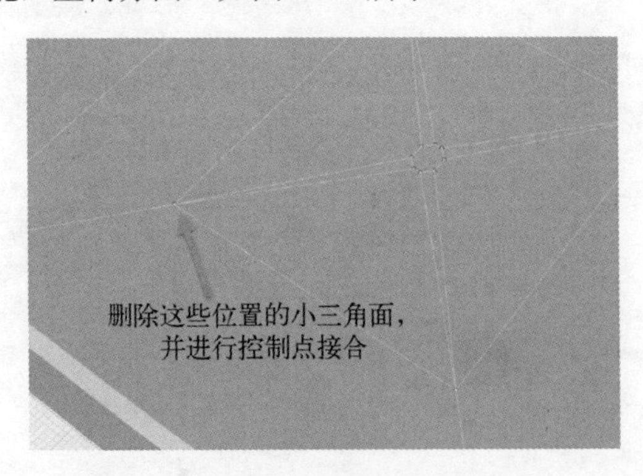

图 7-27　重构分面

8）将位于中间的面向 Z 轴负方向平移，并挤出一个较小的距离，如图 7-28 所示。

图 7-28　平移并挤出中间面

9）转化成曲面编辑效果以观察，并且可以再创建两个多边球体作为装饰扣放置于拉点凹处，如图 7-29 所示。

图 7-29　创建装饰扣

4. 创建沙发细节——嵌条

1）在前视图中绘制一个矩形曲线，如图 7-30 所示。

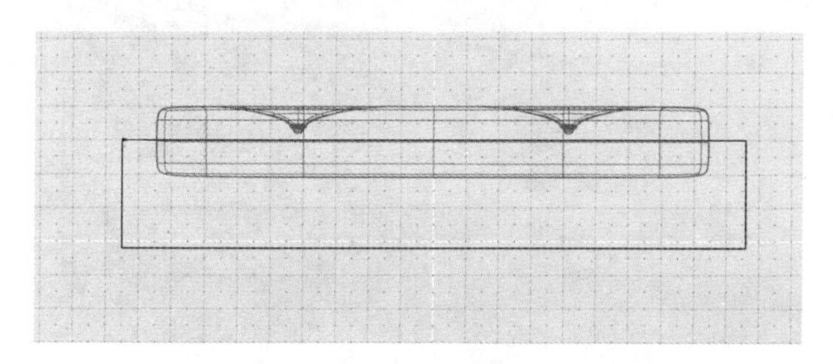

图 7-30　绘制矩形曲线

2）使用“修剪”工具，以矩形修剪沙发坐垫的 PolyNURBS 曲面，并在修剪控制面板中设置“结果类型”参数为“曲面”、“修剪类型”参数为“保留二者”，设置两部分以不同颜色区分，如图 7-31 所示。

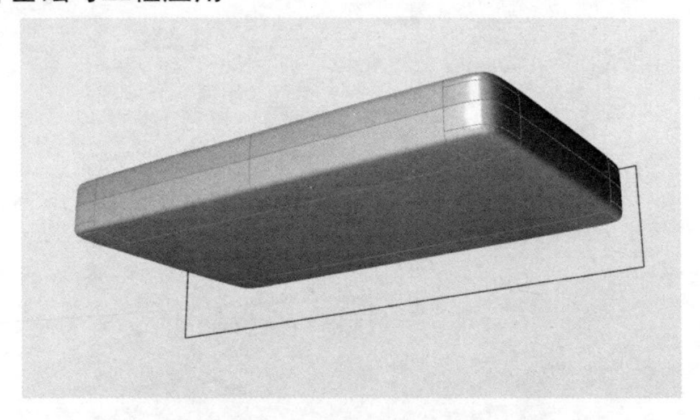

图 7-31 使用矩形修剪 PolyNURBS 曲面

3）激活“提取曲线”工具，提取修剪后的下半部分曲面边线，如图 7-32 所示。

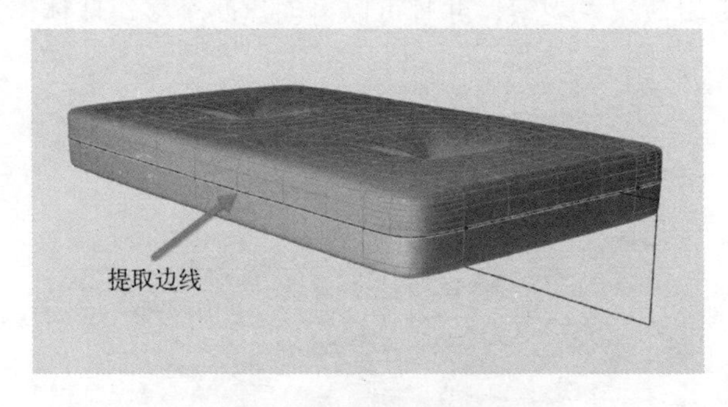

图 7-32 提取一条边线

4）在任意位置绘制一个曲线圆，设置半径为 0.5cm。

5）使用“管道”工具绘制一个管道曲面。以曲线圆为截面，以提取边线为轨迹，如图 7-33 所示。

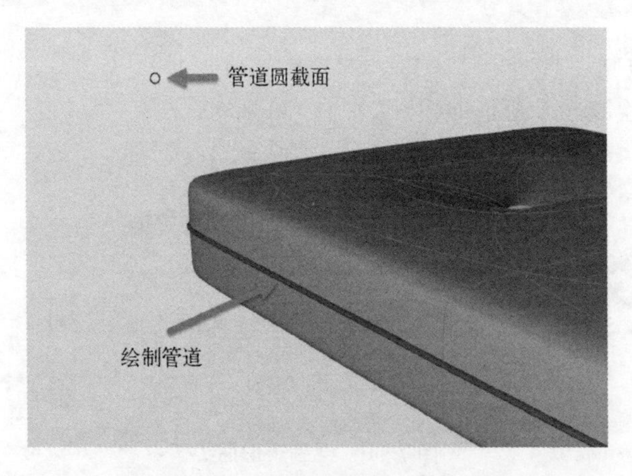

图 7-33 绘制管道作为包边

6）沙发绘制完毕，如图 7-34 所示。以上方法仅为最基本的构建思路，读者可对整个沙发模型做更多造型及细节尝试。

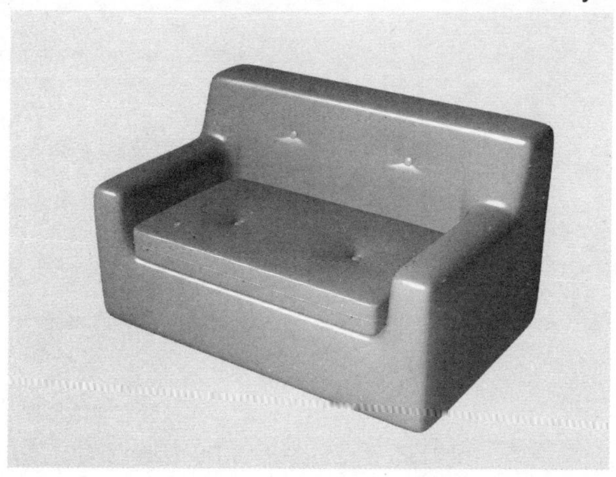

图 7-34　沙发模型

7.2　构建茶杯

本练习重点在于 PolyNURBS 建模与 NURBS 曲面建模之间的对接。通过前面几章对 NURBS 曲面建模的学习，读者已经了解了结构历史进程的概念。我们还可以将 PolyNURBS 引入基于曲面建模工具构建的结构树，发挥两种建模方法各自的优势。

在本练习中读者将巩固以下知识点：

- “旋转”“曲面偏移”“交切”“倒圆角”等 NURBS 曲面工具的使用。
- 使用顶点、边线、面，对 PolyNURBS 进行编辑。
- PolyNURBS 桥接操作。
- 多边形与曲面的融合。

最终完成效果如图 7-35 所示。

图 7-35　马克杯

1. 使用 NURBS 曲面工具构建杯身

1）激活前视图，绘制一条 NURBS 曲线，如图 7-36 所示。

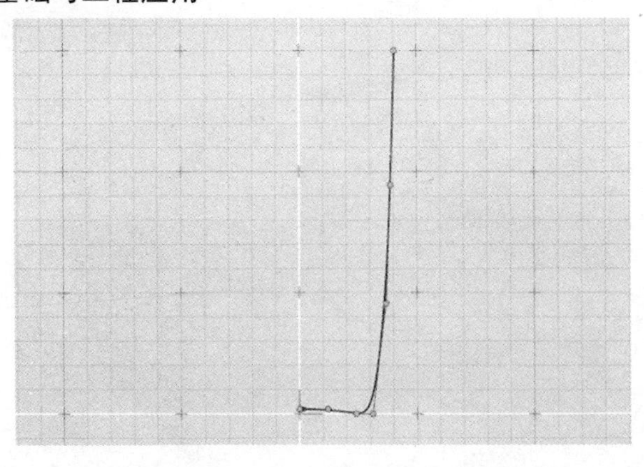

图 7-36　绘制一条 NURBS 曲线

✧ 注：这里需要借助“栅格捕捉”工具，保证 NURBS 曲线首点位于 Z 轴上，且第二个点与首点的 Z 轴坐标一致。这样在旋转操作后，才会形成连续而光顺的曲面，如图 7-37 所示。

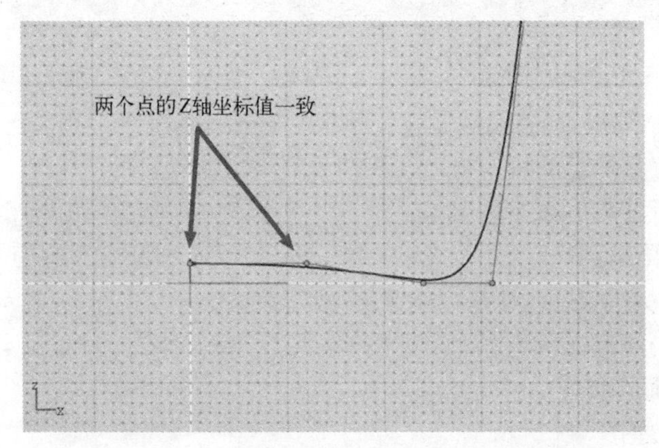

图 7-37　控制 NURBS 曲线上前两个点的位置

2）使用“旋转”工具，将上一步创建的 NURBS 曲线旋转为 NURBS 曲面，如图 7-38 所示。

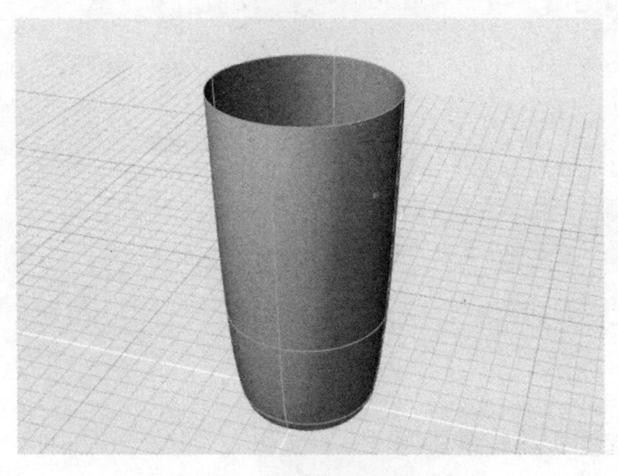

图 7-38　旋转曲线获得曲面

3）按住〈Ctrl〉键并单击“曲面偏移”工具，该操作可直接给杯身 NURBS 曲面以一定厚度。设置偏移距离为 0.5cm，如图 7-39 所示。

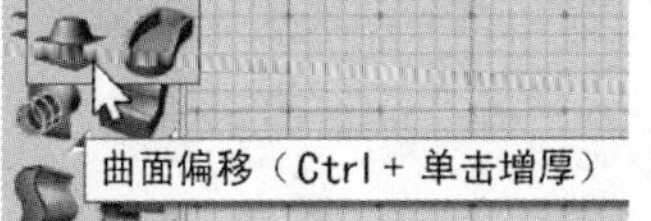

图 7-39　设置曲面增厚（左）以成为实体（右）

2．使用 PolyNURBS 工具构建杯把

1）激活顶视图。按住〈Ctrl〉键并单击“多边形立方体”工具，借助“栅格捕捉”工具，在图 7-40 所示位置绘制居中的多边形立方体，长度、宽度、高度分别设定为 1cm。

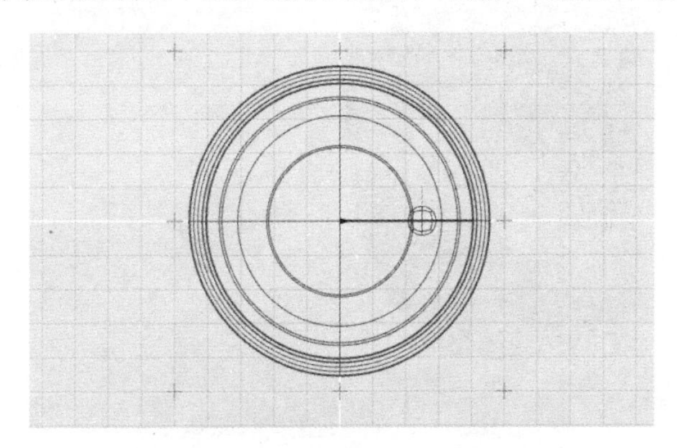

图 7-40　绘制多边形立方体

2）激活前视图，在该视图内平移上一步创建的多边形立方体至图 7-41 所示的位置。

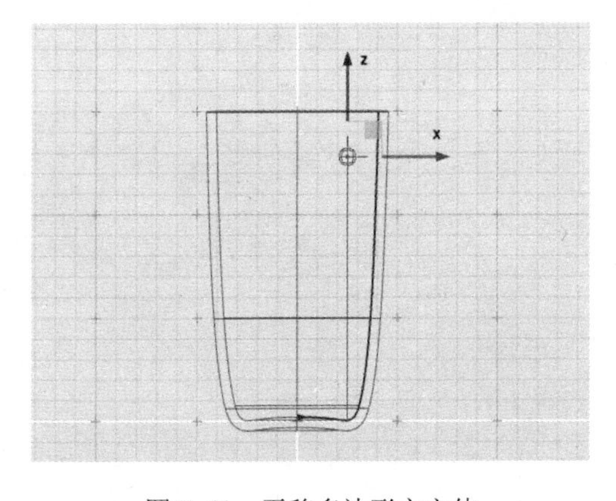

图 7-41　平移多边形立方体

3）保持多边形立方体处于选中状态，切换至编辑面状态，从该立方体的一面开始，挤出更多的多边形面，如图 7-42 所示。

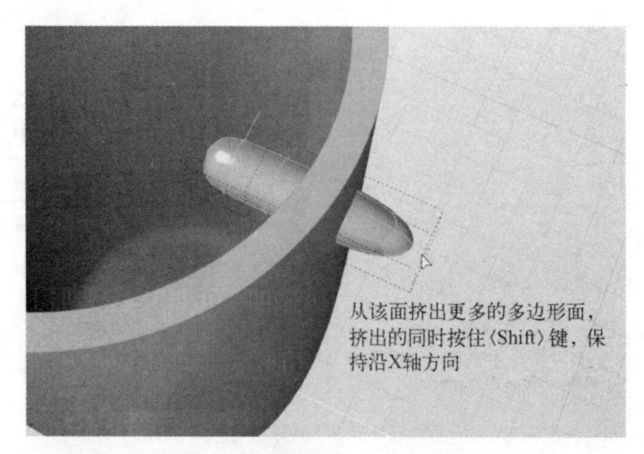

图 7-42　挤出新的多边形面

4）多次重复该挤出面操作，获得多边形面如图 7-43 所示。单击鼠标右键退出编辑操作。

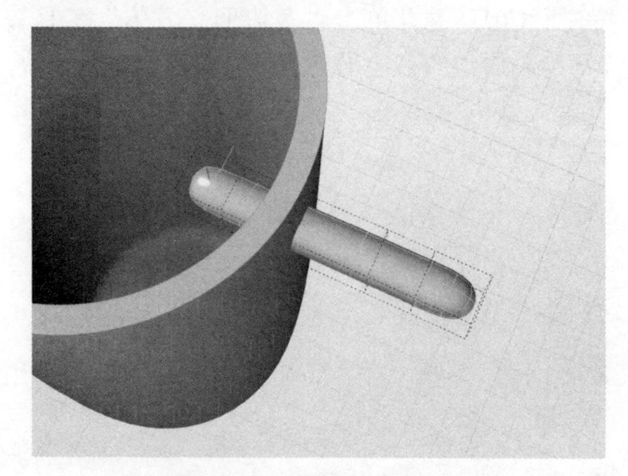

图 7-43　多次重复挤出操作

5）仍然保持该多边形对象处于选中状态。重复使用两次〈Ctrl+C〉和〈Ctrl+V〉快捷键，对该对象进行复制，并移动两个复制对象至图 7-44 所示的位置。

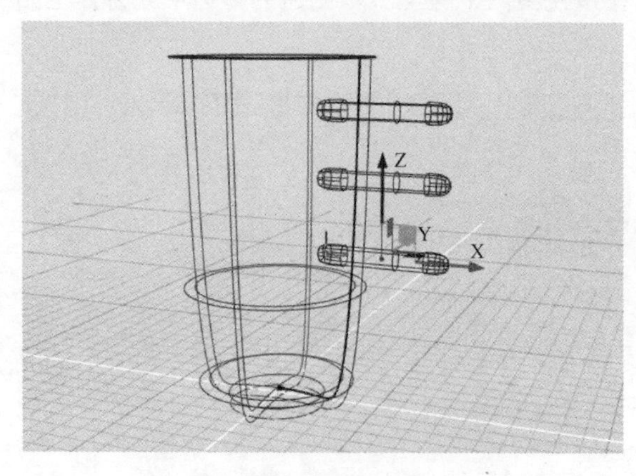

图 7-44　复制两个新的多边形对象

6）使用“合并 PolyNURBS”工具，合并 3 个多边形对象，如图 7-45 所示。

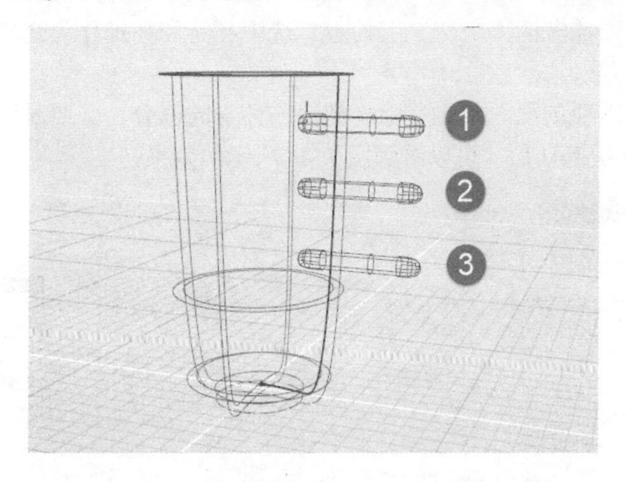

图 7-45　对 3 个多边形对象使用“合并 PolyNURBS”工具

7）选中合并后的多边形对象，切换至编辑面状态，按〈Ctrl〉键多选图 7-46（左）所示的两个面。然后，单击控制面板中的“创建桥体”工具进行桥接，如图 7-46（右）所示。

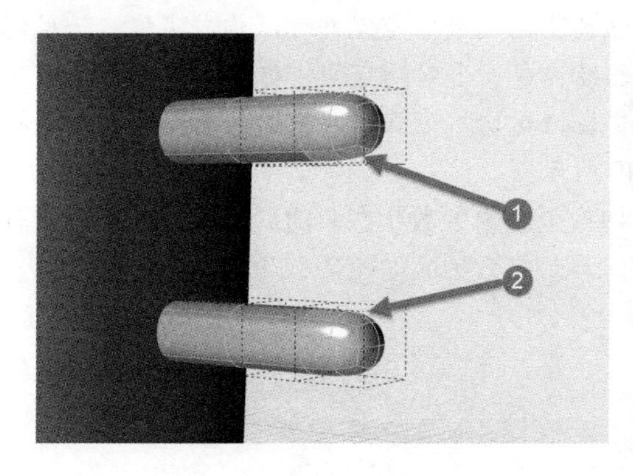

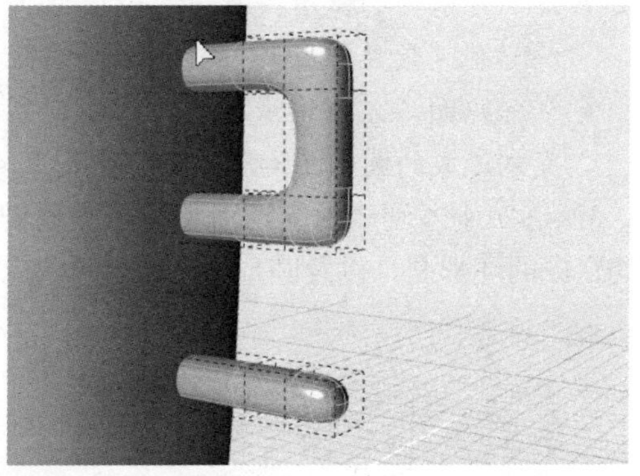

图 7-46　多选合并对象中的两个面（左）进行桥接（右）

8）重复类似的操作，绘制图 7-47 所示的桥接面。至此，杯子把手已经创建完成。

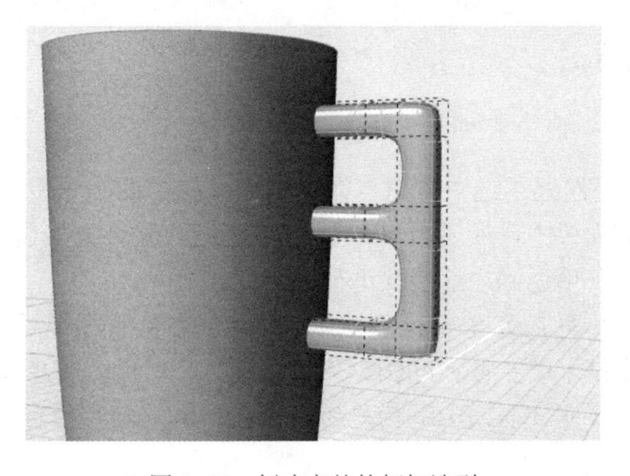

图 7-47　创建完整的杯把造型

3．将杯身和把手组合成实体几何

1）激活透视图，并激活“交切”工具。选中杯身和杯把作为交切对象，可见对象以亮蓝色等参线覆盖。

2）单击移除不需要的面。首先移除杯把深入杯身的部分。必要时可切换至线框模式，并进行框选。按空格键确认后，可以看到图 7-48 所示的效果。

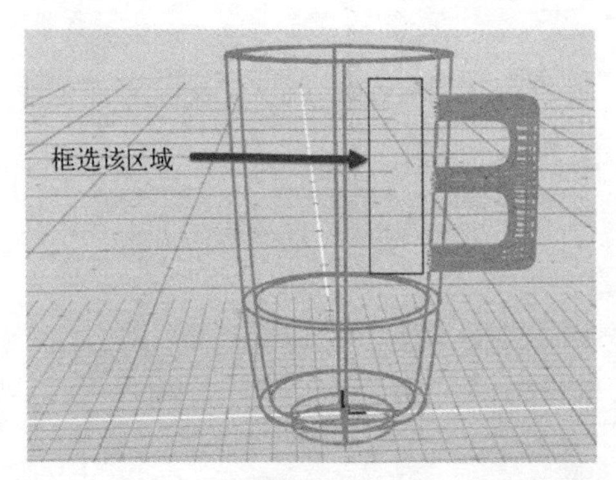

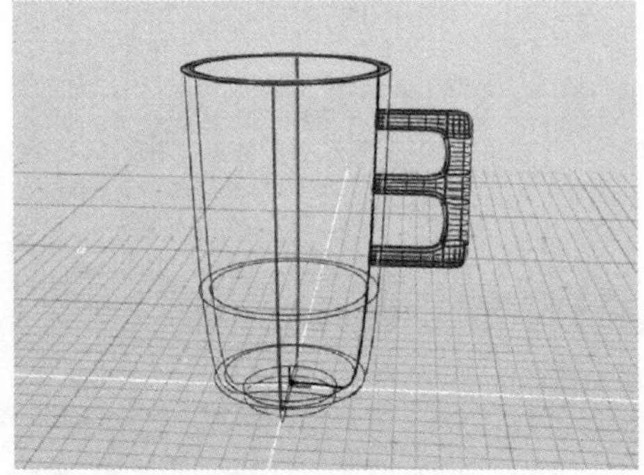

图 7-48　框选移除区域（左）以获得交切结果（右）

✧ 注：在前面的章节提及过，Evolve 中认为全封闭的中空空间可以构成实体。而观察该模型，虽然杯身和杯把从外观看来已经构成一个封闭空间，但空间内部还存留多个分隔面，无法形成实体。所以还需要在“交切”步骤中移除这些面。这些面包括交切造成的圆形面和环形面，如图 7-49 所示。

3）选中刚才创建的交切对象，按空格键切换至编辑参数状态。随后缩放视图，把所有交切造成的环形面，以及圆形面片都选中并移除，最终效果应如图 7-50 所示。

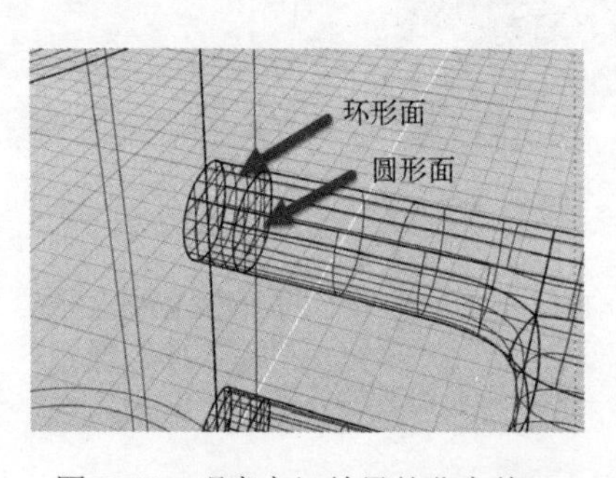

图 7-49　观察交切结果并非实体

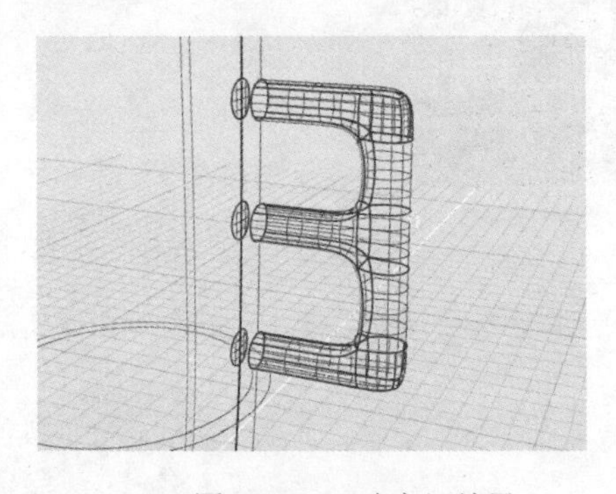

图 7-50　正确交切结果

4）保持交切对象仍然处于选中状态。在建模工具栏中的“分析”选项卡下，选中“公差检测”工具。在控制面板中，应显示该对象为“封闭实体”。如果显示“沿 N 条边打开”，则表示该对象并非实体，请返回之前步骤进行检查。

✧ 注：此时已完成马克杯基础造型的构建。通过这个建模过程，读者需要了解，PolyNURBS 建模方式可与 NURBS 建模方式同时使用，构建结果为 NURBS 曲面或实体几何。同时，PolyNURBS 构建的对象也可以纳入结构历史进程，接下来的调整步骤便可利用这一特性。

4．调整造型

1）在全局浏览器中，找到交切步骤之前创建的多边形立方体对象，该对象目前为隐藏状态，并且是交切步骤的源对象，如图 7-51 所示。

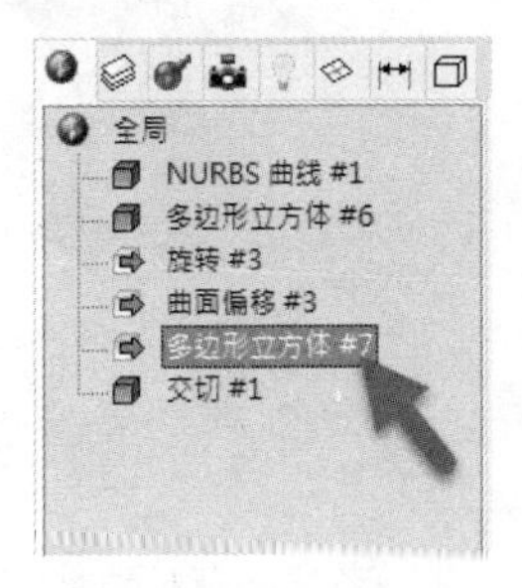

图 7-51　在全局浏览器中找到源对象多边形立方体

2）选中该对象，按快捷键〈A〉切换至编辑顶点状态，在前视图中，框选控制点并调整造型。造型调整效果可以自由发挥，如图 7-52 所示。

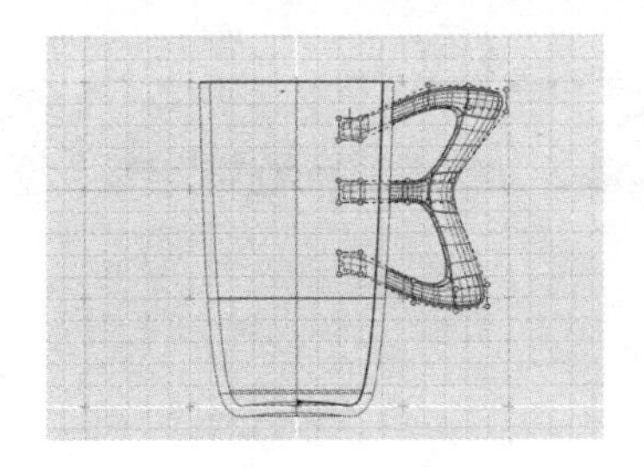

图 7-52　调整多边形控制顶点（左）以调整杯把造型（右）

3）除了调整 PolyNURBS 曲面，还可以对 NURBS 曲面进行进一步调整。例如，可在全局浏览器中找到最开始创建的 NURBS 曲线，如图 7-53 所示。

4）在该曲线上调整控制点，可尝试增加或减少控制点数量以及调整控制点位置，以更改 NURBS 曲线造型。随之可见整个杯身及杯把曲面都做出相应调整，如图 7-54 所示。

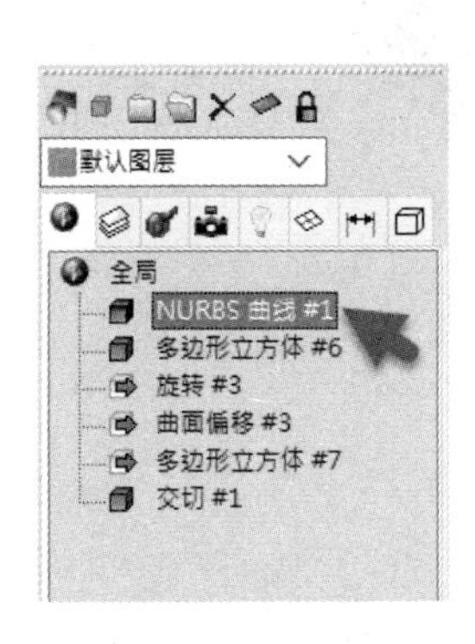

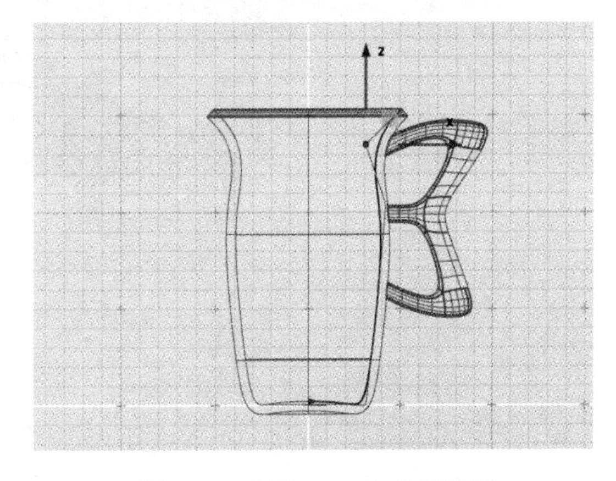

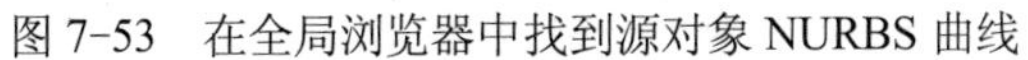

图 7-53　在全局浏览器中找到源对象 NURBS 曲线

图 7-54　调整 NURBS 曲线造型

5）激活“倒圆角”工具，框选杯子整体，为所有可输入倒角位置设定倒圆角半径为

0.1cm，并执行该操作。最终效果如图 7-55 所示。

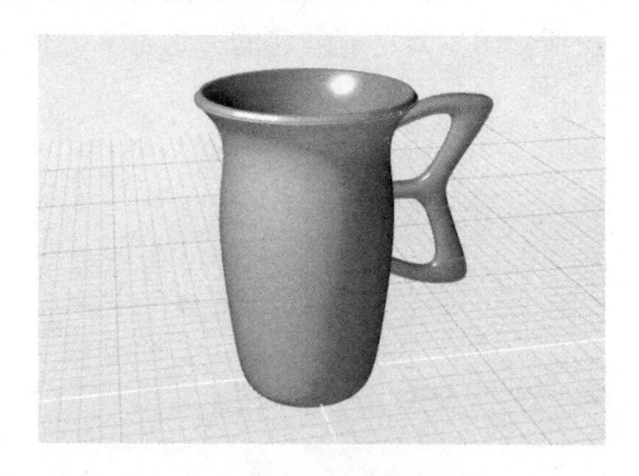

图 7-55　马克杯模型

✧ 注：对于马克杯这样既有标准造型（杯身）、又有创意造型（杯把）的产品，就特别需要将 NURBS 曲面建模与 PolyNURBS 建模共同使用，既满足快速修改造型的需求，又能将创意发挥到极致。

7.3　构建自行车座

在本练习中读者将巩固以下知识点：

- 使用背景图像作为建模参考。
- 使用多边形基元绘制基础形状。
- 使用顶点、边线、面，对 PolyNURBS 进行编辑。
- 多边形与曲面的转换。
- 为 PolyNURBS 施加“曲面偏移”“修剪”“倒圆角”等曲面工具。

最终效果如图 7-56 所示。

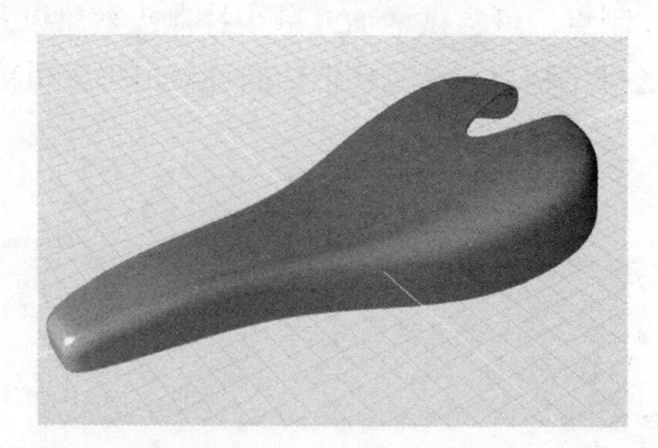

图 7-56　自行车座

1. 使用背景图片作为建模参考

1）打开 Evolve，创建一个新文件。

2）在菜单栏中执行“帮助”→“首选项”命令，在“单位”选项卡下，选择“毫米”选项作为标准单位，确认后退出“首选项”对话框。

3）激活顶视图，在右侧的工具栏中单击“背景图像”按钮。

4）在控制面板中，单击“浏览”按钮，在弹出的窗口中寻找要导入图片的所在位置，本练习中请在素材文件夹中找到练习（7.3）中的图片“车座_顶视图.jpg”并打开。于是在顶视图中出现自行车座图片。

5）调整该图片在视图中的显示大小，以匹配模型尺寸。在控制面板中按照以下步骤进行参数调整：

- 取消勾选“保持纵横比”复选框。
- 设置“横向尺寸”参数的值为 280mm。
- 设置“纵向尺寸”参数的值为 130mm。
- 勾选“中心”复选框。
- 设定“透明度”为 40%。

6）在前视图中，设定另一个图片文件“车座_前视图.jpg”为背景图像。与顶视图中的设置类似，请按以下步骤进行参数调整：

- 取消勾选“保持纵横比”复选框。
- 设置“横向尺寸”参数的值为 280mm。
- 设置“纵向尺寸”参数的值为 58mm。
- 勾选“中心”复选框。
- 设定“透明度”为 40%。

2. 创建基础造型

1）按〈Alt+3〉快捷键激活“捕捉栅格#3”，并确保“捕捉曲线”和“捕捉相切”按钮未激活。

2）选择“多边平面”工具，在顶视图中，创建一个平面，如图 7-57 所示，该平面需覆盖车座图片的一半，另外一半随后使用镜像操作完成。并且在控制面板中，设定 L 方向细分为 6，W 方向细分为 3。

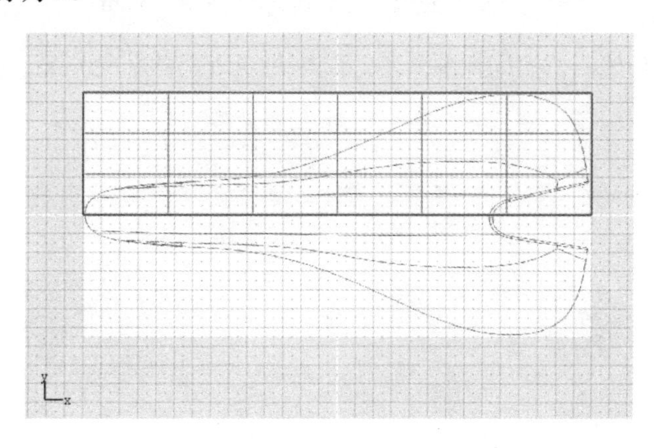

图 7-57　绘制多边平面并设定细分参数

3）按〈Alt+2〉快捷键激活“捕捉栅格#2”，并按快捷键〈S〉激活编辑边线状态，使所有可编辑边线呈亮蓝色。

4）按〈Shift〉键，点选图 7-58 所示的第 3 排边线上的任意位置，将整排边线链选。

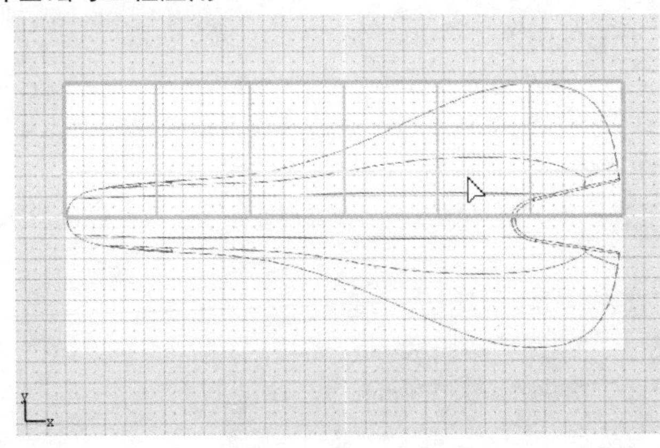

图 7-58　链选第 3 排边线

5）按快捷键〈W〉激活“平移”工具，在控制面板中，调整 Y 轴方向的平移值为“-15”，则该链选边线将向 Y 轴的负方向移动-15mm，如图 7-59 所示。

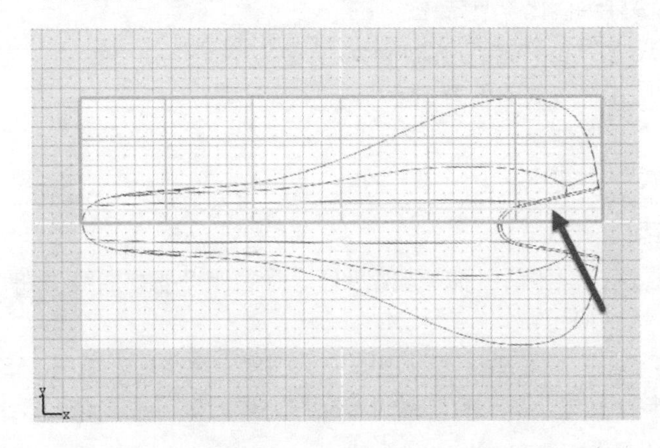

图 7-59　将链选边向 Y 轴负方向平移 15mm

6）针对第 2 排边线，按照同样的方法，向 Y 轴负方向移动-20mm，如图 7-60 所示。

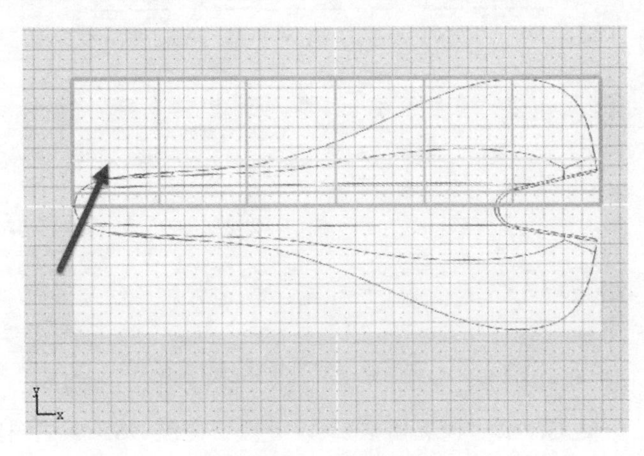

图 7-60　将链选边向 Y 轴负方向平移 20mm

3．使用编辑顶点调整造型

1）按〈Alt+1〉快捷键激活“捕捉栅格#1”，并激活前视图，保持前面创建的多边平面仍然处于选中状态。

2）按快捷键〈W〉激活“平移”工具，在控制面板中，调整 Z 轴方向的平移值为“15”，即该多边平面整体向 Z 轴正方向平移 15mm，如图 7-61 所示。

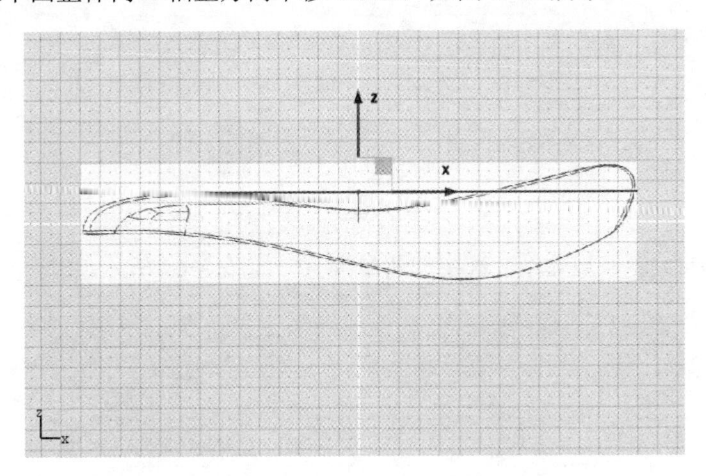

图 7-61　将多边平面整体向 Z 轴正方向平移 15mm

3）按快捷键〈A〉激活编辑顶点状态，使用背景图像作为参考，调整所有控制顶点跟随背景图像的形状，如图 7-62 所示。

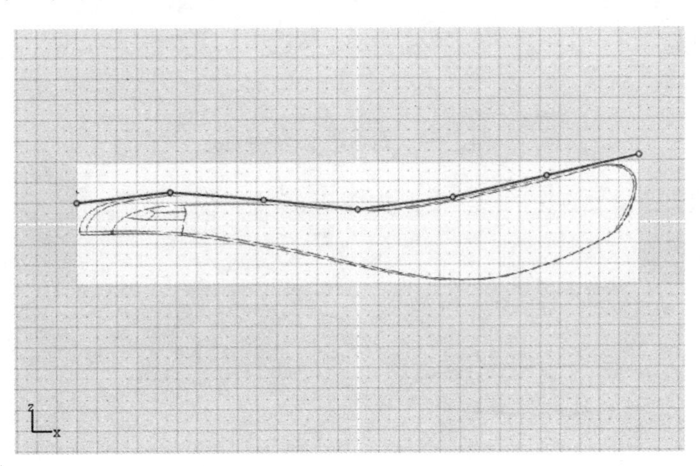

图 7-62　调整控制顶点符合背景图像

✧ 注：这里在选择控制点时，要使用框选工具。因为此时在前视图中，每一个控制点后面都挡住了多个控制点，必须一次性将它们全部选中。

4）按快捷键〈A〉切换至编辑顶点状态，按住〈Ctrl〉键，对图 7-63 中标出的两个顶点进行多选。

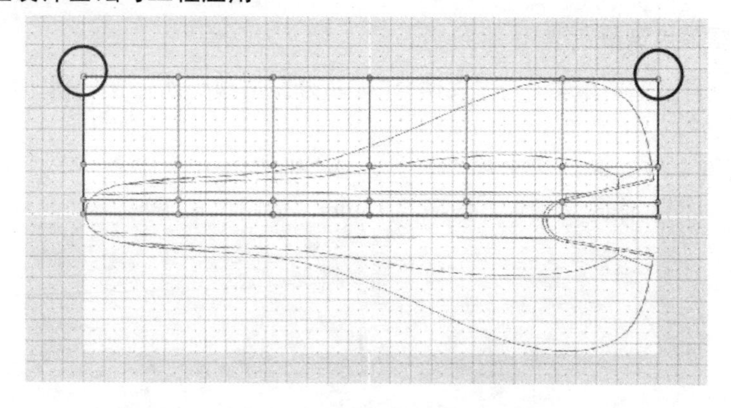

图 7-63　多选两个控制顶点

5）按〈Delete〉键，删除刚刚选中的两个顶点，如图 7-64 所示。

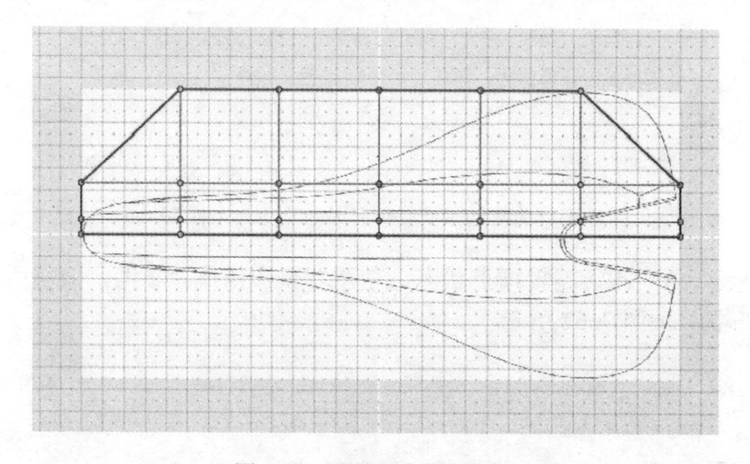

图 7-64　删除两个控制顶点

6）再次框选第 2 排顶点中的前 3 个，如图 7-65 圈出位置所示。

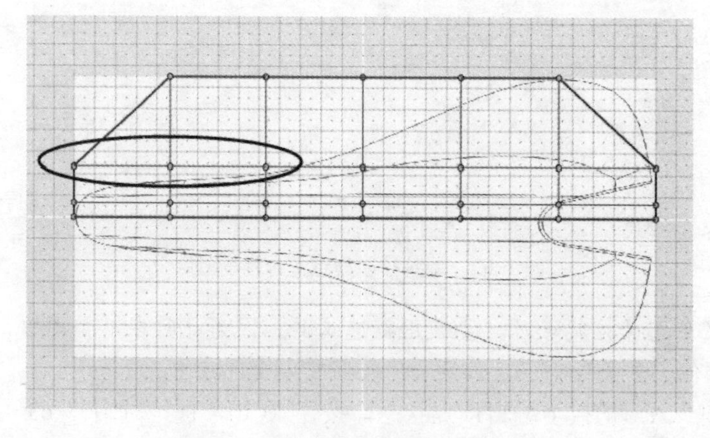

图 7-65　再次框选进行控制点多选

7）按〈W〉键激活“平移”工具，在控制面板中，调整 Y 轴方向的平移值为“-10”，即向 Y 轴负方向移动 10mm，如图 7-66 所示。

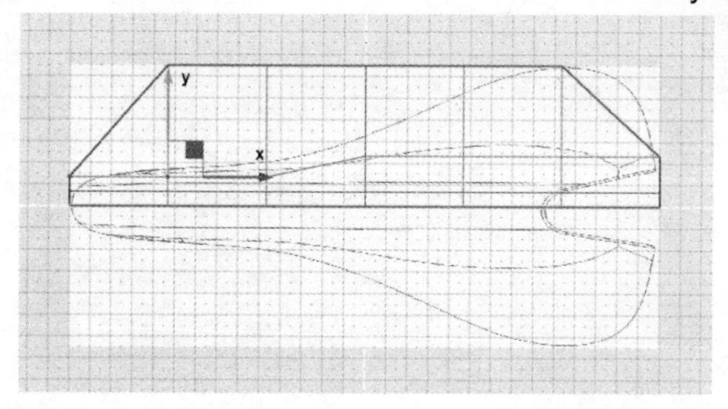

图 7-66　将选中控制点向 Y 轴负方向移动 10mm

8）按照图 7-67 所示，依次调节第 1 排上控制点的位置。注意，调整控制顶点时，务必保持所有点都在 Y 轴方向上移动。

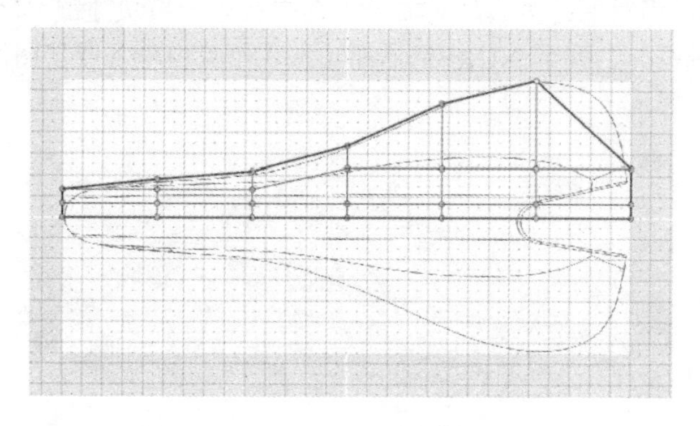

图 7-67　根据背景图像调整控制顶点

4．编辑边线

1）在透视图中，按〈S〉键切换至编辑边线状态。随后按住〈Shift〉键，并单击车座外沿上的任意一段，可一次性将车座外侧的所有边线全部选中。将视图调整为图 7-68 所示的视角，任意选中一条边界并将鼠标光标放置在其中间位置，直至显示实心黄色标识。随后按住〈Shift〉键，向垂直方向挤出，如图 7-68 所示。

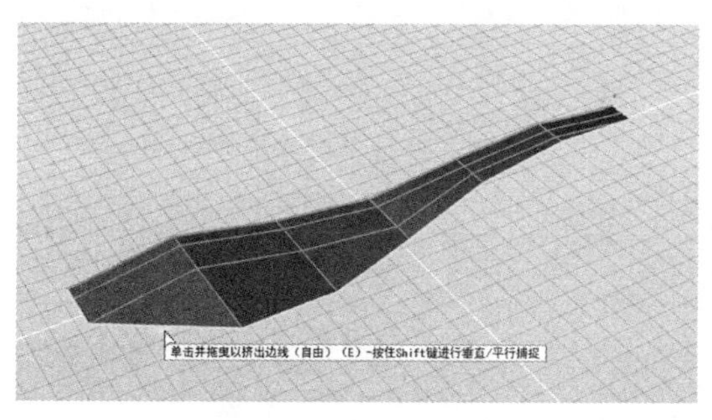

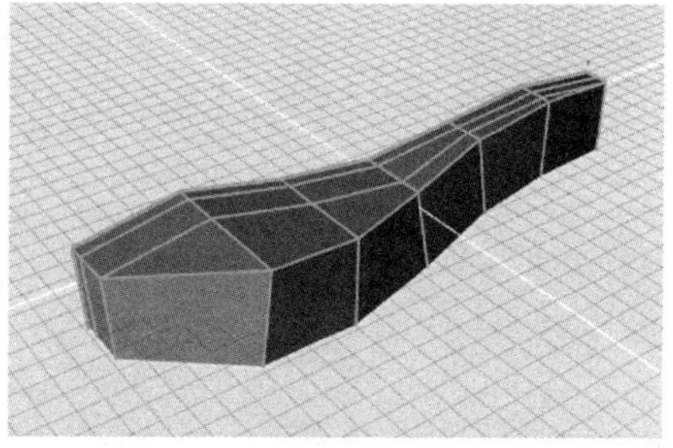

图 7-68　链选边线（左）并进行垂直方向挤出（右）

2）切换至前视图，并按快捷键〈A〉切换至编辑顶点状态。按照前视图中背景图像的形状对顶点进行排布，让新挤出的顶点位置匹配车座图像的下边缘，如图 7-69 所示。

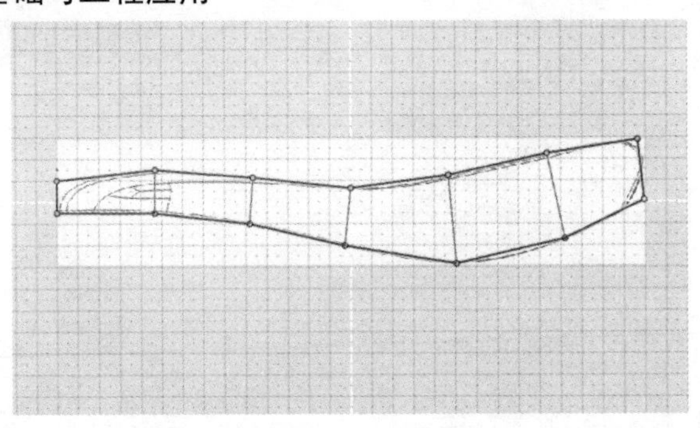

图 7-69　调整控制点以匹配背景图像

5．继续调整造型

1）激活顶视图，仍然保持多边形对象处于选中状态。按快捷键〈N〉（或在控制面板中勾选“Nurbify”复选框）切换至 NURBS 曲面状态，可见模型与背景图像并未完全匹配，如图 7-70 所示。

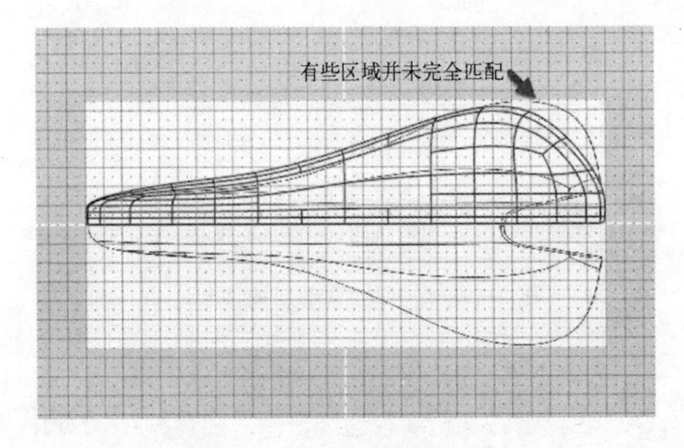

图 7-70　模型与背景图像对比

2）按〈A〉键激活编辑顶点状态，随后按照背景图像重新调整控制点位置，以调整造型，如图 7-71 所示。

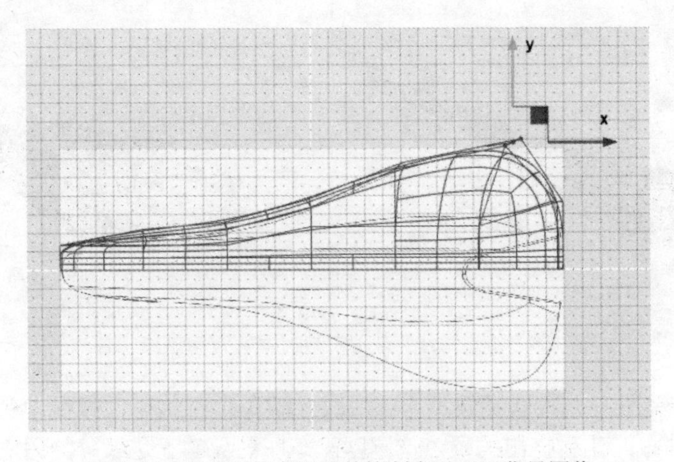

图 7-71　在曲面状态下调整控制点以匹配背景图像

3）切换至透视图，并激活“添加循环边”工具，在图 7-72 所示的边的位置单击，增加 1 条循环边。按空格键接受插入并退出该工具。

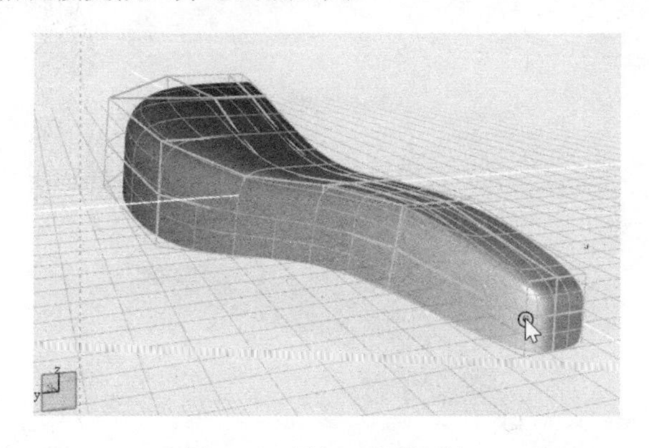

图 7-72　添加 1 条循环边

4）按快捷键〈D〉激活编辑面状态。在控制面板中，单击“合并模式”按钮，随后点选要进行合并的两个面，如图 7-73（左）所示，合并结果如图 7-73（右）所示。

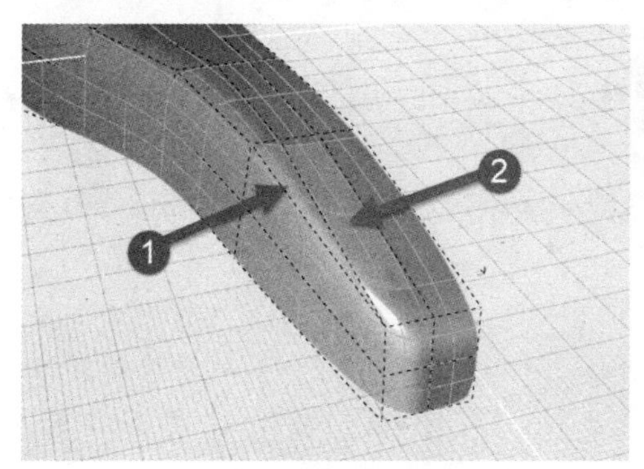

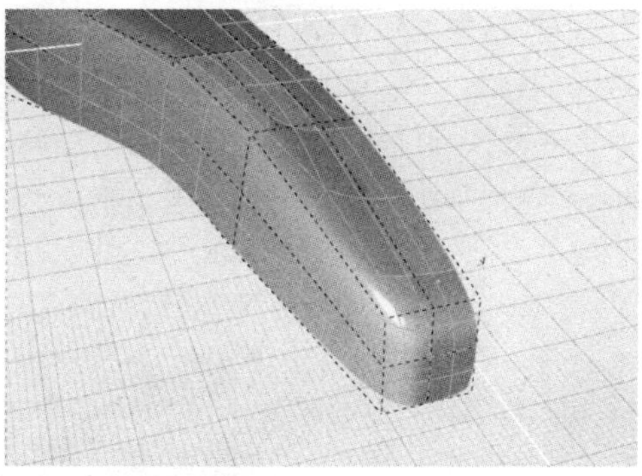

图 7-73　依次点选两个面（左），获得合并结果（右）

6. 使用“镜像”工具完成自行车座整体

1）激活顶视图，并激活“镜像”工具，借助“栅格捕捉”工具，将自行车座的另一半镜像出来，如图 7-74 所示。

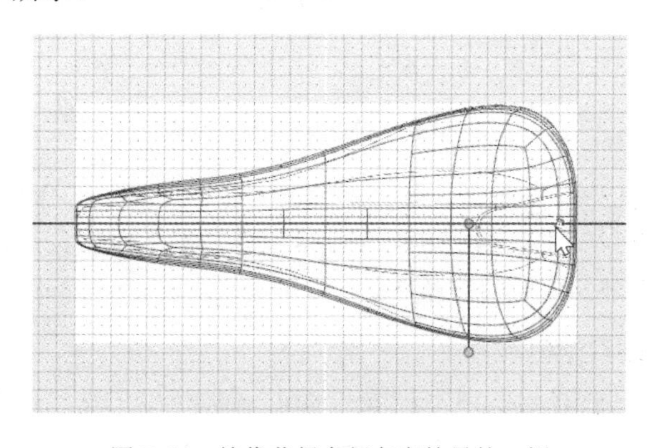

图 7-74　镜像获得自行车座的另外一侧

2）使用“合并 PolyNURBS”工具，对多边平面及其镜像对象进行合并，获得光顺的合并曲面，如图 7-75 所示。

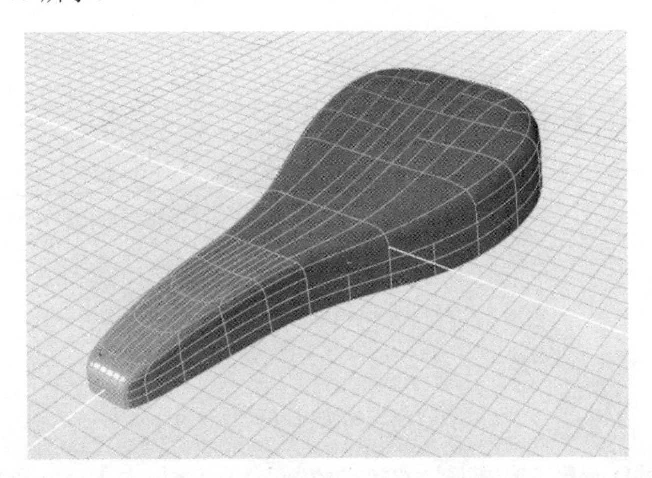

图 7-75　获得光顺的合并曲面

7．为自行车座椅增加厚度

确保已勾选“Nurbify”复选框，将多边形对象转化成曲面对象。接下来我们可以直接使用曲面工具对其进行编辑。

1）按住〈Ctrl〉键，在曲面工具中选择“曲面偏移”工具。对车座曲面进行偏移并同时增厚，设置偏移厚度为 3mm，如图 7-76 所示。

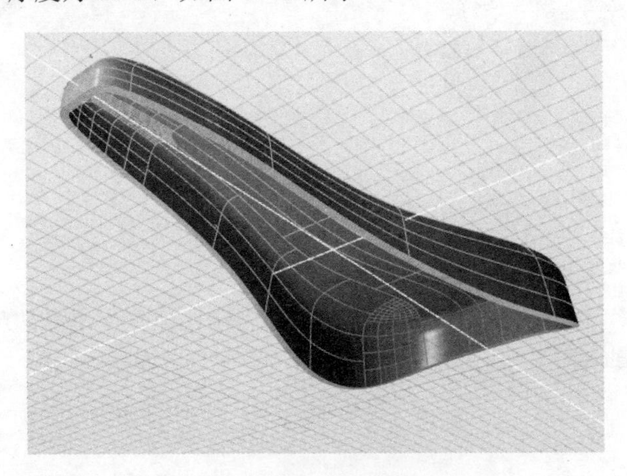

图 7-76　设置曲面偏移并增厚

2）验证该偏移对象是否为实体。保持对象处于选中状态，在建模工具栏的“分析”卷展栏下，激活“公差检查”工具，正常情况下控制面板中应显示“封闭实体”。如果显示“沿 N 条边打开”，则需要对模型进行检查。

8．绘制车座后部细节造型

1）在控制面板中，选择曲线工具“圆：圆心，半径”工具。激活顶视图，绘制如图 7-77 所示的圆曲线。

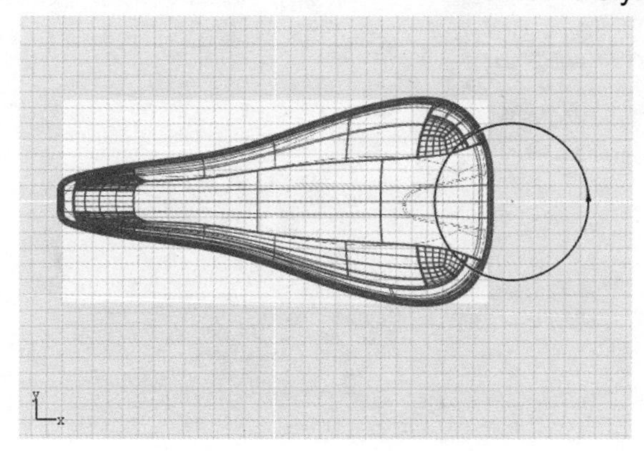

图 7-77　绘制圆曲线

2）选中圆曲线，在应用工具栏中切换至点编辑状态，框选图 7-78 所示的部分控制点。如图 7-78 所示。

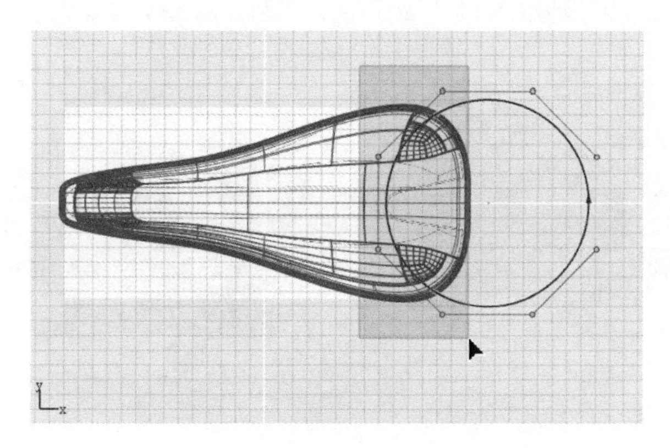

图 7-78　框选部分控制点

3）使用“缩放”或“平移”工具，调整曲线控制点，使其更加匹配背景图像中的缺口细节，如图 7-79 所示。

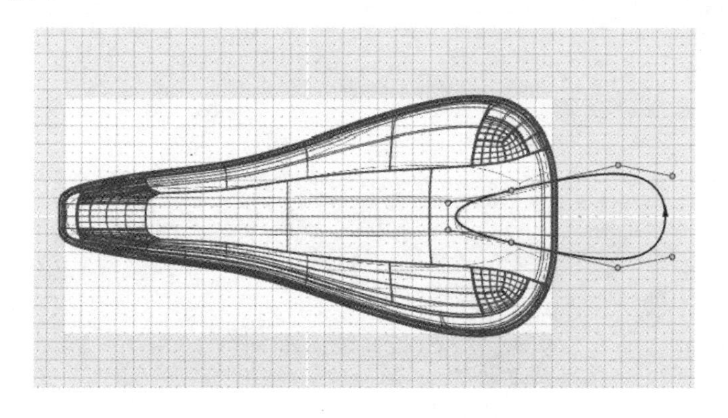

图 7-79　调整曲线控制点以匹配背景图像

4）激活“修剪”工具，使用刚刚创建的圆曲线，对车座实体进行修剪，如图 7-80 所示。

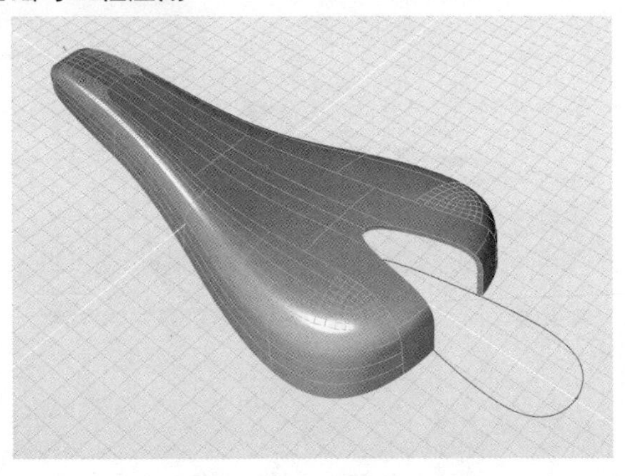

图 7-80　以曲线修剪车座实体

5）选中圆曲线，按〈H〉键将其隐藏。

6）激活“倒圆角”工具，对图 7-81 所示的两条边施加 20mm 的半径值。

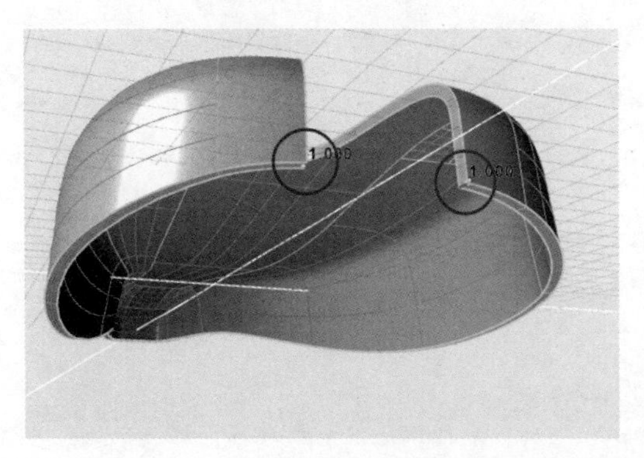

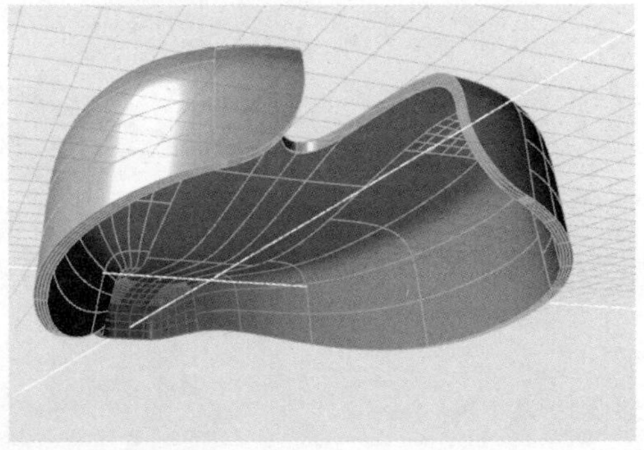

图 7-81　选择两边施加倒圆角（左），设置半径值为 20mm（右）

7）再次使用“倒圆角”工具，为所有边施加半径为 1mm 的倒圆角，如图 7-82 所示。

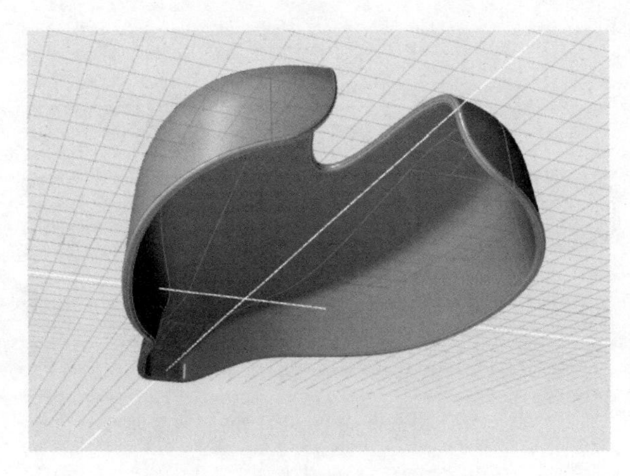

图 7-82　为所有边施加一个小圆角

✧ 注：在 Evolve 中施加倒圆角，通常可以一次性为所有倒角同时施加，随后再逐个更改半径及位置参数。但遇到这种对整体造型影响较大的倒圆角，建议分步进行：先做大的影响造型的圆角，再倒小的工艺圆角。

8）至此，已完成车座建模，保存文档。

✧ 注：上一个练习相反，车座的主体造型较为有机，所以考虑先使用 PolyNURBS 建模。同时，在有机造型上需要精确控制的参数，如厚度，则可以借助 NURBS 建模工具。总的来说，PolyNURBS 建模擅长构建有机创意的造型，NURBS 建模擅长控制精确参数。用户需要根据造型特性加以选择。

本章小结

读者通过本章练习应熟练掌握 PolyNURBS 工具的使用，并且理解 PolyNURBS 擅长应用的领域，在构建一个新对象时，能够在 PolyNURBS 和 NURBS 建模方式间选用适合的方法。

第 8 章

渲染基础操作及综合练习

在 Evolve 中除了建模工具，还囊括了专业的渲染引擎。用户不必将模型导出至其他渲染器，直接在 Evolve 中就可以获得逼真的渲染效果图以及渲染展示动画。

本章学习要点：

- **渲染前的模型整理**。
- **即时渲染操作**。
- **材质赋予与材质库**。
- **环境属性设置**。
- **渲染属性设置**。
- **渲染图片及输出**。
- **动画环境及关键帧设置**。
- **渲染动画及输出**。
- **批量渲染**。

8.1 渲染基本操作及界面

8.1.1 了解渲染流程

渲染流程主要包含两个重要环节——材质及环境，用户可以对对象材质以及环境参数进行详细的自定义，随后可以交互的方式进行调整。当确定效果后，进行最终高质量的效果图渲染。

8.1.2 渲染工具栏

渲染工具栏位于整个界面的右上方，如图 8-1 所示。

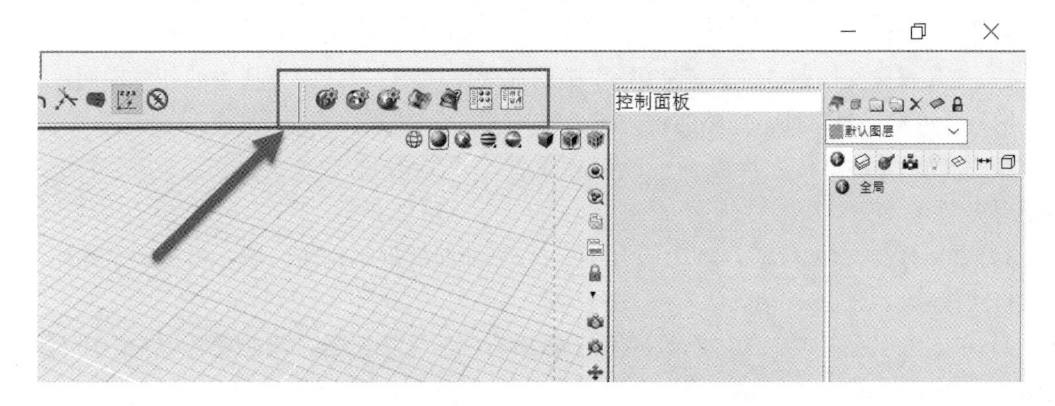

图 8-1 渲染工具栏

在这组工具中，前 3 个按钮较为重要。

- 材质属性：该工具用以创建并施加新材质，或对已有材质属性进行编辑。用户也可以通过该工具自定义材质属性。
- 环境属性：在 Evolve 中，默认已为用户提供了一个现成的全局环境，但用户也可以使用该工具对环境进行自定义，如调整渲染背景图像、照明、反射、折射等。
- 渲染属性：进行最终渲染的设置。

其余两个按钮介绍如下。

- 纹理定位：用于交互式调整曲面上的贴图，如用于渲染面上的图片（标志或条形码）或定义纹理的尺寸。
- 缺失纹理定位器：主要用于在导入.3ds 和.obj 格式的文件时，重新载入缺失的材质。

另外，Evolve 还提供材质库及模型库。

- 材质库：材质库中的默认材质基本覆盖了常见材质，用户可直接挑选已有材质，或在此基础上进行自定义。

● 模型库：用户可将已构建模型存入模型库，以备后续直接导入使用。

8.2 渲染练习

8.2.1 渲染基本流程

1．渲染基础设置——移除结构树

在进入正式渲染之前，需要对建模文档做一些处理，目的是为了更高效地完成渲染，更好地观察渲染效果。首先要考虑是否需要移除结构树。

如果需要一边调整造型一边评测渲染效果，建议保留结构树，即用建模文档直接渲染。如果已确定了产品最终造型，不再更改，则可以按照以下步骤获得一个不包含结构树的渲染专用文件。

1）打开素材文件夹“练习（8.2.1）”中的 Evolve 文件，选中座椅中的任意曲面，观察其结构树，可见该对象具备完整的结构树。

2）关闭刚才的文件。新建一个 Evolve 文件，并在菜单栏中执行“文件”→“打开（不包括历史）”命令。

3）重新打开文件“练习（8.2.1）”。单击任意曲面观察结构树区域，可见所有曲面结构树被自动移除。

4）单击应用工具栏中的“隐藏/取消隐藏所有曲线”按钮，将建模环境中的所有曲线隐藏。

5）框选视图中的所有显示曲面，在菜单栏中执行“选择”→“反转”命令，选中所有其余没用的曲面及曲线，按〈Delete〉键删除。

6）到此为止，建模环境中只保存需要渲染的所有曲面，并且无结构树。保存该文件并命名为“练习（8.2.1）_渲染”。

✧ 注：特别注意不要与原模型同名并将其覆盖，否则带有结构树的模型将无法找回。

2．渲染基础设置——设置图层

在渲染过程中，很多曲面会被设置为同一材质。为它们一一设置同一材质，效率将非常低，因此对同一材质的曲面进行归纳变得尤为重要。

在渲染阶段，用户可以在全局浏览器中使用分组工具，如图 8-2 所示，将同种材质曲面归纳为同一组，并同一赋予材质。这种方法较为直观，这里不再详述。

另一种方法是以图层归类，本练习中将学习这种方法，具体步骤如下：

1）在全局浏览器中，单击“图层”选项卡，随后在全局浏览器中的任意空白位置单击鼠标右键，在弹出的快捷菜单中选择“新建图层”选项，如图 8-3 所示。

图 8-2　分组工具

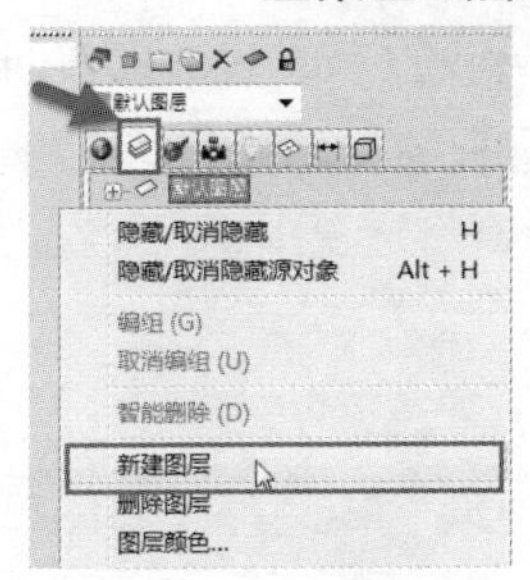

图 8-3　设置新建图层

2）随后在默认图层下，出现一个新的图层，名为“新建图层”，单击该图层，并将其重命名为“椅背”，如图 8-4 所示。

3）框选座椅的所有曲面，随后按住〈Shift+Ctrl〉快捷键，再次单击坐垫部分，取消选择。此时，请确认所有椅背曲面都被选中，而坐垫部分未被选中。

4）在全局浏览器中的“图层”选项卡下，将所有选中的曲面从“默认图层”中拖入“椅背”图层，如图 8-5 所示。

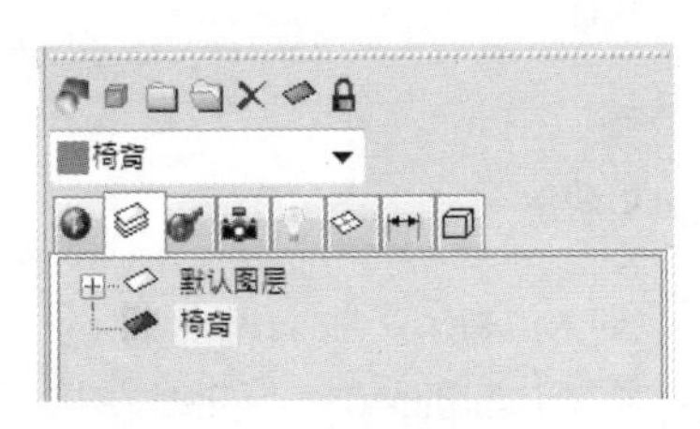

图 8-4　重命名新图层

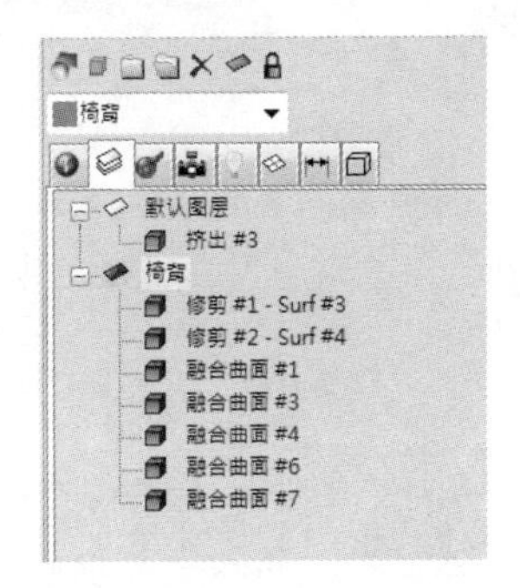

图 8-5　设置椅背图层

5）此时所有移入新图层的曲面自动被赋予该图层颜色，如图 8-6 所示。至此，渲染的准备工作完毕。再次保存该文件以用于渲染。

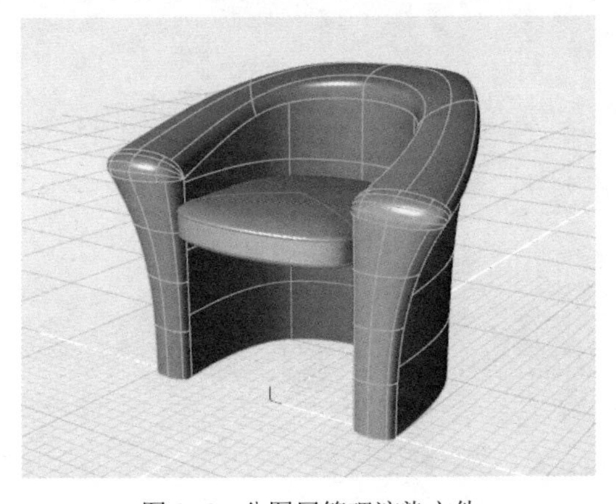

图 8-6　分图层管理渲染文件

3．交互式渲染

接下来正式进入渲染环节。在渲染最终效果图之前，用户可以通过交互式渲染对渲染效果进行直观调整。这种方式能够帮助用户高效地评测不同材质和不同角度等。

1）双击透视图标题栏将其打开至最大。在透视图右上角，单击“交互式渲染”按钮，如图 8-7 所示，将透视图切换至交互式渲染状态。同时观察此时的界面，左侧的建模工具栏切换为材质库。

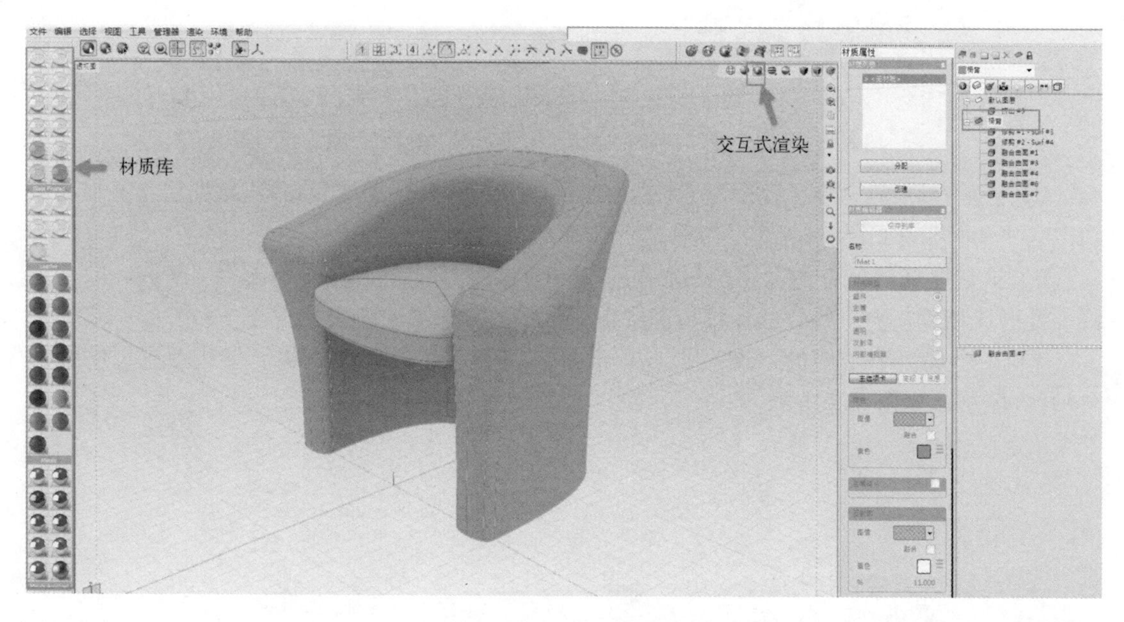

图 8-7 交互式渲染状态

2）在全局浏览器中，选中“椅背”图层，此时椅背所有曲面都将被选中。在材质库中，选择皮革材质“Leather”卷展栏下的第一种材质“Leather#01”。此时在透视图中，所有椅背曲面均被赋予该皮革材质，如图 8-8 所示。

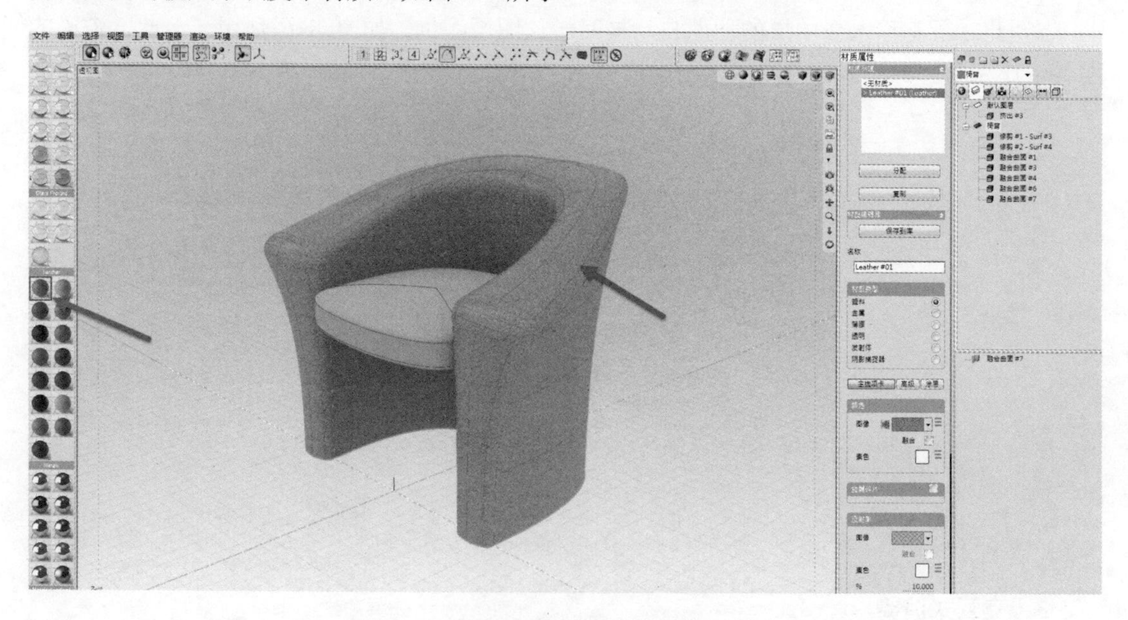

图 8-8 为对象分配材质库中的默认材质

3）保持交互式渲染状态，在全局浏览器中单击“默认图层”按钮，或直接选中坐垫部分。在材质库中，再次单击“Leather#01”材质球为坐垫赋予相同材质。

4）保持选中坐垫部分，在控制面板中，调整该对象颜色，将“素色”参数修改为红色，并勾选“融合”复选框，如图 8-9 所示。此时可见透视图中的坐垫部分材质改变，更改为红色与原始纹理的融合效果。

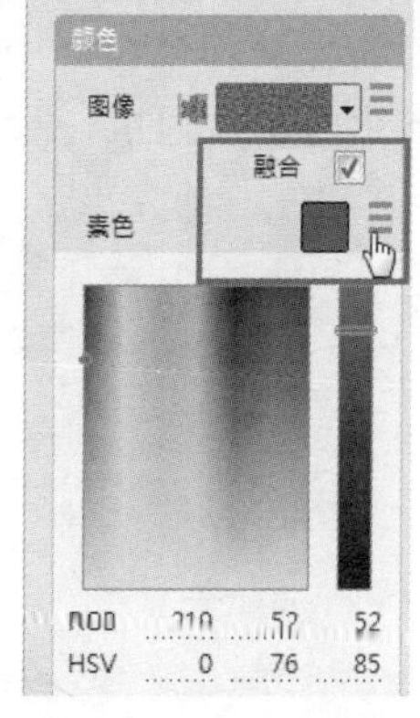

图 8-9　更改材质色彩

5）在全局浏览器中，选中“椅背”这一组曲面。此时在控制面板中并未出现任何参数。用户需要单击“材质属性”按钮，才会出现材质参数。

6）在材质属性中，在“颜色”参数下，将鼠标光标放置在“图像”选项最右侧的图标上，此时将弹出当前贴图所在文件夹，在该文件夹中任意选中其他一种贴图，则椅背曲面可获得新的材质效果。

7）单击应用工具栏中的“环境属性”图标。在控制面板中，勾选“地平面”复选框，此时可见在座椅底部出现一个透明地面，能够接收座椅投射的阴影。

图 8-10　设置地平面接收阴影

✧ 注：该面为系统自动添加，其特性为仅接收阴影，而不出现在渲染中。其位置将自动位于建模环境中所有曲面在 Z 轴方向的最低位置，用户也可以在控制面板中通过参数调整其位置。

另外，用户也可以自己绘制一个平面放置于建模环境中，并为这个面赋予一个特殊材质“阴影捕捉器”，以达到同样的效果，操作方法如下：

- 确认视图中处于建模状态（切换到“着色”模式）。
- 绘制一个平面，放置于所有模型之下。
- 保持该平面处于选中状态。在渲染工具栏中单击“材质属性”按钮。
- 在控制面板中单击“创建”按钮，并为该平面设置材质类型为“阴影捕捉器”。

8）用户可在渲染窗口中，任意进行旋转、缩放操作以观察渲染效果，所有操作与建模环境中的一致。在这个过程中，请找到合适的渲染角度。

9）在透视图右上角，再次切换至“着色”模式，退出交互式渲染模式。

10）在菜单栏中执行“渲染”→“渲染当前视图”命令，或按〈Ctrl+R〉快捷键。此时弹出渲染窗口进行渲染，如图 8-11 所示。

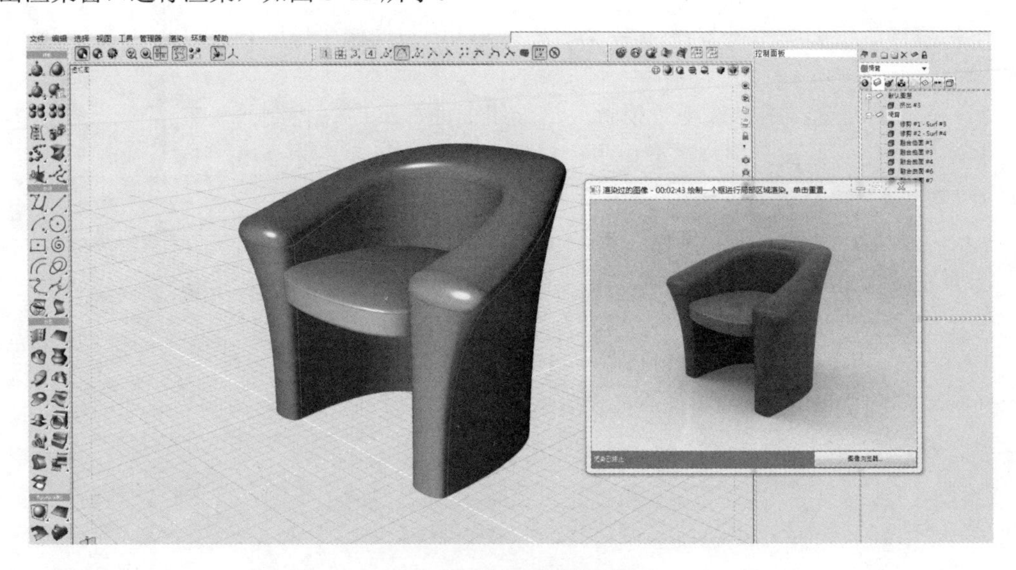

图 8-11　进行效果图渲染

11）渲染结束后，单击渲染窗口右下角的“图像浏览器”按钮；或退出渲染窗口，在菜单栏中执行“渲染”→“图像浏览器”命令，快捷键为〈Ctrl+B〉。用户可在打开的图像浏览器中查看渲染图片效果及其参数，如图 8-12 所示。

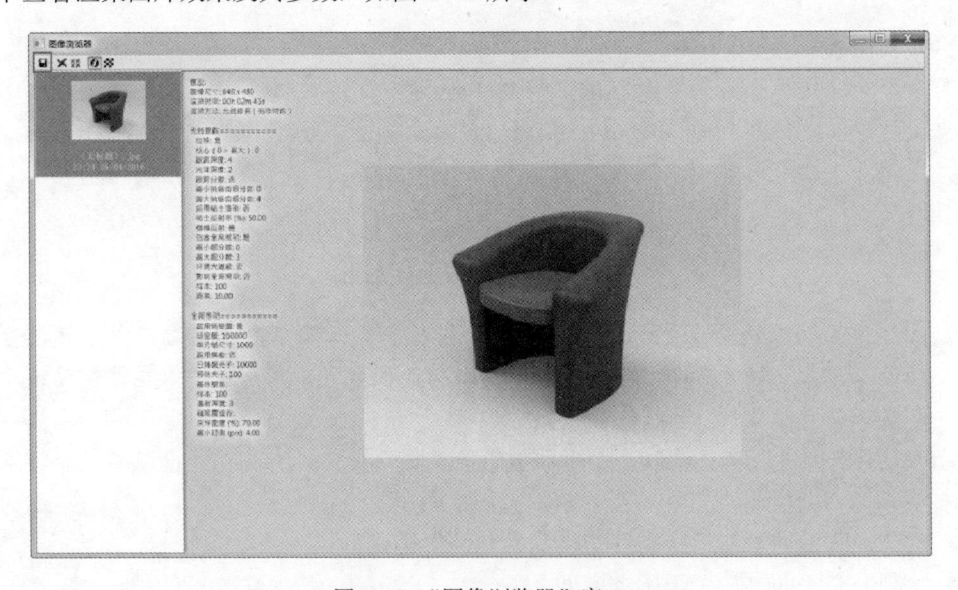

图 8-12　“图像浏览器”窗口

12）单击左上角的“保存”按钮保存这张渲染图片至本地。

13）关闭图像浏览器，并保存文件。

✧ 注：通过这个练习读者可以了解在 Evolve 中快速评测渲染效果的方式。用户可以一键切换至交互式渲染窗口，随时观察不同角度的渲染效果；也可以渲染多张不同的材质，在图像浏览器中对比这些效果。总之，在 Evolve 中，用户可以利用给定的材质及环境快速得到一张逼真的效果图，即使新手也可以很快上手。

8.2.2 渲染高级练习

1. 使用特殊材质设置环境照明

1）打开素材文件夹“练习（8.2.2）”中的 Evolve 文件，该文件中包含一室内场景模型，本练习将对其局部一角进行渲染。

2）在透视图中，单击“交互式渲染”按钮，可以看到当前的室内场景渲染效果，如图 8-13 所示。

图 8-13　切换至交互式渲染状态

✧ 注：交互式渲染过程是由颗粒状显示到逐渐清晰，每次调整新的摄影机角度、材质、环境等参数时，都会重新进行一次更新。这个过程的速度由计算机的硬件配置决定。如果计算机在交互式渲染时运行过慢，则可右键单击交互式渲染按钮，将控制面板中的“跟踪深度”和“样本”两个参数的值降低，如图 8-14 所示，可减少计算机硬件的资源占用。

3）在渲染工具栏中，选择“环境属性”工具。在其控制面板中，修改“背景贴图”为“无”，如图 8-15 所示。

图 8-14　调整交互式渲染参数

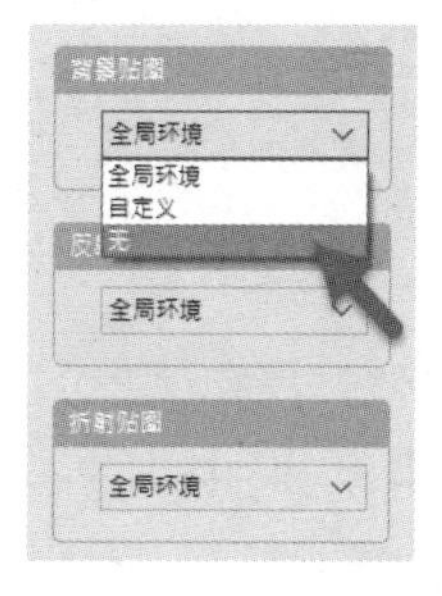

图 8-15　设置背景贴图

✧ 注：默认情况下，Evolve 默认使用文件“evoRender.hdr”作为全局贴图。同时，照片贴图、背景贴图、反射贴图以及折射贴图这 4 个参数全部与全局贴图一致。但用户可以对其中任意一个进行自定义。

4）此时可以看到，即使室内场景的窗外是黑暗的，但仍然有部分光线将场景点亮。这是因为“照明贴图”参数被默认设置为“全局贴图”。

5）在全局浏览器中找到组文件夹“LED lamp”，单击并选中该文件夹中名为“LED”的对象，如图 8-16 所示。

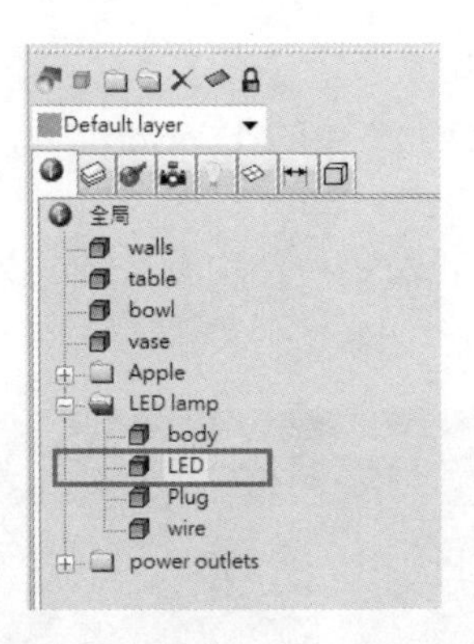

图 8-16　找到命名为“LED”的对象

6）此时在控制面板中，显示该对象的材质属性，手动为该对象赋予材质。先单击“创建”按钮，随后为该对象赋予的材质命名——“LED 灯”。紧接着，在控制面板中选择该材质的类型，选中“发射体”单选按钮，如图 8-17 所示。

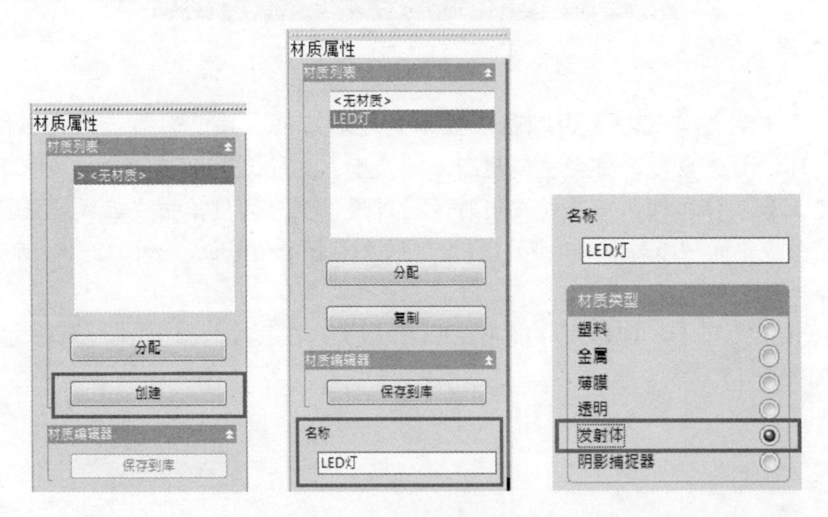

图 8-17　手动为对象赋予材质

7）将鼠标光标悬停在颜色参数区域中的图标≡上，弹出调色板，如图 8-18 所示。默认情况下的颜色为 RGB（255 255 255），即发射白光。这也是我们需要的颜色，所以无须修改此参数。

8）默认情况下，发射体材质给定的光强度为 100W（瓦特）。但目前 LED 灯的亮度还不足以照明整个室内场景，因此将“功率单位”修改为“W/nm”，并将“功率”的值修改为10，如图 8-19 所示。

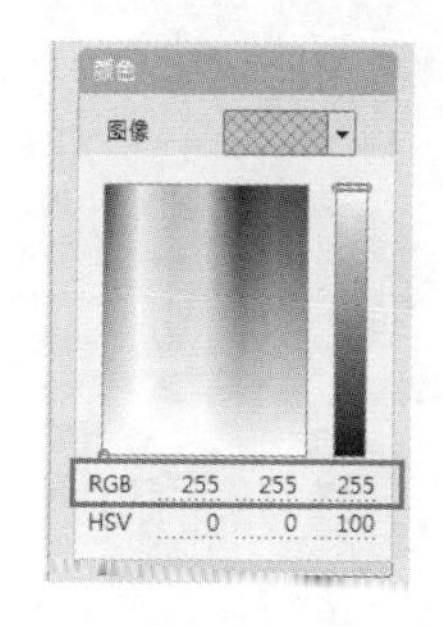

图 8-18　设置材质色彩

图 8-19　设定发射体强度

此时透视图中的场景整体亮度提升，效果如图 8-20 所示。

图 8-20　场景亮度整体提升

✧ 注：“发射体”是一种非常特殊的材质，它通常用于表现发光材质，如霓虹灯和 LED 灯，可作为场景的直接光源使用。

9）将这盏灯作为室内场景的唯一光源。在渲染工具栏中，激活“环境属性”工具，在控制面板中，将“照明”参数设置为“无”。

2．为场景中的对象施加默认材质

Evolve 的材质库囊括了 100 多种常用的材质，包括玻璃、金属、油漆、塑料、橡胶、木材等。在这一环节中，用户可以将尝试两种不同的赋予默认材质的方式。

1）在透视图中，确保处于交互式渲染状态。

2）在全局浏览器中，选择名为“body”的对象，该对象位于“LED lamp”文件夹中。

3）在渲染工具栏中，单击“材质库”按钮，打开材质浏览器。在材质浏览器中选择材质的优势在于，用户可以缩放材质球进行仔细观察。在左侧分类中选择“Plastic-Matte”，选中该组中的第 3 个材质球“Matte Black Plastic”，将其施加在 LED 灯的灯座上，如图 8-21 所示。

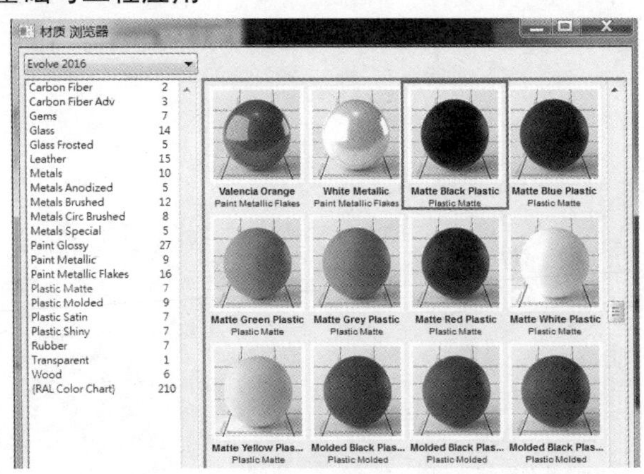

图 8-21　在材质浏览器中选择材质球

4）在透视图中观察，当材质已被赋予到灯座上，则将“材质浏览器”窗口关闭，使用更直观的方式施加材质。

5）在全局浏览器中选择对象“Plug”，当透视图处于交互式渲染状态时，可在左侧出现的材质工具栏中任选一种材质。请为当前选中的对象“插头”赋予材质，单击“Plastic-Satin”卷展栏下的材质球“Satin Black Plastic”。

6）读者已熟悉以上两种赋予默认材质的方式，请任意选择一种方式，为其余的模型对象赋予相应材质：

- 选中对象 Wire，为其赋予材质“Soft Black Rubber”。
- 选中对象 Vase，为其赋予材质“Clear Class”。
- 选中 Power outlets 组别（即同时选中 Outlet1 和 Outlet2），为该组对象施加材质“Matte White Plastic”。
- 为 Table 施加材质“Wood 015-Varnish”。

此时场景中的效果应如图 8-22 所示。

图 8-22　为室内对象设置不同的材质

3．创建自定义材质

1）为室内四周墙壁定义材质。在全局浏览器中，选择名为“Walls”的对象。

2）确认透视图仍然处于交互式渲染状态。此时在控制面板中显示的是该对象的材质属性。单击“创建”按钮开始为其施加材质属性参数。

3）更改材质名称为“墙壁纹理”，并保持其默认的材质类型为“塑料”。将“颜色”参数调整为白色，即 RGB（255 255 255）。

4）在“反射率”参数中，将百分比调整为 5，如图 8-23 所示。

5）为该材质添加纹理，用户可以增加凸凹贴图，或调整粗糙度值。在这里，先将其粗糙度值修改为 5，如图 8-24 所示。

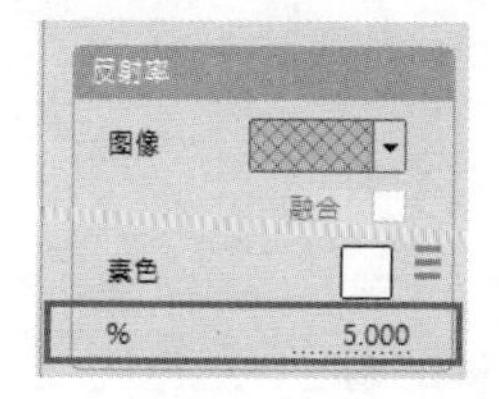

图 8-23　调整“反射率”参数

图 8-24　调整“粗糙度”参数

6）在“凸块”（凸凹贴图）参数下，打开自定义纹理，如图 8-25 所示。

7）此时自动弹出包含纹理图片的文件夹，在这些文件夹中寻找一个名为“Plaster”的文件夹，并在其中选择名为“plas0001b.jpg”的图片。

8）“自定义纹理”下拉列表框中的参数值 100 代表纹理尺寸，将该参数值调整为 5。随后将鼠标光标悬停在图标上，修改弹出面板中显示的参数，将对比度值调整为-5，并勾选“反转”复选框，如图 8-26 所示。

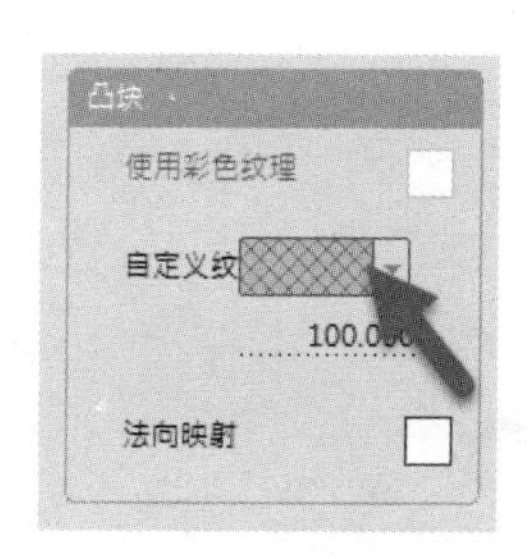

图 8-25　打开自定义纹理设置

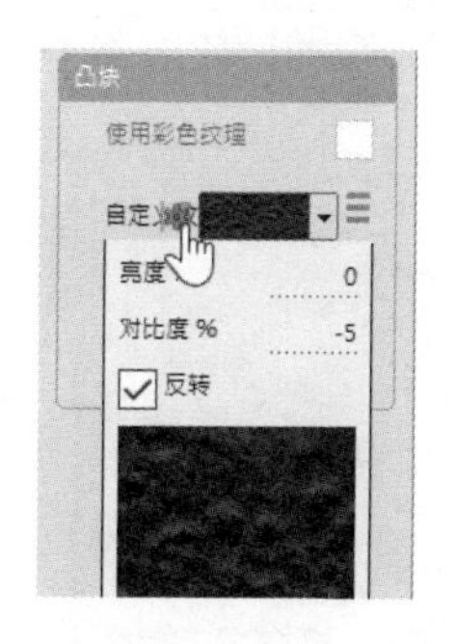

图 8-26　设置自定义纹理参数

此时，交互式渲染窗口中墙壁的效果显示出来，如图 8-27 所示。

图 8-27　调整墙壁材质后的效果

4．将新材质保存至材质库

1）确认材质“墙壁纹理”仍然处于选中状态。在控制面板中，单击“保存到库”按钮，如图 8-28 所示。

2）在弹出的“新对象”对话框中，输入一个新的类型“建筑”，在材质名称中，将自动设定为之前输入的“墙壁纹理”，如图 8-29 所示。随后单击“确定”按钮退出。

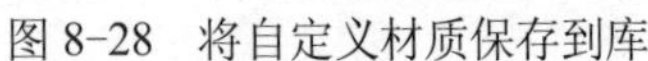
图 8-28　将自定义材质保存到库

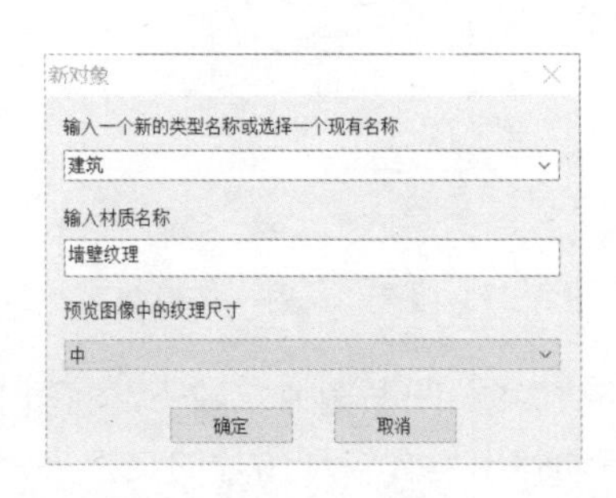

图 8-29　设置新材质及其所属类别

3）等待短暂的时间，新的材质将被保存至材质库，如图 8-30 所示。随后用户可以打开材质浏览器进行查看。

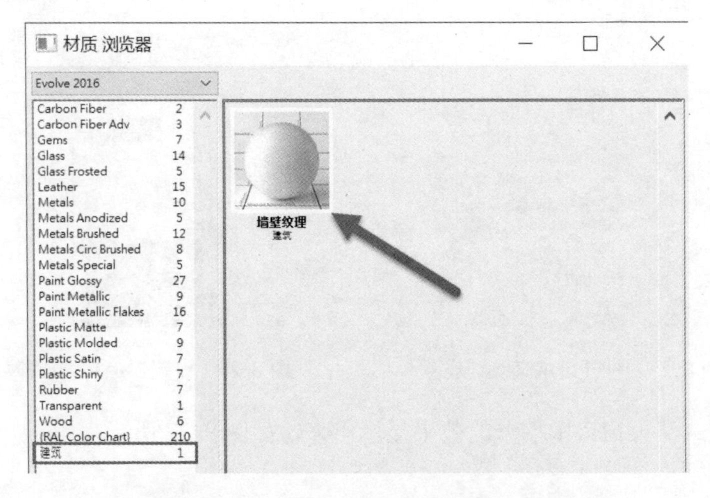

图 8-30　新材质出现在材质浏览器中

5．定义其他材质

使用类似上述方法，为室内场景中的碗和苹果创建材质。

1）在透视图中选中碗，或在全局浏览器中单击对象“Bowl”，按快捷键〈F〉对该对象进行调整显示，使其充满透视图以便于观察。

2）为该对象赋予材质库中的材质“White- PaintGlossy”。

3）选中透视图中的苹果，或在全局浏览器中单击对象“Apple”，为其创建一个自定义材质并命名该材质为“苹果”，将颜色参数修改为绿色 RGB（124 185 9），并改变粗糙度值为 15%。

4）在透视图中选中苹果柄，或在全局浏览器中单击“Apple Stalk”，为其创建一个自定义材质并命名该材质为“苹果柄”，将颜色调整为棕色，并改变粗糙度值为 15%。设置完成后获得图 8-31 所示的结果。

图 8-31　手动设置碗和苹果材质

6．在全局浏览器中赋予材质，取消分配材质及删除材质

1）在全局浏览器中单击“材质”选项卡。

2）单击名为“Clear Class(Glass)”的材质左侧的“+”号，此时显示出“vase”（瓶子）这个对象，如图 8-32 所示。这表示当前选中的材质赋予在对象“vase”上面。

3）在全局浏览器中选中“vase”对象，单击鼠标右键，在弹出的快捷菜单中选择“取消分配材质”选项，如图 8-33 所示。

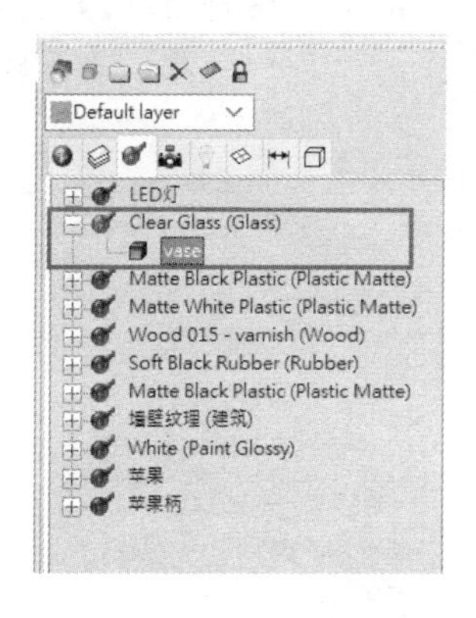

图 8-32　基于材质寻找对象

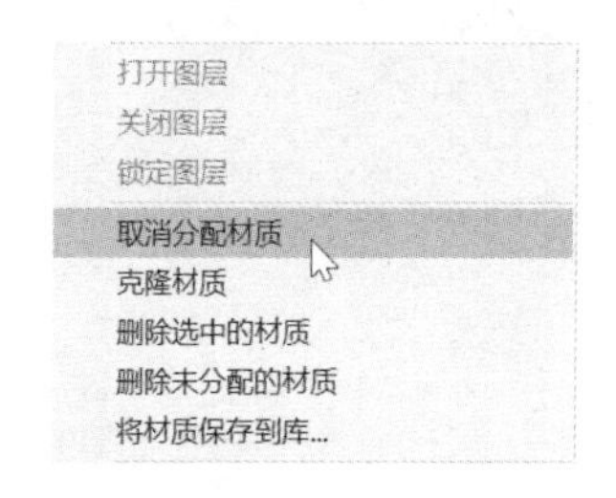

图 8-33　取消分配材质

4）此时这个瓶子被赋予了一个默认材质，即“塑料”，颜色为 RGB（150 165 185）。

5）在透视图中将瓶子这个对象选中，激活材质属性，为其施加另外一个环境中已有的材质，如图 8-34 所示。

6）此时再观察全局浏览器中的“材质”选项卡下，名为“Clear Glass(Glass)”的材质下已不再有对象，如图 8-35 所示，这表示场景中已没有对象被赋予该材质。

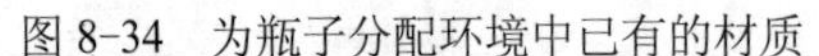

图 8-34　为瓶子分配环境中已有的材质

图 8-35　观察已被移除赋予对象的材质

7）在“材质”选项卡下，单击任意空白处，在弹出窗口中选择“删除未分配的材质”选项，这个操作可将所有没用的材质都删除掉，以减少文件所占空间。

7．调整渲染属性

1）在透视图中，调整一个合适的角度进行渲染。

2）在渲染工具栏中，单击“渲染属性”按钮，在控制面板中，为最终渲染的效果图调整参数。这里有两个较为重要的参数：

- 预设。预设值定义了最终渲染效果图的尺寸，如图 8-36 所示，默认尺寸值为“640×480”。用户可以从下拉菜单中选中任意一个预设值，或进行自定义。但渲染尺寸越大，则所需的渲染时间越长。本次操作请使用默认的预设值。
- 渲染方法。默认的渲染方法为“光线跟踪（有限时间）”，如图 8-37 所示。如果场景中存在透明对象，则建议使用“完整（渐进）”，以这种方法进行渲染，可表现焦散、色散等，效果更加真实。“性能（GPU 渐进）”则是一种非常高效率的渲染方法，用户可以使用有限的计算资源及时间进行渲染，这种方式适合渲染没有太多复杂材质（如玻璃等）的场景，或需要快速渲染一个近似效果。本次操作使用默认的“光线跟踪（有限时间）”渲染方法。

图 8-36　设置图像尺寸

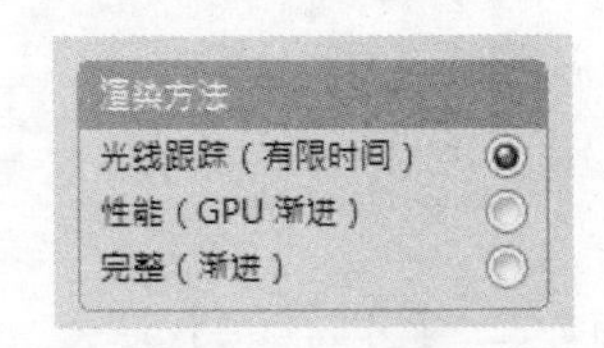

图 8-37　设置渲染方法

3）按〈Ctrl+R〉快捷键，渲染最终效果图。

8．使用物理天空和阳光照亮场景

1）选中场景中的对象“LED”，并确保仍处于交互式渲染状态。

2）激活“材质属性”按钮，在控制面板中，滑动到最底端找到“反转光线方向”按钮。这个按钮相当于光源的开关按钮，单击它可关闭来自 LED 的光，此时场景变暗。

3）在渲染工具栏中，选择“环境属性”工具，在控制面板中，将“照明”来源修改为“物理天空”。由于“物理天空”本身不包含光影，因此要勾选“太阳”复选框，如图 8-38 所示。

4）在前视图中，可以看到控制太阳位置的控制杆，通过不断在几个平面视图中调整控制杆的位置，观察场景中的光线变化，如图 8-39 所示。

图 8-38　设置照明光源为“物理天空”

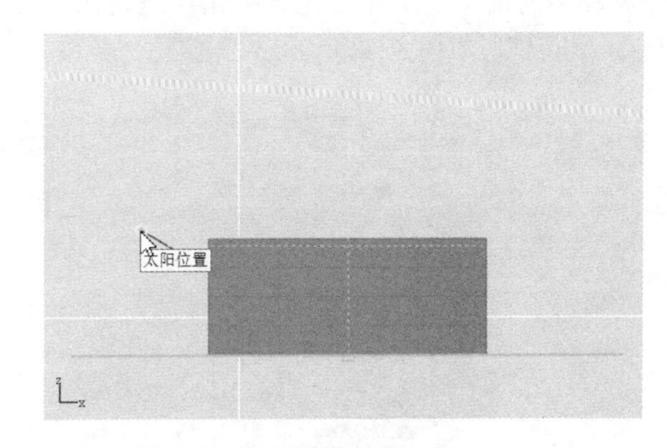

图 8-39　调整太阳位置

5）再次渲染场景效果并保存文件，如图 8-40 所示。

图 8-40　渲染效果图

✧ 注：本练习全面覆盖了 Evolve 渲染中常用的参数调整。希望读者通过本练习，了解如何手动修改材质以及环境设置。渲染调整相较于建模来说，可能要花费更多的精力和时间，需要不断地调整细微的参数、不断地对比，才能获得满意的效果。

8.2.3　渲染展示动画

在 Evolve 中，展示产品的方式除了渲染效果图，还可以采用动画的形式。本练习将讲述关键帧设置的方法，以及展示动画的输出方法。

1．设置动画

1）打开素材文件夹“练习（8.2.3）”中的 Evolve 文件，该练习中，已经设置好材质及环境。激活透视图，按〈Ctrl+R〉快捷键进行效果图渲染，查看渲染效果，可见该文件已经被赋予了环境及材质。

2）在建模工具栏中找到“摄像机/光源”卷展栏，并选择“透视摄影机”工具。此时可见全局浏览器中出现“透视摄影机#1”，如图 8-41 所示。但该透视摄影机并未显示在任何视图中。

3）在当前的透视图左上角，单击“透视图”文字，在下拉菜单中，修改当前视图为“透视摄影机#1”，如图 8-42 所示。

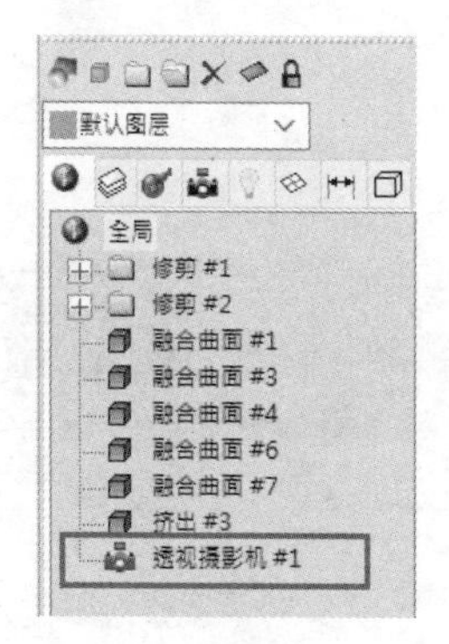

图 8-41　构建一个新的透视摄影机

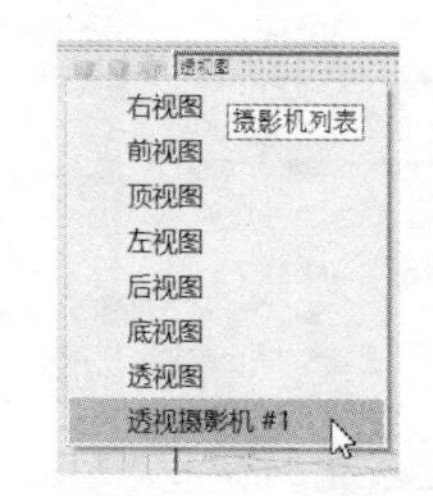

图 8-42　调整视图

4）在菜单栏中执行“环境”→“动画”命令，将整个界面切换至动画制作环境中，如图 8-43 所示。在动画环境中，用户无法再进行任何建模编辑，但可以基于时间轴和关键帧技术制作动画。

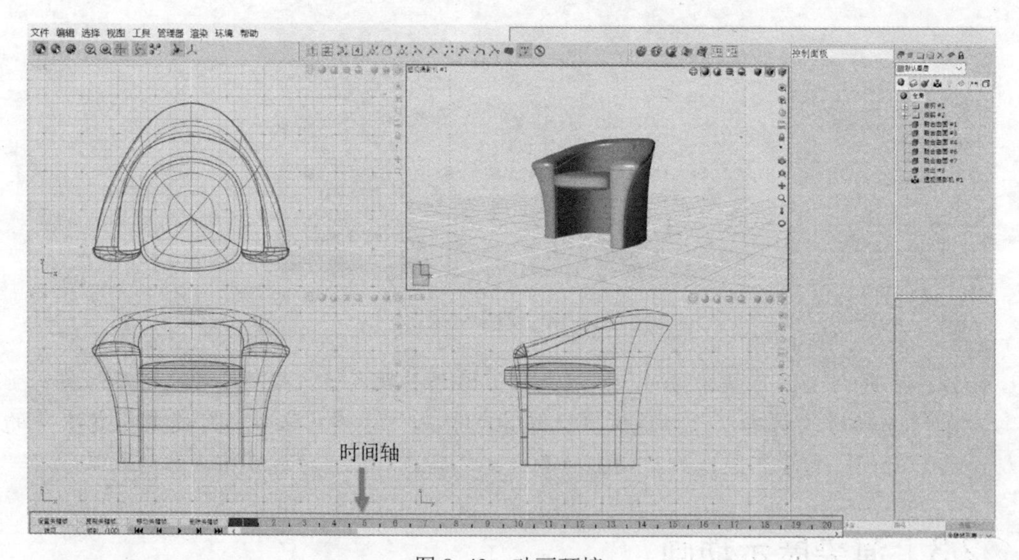

图 8-43　动画环境

5）本练习将针对“透视摄影机#1”设计动作，所以在全局浏览器中选中“透视摄影机#1”，如图 8-44 所示。当选中这个对象时，可见视图中自动激活“平移”工具。

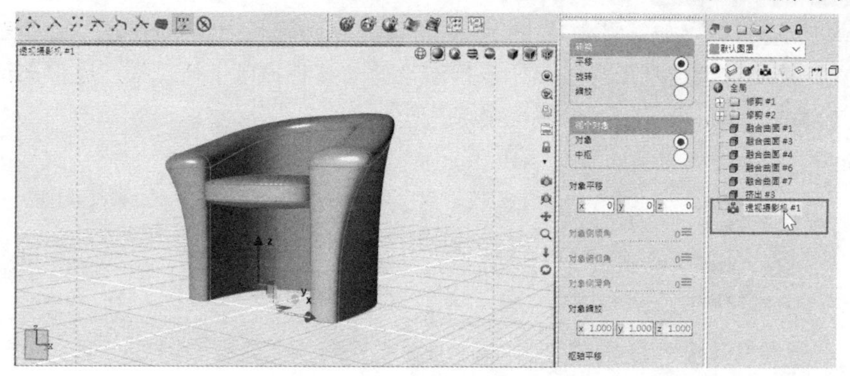

图 8-44　在全局浏览器中选中“透视摄影机#1”

✧ 注：在 Evolve 中，无法直观“看到”新建的透视摄影机，只能通过视图看到这个摄影机的视角。所以如果要对摄影机进行编辑，则只能在全局浏览器中选中它。

6）保持“透视摄影机#1”在全局浏览器中仍处于选中状态。在控制面板中，将“转换”参数设置为“旋转”，如图 8-45 所示。

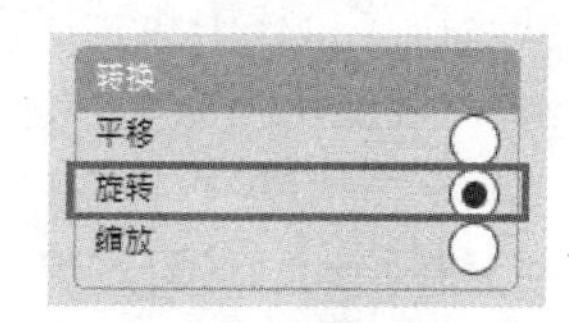

图 8-45　调整转换方式为“旋转”

7）确保此时时间轴上第 1 帧处于选中状态（背景为蓝色），随后单击“设置关键帧”按钮。单击后第 1 帧由蓝色背景变为黄色，表示该帧已经设置为“关键帧”，如图 8-46 所示。

图 8-46　设置第 1 帧为关键帧

8）将时间轴下方的滑块拖动至整个时间轴末端，并单击第 100 帧，使其呈选中状态。

9）在控制面板中，将“对象侧滑角”参数的值修改为 360，并将选中的第 100 帧设置为关键帧，如图 8-47 所示。以上操作设置表示：摄影机从第 1 帧起，到第 100 帧止，这个过程中“摄影机#1”的角度旋转了 360°。

10）将滑块拖回时间轴的起始端。单击“播放”按钮▶，如图 8-48 所示。此时可见视图中的对象旋转起来，表示该动画已经正常工作。

图 8-47　设置旋转角度

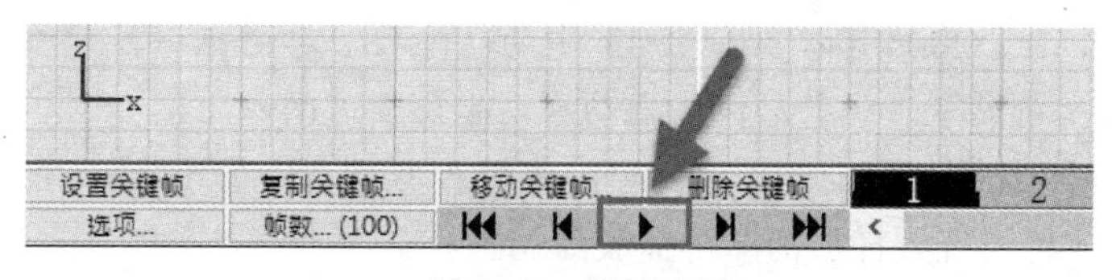

图 8-48　播放动画

✧ 注：在视图中播放仅为预览，播放的速度并不是最终渲染的展示动画速度。用户可以通过在时间轴的参数设置中，对“选项”和“帧数”进行详细设置，如图 8-49 所示。例如，默认的设置中，总帧数为 100 帧，速度为 25 帧/秒。因此最后渲染的展示动画长度为 4s。如果需要延迟动画，可考虑增加帧数或降低速度。但这里需要注意的是，动画渲染速度不要过低，否则渲染的动画将出现卡顿现象。通常来说，25 帧/秒为动画的常用设置，尽量不要更改。

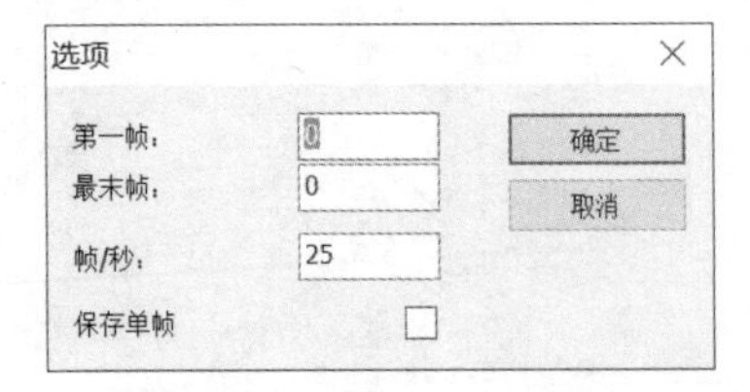

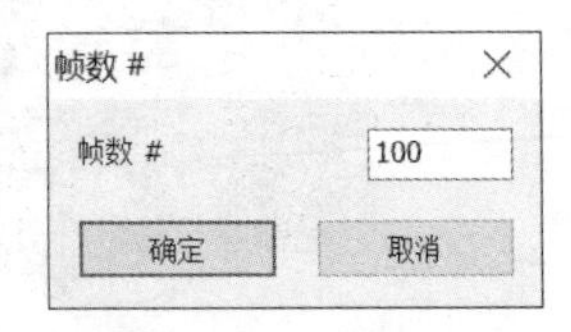

图 8-49　设置动画每秒播放帧数（左）及总帧数（右）

这个练习展示了如何制作“摄影机动画”，使用类似的方法用户还可以进行“对象动画”制作；可以对场景中的渲染对象（NURBS、PolyNURBS、光源等）设置平移、旋转、缩放动作。每个对象的时间轴及关键帧设置都互相独立。

2．渲染动画

1）在菜单栏中执行“渲染”→“渲染动画”命令，用户可以在弹出窗口中设置输出视频格式，以及压缩质量。这里全部选择默认设置。

2）单击“OK”按钮进行确认，并为渲染视频输入文件名：“座椅展示”，然后保存。

3）开始动画渲染过程，如图 8-50 所示。如果未经特殊设置，则渲染过程将覆盖第 1～100 帧。

图 8-50　渲染动画窗口

✧ 注：用户可以在图 8-49 中的“选项”对话框中，对渲染“第一帧”及“最末帧”进行设置。调整后，渲染动画则起止于这两帧之间。

4）当所有渲染完毕时，将在本地视频保存位置获得一个名为“座椅展示.mp4”的视频文件。使用视频播放器即可播放此动画。

8.2.4 批量渲染

在上一个练习的渲染过程中读者可能会发现，渲染动画需要的时间较长，如果渲染多个文件，则需要更久。因此可以尝试使用批量渲染，让 Evolve 在非工作时间渲染，有效利用资源。这里要使用的是 Evolve 自带插件的 renderQ，具体操作如下：

1）在 Windows 系统的“开始”菜单中，在 Evolve 启动目录下找到 rQ 2016，将其打开。renderQ 界面如图 8-51 所示。

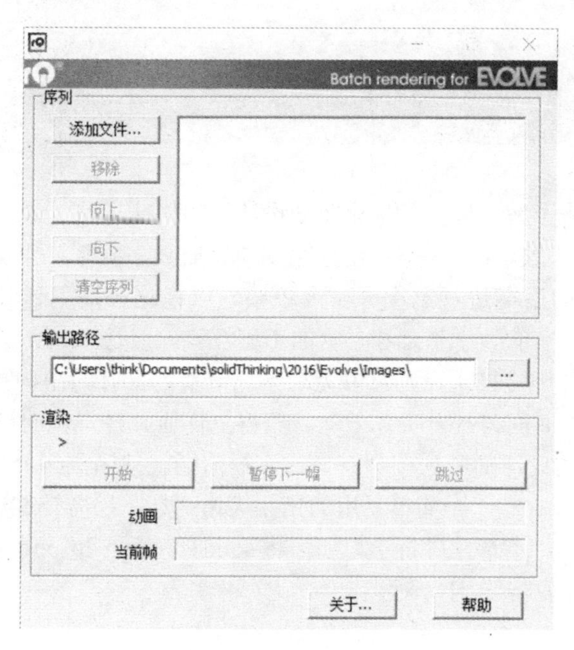

图 8-51　renderQ 界面

2）单击“添加文件”按钮，选择文件“练习(8.2.4)”。该文件为上一个展示动画设置练习的结果文件。请在文件属性中按照图 8-52 所示进行设置。

● 将摄影机切换至“透视摄影机#1”。
● 勾选“渲染动画”复选框，设置期望的动画渲染参数。

✧ 注：用户可通过单击“添加文件”按钮同时添加更多的待渲染文件，可以是渲染单张效果图，也可以是渲染动画。

3）所有参数设置完毕后单击“开始”按钮，此时可以利用计算机闲暇时间进行多个文件的渲染。

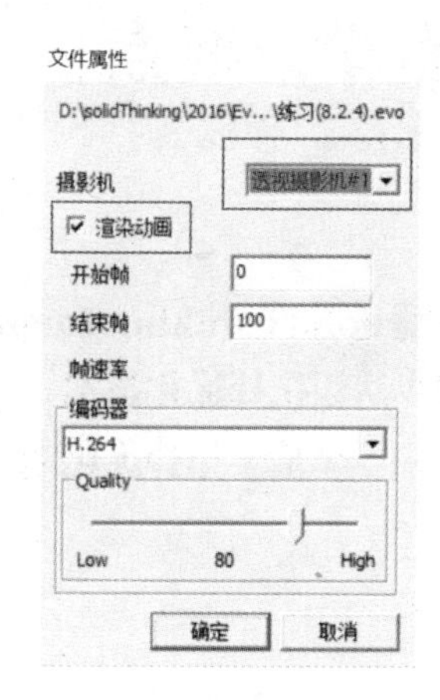

图 8-52　设置摄影机视角及动画渲染参数

本章小结

渲染是设计能否完美呈现的关键一环，读者通过本章练习应初步掌握使用 Evolve 渲染的流程，后续则需多加练习，并广泛学习相关知识，如光的布局、静物摄影等，才能使产品设计更具表现力。

第 9 章

以优化驱动设计

在本章中，读者将了解“以拓扑优化驱动设计”的创新思路。来自 Altair OptiStruct 求解器的优化技术在过去的 20 年中，被广泛应用于航空航天、汽车、重工、通用机械等多个领域，用于在设计流程的后期进行工程分析及校核。以往这种技术通常都由 CAE 工程师掌握，需要使用者具有扎实的力学基础和丰富的工程经验。但是 Altair 发现，如果能在设计流程的最前端就使用拓扑优化技术，则可以为后续环节奠定良好的结构基础，帮助设计师和工程师们节省反复修改的时间，提升工作效率，获得更优质、轻量化的设计。

为了能够让更多的设计师和工程师在设计流程前端就使用到拓扑优化技术，Altair 发布了 solidThinking Inspire——一个简单易用的拓扑优化工具，只需经过短时间的学习，即可获得优质的结构设计方案。本章读者将学习如何将 solidThinking Inspire 应用于工业设计，以及 solidThinking Inspire 如何与 Evolve 对接。

本章学习要点：

- **理解 solidThinking Inspire 定位及设计思路。**
- **初步认识拓扑优化技术。**
- **完成一个基于拓扑优化的设计流程。**

9.1 solidThinking Inspire 工业设计应用思路

1）定义设计空间。在这个阶段，设计师需要根据需求设定工作区域，就像雕塑家工作初期使用的毛坯，如图 9-1 所示。

图 9-1　定义设计空间

2）施加载荷与工况。在真实的物理环境中，产品要承受来自外部的载荷。例如，摩托车架上可能承载的骑手重量，以及来自地面的支撑，如图 9-2 所示。

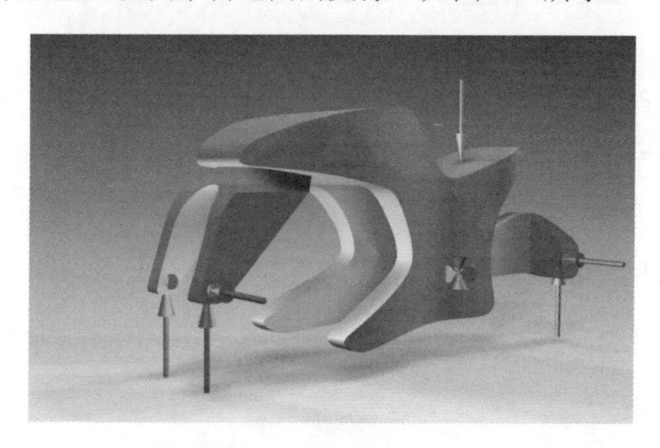

图 9-2　施加载荷与工况

3）获得拓扑优化结果。根据施加的外部载荷，Inspire 能够自动计算出最佳传力路径，并把材料分布在需要受力的区域，如图 9-3 所示。

图 9-3　获得拓扑优化结果

4）根据优化设计结果进行造型设计。在优化结果的基础上，设计师可以应用自己的造型语意进行诠释以完成设计，如图 9-4 所示。

图 9-4　基于拓扑优化进行造型设计

✧ 注：基于以上思路构建的摩托车造型，既能满足工程需求，也能满足美学的需求。更重要的是，设计人员能够在设计流程前端考虑更多的结构问题，避免后续流程中重大的错误以及反复地校核与修改。

9.2　solidThinking Inspire 操作

按照上一节中介绍的思路，笔者将用实例带领读者感受这种创新的设计理念。在进行本章操作前，请确认已经安装了 solidThinking Inspire 软件。

下面以开瓶器设计为例，具体介绍操作步骤。

1．构建实体作为设计空间

1）打开 solidThinking Evolve 软件，并在素材文件夹中打开文件“练习（9.2）_01”，该文件为一个开瓶器设计原型，如图 9-5 所示。

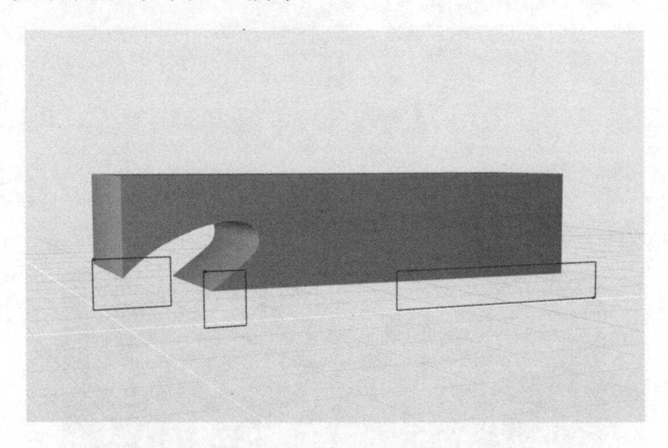

图 9-5　打开练习文件

2）使用“修剪”工具，利用视图中的两个矩形对开瓶器实体进行修剪，并设置“修剪类型”参数为“保留二者”。修剪结果如图 9-6 所示，以颜色区分。随后将两个矩形曲线隐藏。

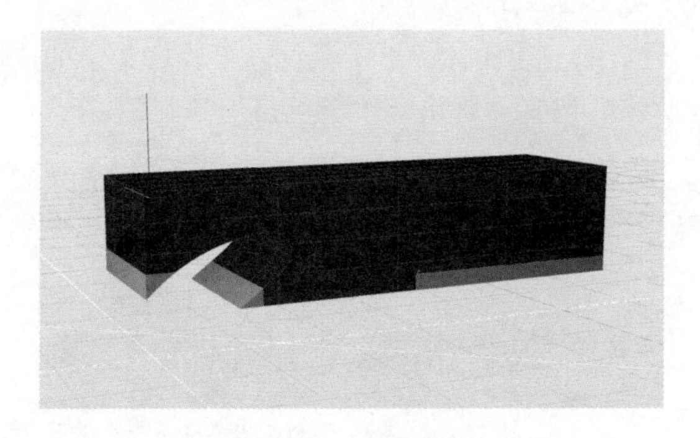

图 9-6　修剪实体

3）框选视图中的所有实体对象，在建模工具栏中找到“Inspiro”卷展栏，选择第 1 个工具“发送至 Inspire”，如图 9-7 所示。

图 9-7　发送至 Inspire

4）弹出的提示窗口将询问用户是否将所选对象发送至 Inspire，此时单击“OK”按钮进行确认。

5）等待 solidThinking Inspire 程序打开，可见选中对象已被发送至该软件程序中，如图 9-8 所示。

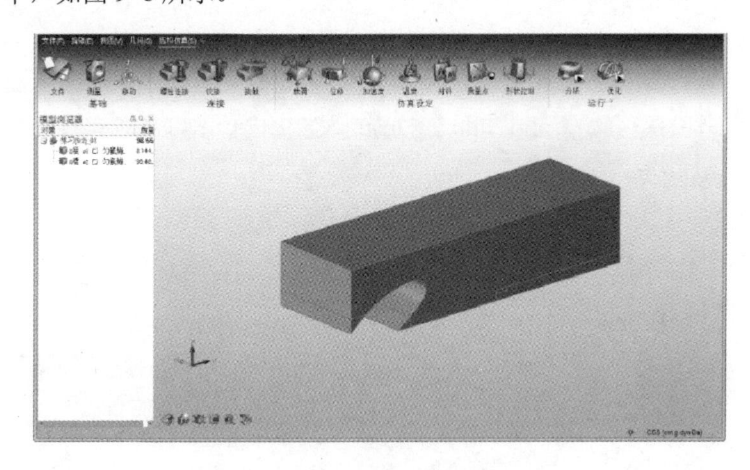

图 9-8　选中模型自动导入 Inspire

✧ 注：如果未自动弹出 Inspire 程序，则可将所选对象保存为 Parasolid(.x_t）格式的文件，并在 solidThinking Inspire 中直接打开该文件即可。

6）在视图右下角找到单位设置项，单击并在弹出菜单中更改单位设置为“SI（m kg N Pa）”，如图 9-9 所示。

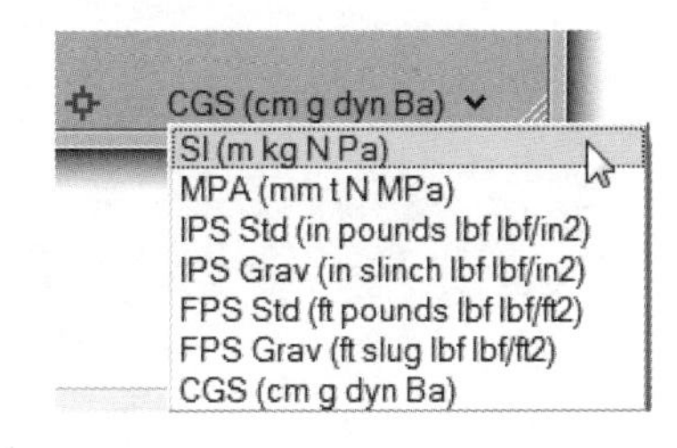

图 9-9　在 Inspire 中设置单位

7）选中开瓶器中间最大的一块实体，单击鼠标右键，在弹出的快捷菜单中勾选“设计空间”复选框，如图 9-10 所示。设置后这块实体颜色呈现暗红色。

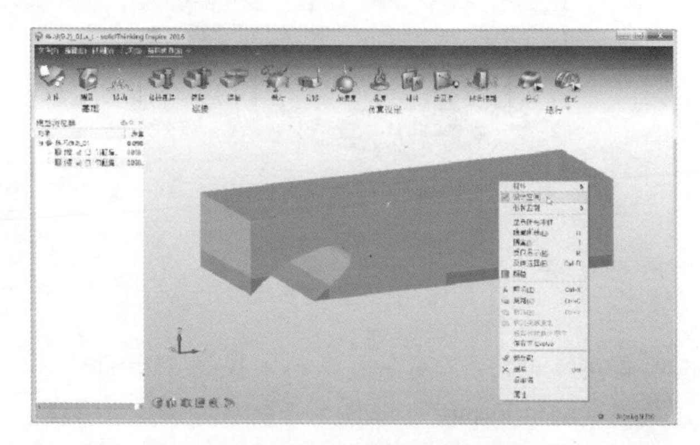

图 9-10　定义设计空间

✧ 注：定义为“设计空间”的区域是下一步中将被优化的区域，而非设计空间（灰色模型）为保留区域不做优化。在一个产品设计过程中，并非整体都需要优化，例如，设计一个支架时，支架区域要定义为设计空间，而固定支架的连接处就要定义为非设计空间。设计空间与非设计空间之间默认为“绑定接触”，即一种“黏合”状态。但也可以更改为螺栓联接、铰接等其他状态。此练习不再做详细描述，读者可参见与本书同系列的《solidThinking Inspire 优化设计基础与工程应用》一书。

2．定义载荷及约束

1）在菜单栏中单击“结构仿真”菜单，将鼠标光标移动到“载荷”按钮附近，此时移动鼠标光标在该图标的不同区域，可看到不同的区域亮起，请选择最底部的一个设置：“施加约束”，如图 9-11 所示。

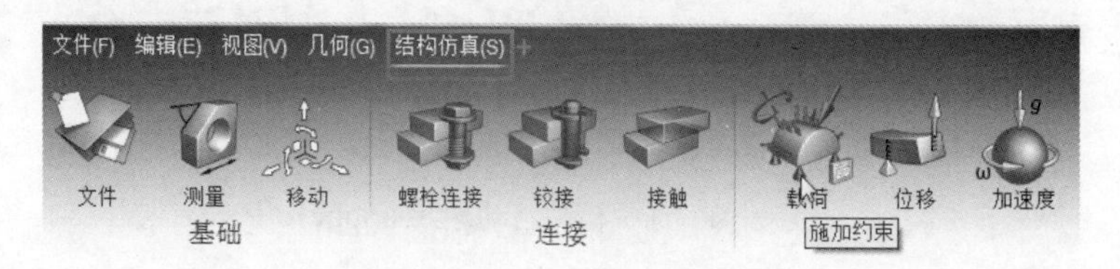

图 9-11　“施加约束”设置

2）将该约束设置在图 9-12 所示的面上。

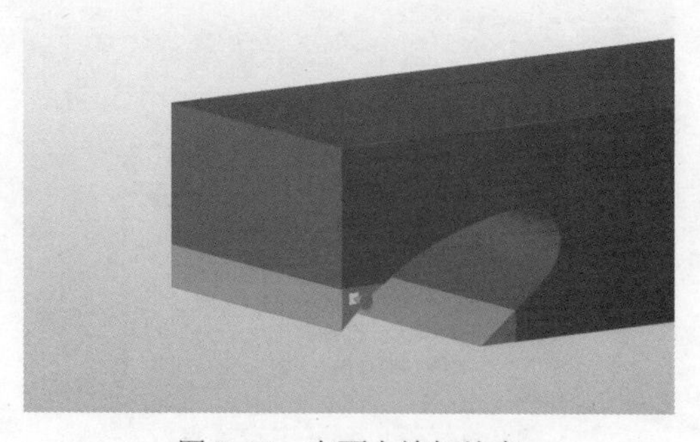

图 9-12　在面上施加约束

3）继续使用“施加约束”设置，将另一约束施加在图 9-13 所示的边上。以上两个约束定义开瓶器在工作的过程中，这两个位置固定不动。

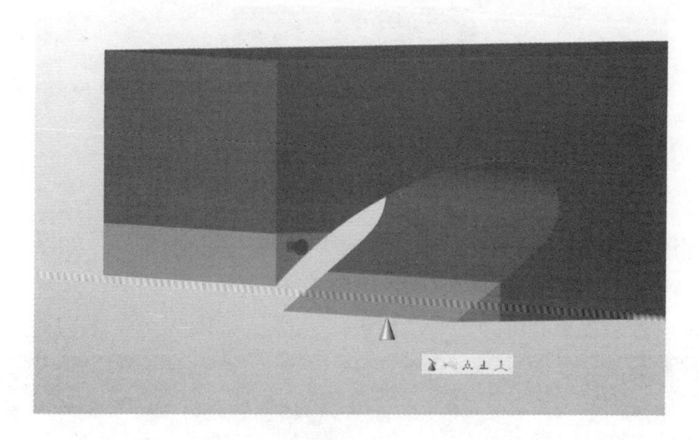

图 9-13　施加另一个约束

✧ 注：在施加载荷的过程中，必须为对象施加至少一个“约束”。读者可以将“约束”理解为“支撑”，任何对象都不可能脱离支撑悬浮于空中。在 Inspire 中，未施加“约束”是不能进行优化运算的。

4）在施加“载荷”图标上找到“施加力”设置，如图 9-14 所示。

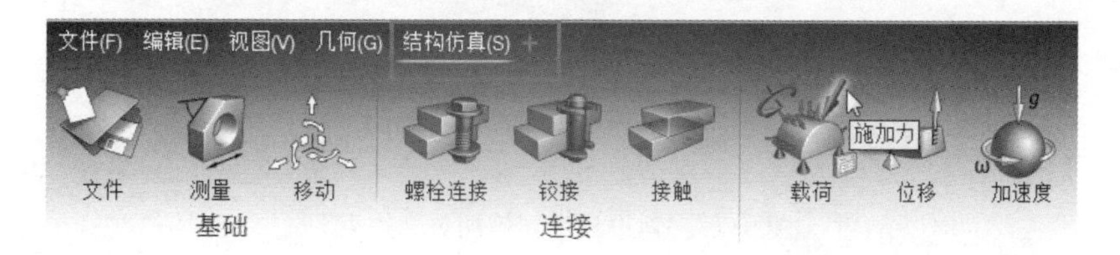

图 9-14 “施加力”设置

5）点选图 9-15 所示的面，为该面施加一个 1N 的力，代表人手对启瓶器施加的作用力。

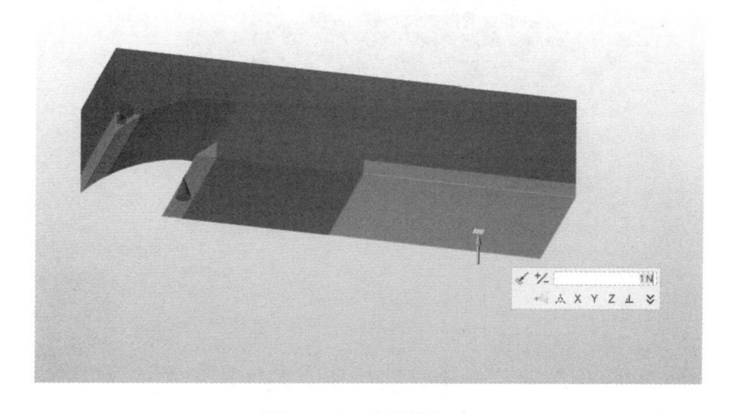

图 9-15　对面施加力

6）在“结构分析”工具中选择“形状控制”→“添加/编辑对称控制”设置，如图 9-16 所示。

图 9-16 “对称控制”设置

7）单击“对称的”按钮，并将该对称施加于设计空间实体上，如图 9-17 所示。对称约束将强行控制拓扑优化结果在对称面两侧呈对称形态。

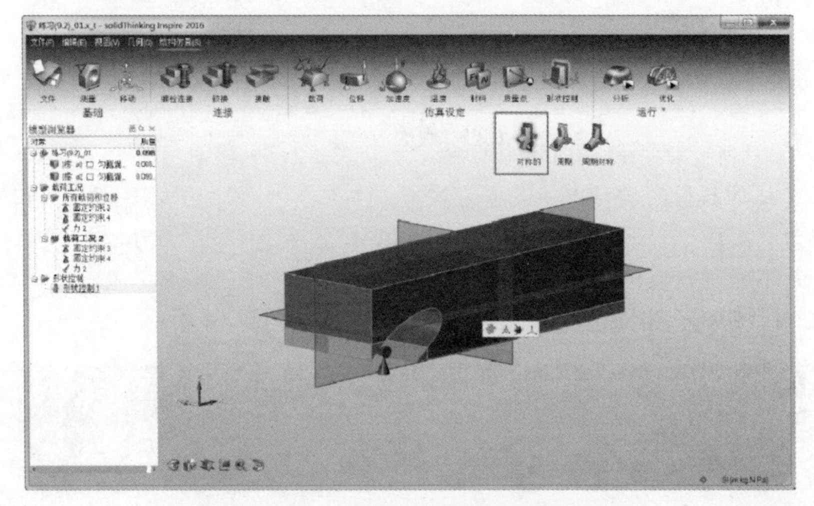

图 9-17 为设计空间施加对称约束

8）单击 Z 轴方向和 X 轴方向的红色对称平面，将它们取消掉，仅保留图 9-18 所示的一个对称平面。

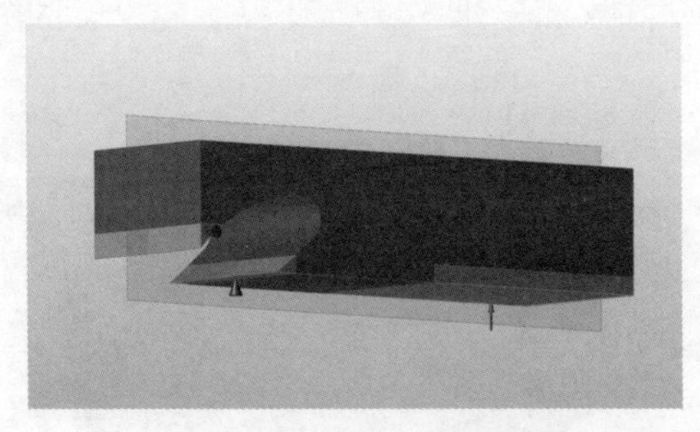

图 9-18 仅保留一个对称平面

3．运行优化

1）单击图 9-19 所示的“运行优化”按钮。

2）在弹出的“运行优化”对话框中，接受所有的默认参数设置，并单击“运行”按钮开始运行计算，如图 9-20 所示。

图 9-19 “运行优化”按钮

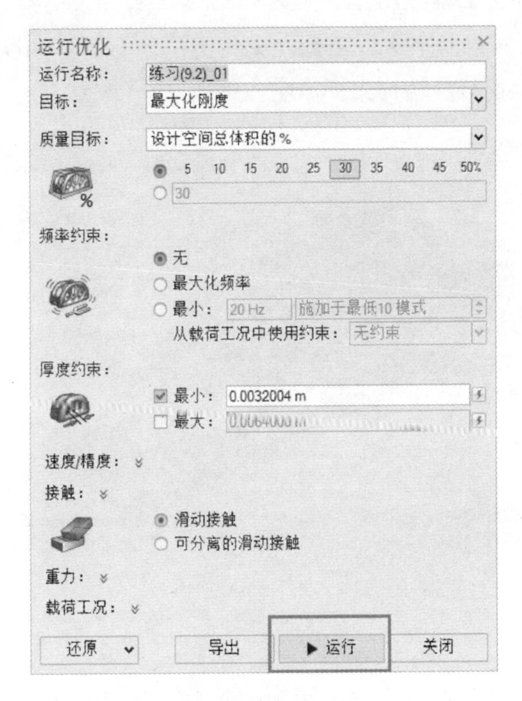

图 9-20 “运行优化”对话框

✧ 注：在默认设置中有一个“质量目标”参数，默认设定为设计空间总体积的 30%。这个参数代表最终拓扑优化结果保留的材料为原模型的 30%。这些保留下来的材料将分布于传力路径上，保证在当前条件下的模型刚度最大。

3）随后弹出“运行状态”对话框，可随时观察运行状态，如图 9-21 所示。

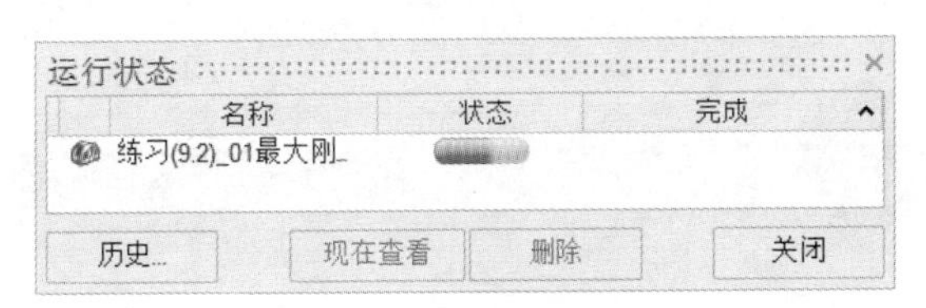

图 9-21 观察运行状态

4）当运行结束时，“运行状态”对话框中将显示绿色对勾图标，双击该图标，则视图中即显示优化结果，如图 9-22 所示。

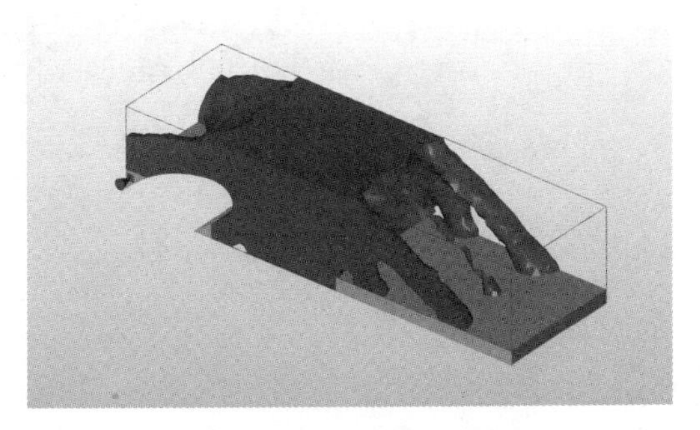

图 9-22 调出优化结果

5）用户可以在形状探索器中进行微调，如将滑块向右侧移动以增加材料，使一些优化结果中断的区域连接上，使整体结构更加清晰，如图 9-23 所示。

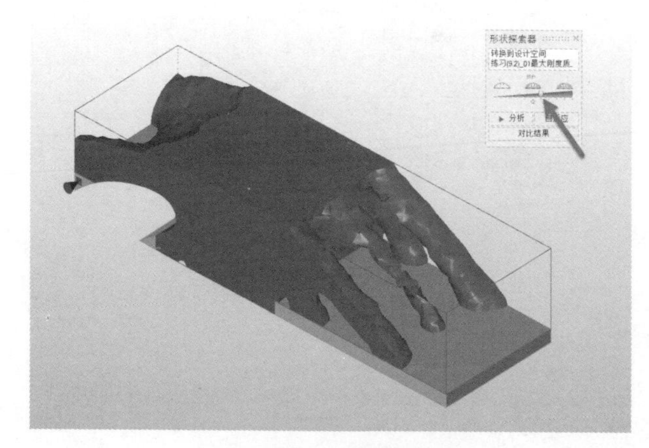

图 9-23　微调模型

4．增加制造约束

上一步获得的结果，由于形成了中空结构，对于传统制造方式来说可能造成不便，因此可以考虑在运行之前施加制造约束，具体步骤如下。

1）在形状控制器中，选择“转换到设计空间”，恢复到运行优化之前的状态。

2）在形状控制工具中，找到“添加/编辑拔模方向”设置，如图 9-24 所示。

图 9-24　“拔模方向”设置

3）施加“双向拔模”于设计空间，方向如图 9-25 所示。

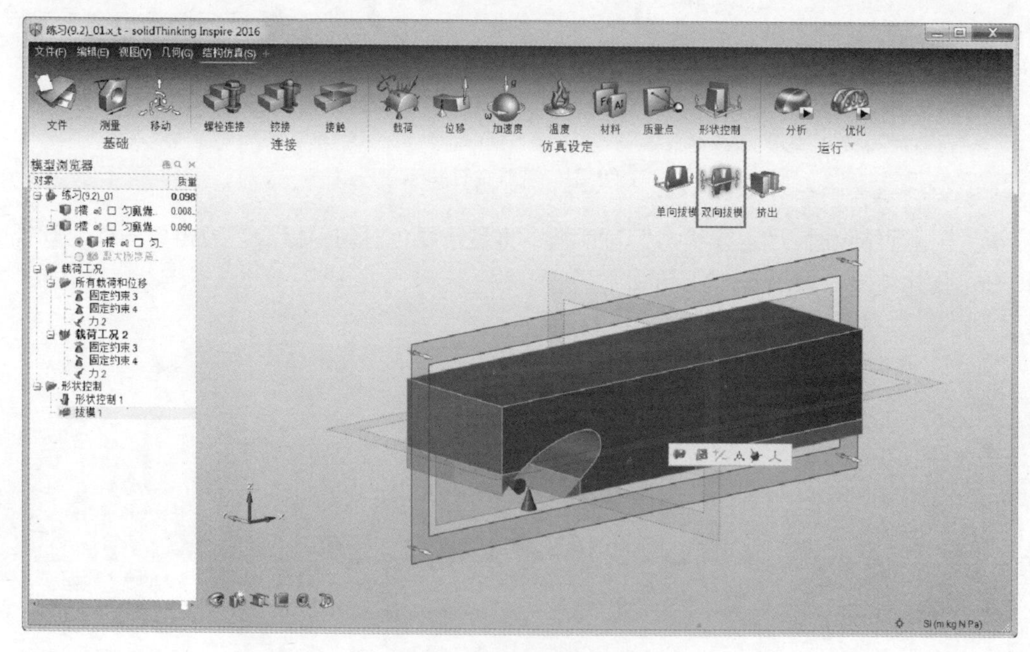

图 9-25　设定双向拔模

4）重新运行优化，所有设置与之前一致，获得结果如图 9-26 所示。本次运算由于施加了拔模控制，因此运行结果不再出现中空形状。

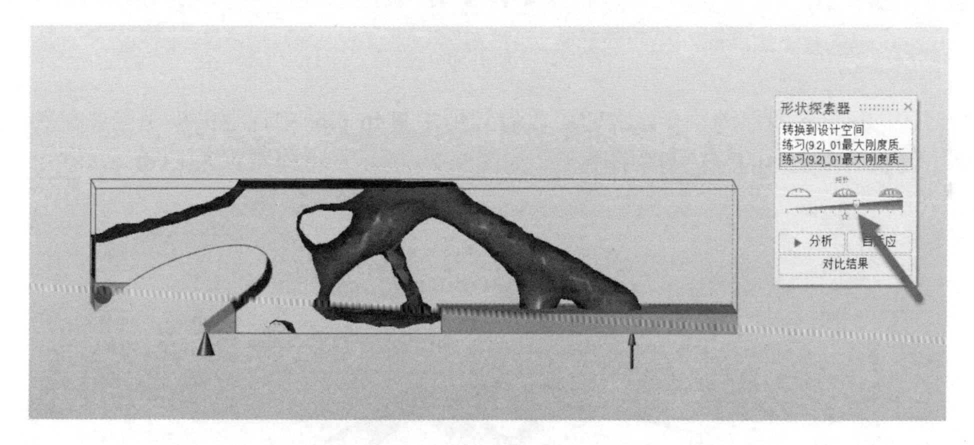

图 9-26 重新运行优化结果

5）保存此 solidThinking Inspire 文件。

9.3 实现优化结果

本练习将使用 Evolve 重构优化模型。

1．Evolve 对接 Inspire

1）在 Inspire 中继续使用 9.2 节中保存的文件。框选所有对象，单击鼠标右键，在弹出的快捷菜单中选择“保存至 Evolve”选项，如图 9-27 所示。

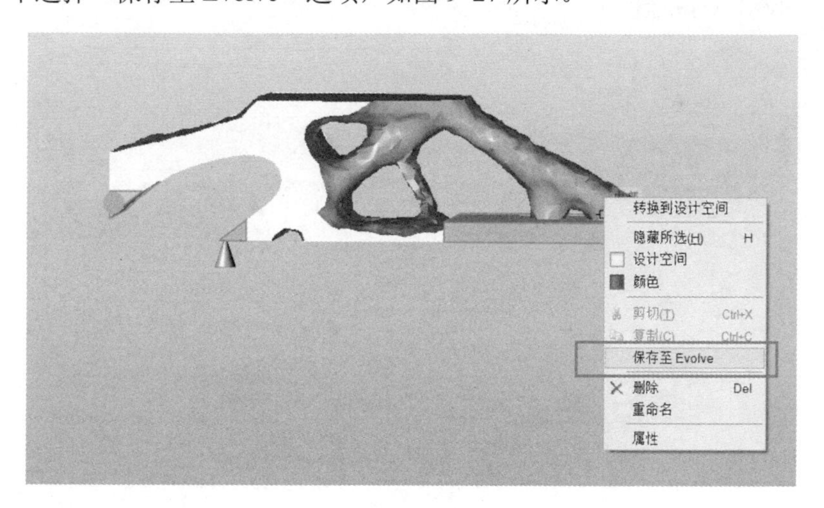

图 9-27 保存模型至 Evolve

2）关闭 Inspire 软件程序，并打开一个新的 Evolve 文件。

3）在 Evolve 建模工具栏中的 Inspire 卷展栏下，单击第 2 个图标：“从 Inspire 检索”，如图 9-28 所示。

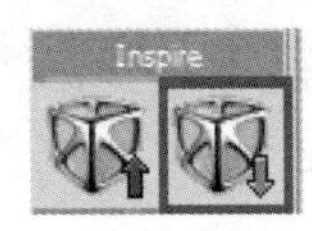

图 9-28　从 Inspire 检索

4）打开 Inspire 图形浏览器，此时可以看到刚才在 Inspire 中保存的模型已被存入该浏览器。单击浏览器左上角的绿色对勾图标☑，如图 9-29 所示，将模型置入 Evolve。

图 9-29　Inspire 图形浏览器

5）观察导入 Evolve 的模型，如图 9-30 所示。用户可以考虑使用 NURBS 曲面建模方式，也可以使用 PolyNURBS 建模方式。根据之前学习建模的经验，整体较为有机的造型可以优先考虑 PolyNURBS 建模。

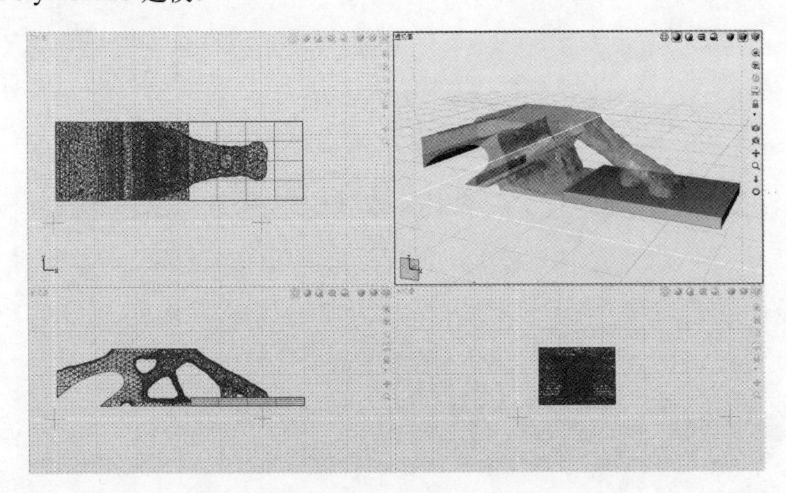

图 9-30　观察导入模型

6）因此本案例使用 PolyNURBS 建模来完成造型设计。这种方法能够非常完美地匹配优化设计结果，并且十分快捷，如图 9-31 所示。这里不再赘述建模过程，PolyNURBS 建模方法可参考前面章节。

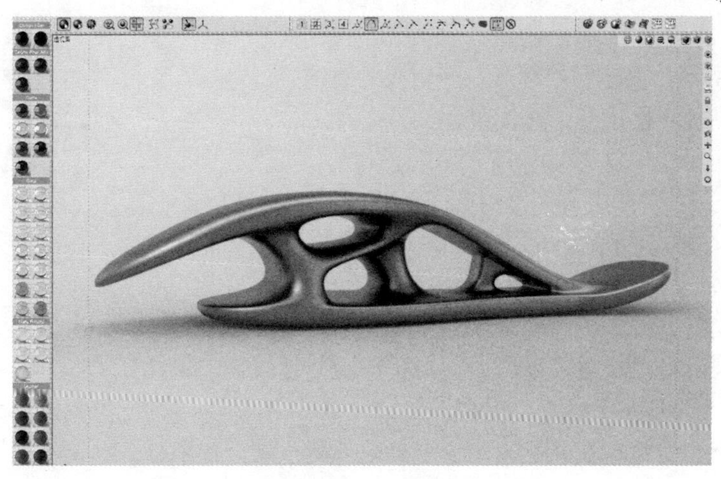

图 9-31　设计结果

7）模型构建完毕后，务必使用“公差检查”工具检测该对象是否为封闭实体。

2．网格细分及对接 3D 打印

在 Evolve 中完成建模及渲染环节后就要进入制造流程。在传统流程中，已构建的 Evolve 实体几何模型可导出至结构设计软件，如通过 Parasolid (x_t)、.stp、.igs 格式导入 SolidWorks 和 Catia 等工程设计软件。但如果对接创新性的制造方法——3D 打印（增材制造），则需要使用.stl 格式导出。

在 Evolve 中，用户可以将实体模型直接保存为.stl 格式。但这种方法可控性差，无法自定义网格细分尺寸及形状等参数。所以在导出.stl 格式之前，可以对模型手动进行网格细分，控制网格大小及细分方式，以控制打印模型的精细程度，具体步骤如下。

1）打开 Evolve 模型“练习（9.3.2)”，或使用已构建的开瓶器模型。然后，确保模型当前处于 PolyNURBS 状态（即在控制面板中已勾选“Nurbify”复选框）。

2）使用“NURBS 至 Poly”工具，当控制台提示“拾取 NURBS 曲面对象”时单击开瓶器模型，获得的默认细分结果如图 9-32 所示。

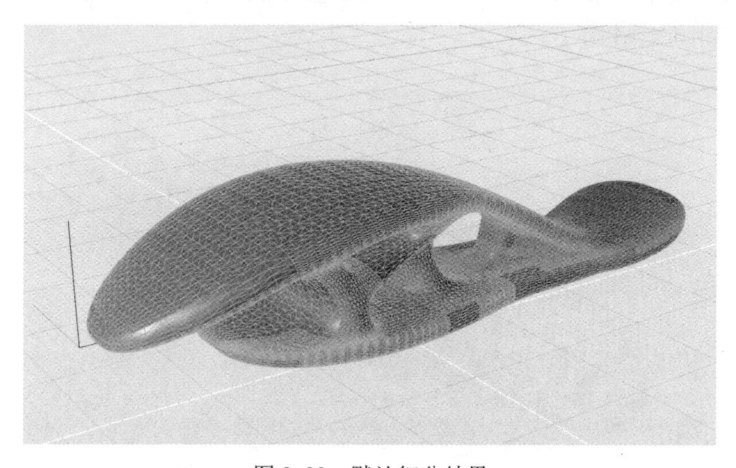

图 9-32　默认细分结果

3）手动对网格细分进行调整。在控制面板中调整以下参数，如图 9-33 所示，限定网格细分在一定尺寸之内。

- 选中“高级网格化”单选按钮。
- 勾选“面尺寸”复选框。
- 设定面尺寸的“最小值”为 0.05cm，“最大值”为 0.1cm。

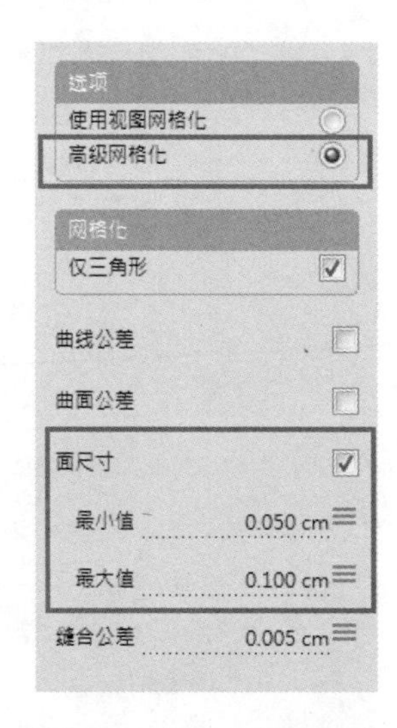

图 9-33　设定网格面尺寸

4）保持这个细分模型处于选中状态，并将选中对象直接保存为.stl 格式（在菜单栏中执行“文件”→“保存所选对象”命令），命名为“打印模型.stl”。该文件可直接应用于 3D 打印。

✧ 注：面尺寸的区域值设定越大，则模型细分越粗糙，保存的.stl 格式文件越小；反之则越大。

✧ 注：增材制造技术在制造行业中应用越来越广泛，但不得不说，如果使用增材制造技术来实现传统设计，并不能发挥这种制造方式的优势，反而会浪费更多成本。只有那些质量更轻、性能更好、结构复杂（难以通过传统制造方式实现）的产品才适合用增材制造来实现。因此，笔者一直在探索能够全面挖掘增材制造技术潜力的设计方法。而拓扑优化技术是目前公认的适合与增材制造对接的设计方法，并且已经逐步在航空航天、建筑等领域显示出强大的优势。相信未来，“拓扑优化+增材制造”能在更多的设计领域中发挥作用。

3．编辑.stl 格式的文件

对于保存的.stl 格式的文件，通常认为它无法再进行编辑，只能作为打印文件。但是在 Evolve 中有非常强大的曲面转换能力，可以在.stl 的基础上继续编辑，具体步骤如下：

1）将上一步操作中保存的“打印模型.stl”文件打开。

2）选中文件中的模型，该文件为细分模型，有很多细碎的细分面。但是观察其控制面板，显示为“编辑 PolyNURBS”。也就是说，这个模型导入进来后被自动识别为“PolyNURBS”。可以使用所有之前学习的 PolyNURBS 工具对该模型进行造型微调。例如，选中 PolyNURBS 模型，按〈A〉键切换至编辑顶点状态，框选所有控制点，在某一轴向上进行整体缩放，如图 9-34 所示。

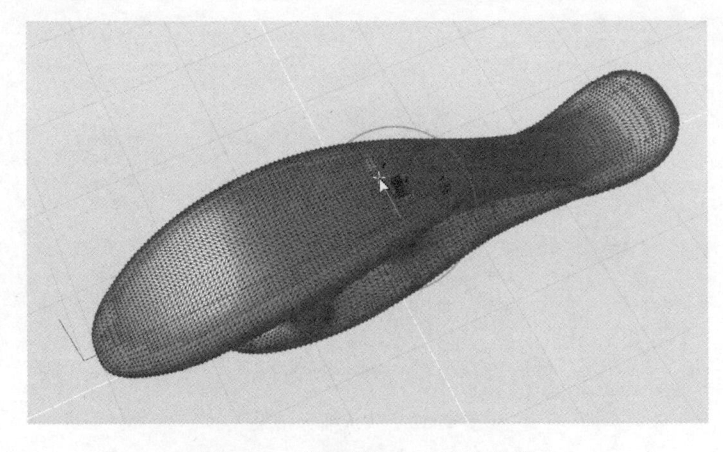

图 9-34　在 Y 轴方向上缩放模型

3）还可以直接使用 NURBS 建模工具对这个模型进行编辑。例如，可以直接使用“修剪”工具，为开瓶器尾部打一个圆孔。通过修剪截面可以看出修剪结果为实体模型，如图 9-35 所示。

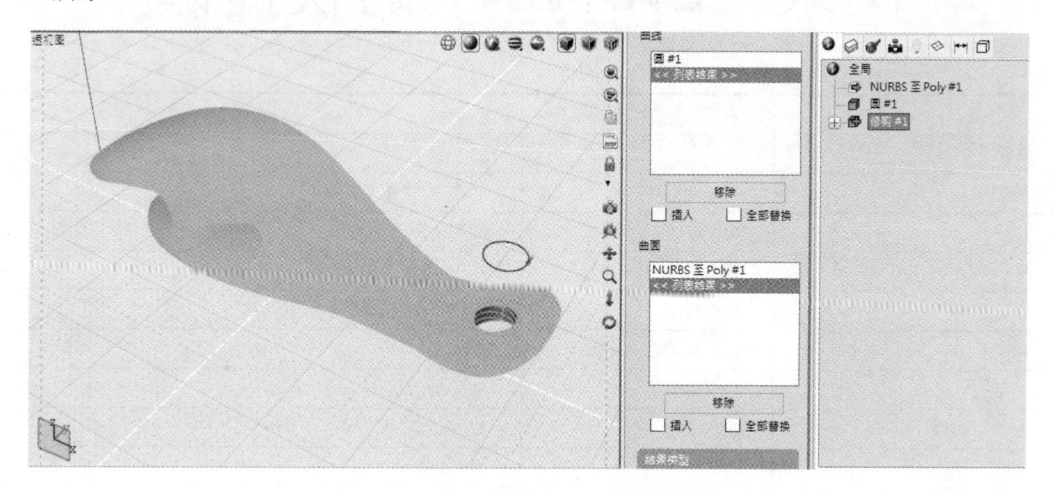

图 9-35　修剪模型获得实体

✧ 注：通过本练习，读者可以了解 Evolve 在模型转换中的强大能力。不仅是.stl 格式的文件，还可以将如.obj、.3ds 格式的模型导入到 Evolve 中，Evolve 都会自动识别为“PolyNURBS”。随后，可对这些模型使用 PolyNURBS 或 NURBS 曲面工具继续编辑。

本章小结

读者通过本章中的练习应能拓展产品设计思路，从轻量化、高性能、对接 3D 打印等角度重新思考设计流程。

附录　Evolve 中的快捷键

功　能	快 捷 键	描　述
文件		
新建	Ctrl+N	创建一个新模型文件
打开	Ctrl+O	打开一个已有文件
打开（不包含历史）	Ctrl+Shift+Alt+O	打开一个已有文件，但自动移除已有历史进程
导入/合并	Ctrl+M	将一个已有模型合并至当前场景
保存	Ctrl+S	保存当前场景
另存为	Ctrl+Shift+S	将当前场景存储为一个新文件
保存所选对象	Shift+F12	将当前选中模型保存为一个新文件
退出	Alt+F4	退出 Evolve
编辑		
编辑参数模式	空格	在选择对象模式和编辑参数模式间进行切换
编辑点模式	Alt+空格	在编辑参数模式和编辑点模式间进行切换
保持编辑参数模式状态，选择一个新对象	右侧 Alt 键	按住右侧的〈Alt〉键，可以在保持编辑参数模式的状态下，切换选择一个新对象
撤销	Ctrl+Z	撤销上一步操作
恢复	Ctrl+Y	恢复上一步操作
剪切	Ctrl+X	剪切当前选中对象
复制	Ctrl+C	复制选中对象至剪切板
粘贴	Ctrl+V	粘贴剪切板内的内容
智能删除	Delete 或 Backspace	删除选中对象，恢复源对象
删除	Alt+Delete 或 Alt+Backspace	删除选中对象
损毁结构树	C	将选中对象的结构树彻底损毁，同时可删除该对象的所有源对象，使其可被自由编辑
分离主体	U	将每个部件分离成独立对象，分离不相交的组件
分离实体	Ctrl+U	将选中对象的每个曲线段/曲面片分离成独立对象
修剪	Ctrl+Delete 或 Ctrl+Backspace	删除选中对象，以及所有未涉及其他结构树的独立对象
栅格捕捉	Ctrl+Shift+G	打开栅格捕捉面板
PolyNURBS 编辑		
顶点编辑	A	编辑 PolyNURBS 的顶点
边线编辑	S	编辑 PolyNURBS 的边线
面编辑	D	编辑 PolyNURBS 的面
Nurbify	N	将选中对象在 NURBS 或多边形之间进行切换

（续）

功　能	快 捷 键	描　述
选择		
选择多个对象	Ctrl+鼠标左键	按住〈Ctrl〉键选择多个对象或多个点
选择实体（模型中的曲面片/曲线段）	Alt+鼠标左键	按住〈Alt〉键选择模型中的曲面片/曲线段
链选对象	Shift+鼠标左键	按住〈Shift〉键可以链选系列对象/点
切换选择	Ctrl+鼠标左键	按住〈Ctrl〉键点选对象，可将其在选中与未选中之间进行切换
增加多个对象作为选中项	Shift+框选	按住〈Shift〉键并框选多个对象，可将其增加为选中项
从选项中移除多个对象	Ctrl+Shift+框选	按住〈Ctrl+Shift〉键，框选多个对象可将其从多选中移除
反向选取多个对象	Ctrl+框选	按住〈Ctrl〉键并框选多对象，框入对象为未选中对象，未框入对象则被选中
强制框选	Ctrl+Shift	按住〈Ctrl+Shift〉快捷键时无法进行框选
选择所有	Ctrl+A	选择所有对象
编组	Ctrl+G	将选中对象编组
选择曲线	1+鼠标左键	按住〈1〉键，当前只能选择曲线
选择曲面	2+鼠标左键	按住〈2〉键，当前只能选择曲面
视图控制		
最大/最小化视图	V	将当前激活视图在最大/最小化间切换
隐藏/显示隐藏	H	将当前选中对象在隐藏和显示隐藏间进行切换
隐藏/显示隐藏源对象	Alt+H	将当前选中的源对象在隐藏和显示隐藏间进行切换
隐藏/显示隐藏所有曲线	Q	将所有曲线在隐藏/显示隐藏间进行切换
独立	I	将未选中对象在隐藏/显示隐藏间进行切换
调整到所有对象	F	将所有模型调整到激活视图中显示
调整到所选对象	F	将所选对象调整到激活视图中显示
图层	Ctrl+L	打开图层面板
视图详情	Ctrl+Shift+D	打开视图详情面板
曲面曲率	Ctrl+Shift+C	打开曲面曲率面板
曲线图	Ctrl+Shift+P	打开曲线图面板
视图平移，缩放，旋转		
平移正交视图	鼠标右键+拖曳	按住鼠标右键并移动，可在正交视图中平移
平移透视图	Ctrl+鼠标右键+移动	按住〈Ctrl〉键的同时单击鼠标右键并移动，可在透视图中平移
缩放	滑动鼠标滚轮或 Shift+鼠标右键+拖曳	滑动鼠标滚轮，或按住〈Shift〉键并单击鼠标右键拖曳，可将当前视图放大或缩小观察
区域放缩	Ctrl+Shift+鼠标右键+拖曳	按住〈Ctrl+Shift〉快捷键，单击鼠标右键并拖曳，可框选出一块区域进行放大观察
绕轴旋转	鼠标右键+拖曳	按住鼠标右键并拖曳，可在透视图中进行旋转观察
转换		
平移	W	激活平移工具
旋转	E	激活旋转工具
缩放	R	激活缩放工具

（续）

功　能	快 捷 键	描　述
x-轴	X	限定转换沿 X 轴
y-轴	Y	限定转换沿 Y 轴
z-轴	Z	限定转换沿 Z 轴
捕捉		
切换栅格#1	Alt+1	打开/关闭捕捉栅格#1
切换栅格#2	Alt+2	打开/关闭捕捉栅格#2
切换栅格#3	Alt+3	打开/关闭捕捉栅格#3
切换栅格#4	Alt+4	打开/关闭捕捉栅格#4
捕捉端点/捕捉中点	Alt	临时激活捕捉端点/捕捉中点
捕捉曲线	Ctrl	临时激活捕捉曲线
管理		
全局浏览器	Ctrl+1	显示/隐藏全局浏览器（浮动时）
控制面板	Ctrl+2	显示/隐藏控制面板（浮动时）
材质浏览器	Ctrl+4	显示/隐藏材质浏览器
模型浏览器	Ctrl+5	显示/隐藏模型浏览器
建模与动画		
跳过控制台提示	Ctrl+Enter	跳过所有控制台提示
退出建模工具	Esc	跳过或终止当前激活的建模工具
激活最近使用的工具	Insert 或 Ctrl+空格	激活上一步操作所使用的工具
动画环境	Ctrl+Shift+A	切换建模环境与动画环境
演示模式	Ctrl+Alt+D	激活/关闭旋转演示模式
渲染		
渲染当前视图	Ctrl+R	渲染当前激活视图内看到的静物图像
渲染选中对象	Ctrl+Shift+R	渲染当前激活视图内选中对象的静物图像
图像浏览器	Ctrl+B	打开/关闭图像浏览器
制图		
打印	Ctrl+P	打印尺寸图
页面设置	Ctrl+Shift+P	调整页面设置
选择下一个	Tab	选择下一个对象
选择上一个	Shift+Tab	选择上一个对象
帮助		
帮助	F1	按〈F1〉键可直接激活在线帮助文档，激活某一建模工具后再按〈F1〉键，可直接查找到该工具的相关解释